新型密码技术及应用

杨小东　李树栋　刘雪艳　曹素珍　著

科 学 出 版 社
北 京

内 容 简 介

随着算力网络、物联网、车联网和无线体域网等新兴网络技术的飞速发展，数据安全与隐私保护面临前所未有的挑战，对密码技术提出更高要求。本书基于作者在密码学和信息安全领域多年的研究成果，详细介绍新型网络环境下安全性更高、功能更全面、效率更优的密码方案。本书内容涵盖各类密码体制的方案设计、安全性证明及其应用场景，旨在帮助读者掌握并运用新型密码技术，有效应对日益复杂的网络安全挑战。

本书可以作为密码学、信息安全等领域工程技术人员和科研工作者的学习资料，也可以作为高等学校、科研院所本科生和研究生的参考书籍。

图书在版编目（CIP）数据

新型密码技术及应用 / 杨小东等著. -- 北京 ：科学出版社，2025. 6. -- ISBN 978-7-03-080502-7

Ⅰ. TN918.4

中国国家版本馆 CIP 数据核字第 20240DA031 号

责任编辑：宋无汗　郑小羽 / 责任校对：高辰雷
责任印制：徐晓晨 / 封面设计：陈　敬

科学出版社 出版
北京东黄城根北街 16 号
邮政编码：100717
http://www.sciencep.com
北京建宏印刷有限公司印刷
科学出版社发行　各地新华书店经销
*
2025 年 6 月第　一　版　开本：720×1000　1/16
2025 年 6 月第一次印刷　印张：14 1/2
字数：290 000

定价：198.00 元

（如有印装质量问题，我社负责调换）

前　言

密码技术是网络空间安全的关键基础技术，与核技术、航天技术并称为“国家安全三大支撑技术”。密码作为国家重要战略资源，直接关系国家政治安全、经济安全、国防安全和信息安全。随着算力网络、云计算、物联网、车联网、智能电网、无线体域网等新型网络形态及网络服务的快速发展，数据安全和隐私保护问题日益成为学术界和产业界关注的焦点，对密码技术提出新挑战。近年来，针对新型网络环境的密码技术研究非常活跃，催生出抗合谋攻击的聚合签名、代理重签名、可搜索加密等新型密码体制，不仅丰富了密码学的理论基础，而且促进了密码技术在新型网络环境中的应用与发展。

本书围绕加密与签名技术展开，基于作者多年来在密码学和信息安全领域的研究成果，详细介绍面向新型网络环境的安全性更高、功能更全面、效率更优的密码方案。全书共 8 章，第 1 章介绍密码学的基础知识，主要包括密码学数学基础、哈希函数、公钥密码体制和数字签名等。第 2 章介绍强不可伪造的基于身份签名体制，主要包括标准模型下强不可伪造的基于身份签名方案的攻击方法及改进方案等。第 3 章介绍无证书签名体制，主要包括标准模型下强不可伪造的无证书签名方案、面向移动支付交易的无证书签名方案和基于无证书签名的物联网数据认证方案等。第 4 章介绍抗合谋攻击的无证书聚合签名体制，主要包括面向车载自组织网络的无证书聚合签名方案、基于无证书聚合签名的多方合同签署协议和面向无线医疗传感器网络的无证书聚合签名方案等。第 5 章介绍具有附加性质的代理重签名体制，主要包括部分盲代理重签名体制、可撤销的基于身份代理重签名体制、在线/离线门限代理重签名体制、服务器辅助验证代理重签名体制和基于代理重签名的云端跨域身份认证方案等。第 6 章介绍不可否认的强指定验证者签名体制，主要包括形式化模型、标准模型下不可否认的强指定验证者签名方案等。第 7 章介绍可搜索加密体制，主要包括支持策略隐藏且密文长度恒定的可搜索加密方案、基于云边协同的无证书多用户多关键词密文检索方案和基于无证书可搜索加密的 EHR 数据密文检索方案等。第 8 章介绍签密体制，主要包括基于多消息多接收者签密的医疗数据共享方案、基于签密和区块链的车联网电子证据共享方案和无线体域网中支持多密文等值测试的聚合签密方案等。

本书相关研究得到了国家密码科学基金项目(2025NCSF02040)、国家自然科学基金项目(62362059)、甘肃省高等学校产业支撑计划项目(2023CYZC-09)、甘肃省重点研发计划项目(23YFGA0081)、甘肃省自然科学基金重点项目(23JRRA685)、甘肃省基础研究创新群体项目(23JRRA684)和西北师范大学研究生培养质量提升-研究生一流教材建设项目的资助，感谢以上项目及西北师范大学、广州大学、密码科学技术全国重点实验室、丝绸之路信息港(甘肃)研究院有限责任公司、国网甘肃省电力公司电力科学研究院、甘肃海丰信息科技有限公司、甘肃创信信息科技有限责任公司和甘肃省商用密码行业协会的大力支持。特别感谢我的硕士研究生导师陆洪文教授、博士研究生导师王彩芬教授和博士后合作导师冯登国院士，是他们引领我走进充满挑战和激情的密码学研究领域。感谢杜小妮教授、冯涛教授、牛淑芬教授、张学军教授、陆军教授、贾俊杰副教授、曹天涯副教授、谢宗阳副教授、蓝才会副教授、姚海龙副教授和闫军才副研究员为本书的撰写提供了许多宝贵建议。此外，感谢研究生李松谕、魏丽珍、杨兰、李沐紫、罗熙来、王晨赓、李瑞婷、王雅琪、廉舒茜、姚恪、张园馨、钟亚彤、何君茹、王多加和周毅为本书的出版做了大量辅助性工作。

限于作者水平，书中难免存在不妥之处，恳请读者批评指正。

杨小东

2025 年 3 月定稿于兰州

目　录

前言

第 1 章　密码学基础 …… 1

1.1　密码学数学基础 …… 1

1.2　哈希函数 …… 3

1.3　公钥密码体制 …… 4

1.3.1　RSA 公钥密码 …… 5

1.3.2　ElGamal 公钥密码 …… 6

1.3.3　Diffie-Hellman 密钥交换协议 …… 6

1.4　数字签名 …… 8

1.4.1　RSA 数字签名 …… 8

1.4.2　ElGamal 数字签名 …… 9

参考文献 …… 9

第 2 章　强不可伪造的基于身份签名体制 …… 11

2.1　引言 …… 11

2.2　形式化模型 …… 12

2.3　标准模型下强不可伪造的基于身份签名方案 …… 13

2.3.1　Tsai 方案描述 …… 13

2.3.2　Tsai 方案的安全性证明 …… 14

2.3.3　Tsai 方案的安全性分析 …… 15

2.3.4　改进的基于身份签名方案 …… 17

2.4　可撤销和强不可伪造的基于身份签名方案 …… 20

2.4.1　Hung 方案描述 …… 21

2.4.2　Hung 方案的安全性分析 …… 22

2.4.3　改进的 RIBS 方案 …… 23

参考文献 …… 30

第 3 章　无证书签名体制 …… 33

3.1　引言 …… 33

3.2　形式化模型 …… 34

3.3　标准模型下强不可伪造的无证书签名方案 …… 36

3.3.1 Wu 方案描述 …… 36
3.3.2 Wu 方案的安全性分析 …… 38
3.3.3 改进的无证书签名方案 …… 39
3.4 面向移动支付交易的无证书签名方案 …… 45
3.4.1 Qiao 方案描述 …… 45
3.4.2 Qiao 方案的安全性分析 …… 46
3.4.3 改进的无双线性对的无证书签名方案 …… 47
3.5 基于无证书签名的物联网数据认证方案 …… 50
参考文献 …… 62
第 4 章 抗合谋攻击的无证书聚合签名体制 …… 65
4.1 引言 …… 65
4.2 无证书聚合签名方案的安全性定义 …… 67
4.3 面向车载自组织网络的无证书聚合签名方案 …… 69
4.3.1 Wang 方案描述 …… 69
4.3.2 Wang 方案的安全性分析 …… 70
4.3.3 面向 VANETs 的改进 CLAS 方案 …… 72
4.4 基于无证书聚合签名的多方合同签署协议 …… 78
4.4.1 Cao 方案描述 …… 78
4.4.2 Cao 方案的安全性分析 …… 80
4.4.3 面向多方合同签署的改进 CLAS 方案 …… 82
4.5 面向无线医疗传感器网络的无证书聚合签名方案 …… 84
4.5.1 Zhan 方案描述 …… 84
4.5.2 Zhan 方案的安全性分析 …… 87
4.5.3 面向无线医疗传感器网络的改进 CLAS 方案 …… 90
参考文献 …… 99
第 5 章 具有附加性质的代理重签名体制 …… 102
5.1 引言 …… 102
5.2 部分盲代理重签名体制 …… 104
5.2.1 形式化模型 …… 104
5.2.2 双向部分盲代理重签名方案 …… 106
5.3 可撤销的基于身份代理重签名体制 …… 111
5.3.1 形式化模型 …… 112
5.3.2 标准模型下可撤销的双向基于身份代理重签名方案 …… 114
5.4 在线/离线门限代理重签名体制 …… 121
5.4.1 变色龙哈希函数 …… 122

5.4.2 三种常用的密码协议 …… 123
5.4.3 形式化定义 …… 124
5.4.4 基于变色龙哈希函数的在线/离线门限代理重签名方案 …… 125
5.5 服务器辅助验证代理重签名体制 …… 129
5.5.1 形式化模型 …… 130
5.5.2 强不可伪造的服务器辅助验证代理重签名方案 …… 130
5.6 基于代理重签名的云端跨域身份认证方案 …… 134
5.6.1 跨域身份认证信任模型 …… 135
5.6.2 方案描述 …… 136
5.6.3 有效性分析 …… 143
5.6.4 其他性能分析 …… 146
参考文献 …… 147
第 6 章 不可否认的强指定验证者签名体制 …… 151
6.1 引言 …… 151
6.2 形式化模型 …… 152
6.3 标准模型下不可否认的强指定验证者签名方案 …… 155
参考文献 …… 162
第 7 章 可搜索加密体制 …… 164
7.1 引言 …… 164
7.2 形式化模型 …… 165
7.3 支持策略隐藏且密文长度恒定的可搜索加密方案 …… 167
7.4 基于云边协同的无证书多用户多关键词密文检索方案 …… 177
7.5 基于无证书可搜索加密的 EHR 数据密文检索方案 …… 184
7.5.1 系统模型 …… 184
7.5.2 方案描述 …… 185
7.5.3 安全性与性能分析 …… 190
参考文献 …… 192
第 8 章 签密体制 …… 195
8.1 引言 …… 195
8.2 形式化模型 …… 197
8.3 基于多消息多接收者签密的医疗数据共享方案 …… 199
8.4 基于签密和区块链的车联网电子证据共享方案 …… 205
8.5 无线体域网中支持多密文等值测试的聚合签密方案 …… 213
参考文献 …… 221

第 1 章　密码学基础

本章主要介绍密码学的一些基础知识，包括双线性映射、数学困难问题、哈希函数、公钥密码体制、数字签名等。这些知识对于读者阅读本书后面章节是非常必要的。

1.1　密码学数学基础

定义 1.1　设 F 是一个非空集合，$*$是一个二元运算，若 F 对于$*$满足如下四个性质，则称 F 是一个群[1]，记为 $(F,*)$。

(1) 封闭性：任取元素 $a,b \in F$，满足 $a*b \in F$。

(2) 结合律：任取元素 $a,b,c \in F$，有 $a*(b*c)=(a*b)*c$。

(3) 单位元：任取元素 $a \in F$，存在元素 $e \in F$，使得 $a*e=e*a=a$。

(4) 逆元：任取元素 $a \in F$，存在元素 $a^{-1} \in F$，使得 $a*a^{-1}=a^{-1}*a=e$。

如果群 F 包含的元素个数是有限的，那么称 F 为有限群；否则，称 F 为无限群。F 包含的元素个数称为 F 的阶，记为 $|F|$。若 $(F,*)$ 中的元素满足交换律，即任取元素 $a,b \in F$，满足 $a*b=b*a$，则称 F 是一个交换群[2]。

定义一个群中元素的幂运算为该元素的重复运算，即 $a^n = \underbrace{a+\cdots+a}_{n}$，规定 $a^0=e$。若对于元素 $a \in F$，存在正整数 $i \in Z$ 使得 $a^i=e$，则称满足此要求的最小正整数 i 为元素 a 的阶[3]。

若群 F 中的每个元素可以表示为一个元素 $a \in F$ 的幂 a^k，则称 F 是一个循环群，记为 $F=\langle a \rangle = \{a^k \mid k \in Z\}$，元素 a 被称为 F 的生成元。

定义 1.2　设 F 是一个非空集合，$+$和$*$是两个二元运算，若 F 对于$+$和$*$满足如下三个性质，则称 F 是一个域[4]，记为 $(F,+,*)$。

(1) $(F,+)$ 是一个交换群。

(2) $(F^*,*)$ 是一个交换群，这里 $F^*=F\setminus\{0\}$。

(3) 分配律：任取元素 $a,b,c \in F$，满足

$$a*(b+c)=a*b+a*c \quad 和 \quad (b+c)*a=b*a+c*a$$

若域 F 的元素个数是有限的，则称 F 为有限域；否则，称 F 为无限域[5]。

设 $q>3$ 是一个素数，集合 $Z_q=\{0,\cdots,q-1\}$ 对于模加法 $\oplus$ 和模乘法 $\otimes$ 构成一个有限域[6]，即任取元素 $a,b\in Z_q$ ，定义 $a\oplus b=a+b \bmod q$ 和 $a\otimes b=a\times b \quad \bmod q$ ，其中+和 $\times$ 分别是整数的普通加法和乘法。

令椭圆曲线 E 由满足方程 $y^2=x^3+ax+b \bmod q$ 的解 (x,y) 所对应的点构成，其中 $a,b\in Z_q$ 且 $4a^3+27b^2\neq 0 \bmod q$ 。一个基于 E 的椭圆曲线加法群定义为 $G=\{(x,y)\in E \mid x,y\in Z_q\}\bigcup\{O\}$ ，这里 O 是一个无穷远点；根据弦切(chord-and-tangent)法则[7]，G 中加法和倍乘运算分别定义为 $U=Q+R$ 和 $kR=\underbrace{R+\cdots+R}_{k}$ ，其中 $U,Q,R\in G$ 。关于椭圆曲线及其运算的详细介绍请参阅文献[8]～[10]。

定义 1.3　假设 G_1 和 G_2 是两个阶为素数 q 的乘法循环群，g 是 G_1 的一个生成元。如果映射 $e:G_1\times G_1\to G_2$ 满足以下三个性质，则称 e 是一个双线性映射或双线性对[11]。

(1) 双线性：对于任意 $x,y\in Z_q^*=Z_q\setminus\{0\}$ ，有 $e(g^x,g^y)=e(g,g)^{xy}$ 。

(2) 非退化性：$e(g,g)\neq 1_{G_2}$ ，其中 1_{G_2} 表示 G_2 中的单位元。

(3) 可计算性：对于 $x,y\in Z_q^*$，存在有效的算法计算 $e(g^x,g^y)$ 。

双线性映射是设计密码方案(如基于身份的密码方案)的重要工具，可以利用有限域上超椭圆曲线中的 Tate 对或 Weil 对来构造[12,13]。

可证明安全性理论在一定的安全模型下能够证明一个密码方案达到特定的安全目标，采用“归约”方法将密码方案的安全性关联到某个数学困难问题。由于数学困难问题是公认难以求解的，因此证明攻击者在多项式时间内攻破密码方案的概率是可忽略的。下面给出与本书密码方案相关的数学困难问题[14-16]，密码方案的安全性依赖于这些数学问题的困难性，即无法在多项式时间内以不可忽略的概率解决这些数学困难问题。

定义 1.4　大整数因子分解问题：给定一个大整数 $n=pq$ ，计算 n 的两个素数因子 p 和 q 。

定义 1.5　离散对数(discrete logarithm，DL)问题：令 p 是一个大素数，Z_p^* 是一个乘法循环群，g 是 Z_p^* 的一个生成元。给定 Z_p^* 中的一个二元组 (g,y) ，计算 x 使得 $y=g^x$ 。

定义 1.6　椭圆曲线离散对数(elliptic curve discrete logarithm，ECDL)问题：给定一个二元组 $(g,g^a)\in G_1^2$ ，其中 G_1 是一个椭圆曲线群，计算 $a\in Z_q^*$ 。

定义 1.7　计算性 Diffie-Hellman(computational Diffie-Hellman，CDH)问题：给定一个三元组 $(g,g^a,g^b)\in G_1^3$ ，其中 $a,b\in Z_q^*$ 是未知的，计算 $g^{ab}\in G_1$ 。

定义 1.8 判定性 Diffie-Hellman(decisional Diffie-Hellman，DDH)问题：给定一个四元组$(g,g^a,g^b,g^c)\in G_1^3$，其中$a,b,c\in Z_q^*$是未知的，判定$c=ab \bmod q$是否成立。

定义 1.9 Diffie-Hellman 逆(Diffie-Hellman inversion，DHI)问题：给定一个二元组$(g,g^a)\in G_1^2$，其中$a\in Z_q^*$是未知的，计算$g^{a^{-1}}\in G_1$。

定义 1.10 双线性 Diffie-Hellman(bilinear Diffie-Hellman，BDH)问题：给定一个四元组$(g,g^a,g^b,g^c)\in G_1^3$，其中$a,b,c\in Z_q^*$是未知的，计算$e(g,g)^{abc}\in G_2$。

定义 1.11 判定双线性 Diffie-Hellman(decisional bilinear Diffie-Hellman，DBDH)问题：给定一个四元组$(g,g^a,g^b,g^c)\in G_1^4$和一个元素$Z\in G_2$，其中$a,b,c\in Z_q^*$是未知的，判断$Z=e(g,g)^{abc}$是否成立。

定义 1.12 平方 Diffie-Hellman(square Diffie-Hellman，SDH)问题：给定一个二元组$(g,g^a)\in G_1^2$，其中$a\in Z_p^*$是未知的，计算$g^{a^2}\in G_1$。

定义 1.13 q-判定双线性 Diffie-Hellman 指数(q-decisional bilinear Diffie-Hellman exponent，q-BDHE)问题：给定G_2中的一个随机元素T和G_1中的一个元组$y_{g,a,q}=(g_1,g_2,\cdots,g_q,g_{q+2},\cdots,g_{2q},g^r)\in G_1^{2q+1}$，其中$a,r\in Z_p^*$未知且$g_i=g^{a^i}$，判定$(g,y_{g,a,q},e(g_{q+1},g^r))$与$(g,y_{g,a,q},T)$是否相同。

定义 1.14 判定线性 Diffie-Hellman(decisional linear Diffie-Hellman，DLDH)问题：给定一个六元组$(g_1,g_2,g_3,g_1^a,g_2^b,g_3^c)\in G_1^6$，其中$a,b,c\in Z_q^*$是未知的，判定$c=a+b \bmod q$是否成立。

1.2 哈 希 函 数

哈希(Hash)函数是密码学的基本工具，被广泛应用于数字签名、消息完整性验证、区块链等领域。Hash 函数是一种将任意长度的消息压缩成一个固定长度消息的函数，其输出值通常被称为 Hash 值(或哈希值)。Hash 函数的功能是为消息产生一个“数字指纹”，其长度通常为 128～512bit。Hash 函数通常又被称为单向散列函数、杂凑函数或消息摘要，在实际应用中通常采用特定的混合操作来设计 Hash 函数，而不是基于经典的数学困难问题。目前常用的哈希函数有消息摘要算法 MD5、安全散列算法 SHA-512、国密杂凑算法 SM3 等[15,16]。

定义 1.15 Hash 函数$H:\{0,1\}^*\to\{0,1\}^l$是将一个任意长度的消息 m 映射为一个固定长度为 l、输出值$h=H(m)$的函数，必须满足如下四个性质。

(1) 可计算性：给定消息 m，能够在多项式时间内计算哈希值$h=H(m)$。

(2) 单向性：给定哈希值 $h = H(m)$，在多项式时间内计算 m 是不可行的。

(3) 弱碰撞性：给定一个消息 m_1，寻找另外一个消息 m_2，使得 $H(m_1) = H(m_2)$ 在计算上是不可行的。

(4) 强碰撞性：寻找两个不同的消息 m_1 和 m_2，使得 $H(m_1) = H(m_2)$ 在计算上是不可行的。

Hash 函数本质上是一个确定性算法，相同的输入消息对应相同的输出值(哈希值)。然而，固定长度的输出意味着所有输入输出组合中一定存在碰撞。例如，MD5 的抗碰撞性较差，无法有效抵抗生日攻击[15]。因此，一个安全的 Hash 函数需要满足以下条件：输入消息中任何一个比特的改变都会导致雪崩效应，产生一个完全不同的哈希值，攻击者很难找到有效的方法计算出哈希函数的碰撞。

如果一个哈希函数 H 满足以下三个性质，则认为 H 是一个随机预言机[16]。

(1) 均匀性：对于任意输入 m，对应的输出 $H(m)$ 在 $\{0,1\}^l$ 上是均匀分布的。

(2) 确定性：对于相同的输入 m，输出值 $H(m)$ 也是相同的。

(3) 有效性：对于输入的 m，能在有效时间内计算 $H(m)$。

1.3 公钥密码体制

密码学的基本安全目标主要包括保密性、完整性、可用性和不可抵赖性。其中，保密性主要确保信息仅被合法用户访问，而不能泄露给非授权用户。根据密钥方式，密码体制分为两大类：对称密码体制和非对称密码体制。对称密码体制又称单钥密码体制，解密密钥和加密密钥相同或从一个密钥很容易推导出另外一个密钥。常用的对称密码算法包括数据加密标准(DES)、三重数据加密算法(3DES)、高级加密标准(AES)、国际数据加密算法 (IDEA)、国密分组密码算法(SM4)、祖冲之算法(ZUC)等[17]。对称密码算法的优点是加密和解密的速度快，但存在密钥管理复杂、密钥分发需要安全信道、难以实现不可否认性等问题[18]。

公钥密码体制能够有效解决对称密码体制中的密钥分配和数字签名问题，在加密和解密阶段使用不同的密钥。在公钥密码体制中，每个用户拥有一个公开的公钥和秘密的私钥，私钥被用来签名或解密消息，对应的公钥来验证签名的合法性或加密消息。攻击者很难通过公钥计算出私钥，其难度等价于求解一个数学困难问题[19]。常用的公钥密码算法有国密公钥密码算法(SM2)、国密标识密码算法(SM9)、基于大整数因子分解问题的加密算法(RSA)、基于有限域离散对数问题的加密算法(ElGamal)、基于椭圆曲线离散对数问题的加密算法(ECC)等。

基于公钥密码体制的加密消息流程如图 1.1 所示。

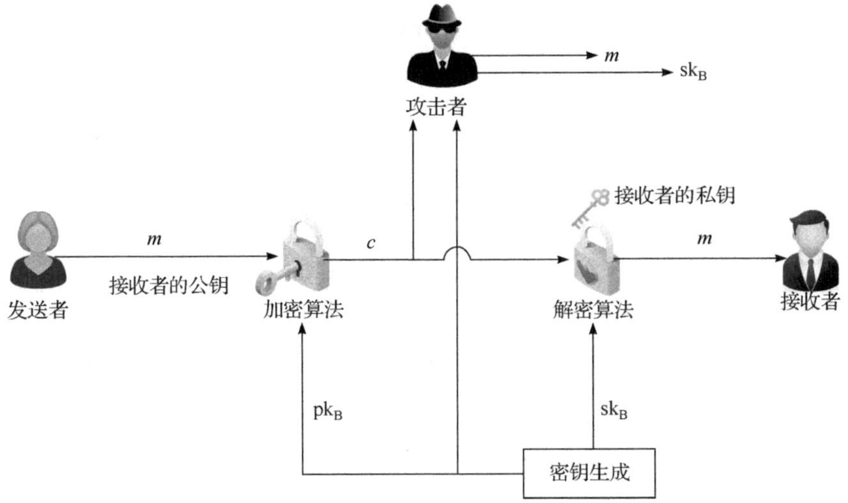

图 1.1　基于公钥密码体制的加密消息流程

假设消息的发送者和接收者分别为 Alice 和 Bob，Alice 利用 Bob 的公钥 $\mathrm{pk_B}$ 和加密算法 $\mathrm{Enc}(\cdot)$ 对消息 m 进行加密，生成对应的密文 $c=\mathrm{Enc}_{\mathrm{pk_B}}(m)$。Bob 使用自己的私钥 $\mathrm{sk_B}$ 和解密算法 $\mathrm{Dec}(\cdot)$ 对密文 c 进行解密，获得消息 $m=\mathrm{Dec}_{\mathrm{sk_B}}(c)$。

1.3.1　RSA 公钥密码

1976 年，Diffie 等[20]发表了 *New directions in cryptography*，提出了公钥密码体制的思想。1978 年，Rivest 等[21]提出了第一个公开的公钥密码方案 RSA，该方案成为目前使用最广泛的公钥密码体制之一，其安全性基于大整数因子分解问题。RSA 是一个确定性的加密方案，包括如下三个算法。

1. 密钥生成

(1) 选择两个秘密的大素数 p 和 q。

(2) 计算两个素数的乘积 $n=pq$ 和欧拉函数 $\phi(n)=(p-1)(q-1)$。

(3) 随机选择一个整数 $e(1<e<\phi(n))$，满足 e 和 $\phi(n)$ 互素，即 $\gcd(e,\phi(n))=1$。

(4) 计算 e 的逆元 $d=e^{-1} \bmod \phi(n)$。

(5) 保密私钥 d，公开公钥 (n,e)。

2. 加密

对于消息 m，发送者利用公钥 (n,e) 执行如下的加密操作：

$$c = m^e \bmod n$$

其中，c 为消息 m 的密文。

3. 解密

对于密文 c，接收者利用私钥 d 执行如下的解密操作来恢复消息：

$$m = c^d \bmod n$$

1.3.2 ElGamal 公钥密码

1985 年，ElGamal[22]提出了一种基于离散对数问题的公钥密码方案，通常称为 ElGamal 公钥密码体制。该方案是一个随机化的加密方案，密文依赖于明文和随机数，即同一个消息多次加密后得到的密文不一定相同。ElGamal 公钥密码方案主要包括如下三个算法。

1. 密钥生成

(1) 选择一个大素数 p，其中 $p-1$ 有一个大素数因子。

(2) 选择 g 为有限群 Z_p^* 的一个生成元。

(3) 随机选择一个整数 $x(1 \leqslant x \leqslant p-2)$，计算 $y = g^x \bmod p$。

(4) 保密私钥 x，公开公钥 y。

2. 加密

对于消息 m，发送者利用公钥 y 执行如下的加密操作。

(1) 随机选择一个整数 $k(1 \leqslant k \leqslant p-2)$。

(2) 计算 $c_1 = g^k \bmod p$。

(3) 计算 $c_2 = y^k m \bmod p$。

(4) 设置密文 $c = (c_1, c_2)$。

3. 解密

对于密文 c，利用私钥 x 计算消息 $m = c_2 (c_1^x)^{-1} \bmod p$。

1.3.3 Diffie-Hellman 密钥交换协议

1976 年，Diffie 等[20]提出了一种在两个用户间进行密钥协商的协议，即 Diffie-Hellman 密钥交换协议，通信双方可以在不安全的公开信道上协商产生一个共享的秘密密钥。该协议的安全性基于有限群上的离散对数问题。这个密钥交换协议只能用于密钥的交换，不能进行消息的加密和解密。通信双方确定共同的密钥后，需要使用其他对称加密算法实现消息的加密与解密。假设通信双方为 Alice 和 Bob，该协议的执行过程如图 1.2 所示，具体描述如下。

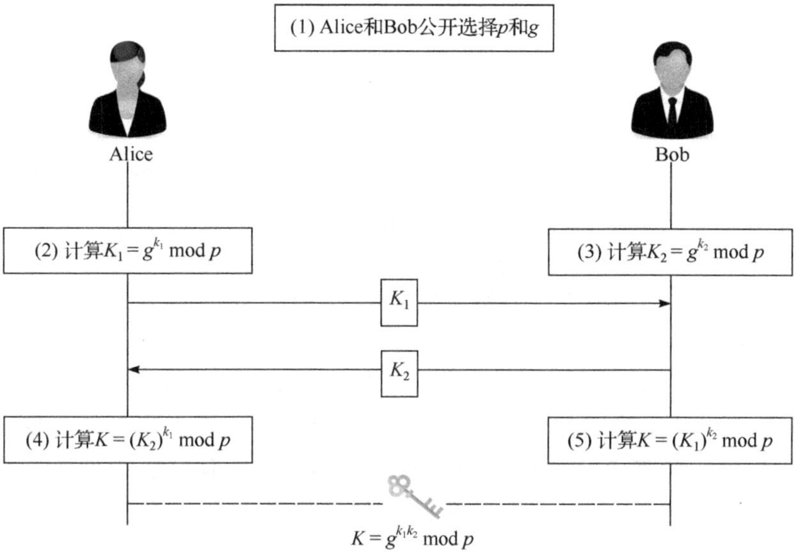

图 1.2　Diffie-Hellman 密钥交换协议的执行过程

1. 系统参数生成

Alice 和 Bob 共同产生如下的系统参数：

(1) 选择一个大素数 p，其中 $p-1$ 有一个大素数因子。

(2) 选择 g 为有限群 Z_p^* 的一个生成元。

(3) 公开系统参数 (p,g)。

2. 密钥协商

(1) Alice 随机选择一个整数 $k_1(1\leqslant k_1\leqslant p-2)$，计算 $K_1=g^{k_1} \bmod p$，然后发送 K_1 给 Bob。

(2) Bob 随机选择一个整数 $k_2(1\leqslant k_2\leqslant p-2)$，计算 $K_2=g^{k_2} \bmod p$，然后发送 K_2 给 Alice。

(3) Alice 计算共享密钥 $K=(K_2)^{k_1} \bmod p$。

(4) Bob 计算共享密钥 $K=(K_1)^{k_2} \bmod p$。

在上述密钥协商过程中，由于

$$K=(K_2)^{k_1} \bmod p=(g^{k_2} \bmod p)^{k_1} \bmod p=g^{k_2k_1} \bmod p=(g^{k_1} \bmod p)^{k_2}=(K_1)^{k_2} \bmod p$$

因此，Alice 和 Bob 能生成一个相同的密钥 K 。然而，Diffie-Hellman 密钥交换协议无法抵抗中间人攻击，在实际应用中需要利用数字签名等认证机制解决中间人攻击问题[19]。

1.4 数字签名

数字签名是公钥密码的重要组成部分，在数据完整性检验、身份鉴别、防否认等方面发挥着重要作用，已成为网络信息安全的关键技术之一。在数字签名中，公钥和私钥的顺序正好与公钥加密系统相反，发送者先利用自己的私钥生成消息的数字签名，当接收者收到数字签名和消息后，利用发送者的公钥验证这个数字签名的有效性。一方面，数字签名使接收者能验证发送者的签名，但不能伪造发送者的签名；另一方面，发送者不能否认所签发消息的有效签名。一旦收发双方发生争执时，由第三方仲裁者出面协商解决。第一个数字签名方案由 Rivest 等[21]提出，此后数字签名的理论与技术在密码学界受到广泛的重视。具有代表性的数字签名方案包括基于有限域离散对数问题的 ElGamal 签名方案[22]及其变形的相关签名方案[23,24]。

1.4.1 RSA 数字签名

RSA 密码方案[21]可以用于加密和数字签名，下面介绍 RSA 密码方案的签名功能。

1. 密钥生成

(1) 选择两个秘密的大素数 p 和 q。

(2) 计算两个素数的乘积 $n = pq$ 和欧拉函数 $\phi(n) = (p-1)(q-1)$ 。

(3) 随机选择一个整数 $e(1 < e < \phi(n))$ ，满足 e 和 $\phi(n)$ 互素，即 $\gcd(e, \phi(n)) = 1$ 。

(4) 计算 e 的逆元 $d = e^{-1} \bmod \phi(n)$ 。

(5) 保密私钥 d ，公开 n 和公钥 e 。

2. 签名

对于消息 m ，签名者利用私钥 d 计算 m 的签名 $\sigma = m^d \bmod n$ 。

3. 验证

对于签名 σ ，验证者利用公钥 e 验证等式 $m = \sigma^e \bmod n$ 是否成立。若等式成立，则验证者接受 σ 是 m 的有效签名。

1.4.2　ElGamal 数字签名

ElGamal 数字签名方案[22]是一个非确定性的签名方案，其安全性基于离散对数问题的困难性。基于 ElGamal 数字签名方案的变体非常多，如美国数字签名标准(DSS)等。下面主要介绍 ElGamal 数字签名方案的签名功能。

1. 密钥生成

(1) 选择一个大素数 p，其中 $p-1$ 有一个大素数因子。

(2) 选择 g 为有限群 Z_p^* 的一个生成元。

(3) 随机选择一个整数 $x(1 \leqslant x \leqslant p-2)$，计算 $y = g^x \bmod p$。

(4) 保密私钥 x，公开公钥 y。

2. 签名

对于消息 m，签名者利用私钥 x 执行如下的签名操作。

(1) 随机选择一个整数 $k(1 \leqslant k \leqslant p-2)$。

(2) 计算 $\sigma_1 = g^k \bmod p$。

(3) 计算 $\sigma_2 = (m-x)k^{-1} \bmod (p-1)$。

(4) 设置签名 $\sigma = (\sigma_1, \sigma_2)$。

3. 验证

对于消息 m 的签名 $\sigma = (\sigma_1, \sigma_2)$，验证者通过公钥 y 验证等式 $(\sigma_1)^{\sigma_2} y = g^m \bmod p$ 是否成立。若该等式成立，则验证者接受签名 σ。

参考文献

[1] 王小云, 王明强, 孟宪萌, 等. 公钥密码学的数学基础[M]. 2 版.北京: 科学出版社, 2022.

[2] 陈恭亮. 信息安全数学基础[M]. 北京: 清华大学出版社, 2004.

[3] 许春香, 周俊辉. 信息安全数学基础[M]. 成都: 电子科技大学出版社, 2008.

[4] 杨波. 网络空间安全数学基础[M]. 北京: 清华大学出版社, 2020.

[5] 姜正涛. 信息安全数学基础[M]. 北京: 电子工业出版社, 2017.

[6] 任伟. 信息安全数学基础: 算法、应用与实践[M]. 2 版. 北京: 清华大学出版社, 2018.

[7] KOBLITZ N. Elliptic curve cryptosystems[J]. Mathematics of Computation, 1987, 48(177): 203-209.

[8] 李超, 付邵静. 信息安全数学基础[M]. 北京: 电子工业出版社, 2015.

[9] 巫玲. 信息安全数学基础[M]. 北京: 清华大学出版社, 2016.

[10] 常相茂. 信息安全数学基础[M]. 西安: 西安电子科技大学出版社, 2019.
[11] 裴定一, 徐祥, 董军武.信息安全数学基础[M]. 2 版. 北京: 人民邮电出版社, 2016.
[12] 秦艳琳. 信息安全数学基础[M]. 武汉: 武汉大学出版社, 2014.
[13] 旭云, 廖永建, 熊虎. 信息安全数学基础[M]. 2 版. 北京: 科学出版社, 2022.
[14] 贾春福, 钟安鸣, 赵源超. 信息安全数学基础[M]. 北京: 清华大学出版社, 2018.
[15] 周福才, 徐剑. 格理论与密码学[M]. 北京: 科学出版社, 2013.
[16] 李发根, 廖永建. 数字签密原理与技术[M]. 北京: 科学出版社, 2014.
[17] BEDOUI M, MESTIRI H, BOUALLEGUE B, et al. An improvement of both security and reliability for AES implementations[J]. Journal of King Saud University-Computer and Information Sciences, 2022, 34(10): 9844-9851.
[18] 吴文玲, 眭晗, 张斌. 轻量级密码学[M]. 北京: 清华大学出版社, 2022.
[19] 杨波. 现代密码学[M]. 5 版. 北京: 清华大学出版社, 2022.
[20] DIFFIE W, HELLMAN M E. New directions in cryptography[J]. IEEE Transactions on Information Theory, 1976, 22(6): 644-654.
[21] RIVEST R L, SHAMIR A, ADLEMAN L. A method for obtaining digital signatures and public-key cryptosystems[J]. Communications of the ACM, 1978, 21(2): 120-126.
[22] ELGAMAL T. A public key cryptosystem and a signature scheme based on discrete logarithms[J]. IEEE Transactions on Information Theory, 1985, 31(4): 469-472.
[23] SCHNORR C P. Efficient identification and signatures for smart cards[C]. Proceedings of Advances in Cryptology-CRYPTO'89, New York, USA, 1990: 239-252.
[24] 李雨潼. 基于身份及无证书签名方案的分析与研究[D]. 兰州: 西北师范大学, 2020.

第 2 章　强不可伪造的基于身份签名体制

强不可伪造的基于身份签名体制具有更强的安全性，不仅能抵抗攻击者伪造新消息的签名，还能阻止攻击者伪造已签名消息的有效签名，被用于设计签密、群签名、密钥交换等密码方案，以及构造防止用户重复消费的电子票据、电子货币等系统。本章首先介绍强不可伪造的基于身份签名方案的形式化模型，然后分析两种强不可伪造的基于身份签名方案的安全性，给出针对安全缺陷的改进方案，并在标准模型下证明改进方案在适应性选择身份和消息攻击下满足强不可伪造性。

2.1　引　　言

在公钥密码体制中，用户公钥的真实性认证非常重要。在公钥基础设施(public key infrastructure，PKI)中，由认证机构签发数字证书来绑定用户的身份信息和公钥，但数字证书的管理开销过于庞大，无法适用于计算能力与存储资源受限的环境。Shamir[1]提出了基于身份的公钥密码体制，将用户唯一的身份信息作为用户公钥，由一个完全可信的私钥生成中心(PKG)生成用户的私钥。基于身份的密码系统直接使用公开身份信息进行通信，无需使用复杂的公钥证书，大大简化了公钥管理。

Boneh 等[2]提出第一个基于身份的加密方案后，一些在随机预言机模型中[3,4]可证明安全的基于身份密码方案也相继被提出。在随机预言机模型中，哈希函数被看作一个可快速计算的随机函数；用具体的哈希函数实例化随机预言机时，随机预言机模型并不一定能确保密码方案的实际安全性。随机预言机模型的安全性证明存在争议，但基于随机预言机模型设计的密码方案具有较高的运行效率[5,6]。在标准模型中仅要求哈希函数是普通的抗碰撞函数，因此在标准模型下设计的密码方案具有更高的安全性。

大部分签名方案在适应性选择消息攻击下被证明是存在不可伪造的，即攻击者不能伪造一个新消息的有效签名。然而，存在不可伪造性无法阻止攻击者对已签名消息的伪造攻击，攻击者很容易利用以往的消息/签名组合来伪造当前消息的签名，导致在现实中一个消息对应多个有效的签名[7]。因此，研究标准模型下具有强不可伪造性和更多安全属性的基于身份数字签名方案，具有重要的理论价值和现实意义。

基于 Waters[8]提出的基于身份加密方案(简称 Waters 方案)，Paterson 等[9]构造了一个标准模型下安全的基于身份签名方案。随后，研究者设计了一系列无随机预言机的基于身份签名方案[10-12]，但这些方案仅满足存在不可伪造性[13]。Sato 等[14]提出了一个标准模型下强不可伪造的基于身份签名方案，但签名的长度过大且签名的验证效率较低。结合 Waters 方案[8]和 Boneh-Boyen 方案[15]，Kwon[16]构造了一个标准模型下高效的基于身份签名方案，并在 CDH 假设下证明该方案满足强不可伪造性。然而，Lee 等[17]发现该方案的安全性无法正确地归约到 CDH 问题的困难性。Tsai 等[18]设计了一个强不可伪造的基于身份签名方案(简称 Tsai 方案)，并在标准模型中证明了该方案的安全性，但 Yang 等[19]发现 Tsai 方案不满足强不可伪造性。

用户撤销功能对于一个实用的密码系统是非常重要的。例如，用户丢失了密钥或不再是一个合法的用户，这就需要从系统中撤销该用户。基于 PKI 的密码系统通过公钥证书的撤销机制来实现对用户的撤销。然而，在基于身份的密码系统中，用户公钥是用户的唯一身份信息，因此无法直接从系统中撤销用户公钥。目前，基于身份的密码系统主要采用定期更新密钥的技术[2,20,21]来实现用户的撤销，即 PKG 周期性地更新未撤销用户的私钥。Sun 等[22]提出了一个可撤销的基于身份签名方案，但其安全性证明依赖于理想的随机预言机。Tsai 等[23]设计了一个标准模型下可撤销的基于身份签名方案，但该方案不支持强不可伪造性。Liu 等[24]提出了一个标准模型下强不可伪造的可撤销基于身份签名方案，但该方案无法抵抗签名密钥泄露攻击。Hung 等[25]构造了一个可撤销的基于身份签名方案(简称 Hung 方案)，并在标准模型下证明该方案在适应性选择身份和消息攻击下是强不可伪造的。然而，Yang 等[26]发现 Hung 方案不满足强不可伪造性，并且无法抵抗签名密钥泄露攻击。

2.2　形式化模型

一个强不可伪造的基于身份签名方案与普通的基于身份签名方案基本相同，包括以下 4 个算法[18]。

(1) 系统建立(Setup)算法：输入一个安全参数 $\lambda \in Z$，输出系统参数 cp 和 PKG 的主密钥 msk。

(2) 密钥提取(Extract)算法：输入 cp、msk 和一个用户身份 ID，输出 ID 的私钥 sk。

(3) 签名(Sign)算法：输入 cp、sk 和一个消息 M，输出 M 的签名 σ。

(4) 验证(Verify)算法：输入 cp、ID 和消息 M 的签名 σ，如果 σ 是一个合法

的签名，输出 1；否则，输出 0。

下面利用挑战者 $\mathcal{C}$ 和攻击者 $\mathcal{A}$ 之间的安全游戏来定义基于身份签名方案的强不可伪造性。

(1) 系统初始化：给定一个安全参数 $\lambda \in Z$，$\mathcal{C}$ 运行 Setup 算法生成系统参数 cp 和 PKG 的主密钥 msk，然后将 cp 发送给 $\mathcal{A}$。

(2) 询问：$\mathcal{A}$ 能自适应性地向 $\mathcal{C}$ 发起以下两个预言机的询问。

① 私钥提取询问：输入一个身份 ID_i，$\mathcal{C}$ 运行 Extract 算法将生成的私钥 sk_i 返回给 $\mathcal{A}$。

② 签名询问：输入一个身份 ID_i 和一个消息 M_i，$\mathcal{C}$ 运行 Sign 算法将生成的签名 σ_i 返回给 $\mathcal{A}$。

(3) 伪造：$\mathcal{A}$ 最后输出一个关于身份 ID^* 的消息/签名对 (M^*, σ^*)。如果 σ^* 是一个关于 ID^* 和消息 M^* 的合法签名，并且 ID^* 从未进行过私钥提取询问，σ^* 也不是签名询问关于 (ID^*, M^*) 的输出，则称 $\mathcal{A}$ 在游戏中获胜。

定义 2.1　如果多项式时间内攻击者 $\mathcal{A}$ 在以上游戏中获胜的概率是可忽略的，则称基于身份的签名方案在适应性选择身份和消息攻击下是强不可伪造的[18]。

需要说明的是，存在不可伪造性在伪造阶段要求 M^* 未进行过签名询问。

2.3　标准模型下强不可伪造的基于身份签名方案

为了克服 Tsai 方案[18]的安全缺陷，本节给出一个改进的基于身份签名方案[19]。分析结果表明，该改进方案在标准模型下满足强不可伪造性，并且具有较低的计算开销。

2.3.1　Tsai 方案描述

假定用户身份是长度为 m 的比特串，签名消息是长度为 n 的比特串。Tsai 方案[18]由以下 4 个算法组成。

1) Setup

输入一个安全参数 $\lambda \in Z$，PKG 选择两个阶为素数 p 的循环群 G_1 和 G_2，一个 G_1 的生成元 g 和一个双线性映射 $e: G_1 \times G_1 \to G_2$；在 G_1 中随机选择 $g_2, u_0, u_1, \cdots, u_m, w_0, w_1, \cdots, w_n$，并选择一个抗碰撞的哈希函数 $H: \{0,1\}^* \to \{0,1\}^n$；随机选择 $\alpha \in Z_p^*$，计算 $g_1 = g^{\alpha}$ 和 $\mathrm{msk} = g_2^{\alpha}$。最后，PKG 秘密保存主密钥 msk，公开系统参数 $\mathrm{cp} = (G_1, G_2, p, g, e, g_1, g_2, u_0, u_1, \cdots, u_m, w_0, w_1, \cdots, w_n, H)$。

2) Extract

对于一个用户身份 $\mathrm{ID}=(v_1,v_2,\cdots,v_m)\in\{0,1\}^m$，PKG 随机选择 $r_v\in Z_p^*$，计算 $\mathrm{sk_{ID}}=(\mathrm{sk}_1,\mathrm{sk}_2)=(g_2^{\alpha}U^{r_v},g^{r_v})$，其中 $U=\prod_{i=1}^{m}u_i^{v_i}$；然后，PKG 通过一个安全信道将私钥 $\mathrm{sk_{ID}}$ 发送给用户。

3) Sign

为了生成消息 $M=(M_1,M_2,\cdots,M_n)\in\{0,1\}^n$ 的签名，签名者执行如下步骤。

(1) 随机选择 $r_m\in Z_p^*$，计算 $\sigma_3=g^{r_m}$ 和 $h=H(M,\sigma_3)$。

(2) 利用 $\mathrm{sk_{ID}}=(\mathrm{sk}_1,\mathrm{sk}_2)$ 计算 $\sigma_1=(\mathrm{sk}_1)^hW^{r_m}$ 和 $\sigma_2=(\mathrm{sk}_2)^h$，其中 $W=\prod_{j=1}^{n}w_j^{M_j}$。

(3) 输出 $\sigma=(\sigma_1,\sigma_2,\sigma_3)$ 作为消息 M 的签名。

4) Verify

给定一个身份 ID 和一个消息 M 的签名 $\sigma=(\sigma_1,\sigma_2,\sigma_3)$，验证者计算 $h=H(M,\sigma_3)$。如果等式 $e(\sigma_1,g)=e(g_2,g_1)^h e(U,\sigma_2)e(W,\sigma_3)$ 成立，输出 1；否则，输出 0。

2.3.2 Tsai 方案的安全性证明

假定攻击者 $\mathcal{A}$ 最多进行 q_{E} 次私钥提取询问和 q_{S} 次签名询问后，能够伪造一个关于 Tsai 方案的有效签名，则可构造一个挑战者 $\mathcal{C}$ 解决 G_1 上的 CDH 问题。给定一个 CDH 问题实例 (g,g^a,g^b)，$\mathcal{C}$ 为了计算 g^{ab} 与 $\mathcal{A}$ 进行如下的安全游戏。

1. 系统初始化

令 $l_v=2(q_{\mathrm{E}}+q_{\mathrm{S}})$ 和 $l_m=2q_{\mathrm{S}}$，$\mathcal{C}$ 随机选取 $k_v\in\{1,2,\cdots,m\}$ 和 $k_m\in\{1,2,\cdots,n\}$，并选择一个抗碰撞的哈希函数 $H:\{0,1\}^*\to\{0,1\}^n$；在 Z_{l_v} 中随机选取 $x_0,x_1,\cdots,x_m$，在 Z_p 中随机选取 $y_0,y_1,\cdots,y_n$。对于一个用户身份 $\mathrm{ID}=(v_1,v_2,\cdots,v_m)\in\{0,1\}^m$，定义两个函数 $F(\mathrm{ID})=-l_vk_v+x_0+\sum_{i=1}^{m}x_iv_i$ 和 $J(\mathrm{ID})=y_0+\sum_{i=1}^{m}y_iv_i$。$\mathcal{C}$ 在 Z_{l_m} 中随机选取 $c_0,c_1,\cdots,c_n$，在 Z_p 中随机选取 $t_0,t_1,\cdots,t_n$。对于一个消息 $M=(M_1,M_2,\cdots,M_n)\in\{0,1\}^n$，类似地定义函数 $K(M)=-l_mk_m+c_0+\sum_{j=1}^{n}c_jM_j$ 和 $L(M)=t_0+\sum_{j=1}^{n}t_jM_j$。$\mathcal{C}$ 设置参数 $g_1=g^a$，$g_2=g^b$，$u_0=g_2^{-l_vk_v+x_0}g^{y_0}$，$u_i=$

$g_2^{x_i} g^{y_i} (1 \leqslant i \leqslant m)$，$w_0 = g_2^{-l_m k_m + c_0} g^{t_0}$，$w_j = g_2^{c_j} g^{t_j} (1 \leqslant j \leqslant n)$。最后，$\mathcal{C}$ 发送系统参数 $\mathrm{cp} = (G_1, G_2, p, g, e, g_1, g_2, u_0, u_1, \cdots, u_m, w_0, w_1, \cdots, w_n, H)$ 给 $\mathcal{A}$。

2. 询问

$\mathcal{A}$ 能自适应性地向 $\mathcal{C}$ 发起以下预言机询问。

1) 私钥提取询问

对于输入的身份 ID，如果 $F(\mathrm{ID}) = 0 \bmod l_v$，$\mathcal{C}$ 退出模拟游戏；否则，$\mathcal{C}$ 随机选取 $r_v \in Z_p^*$，计算 $\mathrm{sk_{ID}} = (\mathrm{sk}_1, \mathrm{sk}_2) = ((g_1)^{\frac{-J(\mathrm{ID})}{F(\mathrm{ID})}} U^{r_v}, (g_1)^{\frac{-1}{F(\mathrm{ID})}} g^{r_v})$，并将 $\mathrm{sk_{ID}}$ 返回给 $\mathcal{A}$。

2) 签名询问

$\mathcal{A}$ 请求关于身份 ID 和消息 M 的签名询问，$\mathcal{C}$ 执行如下操作。

(1) 如果 $F(\mathrm{ID}) \neq 0 \bmod l_v$，$\mathcal{C}$ 运行 Sign 算法将生成的签名 σ 返回给 $\mathcal{A}$。

(2) 如果 $F(\mathrm{ID}) = 0 \bmod l_v$，$\mathcal{C}$ 计算 $K(M)$。如果 $K(M) = 0 \bmod l_m$，$\mathcal{C}$ 退出模拟游戏。否则，$\mathcal{C}$ 随机选择 $r_v, r_m \in Z_p^*$，然后计算哈希值 $h = H(M, g^{r_m})$，$\sigma_2 = (g^{r_v})^h$，$\sigma_3 = (g_1)^{\frac{-h}{K(M)}} g^{r_m}$ 和 $\sigma_1 = U^{r_v h} (g_1)^{\frac{-L(M)h}{K(M)}} W^{r_m}$，最后将消息 M 的签名 $\sigma = (\sigma_1, \sigma_2, \sigma_3)$ 发送给 $\mathcal{A}$。

3. 伪造

$\mathcal{A}$ 最后输出一个关于身份 ID^* 的消息/签名对 $(M^*, \sigma^* = (\sigma_1^*, \sigma_2^*, \sigma_3^*))$。如果 $F(\mathrm{ID}^*) = 0 \bmod p$ 且 $K(M^*) = 0 \bmod p$，则 $\mathcal{C}$ 计算 $h^* = H(M^*, \sigma_3^*)$，并输出 CDH 值：

$$g^{ab} = \left(\frac{\sigma_1^*}{(\sigma_2^*)^{J(\mathrm{ID}^*)} (\sigma_3^*)^{L(M^*)}} \right)^{\frac{1}{h^*}}$$

否则，$\mathcal{C}$ 退出模拟游戏，宣告模拟失败。

2.3.3 Tsai 方案的安全性分析

1. 针对 Tsai 方案的伪造攻击

如果攻击者 $\mathcal{A}$ 获得一个消息 M 的有效签名 $\sigma' = (\sigma_1', \sigma_2', \sigma_3')$，则 $\mathcal{A}$ 通过下面的步骤能伪造一个关于消息 M 的新签名 $\sigma = (\sigma_1, \sigma_2, \sigma_3)$。

(1) $\mathcal{A}$ 随机选取用户身份 $\mathrm{ID} = (v_1, v_2, \cdots, v_m) \in \{0,1\}^m$ 和消息 $M = (M_1, M_2, \cdots,$

$M_n)\in\{0,1\}^n$，然后发起一个关于 (ID,M) 的签名询问，并获得相应的签名 $\sigma'=(\sigma_1',\sigma_2',\sigma_3')$，其中 $\sigma_1'=g_2^{\alpha h}U^{r_v'h'}W^{r_m'}$，$\sigma_2'=g^{r_v'h'}$，$\sigma_3'=g^{r_m'}$ 和 $h'=H(M,\sigma_3')$。

(2) $\mathcal{A}$ 随机选取 $r_v\in Z_p^*$，计算 $\sigma_1=\sigma_1'U^{r_v}$ 和 $\sigma_2=\sigma_2'g^{r_v}$，并设置 σ_3=σ_3'。

(3) $\mathcal{A}$ 输出一个关于身份 ID 和消息 M 的签名 $\sigma=(\sigma_1,\sigma_2,\sigma_3)$。

由于

$$\begin{aligned}e(\sigma_1,g)&=e(\sigma_1'U^{r_v},g)\\&=e(g_2^{\alpha h}U^{r_v'h'}W^{r_m'}U^{r_v},g)=e(g_2^{\alpha h}U^{r_v'h'+r_v}W^{r_m'},g)\\&=e(g_2^{\alpha h},g)e(U^{r_v'h'+r_v},g)e(W^{r_m'},g)=e(g_2,g^{\alpha})^h e(U,g^{r_v'h'+r_v})e(W,g^{r_m'})\\&=e(g_2,g_1)^h e(U,\sigma_2)e(W,\sigma_3)\end{aligned}$$

因此 $\mathcal{A}$ 伪造的签名 $\sigma=(\sigma_1,\sigma_2,\sigma_3)$ 满足签名验证等式，即 $\sigma=(\sigma_1,\sigma_2,\sigma_3)$ 是一个关于身份 ID 和消息 M 的有效签名。

因为攻击者 $\mathcal{A}$ 没有请求关于 ID 的私钥提取询问，$\sigma=(\sigma_1,\sigma_2,\sigma_3)$ 也不是签名询问的输出，所以 $\mathcal{A}$ 成功伪造了一个 Tsai 方案的有效签名。这说明 Tsai 方案[18]在标准模型下并不满足强不可伪造性。Tsai 方案无法抵抗这类攻击的原因是原始签名 $\sigma'=(\sigma_1',\sigma_2',\sigma_3')$ 和伪造签名 $\sigma=(\sigma_1,\sigma_2,\sigma_3)$ 中的 σ_3=σ_3'，使得 $h'=H(M,\sigma_3')=H(M,\sigma_3)=h$。因此，攻击者随机化以前的消息/签名对可以伪造出该消息的多个有效签名。

2. 针对 Tsai 方案安全性证明的分析

在 Tsai 方案的安全性证明中，模拟签名的询问存在缺陷。当攻击者 $\mathcal{A}$ 请求 (ID,M) 的签名询问时，若 $F(\mathrm{ID})=0\bmod l_v$ 且 $K(M)\neq 0\bmod l_m$，则挑战者 C 随机选择 $r_v,r_m\in Z_p^*$，计算 $h=H(M,g^{r_m})$，输出一个消息 M 的模拟签名 $\sigma=(\sigma_1,\sigma_2,\sigma_3)$，其中 $\sigma_2=(g^{r_v})^h=g^{r_vh}$，$\sigma_3=(g_1)^{\frac{-h}{K(M)}}g^{r_m}=g^{r_m-\frac{-ah}{K(M)}}=g^{r_m'}$，$\sigma_1=U^{r_vh}(g_1)^{\frac{-L(M)h}{K(M)}}W^{r_m}=g_2^{ah}U^{r_vh}W^{r_m-\frac{ah}{K(M)}}=g_2^{ah}U^{r_vh}W^{r_m'}$。

由于 $r_m'=r_m-\dfrac{ah}{K(M)}$，因此有 $r_m'\neq r_m$。

对于模拟签名 $\sigma=(\sigma_1,\sigma_2,\sigma_3)$，哈希值 $h'=H(M,\sigma_3)=H(M,g^{r_m'})$，但在生成模拟签名时哈希值 $h=H(M,g^{r_m})$，从而有

$$e(\sigma_1,g)=e(g_2,g_1)^{h'}e(U,\sigma_2)e(W,\sigma_3)\neq e(g_2,g_1)^h e(U,\sigma_2)e(W,\sigma_3)$$

这说明模拟签名 $\sigma=(\sigma_1,\sigma_2,\sigma_3)$ 不满足签名验证等式。因此，当 $F(\mathrm{ID})=0\bmod l_v$ 且 $K(M)\neq 0\bmod l_m$ 时，模拟器无法输出一个正确的签名来响应

攻击者的询问。

2.3.4 改进的基于身份签名方案

为了克服 Tsai 方案[18]的安全缺陷，本书作者提出了一个改进的基于身份签名方案[19]，在标准模型下证明该改进方案对于适应性选择身份和消息攻击是强不可伪造的。

1. 方案描述

1) Setup

与 2.3.1 小节中 Tsai 方案的 Setup 算法相同，但需要增加一个参数 $v \notin G_1$，即系统参数 $\mathrm{cp}=(G_1,G_2,p,g,e,g_1,g_2,u_0,u_1,\cdots,u_m,v,w_0,w_1,\cdots,w_n,H)$。

2) Extract

与 2.3.1 小节中 Tsai 方案的 Extract 算法相同。

3) Sign

为了生成消息 $M=(M_1,M_2,\cdots,M_n)\in\{0,1\}^n$ 的签名，签名者执行如下操作。

(1) 随机选择 $r_m \in Z_p^*$，计算 $\sigma_3 = g^{r_m}$。

(2) 利用私钥 $\mathrm{sk}_{\mathrm{ID}}=(\mathrm{sk}_1,\mathrm{sk}_2)$ 计算 $h=H(M,\mathrm{ID},\mathrm{sk}_2,g^{r_m})$ 和 $\sigma_1=\mathrm{sk}_1\cdot(v^hW)^{r_m}$，并设置 $\sigma_2=\mathrm{sk}_2$，其中 $W=\prod_{j=1}^{n} w_j^{M_j}$。

(3) 输出 $\sigma=(\sigma_1,\sigma_2,\sigma_3)$ 作为消息 M 的签名。

4) Verify

给定一个身份 ID 和一个消息 M 的签名 $\sigma=(\sigma_1,\sigma_2,\sigma_3)$，验证者计算哈希值 $h=H(M,\mathrm{ID},\sigma_2,\sigma_3)$。如果等式 $e(\sigma_1,g)=e(g_2,g_1)e(U,\sigma_2)e(v^hW,\sigma_3)$ 成立，输出 1；否则，输出 0。

2. 安全性证明

由于哈希函数 H 是抗碰撞的且 $h=H(M,\mathrm{ID},\sigma_2,\sigma_3)$，因此攻击者无法随机化以前的消息/签名对来计算出同一个消息的有效签名，这说明该改进方案能抵抗 2.3.3 小节的伪造攻击。

定理 2.1 如果 CDH 问题在多项式时间内是难以求解的，则改进的基于身份签名方案在标准模型下满足强不可伪造性。

证明： 如果攻击者 $\mathcal{A}$ 最多进行 q_{E} 次私钥提取询问和 q_{S} 次签名询问后，以不可忽略的概率 ε 伪造了一个本小节改进方案的有效签名，则存在一个挑战者 C 能以不可忽略的概率解决 G_1 上的 CDH 问题。令 (g,g^a,g^b) 是一个 CDH 问题实例，C的任务是计算g^{ab}。C执行如下操作来响应$\mathcal{A}$发起的所有询问。

1) 系统初始化

C随机选取$d \in Z_p^*$，计算$v = g^d$。与2.3.2小节中系统初始化过程相同，C生成其他参数，将系统参数$\text{cp} = (G_1, G_2, p, g, e, g_1, g_2, u_0, u_1, \cdots, u_m, v, w_0, w_1, \cdots, w_n, H)$发送给$\mathcal{A}$。

对于用户身份ID和消息M，有等式$U = g_2^{F(\text{ID})} g^{J(\text{ID})}$与$W = g_2^{K(M)} g^{L(M)}$。

2) 询问

$\mathcal{A}$能自适应性地向C发起以下预言机询问。

(1) 私钥提取询问：对于身份ID，如果$F(\text{ID}) = 0 \bmod l_v$，$C$退出模拟游戏；否则，$C$随机选取$r_v \in Z_p^*$，计算$\text{sk}_{\text{ID}} = (\text{sk}_1, \text{sk}_2) = ((g_1)^{\frac{-J(\text{ID})}{F(\text{ID})}} U^{r_v}, (g_1)^{\frac{-1}{F(\text{ID})}} g^{r_v})$，并将$\text{sk}_{\text{ID}}$返回给$\mathcal{A}$。

(2) 签名询问。$\mathcal{A}$请求关于身份ID和消息M的签名询问时，C执行如下操作：①如果$F(\text{ID}) \neq 0 \bmod l_v$，$C$通过密钥提取询问获得ID的私钥，然后运行Sign算法将生成的签名σ返回给$\mathcal{A}$。②如果$F(\text{ID}) = 0 \bmod l_v$，$C$计算$K(M)$，若$K(M) = 0 \bmod l_m$，$C$退出模拟游戏；否则，$C$随机选择$r_v, r_m \in Z_p^*$，计算$\sigma_3 = (g_1)^{\frac{-1}{K(M)}} g^{r_m}$，$\sigma_2 = g^{r_v}$，$h = H(M, \text{ID}, \sigma_2, \sigma_3)$和$\sigma_1 = U^{r_v} (g_1)^{\frac{-L(M)-hd}{K(M)}} (v^h W)^{r_m}$，然后将消息$M$的签名$\sigma = (\sigma_1, \sigma_2, \sigma_3)$发送给$\mathcal{A}$。

令$r_m' = r_m - \dfrac{a}{K(M)}$，则

$$
\begin{aligned}
\sigma_1 &= U^{r_v} (g_1)^{\frac{-L(M)-hd}{K(M)}} (v^h W)^{r_m} = g_2^a U^{r_v} (g_2^{K(M)} g^{L(M)} g^{hd})^{\frac{-a}{K(M)}} (v^h W)^{r_m} \\
&= g_2^a U^{r_v} [(g^d)^h W]^{\frac{-a}{K(M)}} (v^h W)^{r_m} = g_2^a U^{r_v} (v^h W)^{\frac{-a}{K(M)}} (v^h W)^{r_m} \\
&= g_2^a U^{r_v} (v^h W)^{r_m - \frac{a}{K(M)}} = g_2^a U^{r_v} (v^h W)^{r_m'}
\end{aligned}
$$

$\sigma_2 = g^{r_v}, \sigma_3 = (g_1)^{\frac{-1}{K(M)}} g^{r_m} = g^{\frac{-a}{K(M)}} g^{r_m} = g^{r_m - \frac{a}{K(M)}} = g^{r_m'}$和$h = H(M, \text{ID}, \sigma_2, \sigma_3)$。于是有

$$
\begin{aligned}
e(\sigma_1, g) &= e[g_2^a U^{r_v} (v^h W)^{r_m'}, g] \\
&= e(g_2^a, g) e(U^{r_v}, g) e[(v^h W)^{r_m'}, g] \\
&= e(g_2, g^a) e(U, g^{r_v}) e(v^h W, g^{r_m'}) \\
&= e(g_2, g_1) e(U, \sigma_2) e(v^h W, \sigma_3)
\end{aligned}
$$

也就是，$\sigma=(\sigma_1,\sigma_2,\sigma_3)$ 满足签名验证等式。因此，C 生成的模拟签名 $\sigma=(\sigma_1,\sigma_2,\sigma_3)$ 是一个关于消息 M 的有效签名。从攻击者 $\mathcal{A}$ 的视角来看，C 模拟的签名与签名者生成的真实签名在计算上是不可区分的。

3) 伪造

$\mathcal{A}$ 在上述询问后输出一个关于身份 ID^* 的消息/签名对 $(M^*,\sigma^*=(\sigma_1^*,\sigma_2^*,\sigma_3^*))$。如果 $F(\mathrm{ID}^*)\neq 0 \bmod p$ 或 $K(M^*)\neq 0 \bmod p$，C 退出模拟游戏，宣告模拟失败；否则，C 计算 $h^*=H(M^*,\mathrm{ID}^*,\sigma_2^*,\sigma_3^*)$，并输出 CDH 值 g^{ab}：

$$\begin{aligned}
\frac{\sigma_1^*}{(\sigma_2^*)^{J(\mathrm{ID}^*)}(\sigma_3^*)^{L(M^*)}(\sigma_3^*)^{h^*d}}&=\frac{(g_2^a)(U^*)^{r_v^*}(v^{h^*}W^*)^{r_m^*}}{(g^{r_v^*})^{J(\mathrm{ID}^*)}(g^{r_m^*})^{L(M^*)}(g^{r_m^*})^{h^*d}}\\
&=\frac{(g_2^a)(g_2^{F(\mathrm{ID}^*)}g^{J(\mathrm{ID}^*)})^{r_v^*}(g_2^{K(M^*)}g^{L(M^*)}(g^d)^{h^*})^{r_m^*}}{(g^{r_v^*})^{J(\mathrm{ID}^*)}(g^{r_m^*})^{L(M^*)}(g^{r_m^*})^{h^*d}}\\
&=g_2^a(\text{由于}F(\mathrm{ID}^*)=0 \bmod p\text{且}K(M^*)=0 \bmod p)\\
&=g^{ab}
\end{aligned}$$

下面分析 C 能成功计算 CDH 问题实例的概率。如果以下事件成立，则 C 不退出模拟游戏。

(1) 在私钥提取询问阶段，对于输入的身份 ID 满足 $F(\mathrm{ID})\neq 0 \bmod l_v$。

(2) 在签名询问阶段，对于输入的身份 ID 和消息 M 满足 $F(\mathrm{ID})\neq 0 \bmod l_v$ 或 $K(M)\neq 0 \bmod l_m$。

(3) 在伪造阶段，满足 $F(\mathrm{ID}^*)=0 \bmod p$ 且 $K(M^*)=0 \bmod p$。

类似于 Paterson 等[9]提出的基于身份签名方案的安全性分析过程，C 至少能以 $\dfrac{\varepsilon}{16q_\mathrm{S}(q_\mathrm{E}+q_\mathrm{S})(m+1)(n+1)}$ 的概率解决 CDH 问题。 **证毕**

3. 性能比较

将本小节改进的基于身份签名方案与已有三个标准模型下安全的基于身份签名方案[14,16,18]进行性能比较，结果如表 2.1 所示。其中，$|G_1|$ 表示 G_1 中一个元素的长度，E 和 P 分别表示执行一次幂运算和执行一次双线性对运算。

从表 2.1 可知，只有文献[14]方案和本小节改进方案满足强不可伪造性，但本小节改进方案在签名长度和签名验证效率方面优于文献[14]方案。

表 2.1　标准模型下基于身份签名方案的性能比较

方案	签名生成	签名验证	签名长度	强不可伪造性
文献[14]方案	3E	6P	$5\|G_1\|$	是

续表

方案	签名生成	签名验证	签名长度	强不可伪造性
文献[16]方案	3E	E+3P	$3\|G_1\|$	否
文献[18]方案	4E	E+3P	$3\|G_1\|$	否
本小节改进方案	3E	E+3P	$3\|G_1\|$	是

通过基于双线性对的密码算法库 PBC，对 Tsai 方案[18]和本小节改进的基于身份签名方案进行签名生成时间开销的对比实验分析，结果如图 2.1 所示。仿真实验的硬件环境为 i7-6500 处理器、8GB 内存和 512GB 固态硬盘；软件环境为 64 位 Windows10 操作系统及 PBC-0.4.7-VC 软件包。

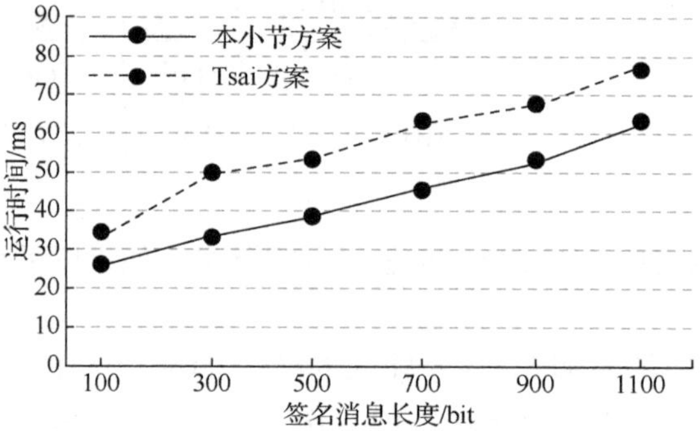

图 2.1 签名生成时间开销

从图 2.1 的实验结果分析可知，本小节改进的基于身份签名方案在签名生成时间开销方面小于 Tsai 方案[18]，与表 2.1 的理论分析结果相一致。

2.4 可撤销和强不可伪造的基于身份签名方案

为了实现基于身份签名方案中的用户撤销功能，Hung 等[25]提出了一个可撤销的基于身份签名(revocable identity-based signature，RIBS)方案，并在标准模型下证明该方案在适应性选择身份和消息攻击下是强不可伪造的。本节给出本书作者针对该方案的两个伪造攻击，以表明 Hung 方案[25]不满足强不可伪造性，也无法抵抗签名密钥泄露攻击[26]。为了解决这些安全问题，本节给出一个改进的 RIBS 方案[26]，并在标准模型下证明该改进方案具有强不可伪造性和抗签名密钥泄露攻击性。

2.4.1 Hung 方案描述

在 Hung 等[25]提出的 RIBS 方案中，用户身份 $\mathrm{ID}=(\mathrm{ID}_1,\mathrm{ID}_2,\cdots,\mathrm{ID}_m)\in\{0,1\}^m$ 是长度为 m 的比特串，签名消息 $M=(M_1,M_2,\cdots,M_l)\in\{0,1\}^l$ 是长度为 l 的比特串，并将密钥的有效期划分为若干个时间周期。具体描述如下。

1) Setup

PKG 选择两个阶为素数 p 的循环群 G_1 和 G_2，一个 G_1 的生成元 g 和一个双线性映射 $e:G_1\times G_1\to G_2$；在 G_1 中随机选择 g_2,u_0, v_0,w_0 和三个向量 $\boldsymbol{u}=(u_i)$, $\boldsymbol{v}=(v_j),\boldsymbol{w}=(w_k)$，其中 $u_i(1\leqslant i\leqslant m),v_j(1\leqslant j\leqslant n),w_k(1\leqslant k\leqslant l)\in G_1$；选择两个抗碰撞的哈希函数 $H_1:\{0,1\}^*\to\{0,1\}^n$ 和 $H_2:\{0,1\}^*\to Z_p$；随机选择 $\alpha,\beta\in Z_p^*$，计算 $g_1=g^{\alpha+\beta}$ 和 $\mathrm{msk}=(g_2^{\alpha},g_2^{\beta})$。最后，PKG 秘密保存主密钥 msk，公开系统参数 $\mathrm{cp}=(G_1,G_2,p,g,e,g_1,g_2,u_0,v_0,w_0,\boldsymbol{u},\boldsymbol{v},\boldsymbol{w},H_1,H_2)$。

2) Extract

对于一个用户身份 $\mathrm{ID}=(\mathrm{ID}_1,\mathrm{ID}_2,\cdots,\mathrm{ID}_m)\in\{0,1\}^m$，PKG 随机选择 $r_s\in Z_p^*$，计算 $\mathrm{sk}_{\mathrm{ID}}=(\mathrm{sk}_1,\mathrm{sk}_2)=(g_2^{\alpha}\cdot U^{r_s},g^{r_s})$，其中 $U=u_0\prod_{i=1}^{m}u_i^{\mathrm{ID}_i}$；然后，PKG 将私钥 $\mathrm{sk}_{\mathrm{ID}}$ 通过一个安全信道发送给用户。

3) KeyUp

对于一个时间周期 t 和一个未被撤销的用户身份 ID，PKG 随机选择 $r_t\in Z_p^*$，计算 $T=H_1(\mathrm{ID},t)=(T_1,T_2,\cdots,T_n)\in\{0,1\}^n$ 和 $\mathrm{vk}_{\mathrm{ID},t}=(\mathrm{vk}_1,\mathrm{vk}_2)=(g_2^{\beta}\cdot V^{r_t},g^{r_t})$，其中 $V=v_0\prod_{j=1}^{n}v_j^{T_j}$；然后将更新密钥 $\mathrm{vk}_{\mathrm{ID},t}$ 通过一个公开信道发送给用户。

一个未被撤销的用户收到 $\mathrm{sk}_{\mathrm{ID}}=(\mathrm{sk}_1,\mathrm{sk}_2)$ 和 $\mathrm{vk}_{\mathrm{ID},t}=(\mathrm{vk}_1,\mathrm{vk}_2)$ 后，计算自己在时间周期 t 内的签名密钥：

$$\mathrm{dk}_{\mathrm{ID},t}=(\mathrm{dk}_1,\mathrm{dk}_2,\mathrm{dk}_3)=(\mathrm{sk}_1\cdot\mathrm{vk}_1,\mathrm{sk}_2,\mathrm{vk}_2)$$

4) Sign

对于时间周期 t 和一个消息 $M=(M_1,M_2,\cdots,M_l)\in\{0,1\}^l$，签名者执行如下操作。

(1) 随机选择 $r_m\in Z_p^*$，计算 $\sigma_4=g^{r_m}$ 和 $h=H_2(M,\sigma_4)$。

(2) 利用 $\mathrm{dk}_{\mathrm{ID},t}=(\mathrm{dk}_1,\mathrm{dk}_2,\mathrm{dk}_3)$ 计算 $\sigma_1=(\mathrm{dk}_1)^h\cdot W^{r_m}$，$\sigma_2=(\mathrm{dk}_2)^h$ 和 $\sigma_3=(\mathrm{dk}_3)^h$，其中 $W=w_0\prod_{k=1}^{l}w_k^{M_k}$。

(3) 输出 $\sigma=(\sigma_1,\sigma_2,\sigma_3,\sigma_4)$ 作为消息 M 的签名。

5) Verify

给定身份 ID 、时间周期 t、消息 M 和签名 $\sigma=(\sigma_1,\sigma_2,\sigma_3,\sigma_4)$，验证者计算 $h=H_2(M,\sigma_4)$ 和 $T=H_1(\mathrm{ID},t)$。如果等式

$$e(\sigma_1,g)=e(g_2,g_1)^h e(U,\sigma_2)e(V,\sigma_3)e(W,\sigma_4)$$

成立，输出 1；否则，输出 0。

2.4.2 Hung 方案的安全性分析

1) 针对 Hung 方案的伪造攻击

Hung 等[25]提出的 RIBS 方案被证明是强不可伪造的，但本书作者发现这个结论不正确[26]。给定一个消息/签名对 $\left(M,\sigma'=(\sigma_1',\sigma_2',\sigma_3')\right)$，攻击者 $\mathcal{A}$ 通过下面的步骤总能成功伪造一个关于消息 M 的新签名 σ。

(1) 假设 $\mathcal{A}$ 截获一个关于身份 ID 和时间周期 t 的消息/签名对 (M,σ')，其中 $T=H_1(\mathrm{ID},t)$，$h'=H_2(M,\sigma_4')$，$\sigma_1'=g_2^{(\alpha+\beta)h'}U^{r_s'h'}V^{r_t'h'}W^{r_m'}$，$\sigma_2'=g^{r_s'h'}$，$\sigma_3'=g^{r_t'h'}$ 和 $\sigma_4'=g^{r_m'}$。

(2) $\mathcal{A}$ 随机选取 $r_t\in Z_p^*$，计算 $\sigma_1=\sigma_1'\cdot V^{r_t}$ 和 $\sigma_3=\sigma_3'g^{r_t}$，设置 σ_2=σ_2' 和 σ_4=σ_4'。

(3) $\mathcal{A}$ 计算 $h=H_2(M,\sigma_4)=h'$，输出一个消息 M 的签名 $\sigma=(\sigma_1,\sigma_2,\sigma_3,\sigma_4)$。

由于

$$\begin{aligned}
e(\sigma_1,g)&=e(\sigma_1'\cdot V^{r_t},g)\\
&=e\left[g_2^{(\alpha+\beta)h'}U^{r_s'h'}V^{r_t'h'}W^{r_m'}V^{r_t},g\right]=e\left[g_2^{(\alpha+\beta)h'}U^{r_s'h'}V^{r_t'h'+r_t}W^{r_m'},g\right]\\
&=e\left[g_2^{(\alpha+\beta)h'},g\right]e(U^{r_s'h'},g)e(V^{r_t'h'+r_t},g)e(W^{r_m'},g)\\
&=e(g_2,g_1)^h e(U,\sigma_2)e(V,\sigma_3)e(W,\sigma_4)
\end{aligned}$$

因此 $\mathcal{A}$ 伪造的签名 $\sigma=(\sigma_1,\sigma_2,\sigma_3,\sigma_4)$ 满足签名验证等式。因为身份 ID 的签名密钥 $\mathrm{dk}_{\mathrm{ID},t}$ 和秘密密钥 $\mathrm{sk}_{\mathrm{ID}}$ 对攻击者 $\mathcal{A}$ 是未知的，但 $\sigma=(\sigma_1,\sigma_2,\sigma_3,\sigma_4)$ 是一个有效的签名，所以 $\mathcal{A}$ 成功伪造了一个有效签名。因此，Hung 方案[25]不满足强不可伪造性。

2) 针对 Hung 方案的签名密钥泄露攻击

如果当前时间段签名密钥的泄露不会泄露后续时间段的签名密钥或用户的秘密密钥，则称一个 RIBS 方案在签名密钥泄露攻击下是安全的[25]。更具体地说，令 t 和 t^* 分别表示当前时间周期和目标时间周期，ID^* 是一个在时间周期 t 和 t^* 均未被撤销的用户身份，$\mathrm{sk}_{\mathrm{ID}^*}$ 表示 ID^* 的秘密密钥，$\mathrm{vk}_{\mathrm{ID}^*,t}$ 和 $\mathrm{vk}_{\mathrm{ID}^*,t^*}$ 分别表示 ID^* 在时间周期 t 和 t^* 的更新密钥，$\mathrm{dk}_{\mathrm{ID}^*,t}$ 和 $\mathrm{dk}_{\mathrm{ID}^*,t^*}$ 分别表示 ID^* 在时间周期 t 和 t^* 的

签名密钥。假定攻击者获得了 $\mathrm{dk}_{\mathrm{ID}^*,t}$ 和 $(\mathrm{vk}_{\mathrm{ID}^*,t}, \mathrm{vk}_{\mathrm{ID}^*,t^*})$，如果攻击者无法获得 $\mathrm{sk}_{\mathrm{ID}^*}$ 和 $\mathrm{dk}_{\mathrm{ID}^*,t^*}$，则说明一个 RIBS 方案能抵抗签名密钥泄露攻击。

下面说明 Hung 方案[25]易于遭受签名密钥泄露攻击，具体攻击描述如下。

(1) 假设攻击者 $\mathcal{A}$ 截获了 ID^* 在时间周期 t 的签名密钥 $\mathrm{dk}_{\mathrm{ID}^*,t}$。在 Hung 方案中，通过计算秘密密钥 $\mathrm{sk}_{\mathrm{ID}}^* = (\mathrm{sk}_1^*, \mathrm{sk}_2^*)$ 与时间周期 t 的更新密钥 $\mathrm{vk}_{\mathrm{ID}^*,t} = (\mathrm{vk}_1, \mathrm{vk}_2)$ 可得到 $\mathrm{dk}_{\mathrm{ID}^*,t} = (\mathrm{dk}_1, \mathrm{dk}_2, \mathrm{dk}_3) = (\mathrm{sk}_1^* \cdot \mathrm{vk}_1,\ \mathrm{sk}_2^*, \mathrm{vk}_2)$，但 $\mathrm{vk}_{\mathrm{ID}^*,t}$ 对任何人是公开的。

(2) $\mathcal{A}$ 通过 $\mathrm{dk}_{\mathrm{ID}^*,t} = (\mathrm{dk}_1, \mathrm{dk}_2, \mathrm{dk}_3)$ 和 $\mathrm{vk}_{\mathrm{ID}^*,t} = (\mathrm{vk}_1, \mathrm{vk}_2)$ 很容易计算出 ID^* 的秘密密钥 $\mathrm{sk}_{\mathrm{ID}}^* = (\mathrm{sk}_1^*, \mathrm{sk}_2^*)$，其中 $\mathrm{sk}_1^* = \dfrac{\mathrm{dk}_1}{\mathrm{vk}_1}$ 和 $\mathrm{sk}_2^* = \mathrm{dk}_2$。

(3) $\mathcal{A}$ 利用 $\mathrm{sk}_{\mathrm{ID}}^* = (\mathrm{sk}_1^*, \mathrm{sk}_2^*)$ 和时间周期 t^* 的更新密钥 $\mathrm{vk}_{\mathrm{ID}^*,t^*} = (\mathrm{vk}_1^*, \mathrm{vk}_2^*)$，计算时间周期 t^* 的签名密钥 $\mathrm{dk}_{\mathrm{ID}^*,t^*} = (\mathrm{dk}_1^*, \mathrm{dk}_2^*, \mathrm{dk}_3^*)$，其中 $\mathrm{dk}_1^* = \mathrm{sk}_1^* \cdot \mathrm{vk}_1^*$，$\mathrm{dk}_2^* = \mathrm{sk}_2^*$ 和 $\mathrm{dk}_3^* = \mathrm{vk}_2^*$。很容易验证，$\mathrm{dk}_{\mathrm{ID}^*,t^*} = (\mathrm{dk}_1^*, \mathrm{dk}_2^*, \mathrm{dk}_3^*)$ 是一个关于 ID^* 在时间周期 t^* 的签名密钥。

从上面攻击过程可知，Hung 方案[25]在签名密钥泄露攻击下是不安全的。

2.4.3　改进的 RIBS 方案

基于 Hung 方案[25]，本小节给出一个改进的 RIBS 方案[26]。为了抵抗 2.4.2 小节的两类攻击，该改进方案增加了一个签名密钥生成算法 SKGen，并修改了原方案中的签名算法 Sign。

1. *方案描述*

1) Setup

与 Hung 方案中的 Setup 算法相同，只需增加一个参数 $g_3 \in Z_p^*$。

2) Extract 和 KeyUp

与 Hung 方案中的 Extract 和 KeyUp 算法相同。

3) SKGen

一个未被撤销的用户收到 PKG 发送的秘密密钥 $\mathrm{sk}_{\mathrm{ID}} = (\mathrm{sk}_1, \mathrm{sk}_2)$ 和更新密钥 $\mathrm{vk}_{\mathrm{ID},t} = (\mathrm{vk}_1,\ \mathrm{vk}_2)$ 后，首先随机选择 $r, s \in Z_p^*$，然后计算 $T = H_1(\mathrm{ID}, t)$ 和签名密钥 $\mathrm{dk}_{\mathrm{ID},t} = (\mathrm{dk}_1, \mathrm{dk}_2, \mathrm{dk}_3) = (\mathrm{sk}_1 \cdot U^s \cdot \mathrm{vk}_1 \cdot V^r, \mathrm{sk}_2 \cdot g^s, \mathrm{vk}_2 \cdot g^r)$。

4) Sign

给定时间周期 t、签名密钥 $\mathrm{dk}_{\mathrm{ID},t} = (\mathrm{dk}_1, \mathrm{dk}_2, \mathrm{dk}_3)$ 和一个消息 M，签名者执

行如下操作。

(1) 随机选择 $r_m \in Z_p^*$，计算 $\sigma_4 = g^{r_m}$。

(2) 设置 $\sigma_2 = \mathrm{dk}_2$ 和 $\sigma_3 = \mathrm{dk}_3$。

(3) 计算 $h = H_2(\mathrm{ID}, M, t, \sigma_2, \sigma_3, \sigma_4)$ 和 $\sigma_1 = \mathrm{dk}_1 \cdot (g_3^h \cdot W)^{r_m}$。

(4) 输出一个消息 M 的签名 $\sigma = (\sigma_1, \sigma_2, \sigma_3, \sigma_4)$。

5) Verify

给定身份 ID 、时间周期 t、消息 M 和签名 $\sigma = (\sigma_1, \sigma_2, \sigma_3, \sigma_4)$，验证者首先计算 $h = H_2(\mathrm{ID}, M, t, \sigma_2, \sigma_3, \sigma_4)$ 和 $T = H_1(\mathrm{ID}, t)$，然后验证下面的等式：

$$e(\sigma_1, g) = e(g_2, g_1)e(U, \sigma_2)e(V, \sigma_3)e(g_3^h W, \sigma_4)$$

如果等式成立，输出 1；否则，输出 0。

2. 安全性证明

下面证明改进的 RIBS 方案[26]满足抗签名密钥泄露攻击性和强不可伪造性。在改进方案的强不可伪造性分析中，将攻击者分为两大类，第一类攻击者 $\mathcal{A}_1$ 主要模拟一个外部的攻击者，不允许询问目标用户的秘密密钥和在目标时间周期的签名密钥，但能询问目标用户在任何时间段的更新密钥；第二类攻击者 $\mathcal{A}_2$ 主要模拟一个内部的攻击者(如被撤销的用户)，不允许询问目标用户在目标时间周期的更新密钥和签名密钥，但知道目标用户的秘密密钥。

定理 2.2 如果 CDH 假设成立，则第一类攻击者 $\mathcal{A}_1$ 无法攻破本小节改进 RIBS 方案的强不可伪造性。

证明：如果攻击者 $\mathcal{A}_1$ 最多进行 q_{E} 次秘密密钥询问、q_{U} 次更新密钥询问、q_{K} 次签名密钥询问和 q_{S} 次签名询问后，能够以不可忽略的概率伪造一个本小节改进 RIBS 方案的合法签名，则存在一个挑战者 C 将利用 $\mathcal{A}_1$ 的伪造以不可忽略的概率解决 G_1 上的 CDH 问题。C 获得一个 CDH 问题的实例 $(g, g^a, g^b) \in G_1^3$，C 的目标是计算 g^{ab}。

1) 系统初始化

令 $q_1 = \max\{q_{\mathrm{E}}, q_{\mathrm{K}}\}$，$l_v = 2(q_1 + q_{\mathrm{S}})$ 和 $l_m = 2q_{\mathrm{S}}$，满足 $l_v(m+1) < p$ 和 $l_m(l+1) < p$。C 随机选取两个整数 $k_v(0 \leqslant k_v \leqslant m)$ 与 $k_m(0 \leqslant k_m \leqslant l)$，并选择两个抗碰撞的哈希函数 $H_1: \{0,1\}^* \to \{0,1\}^n$ 和 $H_2: \{0,1\}^* \to Z_p$。C 随机选取 $x_0, x_1, \cdots, x_m \in Z_{l_v}$，$c_0, c_1, \cdots, c_l \in Z_{l_m}$，并从 Z_p 中随机选取元素 $y_0, y_1, \cdots, y_m, t_0, t_1, \cdots, t_n, z_0, z_1, \cdots, z_l$。$C$ 随机选取 $\beta, d \in Z_p^*$，设置 $g_1 = g^a g^\beta$，$g_2 = g^b$，$g_3 = g^d$，$u_0 = g_2^{-l_v k_v + x_0} g^{y_0}$，$v_0 = g^{t_0}$，$u_i = g_2^{x_i} g^{y_i} (1 \leqslant i \leqslant m)$，$v_j = g^{t_j} (1 \leqslant j \leqslant n)$，$w_0 =$

$g_2^{-l_m k_m+c_0} g^{z_0}$ ， $w_k = g_2^{c_k} g^{z_k} (1 \leqslant k \leqslant l)$ 和三个向量 $\boldsymbol{u}=(u_i), \boldsymbol{v}=(v_j), \boldsymbol{w}=(w_k)$ 。最后，C 发送系统参数 $\mathrm{cp}=(G_1,G_2,p,g,e,g_1,g_2,g_3,u_0,v_0,w_0,\boldsymbol{u},\boldsymbol{v},\boldsymbol{w},H_1,H_2)$ 给 $\mathcal{A}_1$。

对于用户身份 $\mathrm{ID}=(\mathrm{ID}_1,\mathrm{ID}_2,\cdots,\mathrm{ID}_m)\in\{0,1\}^m$ ， $T=H_1(\mathrm{ID},t)=(T_1,T_2,\cdots,T_n)\in\{0,1\}^n$ 和消息 $M=(M_1,M_2,\cdots,M_l)\in\{0,1\}^l$ ，定义如下五个函数：

$$F(\mathrm{ID})=-l_v k_v + x_0 + \sum_{i=1}^{m} x_i \mathrm{ID}_i \text{，} \quad J(\mathrm{ID})=y_0+\sum_{i=1}^{m} y_i \mathrm{ID}_i \text{，} \quad E(T)=t_0+\sum_{j=1}^{n} t_j \mathrm{ID}_j \text{，}$$

$$K(M)=-l_m k_m + c_0 + \sum_{k=1}^{l} c_k M_k \text{，} \quad L(M)=z_0+\sum_{k=1}^{l} z_k M_k$$

于是有等式 $U=g_2^{F(\mathrm{ID})} g^{J(\mathrm{ID})}$， $V=g^{E(T)}$ 和 $W=g_2^{K(M)} g^{L(M)}$ 。

2) 询问

C 建立以下预言机来响应 $\mathcal{A}_1$ 发起的询问。

(1) 秘密密钥询问：对于身份 ID ，如果 $F(\mathrm{ID})=0 \bmod l_v$ ，C 退出模拟游戏；否则，C 随机选取 $r_s \in Z_p^*$ ，计算 $\mathrm{sk_{ID}}=(\mathrm{sk}_1,\mathrm{sk}_2)=((g^a)^{\frac{-J(\mathrm{ID})}{F(\mathrm{ID})}} U^{r_s},(g^a)^{\frac{-1}{F(\mathrm{ID})}} g^{r_s})$ ，并将 $\mathrm{sk_{ID}}$ 返回给 $\mathcal{A}_1$。

(2) 更新密钥询问：对于输入的身份 ID 和时间周期 t，C 随机选取 $r_t \in Z_p^*$ ，计算 $T=H_1(\mathrm{ID},t)$ 和 $\mathrm{vk}_{\mathrm{ID},t}=(\mathrm{vk}_1,\mathrm{vk}_2)=(g_2^{\beta} V^{r_t}, g^{r_t})$ ，并将 $\mathrm{vk}_{\mathrm{ID},t}$ 返回给 $\mathcal{A}_1$。

(3) 签名密钥询问：对于输入的身份 ID 和时间周期 t，如果 ID 已被撤销，C 返回 $\perp$ 给 $\mathcal{A}_1$；否则，C 发起关于 ID 和 (ID,t) 的秘密密钥询问和更新密钥询问，获得对应的秘密密钥 $\mathrm{sk_{ID}}=(\mathrm{sk}_1,\mathrm{sk}_2)$ 与更新密钥 $\mathrm{vk}_{\mathrm{ID},t}=(\mathrm{vk}_1,\mathrm{vk}_2)$ ，然后随机选取 $r,s\in Z_p^*$ ，计算 $T=H_1(\mathrm{ID},t)$ 和 $\mathrm{dk}_{\mathrm{ID},t}=(\mathrm{dk}_1,\mathrm{dk}_2,\mathrm{dk}_3)=(\mathrm{sk}_1\cdot U^s\cdot \mathrm{vk}_1\cdot V^r,\mathrm{sk}_2\cdot g^s,\mathrm{vk}_2\cdot g^r)$ ，并将签名密钥 $\mathrm{dk}_{\mathrm{ID},t}$ 发送给 $\mathcal{A}_1$。

(4) 签名询问。当 $\mathcal{A}_1$ 请求关于身份 ID 、时间周期 t 和消息 M 的签名询问时，C 执行如下操作：① 如果 $F(\mathrm{ID})\neq 0 \bmod l_v$，$C$ 通过签名密钥询问获得 ID 的签名私钥，然后运行 Sign 算法将生成的签名 σ 发送给 $\mathcal{A}_1$。② 如果 $F(\mathrm{ID})=0 \bmod l_v$，$C$ 计算 $K(M)$。若 $K(M)=0 \bmod l_m$，C 退出模拟游戏；否则，C 随机选择 $r_s,r_t,r_m,r,s\in Z_p^*$ ，计算 $T=H_1(\mathrm{ID},t)$ ， $\sigma_2=g^{r_s+s}$ ， $\sigma_3=g^{r_t+r}$ ， $\sigma_4=(g^a)^{\frac{-1}{K(M)}} g^{r_m}$ ， $h=H_2(\mathrm{ID},M,t,\sigma_2,\sigma_3,\sigma_4)$ 和 $\sigma_1=U^{r_s+s}(g_2^{\beta}V^{r_t+r})(g^a)^{\frac{-L(M)-hd}{K(M)}}\cdot(g_3^h W)^{r_m}$ ，然后将消息 M 的签名 $\sigma=(\sigma_1,\sigma_2,\sigma_3,\sigma_4)$ 发送给 $\mathcal{A}_1$。

令 $r_s'=r_s+s$ ， $r_t'=r_t+r$ 和 $r_m'=r_m-\dfrac{a}{K(M)}$ ，则 $\sigma_2=g^{r_s+s}=g^{r_s'}$ ， $\sigma_3=g^{r_t+r}=$

$g^{r_t'}$ ， $\sigma_4=(g^a)^{\frac{-1}{K(M)}}g^{r_m}=g^{r_m-\frac{a}{K(M)}}=g^{r_m'}$ ， $h=H_2(\mathrm{ID},M,\sigma_2,\sigma_3,\sigma_4)$ ，

$$\begin{aligned}\sigma_1&=U^{r_s+s}(g_2^{\beta}V^{r_t+r})(g^a)^{\frac{-L(M)-hd}{K(M)}}(g_3^hW)^{r_m}\\&=g_2^{\beta}\cdot U^{r_s'}\cdot V^{r_t'}\cdot g_2^a\cdot g_2^{-a}\cdot g^{\frac{-aL(M)}{K(M)}}g^{\frac{-ahd}{K(M)}}\cdot(g_3^hW)^{r_m}\\&=(g_2^{\alpha+\beta})\cdot U^{r_s'}\cdot V^{r_t'}\cdot(g_2^{K(M)}\cdot g^{L(M)}g^{dh})^{\frac{-a}{K(M)}}\cdot(g_3^hW)^{r_m}\\&=(g_2^{\alpha+\beta})\cdot U^{r_s'}\cdot V^{r_t'}\cdot(g_3^hW)^{\frac{-a}{K(M)}}\cdot(g_3^hW)^{r_m}\\&=(g_2^{\alpha+\beta})\cdot U^{r_s'}\cdot V^{r_t'}\cdot(g_3^hW)^{r_m-\frac{a}{K(M)}}\\&=(g_2^{\alpha+\beta})\cdot U^{r_s'}\cdot V^{r_t'}\cdot(g_3^hW)^{r_m'}\end{aligned}$$

于是有

$$\begin{aligned}e(\sigma_1,g)&=e((g_2^{\alpha+\beta})\cdot U^{r_s'}\cdot V^{r_t'}\cdot(g_3^hW)^{r_m'},g)=e((g_2^{\alpha+\beta}),g)e(U^{r_s'},g)e(V^{r_t'},g)e((g_3^hW)^{r_m'},g)\\&=e(g_2,g_1)e(U,\sigma_2)e(V,\sigma_3)e(g_3^hW,\sigma_4)\end{aligned}$$

因此，C 生成的模拟签名 $\sigma=(\sigma_1,\sigma_2,\sigma_3,\sigma_4)$ 是一个关于消息 M 的有效签名。从攻击者 $\mathcal{A}_1$ 的视角来看，C 生成的模拟签名与签名者生成的真实签名在计算上是不可区分的。

3) 伪造

$\mathcal{A}_1$ 输出一个关于身份 ID^* 与时间周期 t^* 的消息/签名对 $(M^*,\sigma^*=(\sigma_1^*,\sigma_2^*,\sigma_3^*,\sigma_4^*))$ ，其中 σ^* 是一个关于 (ID^*,t^*,M^*) 的有效签名， ID^* 未进行过秘密密钥询问，二元组 (ID^*,t^*) 未进行过签名密钥询问， σ^* 不是关于 (ID^*,t^*,M^*) 询问签名预言机的输出。如果 $F(\mathrm{ID}^*)\neq 0\bmod p$ 或 $K(M^*)\neq 0\bmod p$ ，C 退出模拟游戏；否则，C 计算 $T^*=H_1(\mathrm{ID}^*,t^*)$ 和 $h^*=H_2(\mathrm{ID}^*,M^*,t^*,\sigma_2^*,\sigma_3^*,\sigma_4^*)$ ，并通过如下步骤输出 CDH 值：

$$\begin{aligned}&\frac{\sigma_1^*}{g_2^{\beta}(\sigma_2^*)^{J(\mathrm{ID}^*)}(\sigma_3^*)^{E(T^*)}(\sigma_4^*)^{L(M^*)}(\sigma_4^*)^{h^*d}}\\&=\frac{g_2^{a+\beta}(U^*)^{r_s^*}(V^*)^{r_t^*}(g_3^{h^*}W^*)^{r_m^*}}{g_2^{\beta}(g^{r_s^*})^{J(\mathrm{ID}^*)}(g^{r_t^*})^{E(T^*)}(g^{r_m^*})^{L(M^*)}(g^{r_m^*})^{h^*d}}\\&=\frac{g_2^a(g_2^{F(\mathrm{ID}^*)}g^{J(\mathrm{ID}^*)})^{r_s^*}(g^{E(T^*)})^{r_t^*}(g_2^{K(M^*)}g^{L(M^*)}g_3^{h^*})^{r_m^*}}{(g^{J(\mathrm{ID}^*)})^{r_s^*}(g^{E(T^*)})^{r_t^*}(g^{L(M^*)})^{r_m^*}(g_3^{h^*})^{r_m^*}}\\&=g_2^a(\text{由于}F(\mathrm{ID}^*)=K(M^*)=0\bmod p)\\&=g^{ab}\end{aligned}$$

下面分析 C 通过 $\mathcal{A}_1$ 的伪造签名成功求解 CDH 实例的概率。如果下面三个条件均成立，则 C 在整个模拟游戏中不退出。

(1) 在秘密密钥和签名密钥询问阶段，对于身份 ID 满足 $F(\mathrm{ID}) \neq 0 \bmod l_v$。

(2) 在签名询问阶段，对于身份 ID 和消息 M 满足条件 $F(\mathrm{ID}) \neq 0 \bmod l_v$ 或 $K(M) \neq 0 \bmod l_m$。

(3) 在伪造阶段，对于目标用户身份 ID^* 和消息 M^* 满足 $F(\mathrm{ID}^*) = 0 \bmod p$ 与 $K(M^*) = 0 \bmod p$。

为了简化分析，定义四个概率事件：$A_i : F(\mathrm{ID}_i) \neq 0 \bmod p (i = 1,2,\cdots, q_1 + q_S)$，$A^* : F(\mathrm{ID}^*) = 0 \bmod p$，$B_j : K(M_j) \neq 0 \bmod p (j=1,2,\cdots,q_S)$ 和 B^* : $K(M^*) = 0 \bmod p$。由于 $l_v(m+1) < p$，于是有

$$
\begin{aligned}
\Pr[A^*] &= \Pr[F(\mathrm{ID}^*) = 0 \bmod p] \geqslant \Pr[F(\mathrm{ID}^*) = 0 \bmod p \cap F(\mathrm{ID}^*) = 0 \bmod l_v] \\
&= \Pr[F(\mathrm{ID}^*) = 0 \bmod l_v] \cdot \Pr[F(\mathrm{ID}^*) = 0 \bmod p \mid F(\mathrm{ID}^*) = 0 \bmod l_v] = \frac{1}{l_v}\frac{1}{m+1}
\end{aligned}
$$

$$
\Pr\left[\bigcap_{i=1}^{q_1+q_S} A_i | A^*\right] = 1 - \Pr\left[\bigcup_{i=1}^{q_1+q_S} \neg A_i \mid A^*\right] \geqslant 1 - \sum_{i=1}^{q_1+q_S} \Pr[\neg A_i \mid A^*] = 1 - \frac{q_1 + q_S}{l_v}
$$

由于 $l_m(l+1) < p$，则有

$$
\begin{aligned}
\Pr[B^*] &= \Pr[K(M^*) = 0 \bmod p] \geqslant \Pr[K(M^*) = 0 \bmod p \cap K(M^*) = 0 \bmod l_m] \\
&= \Pr[K(M^*) = 0 \bmod l_m] \cdot \Pr[K(M^*) = 0 \bmod p \mid F(M^*) = 0 \bmod l_m] = \frac{1}{l_m}\frac{1}{l+1}
\end{aligned}
$$

$$
\Pr\left[\bigcap_{j=1}^{q_S} B_j | B^*\right] = 1 - \Pr\left[\bigcup_{j=1}^{q_S} \neg B_j \mid B^*\right] \geqslant 1 - \sum_{j=1}^{q_S} \Pr[\neg B_j \mid B^*] = 1 - \frac{q_S}{l_m}
$$

因为 $l_v = 2(q_1 + q_S)$ 和 $l_m = 2q_S$，所以 C 完成整个模拟游戏的概率为

$$
\begin{aligned}
\Pr[\neg\mathrm{abort}] &= \frac{1}{l_v}\frac{1}{m+1}\left(1 - \frac{q_1 + q_S}{l_v}\right)\frac{1}{l_m}\frac{1}{l+1}\left(1 - \frac{q_S}{l_m}\right) \\
&= \frac{1}{2(q_1 + q_S)}\frac{1}{m+1}\left[1 - \frac{q_1 + q_S}{2(q_1 + q_S)}\right]\frac{1}{2q_S}\frac{1}{l+1}\left(1 - \frac{q_S}{2q_S}\right) \\
&= \frac{1}{16(m+1)(l+1)q_S(q_1 + q_S)}
\end{aligned}
$$

如果 $\mathcal{A}_1$ 能以概率 ε_1 攻破改进 RIBS 方案的强不可伪造性，则 C 成功解决 G_1 上 CDH 问题的概率为 $\varepsilon_1' \geqslant \dfrac{\varepsilon_1}{16(m+1)(l+1)q_S(q_1 + q_S)}$。　**证毕**

定理 2.3　如果 CDH 假设成立，则第二类攻击者 $\mathcal{A}_2$ 无法攻破本小节改进

RIBS 方案的强不可伪造性。

证明：假设攻击者 $\mathcal{A}_2$ 最多进行 q_E 次秘密密钥询问、q_U 次更新密钥询问、q_K 次签名密钥询问和 q_S 次签名询问后，能够以不可忽略的概率 ε_2 伪造一个改进 RIBS 方案的有效签名。给定一个 CDH 问题的实例 $(g,g^a,g^b)\in G_1^3$，则存在一个挑战者 C 能以 ε_2' 的概率计算 CDH 值 g^{ab}。

1) 系统初始化

令 $q_2=\max\{q_U,q_K\}$，$l_t=2(q_2+q_S)$ 和 $l_m=2q_S$，满足 $l_t(n+1)<p$ 和 $l_m(l+1)<p$。C 随机选取两个整数 $k_t(0\leqslant k_t\leqslant n)$ 与 $k_m(0\leqslant k_m\leqslant l)$，并选择两个抗碰撞的哈希函数 $H_1:\{0,1\}^*\to\{0,1\}^n$ 和 $H_2:\{0,1\}^*\to Z_p$。C 随机选取元素 $y_0',y_1',\cdots,y_n'\in Z_{l_t}$，$c_0,c_1,\cdots,c_l\in Z_{l_m}$，并从 Z_p 中随机选取元素 $x_0',x_1',\cdots,x_m',t_0',t_1',\cdots,t_n',z_0,z_1,\cdots,z_l$。$C$ 随机选取 $\gamma,d\in Z_p^*$，设置参数 $g_1=g^ag^\gamma$，$g_2=g^b$，$g_3=g^d$，$u_0=g^{x_0'}$，$u_i=g^{x_i'}(1\leqslant i\leqslant m)$，$v_0=g_2^{-l_tk_t+y_0'}g^{t_0'}$，$v_j=g_2^{y_j'}g^{t_j'}(1\leqslant j\leqslant n)$，$w_0=g_2^{-l_mk_m+c_0}g^{z_0}$，$w_k=g_2^{c_k}g^{z_k}(1\leqslant k\leqslant l)$ 和三个向量 $\boldsymbol{u}=(u_i),\boldsymbol{v}=(v_j),\boldsymbol{w}=(w_k)$。最后，$C$ 发送系统参数 $\mathrm{cp}=(G_1,G_2,p,g,e,g_1,g_2,g_3,u_0,v_0,w_0,\boldsymbol{u},\boldsymbol{v},\boldsymbol{w},H_1,H_2)$ 给 $\mathcal{A}_2$。

对于用户身份 $\mathrm{ID}=(\mathrm{ID}_1,\mathrm{ID}_2,\cdots,\mathrm{ID}_m)\in\{0,1\}^m$，$T=H_1(\mathrm{ID},t)=(T_1,T_2,\cdots,T_n)\in\{0,1\}^n$ 和消息 $M=(M_1,M_2,\cdots,M_l)\in\{0,1\}^l$，定义以下五个函数：

$$E_2(\mathrm{ID})=x_0'+\sum_{i=1}^m x_i'\mathrm{ID}_i,\quad F_2(T)=-l_tk_t+y_0'+\sum_{j=1}^n y_j'T_j,\quad J_2(T)=t_0'+\sum_{j=1}^n t_j'T_j,$$

$$K(M)=-l_mk_m+c_0+\sum_{k=1}^l c_kM_k,\quad L(M)=z_0+\sum_{k=1}^l z_kM_k$$

于是有等式 $U=g^{E_2(\mathrm{ID})}$，$V=g_2^{F_2(T)}g^{J_2(T)}$ 和 $W=g_2^{K(M)}g^{L(M)}$。

2) 询问

C 建立以下预言机来响应 $\mathcal{A}_2$ 发起的询问。

(1) 秘密密钥询问：对于输入的身份 ID，C 随机选取 $r_s\in Z_p^*$，计算 ID 的秘密密钥 $\mathrm{sk_{ID}}=(\mathrm{sk}_1,\mathrm{sk}_2)=(g_2^\gamma U^{r_s},g^{r_s})$，然后将 $\mathrm{sk_{ID}}$ 发送给 $\mathcal{A}_2$。

(2) 更新密钥询问：对于输入的身份 ID 和时间周期 t，C 计算 $T=H_1(\mathrm{ID},t)$。若 $F_2(T)=0\bmod l_t$，C 退出模拟游戏；否则 C 随机选取 $r_t\in Z_p^*$，计算关于 (ID,t) 的更新密钥 $\mathrm{vk}_{\mathrm{ID},t}=(\mathrm{vk}_1,\mathrm{vk}_2)=(g_2^\beta V^{r_t},g^{r_t})=((g^a)^{\frac{-J_2(T)}{F_2(T)}}\cdot F_{W,2}(T)^{r_t},(g^a)^{\frac{-1}{F_2(T)}}g^{r_t})$，发送 $\mathrm{vk}_{\mathrm{ID},t}$ 给 $\mathcal{A}_2$。

(3) 签名密钥询问：与定理 2.2 中的签名密钥询问相同。

(4) 签名询问。当 $\mathcal{A}_2$ 请求关于身份 ID 、时间周期 t 和消息 M 的签名询问时，$\mathcal{C}$ 执行如下操作：① 如果 $F_2(T) \neq 0 \bmod l_t$，$\mathcal{C}$ 利用签名密钥询问获得 ID 的签名私钥，然后运行 Sign 算法将生成的签名 σ 发送给 $\mathcal{A}_2$。②如果 $F_2(T) = 0 \bmod l_t$，$\mathcal{C}$ 计算 $K(M)$。如果 $K(M) = 0 \bmod l_m$，$\mathcal{C}$ 退出模拟游戏。否则，$\mathcal{C}$ 执行定理 2.2 中 $F(\mathrm{ID})=0 \bmod l_v$ 且 $K(M^*) \neq 0 \bmod l_m$ 时模拟签名生成的步骤，然后将输出的签名作为响应返回给 $\mathcal{A}_2$。

3) 伪造

$\mathcal{A}_2$ 输出一个关于身份 ID^* 与时间周期 t^* 的消息/签名对 $(M^*, \sigma^* = (\sigma_1^*, \sigma_2^*, \sigma_3^*, \sigma_4^*))$，其中 σ^* 是一个关于 $(\mathrm{ID}^*, t^*, M^*)$ 的有效签名，(ID^*, t^*) 未进行过更新密钥询问和签名密钥询问，σ^* 不是签名预言机关于 $(\mathrm{ID}^*, t^*, M^*)$ 的输出。$\mathcal{C}$ 计算关于 (ID^*, t^*) 的哈希值 $T^* = H_1(\mathrm{ID}^*, t^*)$，如果 $F_2(T^*) \neq 0 \bmod p$ 或 $K(M^*) \neq 0 \bmod p$，$\mathcal{C}$ 退出模拟游戏；否则，$\mathcal{C}$ 计算 $h^* = H_2(\mathrm{ID}^*, M^*, t^*, \sigma_2^*, \sigma_3^*, \sigma_4^*)$，并输出 CDH 值：

$$
\begin{aligned}
&\frac{\sigma_1^*}{g_2^{\gamma}(\sigma_2^*)^{E_2(\mathrm{ID}^*)}(\sigma_3^*)^{J_2(T^*)}(\sigma_4^*)^{L(M^*)}(\sigma_4^*)^{h^* d}} \\
&= \frac{g_2^{\gamma+a}(U^*)^{r_s^*}(V^*)^{r_t^*}(g_3^{h^*}W^*)^{r_m^*}}{g_2^{\gamma}(g^{r_s^*})^{E_2(\mathrm{ID}^*)}(g^{r_t^*})^{J_2(T^*)}(g^{r_m^*})^{L(M^*)}(g^{r_m^*})^{d h^*}} \\
&= \frac{g_2^{a}(g^{E_2(\mathrm{ID}^*)})^{r_s^*}(g_2^{F_2(T^*)}g^{J_2(T^*)})^{r_t^*}(g_2^{K(M^*)}g^{L(M^*)}g_3^{h^*})^{r_m^*}}{(g^{E_2(\mathrm{ID}^*)})^{r_s^*}(g^{J_2(T^*)})^{r_t^*}(g^{L(M^*)})^{r_m^*}(g_3^{h^*})^{r_m^*}} \\
&= g_2^{a}(\text{由于} F_2(T^*) = K(M^*) = 0 \bmod p) = g^{ab}
\end{aligned}
$$

在整个模拟游戏中 $\mathcal{C}$ 不退出的概率分析与定理 2.2 基本相同，不再赘述。若 $\mathcal{A}_2$ 能以 ε_2 的概率攻破改进 RIBS 方案的强不可伪造性，则 $\mathcal{C}$ 能够成功解决 CDH 问题的概率为 $\varepsilon_2' \geqslant \dfrac{\varepsilon_2}{16(n+1)(l+1)q_S(q_2+q_S)}$。**证毕**

定理 2.4　本小节改进的 RIBS 方案能抵抗签名密钥泄露攻击。

证明：如果攻击者 $\mathcal{A}$ 截获了 ID^* 在时间周期 t 的签名密钥 $\mathrm{dk}_{\mathrm{ID}^*,t} = (\mathrm{dk}_1, \mathrm{dk}_2, \mathrm{dk}_3) = (\mathrm{sk}_1^* \cdot U^s \cdot \mathrm{vk}_1 \cdot V^r, \mathrm{sk}_2^* \cdot g^s, \mathrm{vk}_2 \cdot g^r)$，且 $\mathcal{A}$ 从公开信道中很容易获得时间周期 t 的更新密钥 $\mathrm{vk}_{\mathrm{ID}^*,t} = (\mathrm{vk}_1, \mathrm{vk}_2)$，则 $\mathcal{A}$ 计算：

$$
X_1 = \frac{\mathrm{dk}_1}{\mathrm{vk}_1} = \frac{\mathrm{sk}_1^* \cdot U^s \cdot \mathrm{vk}_1 \cdot V^r}{\mathrm{vk}_1} = \mathrm{sk}_1^* \cdot U^s \cdot V^r, \quad X_2 = \mathrm{sk}_2^* \cdot g^s
$$

由于 r 和 s 对攻击者是未知的，因此攻击者无法从签名密钥 $\mathrm{dk}_{\mathrm{ID}^*,t}$ 和更新密钥 $\mathrm{vk}_{\mathrm{ID}^*,t}$ 中恢复出秘密密钥 $\mathrm{sk}_{\mathrm{ID}}^* = (\mathrm{sk}_1^*, \mathrm{sk}_2^*)$。此外，SKGen 算法将秘密密钥和每个时间段的更新密钥随机化后生成对应时间段的签名密钥，这使得当前时间段签名密钥的泄露不会影响后续时间段签名密钥的安全性。因此，本小节改进的 RIBS 方案在签名密钥泄露攻击下是安全的。 **证毕**

3. 性能分析

将本小节改进的 RIBS 方案与两个标准模型下安全的 RIBS 方案(Liu 方案[24]和 Hung 方案[25])进行性能比较，结果如表 2.2 所示。性能评估时考虑计算开销较大的双线性对运算和幂运算，用$|G_1|$表示 G_1 中一个元素的长度，E 和 P 分别表示一次幂运算和一次双线性对运算。

表 2.2 标准模型下 RIBS 方案的性能比较

方案	签名生成	签名验证	签名长度	强不可伪造性	抗签名密钥泄露攻击性
Liu 方案[24]	3E	2E+4P	$4\|G_1\|$	是	是
Hung 方案[25]	5E	E+4P	$4\|G_1\|$	否	否
本小节改进的 RIBS 方案	3E	E+4P	$4\|G_1\|$	是	是

从表 2.2 可知，三个方案具有相同的签名长度，均为 G_1 中的 4 个元素。在签名生成阶段，本小节改进的 RIBS 方案和 Liu 方案[24]具有较高的计算性能，需要执行 3 次幂运算。在签名验证阶段，本小节改进的 RIBS 方案和 Hung 方案[25]的计算性能优于 Liu 方案[24]。此外，只有本小节改进的 RIBS 方案和 Liu 方案[24]满足强不可伪造性和抗签名密钥泄露攻击性，但 Liu 方案[24]存在与 Kwon 方案[16]相同的安全缺陷[18]。因此，本小节改进的 RIBS 方案具有更高的安全性。

参 考 文 献

[1] SHAMIR A. Identity-based cryptosystems and signature schemes[C]. Proceedings of Workshop on the Theory and Application of Cryptographic Techniques, Paris, France, 1984: 47-53.

[2] BONEH D, FRANKLIN M. Identity-based encryption from the weil pairing[J]. SIAM Journal on Computing, 2003, 32(3): 586-615.

[3] PATERSON K G. ID-based signatures from pairings on elliptic curves[J]. Electronics Letters, 2002, 38(18): 1025-1026.

[4] YI X. An identity-based signature scheme from the weil pairing[J]. IEEE Communications Letters, 2003, 7(2): 76-78.

[5] BELLARE M, ROGAWAY P. Random oracles are practical: A paradigm for designing efficient protocols[C]. Proceedings of Computer and Communications Security, Fairfax, USA, 1993: 62-73.

[6] CANETTI R, GOLDREICH O, HALEVI S. The random oracle methodology, revisited[J]. Journal of the ACM (JACM), 2004, 51(4): 557-594.

[7] PARK H, LIM S, YIE I, et al. Strong unforgeability in group signature schemes[J]. Computer Standards & Interfaces, 2009, 31(4): 856-862.

[8] WATERS B. Efficient identity-based encryption without random oracles[C]. Proceedings of Conference on the Theory and Applications of Cryptographic Techniques, Aarhus, Denmark, 2005: 114-127.

[9] PATERSON K G, SCHULDT J C N. Efficient identity-based signatures secure in the standard model[C]. Proceedings of Australasian Conference on Information Security and Privacy, Melbourne, Australia, 2006: 207-222.

[10] NARAYAN S, PARAMPALLI U. Efficient identity-based signatures in the standard model[J]. IET Information Security, 2008, 2(4): 108-118.

[11] STEINFELD R, PIEPRZYK J, WANG H. How to strengthen any weakly unforgeable signature into a strongly unforgeable signature[C]. Proceedings of Cryptographers' Track at the RSA Conference, San Francisco, USA, 2007: 357-371.

[12] HUANG Q, WONG D S, LI J, et al. Generic transformation from weakly to strongly unforgeable signatures[J]. Journal of Computer Science and Technology, 2008, 23(2): 240-252.

[13] BONEH D, SHEN E, WATERS B. Strongly unforgeable signatures based on computational Diffie-Hellman[C]. Proceedings of Public Key Cryptography, New York, USA, 2006: 229-240.

[14] SATO C, OKAMOTO T, OKAMOTO E. Strongly unforgeable ID-based signatures without random oracles[J]. International Journal of Applied Cryptography, 2010, 2(1): 35-45.

[15] BONEH D, BOYEN X. Efficient selective-ID secure identity-based encryption without random oracles[C]. Proceedings of International Conference on the Theory and Applications of Cryptographic Techniques, Interlaken, Switzerland, 2004: 223-238.

[16] KWON S. An identity-based strongly unforgeable signature without random oracles from bilinear pairings[J]. Information Sciences, 2014, 276: 1-9.

[17] LEE K, LEE D H. Security analysis of an identity-based strongly unforgeable signature scheme[J]. Information Sciences, 2014, 286: 29-34.

[18] TSAI T T, TSENG Y M, HUANG S S. Efficient strongly unforgeable ID-based signature without random oracles[J]. Informatica, 2014, 25(3): 505-521.

[19] YANG X D, YANG P, AN F, et al. Cryptanalysis and improvement of a strongly unforgeable identity-based signature scheme[C]. 13th International Conference on Information Security and Cryptology, Xi'an, China, 2017: 196-208.

[20] BOLDYREVA A, GOYAL V, KUMAR V. Identity-based encryption with efficient revocation[C]. Proceedings of the 15th ACM conference on Computer and Communications Security, Alexandria , USA, 2008: 417-426.

[21] SEO J H, EMURA K. Revocable identity-based cryptosystem revisited: Security models and constructions[J]. IEEE Transactions on Information Forensics and Security, 2014, 9(7): 1193-1205.

[22] SUN Y, ZHANG F, SHEN L, et al. Revocable identity-based signature without pairing[C]. Proceedings of Intelligent Networking and Collaborative Systems, Xi'an, China, 2013: 363-365.

[23] TSAI T T, TSENG Y M, WU T Y. Provably secure revocable ID-based signature in the standard model[J]. Security and Communication Networks, 2013, 6(10): 1250-1260.

[24] LIU Z, ZHANG X, HU Y, et al. Revocable and strongly unforgeable identity-based signature scheme in the standard model[J]. Security and Communication Networks, 2016, 9(14): 2422- 2433.

[25] HUNG Y H, TSAI T T, TSENG Y M, et al. Strongly secure revocable ID-based signature without random oracles[J]. Information Technology and Control, 2014, 43(3): 264-276.

[26] YANG X D, MA T C, YANG P, et al. Security analysis of a revocable and strongly unforgeable identity-based signature scheme[J]. Information Technology and Control, 2018, 47(3): 575-587.

第 3 章　无证书签名体制

无证书签名体制结合了传统签名体制和基于身份签名体制的优点，可以解决复杂的公钥证书管理和密钥托管问题，是密码学领域中非常活跃的研究热点，受到学术界和工业界的极大关注。本章首先介绍无证书签名体制的形式化模型，其次讨论标准模型下强不可伪造的无证书签名方案，最后给出面向移动支付交易和物联网数据认证的无证书签名方案。

3.1　引　　言

在传统的数字签名方案中，系统需要庞大的计算和通信开销来支持公钥证书的生成、分发、存储、更新和撤销等管理操作[1,2]。基于身份的密码体制避免了公钥证书的使用，但存在固有的密钥托管问题[3]，即 PKG 知道每个用户的私钥，PKG 冒充用户进行消息签名或解密操作后不会被发现。为了解决该问题，Al-Riyami 等[4]提出了无证书密码体制。在一个无证书密码方案中，每个用户独立选择一个秘密值，并计算自己的公钥；一个半可信的密钥生成中心(key generation center，KGC)负责生成用户的部分私钥。用户最终的私钥包含两部分：秘密值和部分私钥。KGC 由于无法获取用户的秘密值，不能得到用户的完整私钥，因此无证书签名(certificateless signature，CLS)方案能有效解决基于身份签名体制的密钥托管问题，被广泛应用于无线传感器网络、物联网、云计算等领域[5-7]。

Al-Riyami 等[4]的开创性工作之后，一系列具有特殊性质的无证书签名方案相继被提出[8-10]。Yum 等[8]给出了无证书签名方案的通用构造，Yap 等[9]设计了一个基于中介的无证书签名方案，Wang 等[10]构造了一个不需要双线性对的无证书签名方案。然而，这些方案[8-10]的安全性证明依赖于理想的随机预言机，无法确保方案的现实安全性[11]。Liu 等[12]提出了一个无随机预言机的无证书签名方案。Yuan 等[13]提出了一个在标准模型中可证安全的无证书签名方案。Canard 等[14]设计了一个标准模型下高效的无证书签名方案。遗憾的是，这些方案[12-14]仅满足存在不可伪造性，即要求攻击者不能伪造一个新消息的有效签名。强不可伪造性具有更高的安全性，能保证攻击者不能伪造未签名或已签名消息的签名[15]。因此，很有必要研究标准模型下强不可伪造的无证书签名方案。

虽然一些 CLS 方案在标准模型下满足强不可伪造性[16]，但没有考虑重放攻击[17]。Hung 等[18]设计了一个标准模型下的无证书签名方案(简称 Hung 方案)，并证明其在适应性选择消息攻击下是强不可伪造的。然而，吴涛等[19]指出 Hung 方案存在安全缺陷，无法抵抗“malicious-but-passive(恶意且被动)”的 KGC 攻击，提出了一个改进的无证书签名方案(简称 Wu 方案)，并声称该方案能够抵抗恶意 KGC 的伪造攻击。然而，本书作者对 Wu 方案进行了安全性分析，发现其并不满足强不可伪造性，攻击者很容易利用消息的有效签名伪造一个该消息的新签名；进一步，指出 Wu 方案在“malicious-but-passive”的 KGC 攻击下是不安全的，并给出了具体的攻击方法[20]。针对 Wu 方案存在的安全问题，本书作者进一步提出了一个新的无证书签名方案，并证明其在标准模型下是强不可伪造的。

为了提升移动支付交易的性能，Yeh[21]设计了一种无需配对的无证书签名方案，但 Qiao 等[22]发现该方案无法抵抗公钥替换攻击，于是提出了一种改进的 CLS 方案(简称 Qiao 方案)，并在此基础上构造了一种移动支付交易方案。然而，Yang 等[23]发现 Qiao 方案对于“honest-but-curious(诚实且好奇)”的 KGC 攻击是不安全的。换句话说，任何用户的有效签名都可能由恶意的 KGC 生成。因此，Qiao 方案的安全缺陷导致在此基础上设计的移动支付交易方案无法实现预期的安全目标。

由于 CLS 不需要传统的公钥证书，并能验证消息来源的真实性和完整性，因此 CLS 被用于解决开放网络中的消息认证问题。对于资源受限的物联网设备而言，能量是限制网络性能提升的关键因素之一，但物联网设备面临的重放攻击会消耗大量的节点能量，进而导致设备瘫痪。因此，适用于物联网环境的 CLS 方案必须考虑重放攻击[24,25]。然而，在标准模型下抗重放攻击且满足强不可伪造性的无证书签名方案非常少。因此，迫切需要设计适用于物联网环境的无证书签名方案。

3.2　形式化模型

一个无证书签名方案包含 5 个算法(Setup、PartialKeyGen、UserKeyGen、Sign 和 Verify)，具体描述如下。

(1) Setup：给定安全参数 $\lambda \in Z$，该算法输出 KGC 的主密钥 msk 和系统参数 sp。

(2) PartialKeyGen：对于用户的身份 ID，KGC 利用 msk 生成 ID 对应的部分私钥 psk。

(3) UserKeyGen：身份 ID 对应的用户独立生成自己的秘密值 usk 和公钥 pk。在一些 CLS 方案中，可能增加一个签名密钥生成算法 SetSecKey，通过

psk 和 usk 产生最终的签名私钥 sk 。

(4) Sign：给定一个消息 m ，签名者利用私钥 sk 生成 m 的签名 σ 。

(5) Verify：对于身份 ID 、公钥 pk 和消息 m 的签名 σ ，如果 σ 是一个有效的签名，该算法输出 1，验证者接受 σ ；否则，输出 0。

对于一个 CLS 方案的安全性，其安全模型主要考虑以下两类攻击者[26-28]。

(1) 第一类攻击者 $\mathcal{A}_1$(也被称为类型 I 攻击者)：这类攻击者不能获得 KGC 的主密钥和目标用户的部分私钥，但拥有每个用户的秘密值，并能替换任意用户的公钥。

(2) 第二类攻击者 $\mathcal{A}_2$(也被称为类型 II 攻击者)：这类攻击者主要是一个恶意的 KGC，其中“honest-but-curious”的 KGC 攻击者拥有 KGC 的主密钥，但无法知道目标用户的秘密值，也不能替换用户的公钥。“malicious-but-passive”的 KGC 攻击者除了拥有“honest-but-curious”的 KGC 攻击者的能力，还能够在主密钥和系统参数中添加相关的陷门信息。

下面利用挑战者 $\mathcal{C}$ 和攻击者 $\mathcal{A}$ 之间的两个安全游戏来定义无证书签名方案的不可伪造性。

游戏 1：这个游戏由 $\mathcal{C}$ 和 $\mathcal{A}_1$ 来执行。

1) 初始化

$\mathcal{C}$ 运行 Setup 算法生成 KGC 的主密钥 msk 和系统参数 sp，然后将 sp 发送给 $\mathcal{A}_1$。

2)询问

$\mathcal{A}_1$ 能自适应性地向 $\mathcal{C}$ 发起以下一系列预言机询问。

(1) 部分私钥询问：输入一个身份 ID_i ，$\mathcal{C}$ 运行 PartialKeyGen 算法将生成的部分私钥 psk_i 返回给 $\mathcal{A}_1$。

(2) 公钥询问：输入一个身份 ID_i ，$\mathcal{C}$ 运行 UserKeyGen 算法将生成的公钥 pk_i 返回给 $\mathcal{A}_1$。

(3) 秘密值询问：输入一个身份 ID_i ，$\mathcal{C}$ 运行 UserKeyGen 算法将生成的秘密值 usk_i 返回给 $\mathcal{A}_1$。

(4) 公钥替换询问：输入一个身份 ID_i 和新的公钥 pk_i' ，$\mathcal{C}$ 将 ID_i 对应的公钥 pk_i 替换为 pk_i' 。

(5) 签名询问：输入一个身份 ID_i 和一个消息 m_i ，$\mathcal{C}$ 运行 Sign 算法将生成的签名 σ_i 返回给 $\mathcal{A}_1$。

3) 伪造

$\mathcal{A}_1$ 输出一个关于目标身份 ID^* 和公钥 pk^* 的消息/签名对 (m^*,σ^*) 。如果下面的条件均成立，则称 $\mathcal{A}_1$ 在游戏中获胜。

(1) 关于消息 m^* 的签名 σ^* 是有效的；

(2) ID^* 从未发起过部分私钥询问；

(3) (ID^*, m^*) 没有进行过签名询问。

游戏 2：这个游戏由 C 和 $\mathcal{A}_2$ 来执行。下面考虑 $\mathcal{A}_2$ 是攻击能力更强的“malicious-but-passive”的 KGC 攻击者。

1) 初始化

$\mathcal{A}_2$ 运行 Setup 算法生成 KGC 的主密钥 msk 和系统参数 sp，然后将(msk, sp)发送给 C。

2) 询问

除了“部分私钥询问”和“公钥替换询问”，$\mathcal{A}_2$ 能向 C 发起游戏 1 中的其他询问。

3) 伪造

$\mathcal{A}_2$ 输出一个关于目标身份 ID^* 和公钥 pk^* 的消息/签名对 (m^*, σ^*)。如果下面的条件均成立，则称 $\mathcal{A}_2$ 在游戏中获胜。

(1) 关于消息 m^* 的签名 σ^* 是有效的；

(2) ID^* 从未发起过秘密值询问；

(3) (ID^*, m^*) 没有进行过签名询问。

定义 3.1 如果不存在任何一个多项式时间攻击者 $\mathcal{A}_1$ 或 $\mathcal{A}_2$ 在以上游戏中能以不可忽略的概率获胜，则称 CLS 方案在适应性选择消息攻击下是存在不可伪造的[26-28]。

3.3 标准模型下强不可伪造的无证书签名方案

大部分 CLS 方案的安全性证明依赖于理想的随机预言机，并且只满足存在不可伪造性。本节首先介绍吴涛等[19]设计的在标准模型下强不可伪造的无证书签名方案(简称 Wu 方案)，其次给出本书作者针对 Wu 方案的两类伪造攻击，最后给出一个改进的无证书签名方案[20]，并在标准模型中证明改进的无证书签名方案对于适应性选择消息攻击是强不可伪造的，还能抵抗恶意的 KGC 攻击。

3.3.1 Wu 方案描述

吴涛等[19]提出了一个标准模型下的无证书签名方案，具体描述如下。

1) Setup

给定安全参数 λ，KGC 首先选择两个阶为素数 p 的循环群 G_1 和 G_2，一个 G_1 的生成元 g 和一个双线性映射 $e: G_1 \times G_1 \to G_2$；然后随机选择 4 个长度分别为 n_u, n_s, n_t 和 n_m 比特的向量 $\boldsymbol{u}=(u_i)$，$\boldsymbol{s}=(s_j)$，$\boldsymbol{t}=(t_j)$ 和 $\boldsymbol{w}=(w_k)$，其中 u_i, s_j, t_j，

$w_k \in G_1$。KGC 选择 5 个哈希函数 $H_1:\{0,1\}^* \to \{0,1\}^{n_u}$，$H_2:\{0,1\}^* \to \{0,1\}^{n_s}$，$H_3:\{0,1\}^* \to \{0,1\}^{n_t}$，$H_4:\{0,1\}^* \to \{0,1\}^{n_m}$ 和 $H_5:\{0,1\}^* \to Z_p^*$；随机选择 $g_2 \in G_1$ 和 $\alpha \in Z_p^*$，计算 $g_1 = g^{\alpha}$ 和 $\text{msk} = g_2^{\alpha}$。最后，KGC 秘密保存主密钥 msk，公开系统参数 $\text{sp} = \{G_1, G_2, e, p, g, g_1, g_2, \boldsymbol{u}, \boldsymbol{s}, \boldsymbol{t}, \boldsymbol{w}, H_1, H_2, H_3, H_4, H_5\}$。

2) UserKeyGen

身份为 ID 的用户随机选择 $\theta_1, \theta_2 \in Z_p^*$，计算 $\text{pk}_{\text{ID},1} = g^{\theta_1}$ 和 $\text{pk}_{\text{ID},2} = g^{\theta_2}$，并设置秘密值 $\text{usk}_{\text{ID}} = (\theta_1, \theta_2)$ 和公钥 $\text{pk}_{\text{ID}} = (\text{pk}_{\text{ID},1}, \text{pk}_{\text{ID},2})$。

3) PartialKeyGen

给定用户的身份 ID 和公钥 pk_{ID}，KGC 首先计算 $\boldsymbol{u}=H_1(\text{ID}, \text{pk}_{\text{ID}}) = (v_1, v_2, \cdots, v_{n_u}) \in \{0,1\}^{n_u}$ 和 $U = \prod_{i=1}^{n_u} u_i^{v_i}$；选择 $r_v \in Z_p^*$，计算 $\text{psk}_{\text{ID},1} = g_2^{\alpha} U^{r_v}$ 和 $\text{psk}_{\text{ID},2} = g^{r_v}$；然后将部分私钥 $\text{psk}_{\text{ID}} = (\text{psk}_{\text{ID},1}, \text{psk}_{\text{ID},2})$ 发送给用户。

4) SetSecKey

用户收到 KGC 发送的 psk_{ID} 后，如果等式

$$e(\text{psk}_{\text{ID},1}, g) = e(g_2, g_1) e(U, \text{psk}_{\text{ID},2})$$

成立，设置私钥 $\text{sk}_{\text{ID}} = (\text{usk}_{\text{ID}}, \text{psk}_{\text{ID}})$；否则，拒绝接受 psk_{ID}。

5) Sign

对于一个消息 m，身份为 ID 的用户随机选择 $r_m \in Z_p^*$，计算 $\boldsymbol{a}=H_4(\text{ID}) = (a_1, a_2, \cdots, a_{n_m}) \in \{0,1\}^{n_m}$，$W = \prod_{k=1}^{n_m} w_k^{a_k}$，$\boldsymbol{b}=H_2(m \| g^{r_m} \| \text{pk}_{\text{ID},1} \| \text{pk}_{\text{ID},2}) = (b_1, b_2, \cdots, b_{n_s})$，$S = \prod_{j=1}^{n_s} s_j^{b_j}$，$\boldsymbol{c}=H_3(\text{ID} \| \text{pk}_{\text{ID},1} \| \text{pk}_{\text{ID},2}) = (c_1, c_2, \cdots, c_{n_t}) \in \{0,1\}^{n_t}$，$T = \prod_{j=1}^{n_t} t_j^{c_j}$ 和 $h=H_5(m \| g^{r_m} \| \text{ID} \| \text{pk}_{\text{ID},1} \| \text{pk}_{\text{ID},2})$，然后设置 m 的签名 $\sigma = (\sigma_1, \sigma_2, \sigma_3)$，其中：

$$\sigma_1 = (\text{psk}_{\text{ID},1})^h S^{\theta_1 h} T^{\theta_2} W^{r_m}, \quad \sigma_2 = (\text{psk}_{\text{ID},2})^h, \quad \sigma_3 = g^{r_m}$$

6) Verify

给定一个身份 ID、一个公钥 $\text{pk}_{\text{ID}} = (\text{pk}_{\text{ID},1}, \text{pk}_{\text{ID},2})$ 和一个关于消息 m 的签名 $\sigma = (\sigma_1, \sigma_2, \sigma_3)$，验证者计算 $U = \prod_{i=1}^{n_u} u_i^{v_i}$，$S = \prod_{j=1}^{n_s} s_j^{b_j}$，$T = \prod_{j=1}^{n_t} t_j^{c_j}$，$W = \prod_{k=1}^{n_m} w_k^{a_k}$ 和 $h=H_5(m \| g^{r_m} \| \text{ID} \| \text{pk}_{\text{ID},1} \| \text{pk}_{\text{ID},2})$。如果等式

$$e(\sigma_1, g) = e(g_1, g_2)^h e(U, \sigma_2) e(\text{pk}_{\text{ID},1}, S)^h e(\text{pk}_{\text{ID},2}, T) e(W, \sigma_3)$$

成立，输出 1；否则，输出 0。

3.3.2 Wu 方案的安全性分析

针对 Wu 方案的安全缺陷，本书作者给出了以下两类伪造攻击[20]。

1) 针对 Wu 方案的普通伪造攻击

给定一个消息/签名对 (m,σ)，攻击者 $\mathcal{A}$ 通过下面的攻击方法能够成功伪造消息 m 的一个新签名 σ^*。

(1) 假设 $\mathcal{A}$ 截获了一个关于身份 ID 和公钥 $\mathrm{pk_{ID}}=(\mathrm{pk_{ID,1}},\mathrm{pk_{ID,2}})$ 的消息/签名对 $(m,\sigma=(\sigma_1,\sigma_2,\sigma_3))$，其中 $\sigma_1=(g_2^{\alpha}U^{r_v})^h S^{\theta_1 h}T^{\theta_2}W^{r_m}$，$\sigma_2=(g^{r_v})^h$ 和 $\sigma_3=g^{r_m}$。

(2) $\mathcal{A}$ 计算 h=$H_5(m\,\|\,g^{r_m}\,\|\,\mathrm{ID}\|\mathrm{pk_{ID,1}}\|\mathrm{pk_{ID,2}})$。

(3) $\mathcal{A}$ 随机选取 $r^*\in Z_p^*$，计算 $\sigma_1^*=\sigma_1\cdot U^{r^*h}$ 和 $\sigma_2^*=\sigma_2\cdot(g^{r^*})^h$，并设置 σ_3^*=σ_3。

(4) $\mathcal{A}$ 输出一个关于消息 m 的签名 $\sigma^*=(\sigma_1^*,\sigma_2^*,\sigma_3^*)$。

因为 ID 的部分私钥 $\mathrm{psk_{ID}}$ 和秘密值 $\mathrm{usk_{ID}}$ 对攻击者 $\mathcal{A}$ 是未知的，但 σ^* 是一个消息 m 的有效签名，所以 $\mathcal{A}$ 成功伪造了一个 Wu 方案的签名，即 Wu 方案[19]不满足强不可伪造性。以上伪造攻击成功的主要原因是哈希值 h 没有包含对部分私钥 $\mathrm{psk_{ID,2}}$ 的限制，使得伪造签名 σ^* 和原始签名 σ 具有相同的哈希值 h=$H_5(m\,\|\,g^{r_m}\,\|\,\mathrm{ID}\|\mathrm{pk_{ID,1}}\|\mathrm{pk_{ID,2}})$。因此，攻击者通过对原始签名 σ 的随机化处理，很容易伪造出新的有效签名 σ^*。

2) 针对 Wu 方案的“malicious-but-passive”的 KGC 攻击

令 $\mathcal{A}_2$ 是一个“malicious-but-passive”的 KGC 攻击者，则 $\mathcal{A}_2$ 能够生成主密钥 $\mathrm{msk}=g_2^{\alpha}$ 和系统参数 $\mathrm{sp}=\{G_1,G_2,e,p,g,g_1,g_2,\boldsymbol{u},\boldsymbol{s},\boldsymbol{t},\boldsymbol{w},\ H_1,H_2,H_3,H_4,H_5\}$。$\mathcal{A}_2$ 通过下面的攻击方法可以成功伪造任意消息的有效签名。

(1) $\mathcal{A}_2$ 随机选取 $u_0,u_1,\cdots,u_{n_u}\in G_1$ 和 $\alpha,x_1,x_2,\cdots,x_{n_s},y_1,y_2,\cdots,y_{n_t},z_1,z_2,\cdots,z_{n_m}\in Z_p^*$，然后计算 $\mathrm{msk}=g_2^{\alpha}$，$s_1=g^{x_1},\cdots,s_{n_s}=g^{x_{n_s}}$，$t_1=g^{y_1},\cdots,t_{n_t}=g^{y_{n_t}}$，$w_1=g^{z_1},\cdots,w_{n_m}=g^{z_{n_m}}$，设置 4 个长度分别为 n_u , n_s , n_t 和 n_m 比特的向量 $\boldsymbol{u}=(u_i)$，$\boldsymbol{s}=(s_j)$，$\boldsymbol{t}=(t_j)$ 和 $\boldsymbol{w}=(w_k)$，并生成其他系统参数。

(2) $\mathcal{A}_2$ 随机选择一个消息 m^*，并获得目标用户的身份 ID 和对应的公钥 $\mathrm{pk_{ID}}=(\mathrm{pk_{ID,1}},\mathrm{pk_{ID,2}})$。

(3) $\mathcal{A}_2$ 计算身份 ID 的部分私钥 $\mathrm{psk_{ID}}$=$(\mathrm{psk_{ID,1}},\mathrm{psk_{ID,2}})=(g_2^{\alpha}U^{r_v},g^{r_v})$，其中 $r_v\in Z_p^*$，$\boldsymbol{v}$=$H_1(\mathrm{ID},\,\mathrm{pk_{ID}})=(v_1,v_2,\cdots,v_{n_u})\in\{0,1\}^{n_u}$ 和 U=$\prod_{i=1}^{n_u}u_i^{v_i}$。

(4) $\mathcal{A}_2$ 随机选取 $r_m^* \in Z_p^*$，计算 $\sigma_3^* = g^{r_m^*}$ 和 $h^*=H_5(m^* \| \sigma_3^* \| \mathrm{ID} \| \mathrm{pk}_{\mathrm{ID},1} \| \mathrm{pk}_{\mathrm{ID},2})$，然后计算向量 $\boldsymbol{a}=H_4(\mathrm{ID})=(a_1,a_2,\cdots,a_{n_m}) \in \{0,1\}^{n_m}$，$\boldsymbol{b}=H_2(m^* \| \sigma_3^* \| \mathrm{pk}_{\mathrm{ID},1} \| \mathrm{pk}_{\mathrm{ID},2})=(b_1,b_2,\cdots,b_{n_t}) \in \{0,1\}^{n_t}$ 和 $\boldsymbol{c}=H_3(\mathrm{ID} \| \mathrm{pk}_{\mathrm{ID},1} \| \mathrm{pk}_{\mathrm{ID},2})=(c_1,c_2,\cdots,c_{n_t}) \in \{0,1\}^{n_t}$。

(5) $\mathcal{A}_2$ 计算 $\sigma_1^* = (\mathrm{psk}_{\mathrm{ID},1})^{h^*}(\mathrm{pk}_{\mathrm{ID},1})^{h^* \cdot \sum_{i=1}^{n_s} x_i b_i}(\mathrm{pk}_{\mathrm{ID},2})^{\sum_{j=1}^{n_t} y_j c_j}(\sigma_3^*)^{\sum_{k=1}^{n_m} z_k a_k}$ 和 $\sigma_2^* = (\mathrm{psk}_{\mathrm{ID},2})^{h^*}$。

(6) $\mathcal{A}_2$ 输出一个消息 m^* 的签名 $\sigma^* = (\sigma_1^*,\sigma_2^*,\sigma_3^*)$。

很容易验证，$\mathcal{A}_2$ 伪造的签名 $\sigma^* = (\sigma_1^*,\sigma_2^*,\sigma_3^*)$ 是一个关于消息 m^* 的有效签名。攻击者 $\mathcal{A}_2$ 不知道目标用户的秘密值 $\mathrm{usk}_{\mathrm{ID}}$，但能代表目标用户生成任意消息的有效签名。这表明 Wu 方案无法抵抗来自“malicious-but-passive”的 KGC 攻击，即 Wu 方案[19]在第二类攻击者 $\mathcal{A}_2$ 下是不安全的。

3.3.3　改进的无证书签名方案

针对 Wu 方案存在的安全问题，本小节给出了相应的改进方案[20]，并分析其安全性和性能。

1. 方案描述

1) Setup

给定安全参数 λ，KGC 首先选择两个阶为素数 p 的循环群 G_1 和 G_2，一个 G_1 的生成元 g 和一个双线性映射 $e: G_1 \times G_1 \to G_2$；然后随机选择 $u_0, w_0 \in G_1$ 和 2 个向量 $\boldsymbol{u}=(u_i)$，$\boldsymbol{w}=(w_j)$，其中 $u_i, w_j \in G_1$，$i=1,2,\cdots,n_u$ 和 $j=1,2,\cdots,n_m$；选择 3 个抗碰撞的哈希函数 $H_1:\{0,1\}^* \to \{0,1\}^{n_u}$，$H_2:\{0,1\}^* \to \{0,1\}^{n_m}$ 和 $H_3:\{0,1\}^* \to Z_p^*$。KGC 随机选择 $\alpha \in Z_p^*$，计算 $g_1 = g^{\alpha}$ 和 $\mathrm{msk} = g^{\alpha^2}$。最后，KGC 秘密保存主密钥 msk，公开系统参数 $\mathrm{sp}=\{G_1,G_2,e,p,g,g_1,u_0,w_0,\boldsymbol{u},\boldsymbol{w},H_1,H_2,H_3\}$。

2) UserKeyGen

身份为 ID 的用户随机选择 $\theta_1,\theta_2 \in Z_p^*$，计算 $\mathrm{pk}_{\mathrm{ID},1} = g^{\theta_1}$ 和 $\mathrm{pk}_{\mathrm{ID},2} = g^{\theta_2}$，并设置秘密值 $\mathrm{usk}_{\mathrm{ID}}=(\theta_1,\theta_2)$ 和公钥 $\mathrm{pk}_{\mathrm{ID}}=(\mathrm{pk}_{\mathrm{ID},1},\mathrm{pk}_{\mathrm{ID},2})$。

3) PartialKeyGen

对于一个用户的身份 ID 和公钥 $\mathrm{pk}_{\mathrm{ID}}$，KGC 首先计算 $\boldsymbol{v}=H_1(\mathrm{ID}, \mathrm{pk}_{\mathrm{ID}})=(v_1,v_2,\cdots,v_{n_u}) \in \{0,1\}^{n_u}$ 和 $U=u_0\prod_{i=1}^{n_u} u_i^{v_i}$，然后随机选择 $s \in Z_p^*$，计算 $\mathrm{psk}_{\mathrm{ID},1} = g^{\alpha^2}(U)^s$ 和 $\mathrm{psk}_{\mathrm{ID},2} = g^s$，并通过安全信道将部分私钥 $\mathrm{psk}_{\mathrm{ID}}=(\mathrm{psk}_{\mathrm{ID},1},\mathrm{psk}_{\mathrm{ID},2})$ 发送

给用户。

4) SetSecKey

用户收到 KGC 发送的 $\mathrm{psk}_{\mathrm{ID}}$ 后，如果等式 $e(\mathrm{psk}_{\mathrm{ID},1},g)=e(g_1,g_1)e(U,\mathrm{psk}_{\mathrm{ID},2})$ 不成立，用户拒绝接受部分私钥 $\mathrm{psk}_{\mathrm{ID}}$；否则，用户随机选择 $r\in Z_p^*$，计算 $\boldsymbol{v}=H_1(\mathrm{ID},\mathrm{pk}_{\mathrm{ID}})=(v_1,v_2,\cdots,v_{n_u})\in\{0,1\}^{n_u}$ 和 $U=u_0\prod_{i=1}^{n_u}u_i^{v_i}$，利用自己的秘密值 $\mathrm{usk}_{\mathrm{ID}}=g^{\theta_1^2}$ 计算私钥：

$$\mathrm{sk}_{\mathrm{ID}}=(\mathrm{sk}_{\mathrm{ID},1},\mathrm{sk}_{\mathrm{ID},2})=(\mathrm{psk}_{\mathrm{ID},1}\times\mathrm{usk}_{\mathrm{ID}}\times U^r,\mathrm{psk}_{\mathrm{ID},2}\times g^r)=(g^{\alpha^2}g^{\theta_1^2}U^{s+r},g^{s+r})$$

5) Sign

对于一个消息 m，身份为 ID 的用户随机选择 $r_m\in Z_p^*$，然后计算 $\boldsymbol{M}=H_2(m)=(M_1,M_2,\cdots,M_{n_m})\in\{0,1\}^{n_m}$，$W=w_0\prod_{j=1}^{n_m}w_j^{M_j}$ 和 $h=H_3(m,\mathrm{ID},\mathrm{pk}_{\mathrm{ID}},\mathrm{sk}_{\mathrm{ID},2},g^{r_m},\mathrm{sp})$，最后输出消息 m 的签名 $\sigma=(\sigma_1,\sigma_2,\sigma_3)=(\mathrm{sk}_{\mathrm{ID},1}\times((\mathrm{pk}_{\mathrm{ID},2})^h\times W)^{r_m},\mathrm{sk}_{\mathrm{ID},2},g^{r_m})$。

6) Verify

给定用户的身份 ID、公钥 $\mathrm{pk}_{\mathrm{ID}}=(\mathrm{pk}_{\mathrm{ID},1},\mathrm{pk}_{\mathrm{ID},2})$ 和一个消息 m 的签名 $\sigma=(\sigma_1,\sigma_2,\sigma_3)$，验证者首先计算中间值 $U=u_0\prod_{i=1}^{n_u}u_i^{v_i}$，$W=w_0\prod_{j=1}^{n_m}w_j^{M_j}$ 和哈希值 $h=H_3(m,\mathrm{ID},\mathrm{pk}_{\mathrm{ID}},\mathrm{sk}_{\mathrm{ID},2},g^{r_m},\mathrm{sp})$。如果等式

$$e(\sigma_1,g)=e(g_1,g_1)e(\mathrm{pk}_{\mathrm{ID},1},\mathrm{pk}_{\mathrm{ID},1})e(U,\sigma_2)e((\mathrm{pk}_{\mathrm{ID},2})^hW,\sigma_3)$$

成立，输出 1；否则，输出 0。

2. 安全性分析

定理 3.1 在标准模型中，本小节改进的无证书签名方案在公钥替换攻击下满足强不可伪造性。

证明： 假定第一类攻击者 $\mathcal{A}_1$ 在多项式时间内最多进行了 q_{pk} 次公钥询问、q_{psk} 次部分私钥询问、q_{rep} 次公钥替换询问、q_{sk} 次私钥询问和 q_s 次签名询问。给定一个 SDH 问题实例 (g,g^{α})，挑战者 $\mathcal{C}$ 为了计算 g^{α^2} 与 $\mathcal{A}_1$ 进行如下的安全游戏。

1) 初始化

$\mathcal{C}$ 设置参数 $l_u=2(q_{\mathrm{psk}}+q_{\mathrm{sk}}+q_s)$ 和 $l_m=2q_s$，满足 $l_u(n_u+1)<p$ 和 $l_m(n_m+1)<p$，然后执行如下操作。

(1) 随机选取两个整数 $k_u \in \{1,2,\cdots,n_u\}$ 和 $k_m \in \{1,2,\cdots,n_m\}$。

(2) 随机选取 $x_0,x_1,\cdots,x_{n_u} \in Z_{l_u}$ ， $c_0,c_1,\cdots,c_{n_m} \in Z_{l_m}$ ， $y_0,y_1,\cdots,y_{n_u},d_0,d_1,\cdots,d_{n_m} \in Z_p^*$。

(3) 选择 3 个哈希函数 $H_1:\{0,1\}^* \to \{0,1\}^{n_u}$ ， $H_2:\{0,1\}^* \to \{0,1\}^{n_m}$ 和 $H_3:\{0,1\}^* \to Z_p^*$。这些哈希函数在以下证明过程中不被看作理想的随机预言机，仅要求满足抗碰撞性。

(4) 随机选取 $\theta_1^*,\theta_2^* \in Z_p^*$，计算 $\mathrm{pk}_1^* = g^{\theta_1^*}$ 和 $\mathrm{pk}_2^* = g^{\theta_2^*}$，设置目标用户的秘密值 $\mathrm{usk}^* = g^{(\theta_1^*)^2}$ 和公钥 $\mathrm{pk}^*=(\mathrm{pk}_1^*,\mathrm{pk}_2^*)$。

(5) 设置参数 $g_1 = g^\alpha$ ， $u_0 = g_2^{-l_u k_u + x_0} g^{y_0}$ ， $u_i = g_2^{x_i} g^{y_i} (1 \leqslant i \leqslant n_u)$ ， $w_0 = g_2^{-l_m k_m + c_0} \cdot g^{d_0}$ ， $w_j = g_2^{c_j} g^{d_j} (1 \leqslant j \leqslant n_m)$ ， $\boldsymbol{u} = (u_1,u_2,\cdots,u_{n_u})$ 和 $\boldsymbol{w} = (w_1,w_2,\cdots,w_{n_m})$。

(6) 将参数 $\mathrm{sp} = \{G_1,G_2,e,p,g,g_1,u_0,w_0,\boldsymbol{u},\boldsymbol{w},H_1,H_2,H_3\}$ 和目标用户的秘密值/公钥对 $(\mathrm{usk}^*,\mathrm{pk}^*)$ 发送给 $\mathcal{A}_1$。

为了描述方便，对于 $\boldsymbol{v}=H_1(\mathrm{ID}, \mathrm{pk}_{\mathrm{ID}}) = (v_1,v_2,\cdots,v_{n_u}) \in \{0,1\}^{n_u}$ ，定义两个函数：

$$F(\mathrm{ID}) = -l_u k_u + x_0 + \sum_{i=1}^{n_u} x_i v_i \text{ 和 } J(\mathrm{ID}) = y_0 + \sum_{i=1}^{n_u} y_i v_i$$

对于 $\boldsymbol{M}=H_2(m) = (M_1,M_2,\cdots,M_{n_m}) \in \{0,1\}^{n_m}$，定义两个函数：

$$K(m) = -l_m k_m + c_0 + \sum_{j=1}^{n_m} c_j M_j \text{ 和 } L(m) = d_0 + \sum_{j=1}^{n_m} d_j M_j$$

于是，有等式 $U=u_0\prod_{i=1}^{n_u} u_i^{v_i} = g_1^{F(\mathrm{ID})} g^{J(\mathrm{ID})}$ 和 $W = w_0 \prod_{j=1}^{n_m} w_j^{M_j} = g_1^{K(m)} g^{L(m)}$。

2) 询问

为了响应攻击者 $\mathcal{A}_1$ 的询问，挑战者 C 维护一个初始化为空的列表 $L = \{(\mathrm{ID}_i,\theta_{i,1},\theta_{i,2},\mathrm{usk}_i,\mathrm{pk}_i,\mathrm{psk}_i,\mathrm{sk}_i)\}$。

(1) 公钥询问：对于 $\mathcal{A}_1$ 发起的关于身份 ID_i 的公钥询问，若表 L 中包含 ID_i 的记录且 $\mathrm{pk}_i \neq \perp$， C 将相应的 pk_i 返回给 $\mathcal{A}_1$；否则， C 随机选择 $\theta_{i,1},\theta_{i,2} \in Z_p^*$，计算秘密值 $\mathrm{usk}_i = g^{(\theta_{i,1})^2}$ 和公钥 $\mathrm{pk}_i=(\mathrm{pk}_{i,1},\mathrm{pk}_{i,2}) = (g^{\theta_{i,1}}, g^{\theta_{i,2}})$，然后发送 pk_i 给 $\mathcal{A}_1$，并将 $(\mathrm{ID}_i,\ \theta_{i,1},\theta_{i,2},\mathrm{usk}_i,\mathrm{pk}_i,\perp,\perp)$ 添加到表 L 中。

(2) 公钥替换询问： $\mathcal{A}_1$ 输入一个身份 ID_i 和新公钥 pk_i'，如果表 L 中包含 ID_i 的记录且 $\mathrm{pk}_i \neq \perp$， C 将 ID_i 对应的公钥 pk_i 替换为 pk_i'；否则， C 设置 pk_i' 为 ID_i 的

新公钥，并在表 L 中添加 $(\mathrm{ID}_i, \perp, \perp, \perp, \perp_i, \mathrm{pk}_i, \perp, \perp)$。

(3) 部分私钥询问：当 $\mathcal{A}_1$ 请求关于 $(\mathrm{ID}_i, \mathrm{pk}_i)$ 的部分私钥时，若表 L 中包含 ID_i 的记录且 $\mathrm{pk}_i \neq \perp$，则 C 将相应的 psk_i 返回给 $\mathcal{A}_1$。否则，C 考虑以下两种情况。

① 若 $F(\mathrm{ID}_i) = 0 \bmod l_u$，$C$ 退出游戏。

② 若 $F(\mathrm{ID}_i) \neq 0 \bmod l_u$，$C$ 随机选取 $s_i \in Z_p^*$，计算 $\boldsymbol{v}=H_1(\mathrm{ID}_i,\mathrm{pk}_i) = (v_1, v_2,\cdots,v_{n_u})$，$U_i = u_0\prod_{k=1}^{n_u} u_k^{v_k}$ 和 $\mathrm{psk}_i=(\mathrm{psk}_{i,1},\mathrm{psk}_{i,2}) = (g_1^{\frac{-J(\mathrm{ID}_i)}{F(\mathrm{ID}_i)}} (U_i)^{s_i}, g_1^{\frac{-1}{F(\mathrm{ID}_i)}} g^{s_i})$，发送 psk_i 给 $\mathcal{A}_1$，并在表 L 中添加 ID_i 的部分私钥 psk_i。

(4) 私钥询问：当 $\mathcal{A}_1$ 请求关于 ID_i 的私钥时，如果表 L 中包含 ID_i 的记录且 $\mathrm{sk}_i \neq \perp$，则 C 将相应的 sk_i 返回给 $\mathcal{A}_1$；否则，C 计算 $F(\mathrm{ID}_i)$。若 $F(\mathrm{ID}_i) = 0 \bmod l_u$，$C$ 退出游戏；否则，C 首先发起关于 ID_i 的公钥询问获得秘密值 usk_i 和公钥 pk_i，其次发起关于 $(\mathrm{ID}_i, \mathrm{pk}_i)$ 的私钥询问获得部分私钥 psk_i，最后运行 SetSecKey 算法将生成的私钥 sk_i 发送给 $\mathcal{A}_1$，并在表 L 中添加 ID_i 的私钥 sk_i。

(5) 签名询问：当 $\mathcal{A}_1$ 请求关于身份 ID_i 和消息 m_i 的签名询问时，C 首先发起关于 ID_i 的公钥询问获得元组 $(\theta_{i,1},\theta_{i,2})$ 和公钥 $\mathrm{pk}_i=(\mathrm{pk}_{i,1},\mathrm{pk}_{i,2})$。如果 $F(\mathrm{ID}_i) \neq 0 \bmod l_u$，$C$ 首先发起私钥询问获得 ID_i 的私钥，其次运行 Sign 算法将生成的签名发送给 $\mathcal{A}_1$。如果 $F(\mathrm{ID}_i)=0 \bmod l_u$，$C$ 继续考虑以下两种情况。

① 如果 $K(m_i)=0 \bmod l_m$，C 退出游戏；

② 如果 $K(m_i) \neq 0 \bmod l_m$，C 随机选取 $r_i, s_i, r_m \in Z_p^*$，计算向量 $\boldsymbol{v}=H_1(\mathrm{ID}_i, \mathrm{pk}_i)$，$U_i = u_0\prod_{k=1}^{n_u} u_k^{v_k}$，向量 $\boldsymbol{M}=H_2(m_i)$，$W_i = w_0\prod_{j=1}^{n_m} w_j^{M_j}$，$\sigma_{i,2} = g^{s_i+r_i}$，$\sigma_{i,3} = (g_1)^{\frac{-1}{K(m_i)}} g^{r_m}$，$h_i = H_3(m_i,\mathrm{ID}_i,\mathrm{pk}_i,\sigma_{i,2},\sigma_{i,3},\mathrm{sp})$ 和 $\sigma_{i,1} = (U_i)^{s_i+r_i} (g_1)^{\frac{-L(m_i)-h_i\theta_{i,2}}{K(m_i)}} \cdot ((\mathrm{pk}_{i,2})^{h_i} W_i)^{r_m} g^{(\theta_{i,1})^2}$；然后将签名 $\sigma_i = (\sigma_{i,1},\sigma_{i,2},\sigma_{i,3})$ 发送给 $\mathcal{A}_1$。

3) 伪造

$\mathcal{A}_1$ 最后输出一个关于目标身份 ID^* 和目标公钥 pk^* 的消息/签名对 $(m^*,\sigma^* = (\sigma_1^*,\sigma_2^*,\sigma_3^*))$。如果 $F(\mathrm{ID}^*) \neq 0 \bmod p$ 或 $K(m^*) \neq 0 \bmod p$，C 退出游戏；否则，C 计算 $h^* = H_3(m^*,\mathrm{ID}^*,\mathrm{pk}^*,\sigma_2^*,\sigma_3^*,\mathrm{sp})$，然后使用 (θ_1^*,θ_2^*) 计算 SDH 问题实例的值 $g^{\alpha^2} = \dfrac{\sigma_1^*}{g^{(\theta_1^*)^2} (\sigma_2^*)^{J(\mathrm{ID}^*)} (\sigma_3^*)^{L(m^*)} (\sigma_3^*)^{h^*\theta_2^*}}$。 **证毕**

定理 3.2 在标准模型中，本小节改进的无证书签名方案对于“malicious-but-passive”的 KGC 攻击是强不可伪造的。

证明：假定第二类攻击者 $\mathcal{A}_2$ 在多项式时间内最多进行了 q_{pk} 次公钥询问、q_{sk} 次私钥询问和 q_s 次签名询问。给定一个 SDH 问题实例 $(g, B = g^{\beta})$，C 为了计算 g^{β^2} 与 $\mathcal{A}_2$ 进行如下的安全游戏。

1) 初始化

令 $l_u = 2(q_{\text{sk}} + q_s)$ 和 $l_m = 2q_s$，满足 $l_u(n_u + 1) < p$ 和 $l_m(n_m + 1) < p$。C 选取 $\theta^* \in Z_p^*$，计算 $\text{pk}_2^* = g^{\theta^*}$，设置目标用户的公钥 $\text{pk}^* = (\text{pk}_1^*, \text{pk}_2^*) = (B = g^{\beta}, g^{\theta^*})$。收到 C 发送的 pk^* 后，$\mathcal{A}_2$ 随机选取整数 $k_u \in \{1, 2, \cdots, n_u\}$，$k_m \in \{1, 2, \cdots, n_m\}$，$x_0, x_1, \cdots, x_{n_u} \in Z_{l_u}$，$c_0, c_1, \cdots, c_{n_m} \in Z_{l_m}$ 和 $y_0, y_1, \cdots, y_{n_u}, d_0, d_1, \cdots, d_{n_m} \in Z_p^*$。$\mathcal{A}_2$ 选择 3 个抗碰撞的哈希函数 $H_1 : \{0,1\}^* \to \{0,1\}^{n_u}$，$H_2 : \{0,1\}^* \to \{0,1\}^{n_m}$ 和 $H_3 : \{0,1\}^* \to Z_p^*$；选择 $\alpha \in Z_p^*$，计算 $g_1 = g^{\alpha}$ 和 $\text{msk} = g^{\alpha^2}$。$\mathcal{A}_2$ 设置 $u_0 = B^{-l_u k_u + x_0} g^{y_0}$，$u_i = B^{x_i} g^{y_i} (1 \leqslant i \leqslant n_u)$，$w_0 = B^{-l_m k_m + c} g^{d_0}$，$w_j = B^{c_j} g^{d_j} (1 \leqslant j \leqslant n_m)$，向量 $\boldsymbol{u} = (u_1, u_2, \cdots, u_{n_u})$ 和 $\boldsymbol{w} = (w_1, w_2, \cdots, w_{n_m})$，然后将系统参数 $\{g_1, u_0, v_0, \boldsymbol{u}, \boldsymbol{w}, H_1, H_2, H_3\}$ 和主密钥 msk 发送给 C。

为了描述方便，类似定理 3.1 定义四个函数 $F(\text{ID})$、$J(\text{ID})$、$K(m)$ 和 $L(m)$，从而可得到下面两个等式：

$$U = u_0 \prod_{i=1}^{n_u} u_i^{v_i} = B^{F(\text{ID})} g^{J(\text{ID})}, \quad W = v_0 \prod_{j=1}^{n_m} v_j^{M_j} = B^{K(m)} g^{L(m)}$$

2) 询问

为了响应 $\mathcal{A}_2$ 的询问，C 维护一个初始化为空的列表 $L = \{(\text{ID}_i, \theta_{i,1}, \theta_{i,2}, \text{pk}_i, \text{sk}_i)\}$。

(1) 公钥询问：对于 $\mathcal{A}_2$ 发起的关于身份 ID_i 的公钥询问，如果表 L 中包含 ID_i 的记录且 $\text{pk}_i \neq \perp$，则 C 将相应的 pk_i 返回给 $\mathcal{A}_2$；否则，C 随机选择 $\theta_{i,1}, \theta_{i,2}, \in Z_p^*$，计算公钥 $\text{pk}_i = (\text{pk}_{i,1}, \text{pk}_{i,2}) = (B^{\theta_{i,1}}, g^{\theta_{i,2}})$，然后发送 pk_i 给 $\mathcal{A}_2$，并将 $(\text{ID}_i, \theta_{i,1}, \theta_{i,2}, \text{pk}_i, \perp)$ 添加到表 L 中。

(2) 私钥询问：当 $\mathcal{A}_2$ 请求关于 ID_i 的私钥时，如果表 L 中包含 ID_i 的记录且 $\text{sk}_i \neq \perp$，C 将相应的 sk_i 返回给 $\mathcal{A}_2$；否则，C 发起关于 ID_i 的公钥询问并获得元组 $(\theta_{i,1}, \theta_{i,2})$ 和公钥 pk_i，然后执行如下操作。

① 如果 $F(\text{ID}_i) = 0 \bmod l_u$，$C$ 退出游戏。

② 如果 $F(\text{ID}_i) \neq 0 \bmod l_u$，$C$ 选取 $s_i \in Z_p^*$，计算 $\boldsymbol{v} = H_1(\text{ID}_i, \text{pk}_i) = (v_1, v_2, \cdots, v_{n_u})$ 和 $U_i = u_0 \prod_{k=1}^{n_u} u_k^{v_k}$，并利用主密钥 $\text{msk} = g^{\alpha^2}$ 计算 $\text{sk}_i = (\text{sk}_{i,1}, \text{sk}_{i,2}) = (g^{\alpha^2} \cdot$

$B^{\frac{-J(\mathrm{ID}_i)(\theta_{i,1})^2}{F(\mathrm{ID}_i)}}(U_i)^{s_i}, B^{\frac{-(\theta_{i,1})^2}{F(\mathrm{ID}_i)}}g^{s_i})$；最后发送 sk_i 给 $\mathcal{A}_2$，并将 ID_i 的私钥 sk_i 添加到表 L 中。

(3) 签名询问：当 $\mathcal{A}_2$ 请求关于身份 ID_i 和消息 m_i 的签名询问时，C 首先发起关于 ID_i 的公钥询问并获得元组 $(\theta_{i,1},\theta_{i,2})$ 和公钥 $\mathrm{pk}_i=(\mathrm{pk}_{i,1},\mathrm{pk}_{i,2})$。如果 $F(\mathrm{ID}_i)\neq 0 \bmod l_u$，$C$ 首先发起私钥询问并获得 ID_i 的私钥，然后运行 Sign 算法将生成的签名发送给 $\mathcal{A}_2$。如果 $F(\mathrm{ID}_i)=0 \bmod l_u$，$C$ 继续考虑以下两种情况。

① 如果 $K(m_i)=0 \bmod l_m$，C 退出游戏；

② 如果 $K(m_i)\neq 0 \bmod l_m$，C 随机选取 $r_i,s_i,r_m\in Z_p^*$，计算向量 $\boldsymbol{v}= H_1(\mathrm{ID}_i,\mathrm{pk}_i)$，$U_i=u_0\prod_{k=1}^{n_u}u_k^{v_k}$，向量 $\boldsymbol{M}=H_2(m_i)$，$W_i=w_0\prod_{j=1}^{n_m}w_j^{M_j}$，$\sigma_{i,2}=g^{s_i+r_i}$，$\sigma_{i,3}=B^{\frac{-(\theta_{i,1})^2}{K(m_i)}}g^{r_m}$，$h_i=H_3(m_i,\mathrm{ID}_i,\mathrm{pk}_i,\sigma_{i,2},\sigma_{i,3},\mathrm{sp})$ 和 $\sigma_{i,1}=g^{\alpha^2}(U_i)^{s_i+r_i}\cdot B^{\frac{(-L(m_i)-h_i\theta_{i,2})(\theta_{i,1})^2}{K(m_i)}}((pk_{i,2})^{h_i}W_i)^{r_m}$；然后将签名 $\sigma_i=(\sigma_{i,1},\sigma_{i,2},\sigma_{i,3})$ 发送给 $\mathcal{A}_2$。

3) 伪造

$\mathcal{A}_2$ 最后输出一个关于目标身份 ID^* 和目标公钥 pk^* 的消息/签名对 $(m^*,\sigma^*=(\sigma_1^*,\sigma_2^*,\sigma_3^*))$。如果 $F(\mathrm{ID}^*)\neq 0 \bmod p$ 或 $K(m^*)\neq 0 \bmod p$，C 退出游戏；否则，C 计算 $h^*=H_3(m^*,\mathrm{ID}^*,\mathrm{pk}^*,\sigma_2^*,\sigma_3^*,\mathrm{sp})$，然后使用 θ^* 和主密钥 $\mathrm{msk}=g^{\alpha^2}$ 计算 SDH 问题实例的值 $g^{\beta^2}=\dfrac{\sigma_1^*}{g^{\alpha^2}(\sigma_2^*)^{J(\mathrm{ID}^*)}(\sigma_3^*)^{L(m^*)}(\sigma_3^*)^{h^*\theta^*}}$。 **证毕**

3. 性能分析

将本小节改进的无证书签名方案[20]与 Hung 方案[18]、Wu 方案[19]进行私钥长度、签名长度、签名生成和签名验证等方面的比较，结果如表 3.1 所示。其中，E 和 P 分别表示一次幂运算和一次双线性对运算，$|p|$和$|G_1|$分别表示 Z_p 和 G_1 中一个元素的长度。

表 3.1　计算开销与安全性能的比较

方案	私钥长度	签名长度	签名生成	签名验证
Hung 方案[18]	$3\|G_1\|$	$3\|G_1\|$	5E	3E+4P
Wu 方案[19]	$2\|p\|+2\|G_1\|$	$3\|G_1\|$	6E	2E+4P
本小节改进方案	$2\|G_1\|$	$3\|G_1\|$	3E	E+5P

在本小节改进方案的验证等式 $e(\sigma_1,g)=e(g_1,g_1)e(\mathrm{pk}_{\mathrm{ID},1},\mathrm{pk}_{\mathrm{ID},1})e(U,\sigma_2)\cdot e((\mathrm{pk}_{\mathrm{ID},2})^h W,\sigma_3)$ 中，$e(g_1,g_1)$，$e(\mathrm{pk}_{\mathrm{ID},1},\mathrm{pk}_{\mathrm{ID},1})$ 和 $e(U,\sigma_2)$ 可以进行预计算处理，因此签名验证的计算开销可以降低为一次幂运算和两次双线性对运算。从表 3.1 可知，本小节改进方案具有更短的私钥长度和更低的签名生成开销。更重要的是，Hung 方案[18]和 Wu 方案[19]均存在安全缺陷，但本小节改进方案在标准模型下满足强不可伪造性。因此，本小节的改进方案[20]具有更高的安全性。

3.4　面向移动支付交易的无证书签名方案

为了提升移动支付交易的安全性及性能，Qiao 等[22]提出了一个高效的无证书签名方案(简称 Qiao 方案)，并进一步将其作为基础方案设计了一个基于物联网的移动支付交易方案。本节主要分析 Qiao 方案的安全性，给出本书作者针对该方案的伪造攻击和相应的改进方案[23]，以提高 Qiao 方案的安全性。

3.4.1　Qiao 方案描述

Qiao 方案[22]主要包含如下五个算法。

1) Setup

KGC 首先选择一个大素数 q，一个阶为 q 的椭圆曲线群 G 和一个 G 的生成元 P。其次，KGC 随机选择 $s\in Z_q^*$，计算 $\mathrm{pk}_{\mathrm{KGC}}=sP$，设置主密钥 $\mathrm{msk}=s$，选择两个安全的哈希函数 $H_1:Z_q^*\times G\times G\times G\to Z_q^*$ 和 $H_2:\{0,1\}^*\times G\times G\times G\to Z_q^*$。最后，KGC 公开系统参数 $\mathrm{sp}=(q,G,P,\mathrm{pk}_{\mathrm{KGC}},H_1,H_2)$。

2) UserKeyGen

身份为 ID_i 的用户随机选择 $x_{\mathrm{ID}_i}\in Z_q^*$ 作为秘密值，计算公钥 $\mathrm{pk}_{\mathrm{ID}_i}=x_{\mathrm{ID}_i}P$。

3) PartialKeyGen

对于身份 ID_i，KGC 选择 $r_i\in Z_q^*$，计算 $R_i=r_iP$ 和 $h_{1,i}=H_1(\mathrm{ID}_i,R_i,\mathrm{pk}_{\mathrm{ID}_i},\mathrm{pk}_{\mathrm{KGC}})$。随后，KGC 计算 $s_i=r_i\cdot\mathrm{ID}_i+s\cdot h_{1,i}\bmod q$，利用安全信道秘密地发送 ID_i 的部分私钥 $D_{\mathrm{ID}_i}=(s_i,R_i)$ 给用户。

4) Sign

具有身份 ID_i 的用户对每个交易消息 m_i 进行签名，以实现安全的移动支付。用户随机选择 $t_i\in Z_q^*$，计算 $T_i=t_iP$ 和 $h_{2,i}=H_2(m_i,T_i,\mathrm{pk}_{\mathrm{ID}_i},R_i)$；然后计算

$$\tau_i=t_i+h_{2,i}\cdot(x_{\mathrm{ID}_i}+s_i)\bmod q$$

最后发送 m_i 的签名 $\delta_i=(\tau_i,T_i,R_i)$ 给接收者。

5) Verify

收到来自身份 ID_i 关于消息 m_i 的签名 $\delta_i = (\tau_i, T_i, R_i)$ 后，接收者计算哈希值 $h_{1,i} = H_1(\mathrm{ID}_i, R_i, \mathrm{pk}_{\mathrm{ID}_i}, \mathrm{pk}_{\mathrm{KGC}})$ 和 $h_{2,i} = H_2(m_i, T_i, \mathrm{pk}_{\mathrm{ID}_i}, R_i)$，然后验证下面等式：

$$\tau_i \cdot P = T_i + h_{2,i} \cdot (\mathrm{pk}_{\mathrm{ID}_i} + \mathrm{ID}_i \cdot R_i + h_{1,i} \cdot \mathrm{pk}_{\mathrm{KGC}})$$

若该等式成立，则接收者认为 δ_i 是一个有效的签名；否则，接收者拒绝 δ_i。

3.4.2 Qiao 方案的安全性分析

基于底层 CLS 方案的安全性，Qiao 等[22]提出的移动支付交易方案被认为是安全的。然而，本书作者通过具体的攻击方法证明了 Qiao 方案[22]容易遭受恶意 KGC 的伪造攻击。令 $\mathcal{A}_2$ 是一个 "honest-but-curious" 的 KGC 攻击者，选择一个被攻击目标用户的身份/公钥对 $(\mathrm{ID}^*, \mathrm{pk}^*)$。根据 CLS 方案的安全模型，$\mathcal{A}_2$ 掌握了 KGC 的主密钥 s，并能计算所有用户的部分私钥。下面的攻击方法表明 $\mathcal{A}_2$ 可以伪造目标用户的任意有效签名。

(1) 随机选择 $z_i \in Z_q^*$，计算 $R_i^* = \dfrac{1}{\mathrm{ID}^*}(z_i \cdot P - \mathrm{pk}^*)$。说明：这里的 R_i^* 是目标用户部分私钥 $D_i^* = (s_i^*, R_i^*)$ 和目标用户产生签名中的一个元素。

(2) 随机选择 $t_i^* \in Z_q^*$，计算 $T_i^* = t_i^* P$。

(3) 任选一个消息 m_i^*，使用 R_i^* 计算哈希值 $h_{1,i}^* = H_1(\mathrm{ID}^*, R_i^*, \mathrm{pk}^*, \mathrm{pk}_{\mathrm{KGC}})$。

(4) 计算另外一个哈希值 $h_{2,i}^* = H_2(m_i^*, T_i^*, \mathrm{pk}^*, R_i^*)$。

(5) 利用主密钥 s 计算 $\tau_i^* = t_i^* + h_{2,i}^* \cdot (z_i + h_{1,i}^* \cdot s) \bmod q$。

(6) 设置 m_i^* 的签名为 $\delta_i^* = (\tau_i^*, T_i^*, R_i^*)$。

下面推导过程表明 $\mathcal{A}_2$ 伪造的关于消息 m_i^* 的签名 $\delta_i^* = (\tau_i^*, T_i^*, R_i^*)$ 是一个有效签名，即 δ_i^* 满足 Qiao 方案[22]的签名验证等式：

$$\begin{aligned}
\tau_i^* P &= [t_i^* + h_{2,i}^*(z_i + h_{1,i}^* s)]P \\
&= t_i^* P + h_{2,i}^*(z_i P + h_{1,i}^* sP) \\
&= T_i^* + h_{2,i}^*[(\mathrm{pk}^* + \mathrm{ID}^* R_i^*) + h_{1,i}^*(sP)] \\
&= T_i^* + h_{2,i}^*(\mathrm{pk}^* + \mathrm{ID}^* R_i^* + h_{1,i}^* \mathrm{pk}_{\mathrm{KGC}})
\end{aligned}$$

因为 $\mathcal{A}_2$ 在上述攻击过程中不知道目标用户的秘密值 x^*，所以 $\mathcal{A}_2$ 发起针对 Qiao 方案的伪造攻击是成功的，即 Qiao 方案无法抵抗类型Ⅱ攻击者。CLS 方案的安全漏洞导致 Qiao 等[22]提出的移动支付交易方案无法保证其安全性，因此该方案无法在不安全的网络通信环境中部署。$\mathcal{A}_2$ 能够成功攻击 Qiao 方案的主要原因是在 Sign 算法中 $\mathrm{pk}_{\mathrm{KGC}}$ 与 s_i 未进行正确的绑定，$\mathcal{A}_2$ 通过计算 $z_i P = \mathrm{pk}^* + \mathrm{ID}^* R_i^*$

很容易绕过秘密值 x^*，然后利用主密钥 s 能够伪造任意用户关于任意消息的有效签名。

3.4.3 改进的无双线性对的无证书签名方案

1. 方案描述

为了解决 Qiao 方案[22]的安全问题，本小节给出了一个改进的 CLS 方案[23]。

1) Setup

该算法与 Qiao 方案中的 Setup 算法基本相同，唯一不同是增加了一个安全的哈希函数 $H_3:\{0,1\}^*\times G\times G\times G\times G\to Z_q^*$，即系统参数 $\text{sp}=(q,G,P,\ \text{pk}_{\text{KGC}},H_1,H_2,H_3)$。

2) UserKeyGen 和 PartialKeyGen

这两个算法与 Qiao 方案中的 UserKeyGen 算法和 PartialKeyGen 算法相同。

3) Sign

对每个交易消息 m_i，具有身份 ID_i 的用户随机选择 $t_i\in Z_q^*$，计算 $T_i=t_iP$，$h_{2,i}=H_2(m_i,T_i,\text{pk}_{\text{ID}_i},R_i)$ 和 $h_{3,i}=H_3(m_i,\text{pk}_{\text{ID}_i},R_i,T_i,\text{pk}_{\text{KGC}})$；然后使用 x_{ID_i} 和 s_i 计算

$$\tau_i=t_i+h_{2,i}x_{\text{ID}_i}+h_{3,i}s_i \mod q$$

最后发送 m_i 的签名 $\delta_i=(\tau_i,T_i,R_i)$ 给接收者。

4) Verify

收到来自身份 ID_i 关于消息 m_i 的签名 $\delta_i=(\tau_i,T_i,R_i)$ 后，接收者计算三个哈希值 $h_{1,i}=H_1(\text{ID}_i,R_i,\text{pk}_{\text{ID}_i},\text{pk}_{\text{KGC}})$，$h_{2,i}=H_2(m_i,T_i,\text{pk}_{\text{ID}_i},R_i)$ 和 $h_{3,i}=H_3(m_i,\text{pk}_{\text{ID}_i},R_i,T_i,\text{pk}_{\text{KGC}})$，然后验证下面等式：

$$\tau_iP=T_i+h_{2,i}\text{pk}_{\text{ID}_i}+h_{3,i}(\text{ID}_iR_i+h_{1,i}\text{pk}_{\text{KGC}})$$

若该等式成立，则接收者认为 δ_i 是一个有效的签名；否则，接收者拒绝 δ_i。

正确性分析：

$$\begin{aligned}\tau_iP&=(t_i+h_{2,i}x_{\text{ID}_i}+h_{3,i}s_i)P\\&=t_iP+h_{2,i}(x_{\text{ID}_i}P)+h_{3,i}(s_iP)\\&=T_i+h_{2,i}\text{pk}_{\text{ID}_i}+h_{3,i}(\text{ID}_iR_i+h_{1,i}\text{pk}_{\text{KGC}})\end{aligned}$$

2. 安全性分析

在本小节改进方案的 Sign 算法中，引入新值 $h_{3,i}=H_3(m_i,\text{pk}_i,R_i,T_i,\text{pk}_{\text{KGC}})$ 来绑定 pk_i，R_i 和 pk_{KGC} 三个值，这使得攻击者无法通过修改一些公共值来伪造有

效的签名。因此，本小节改进方案可以抵御 3.4.2 小节中恶意 KGC 发起的伪造攻击。下面证明本小节改进的 CLS 方案对于类型Ⅰ和类型Ⅱ攻击者满足不可伪造性。

定理 3.3 如果 ECDL 问题在多项式时间内是难以求解的，则本小节改进的 CLS 方案对于类型Ⅰ攻击者是存在不可伪造的。

证明：如果一个类型Ⅰ攻击者 $\mathcal{A}_1$ 能在多项式时间内以 ε 的概率伪造一个本小节改进方案的有效签名，那么挑战者 C 能成功求解 ECDL 问题。给定一个 ECDL 问题实例 (P,aP)，C 的任务是利用 $\mathcal{A}_1$ 的伪造来计算 $a\in Z_q^*$。

1) 初始化

C 随机选择 $s\in Z_q^*$，设置主密钥 $\mathrm{msk}=s$；运行本小节改进方案的 Setup 算法生成系统参数 $\mathrm{sp}=(q,G,P,\mathrm{pk}_{\mathrm{KGC}},H_1,H_2,H_3)$，然后发送 sp 给 $\mathcal{A}_1$。

2) 询问

$\mathcal{A}_1$ 选择一个挑战身份 ID^*，并自适应性地向 C 发起一系列预言机的询问。为了响应这些询问，C 维持四个初始化为空的列表 L_1、L_2、L_3 和 L_P。

(1) H_1 询问：收到来自 $\mathcal{A}_1$ 发送的 $H_1(\mathrm{ID}_i,R_i,\mathrm{pk}_{\mathrm{ID}_i},\mathrm{pk}_{\mathrm{KGC}})$ 后，如果表 L_1 中包含元组 $(\mathrm{ID}_i,R_i,\mathrm{pk}_{\mathrm{ID}_i},\mathrm{pk}_{\mathrm{KGC}},h_{1,i})$，$C$ 发送 $h_{1,i}$ 给 $\mathcal{A}_1$；否则，C 随机选择 $h_{1,i}\in Z_q^*$ 并返回给 $\mathcal{A}_1$，然后在表 L_1 中增加 $(\mathrm{ID}_i,R_i,\mathrm{pk}_{\mathrm{ID}_i},\mathrm{pk}_{\mathrm{KGC}},h_{1,i})$。

(2) H_2 询问：收到来自 $\mathcal{A}_1$ 发送的 $H_2(m_i,T_i,\mathrm{pk}_{\mathrm{ID}_i},R_i)$ 后，如果表 L_2 中包含元组 $(m_i,T_i,\mathrm{pk}_{\mathrm{ID}_i},R_i,h_{2,i})$，$C$ 发送 $h_{2,i}$ 给 $\mathcal{A}_1$；否则，C 随机选择 $h_{2,i}\in Z_q^*$ 并返回给 $\mathcal{A}_1$，然后在表 L_2 中增加 $(m_i,T_i,\mathrm{pk}_{\mathrm{ID}_i},R_i,h_{2,i})$。

(3) H_3 询问：收到来自 $\mathcal{A}_1$ 发送的 $H_3(m_i,\mathrm{pk}_{\mathrm{ID}_i},R_i,T_i,\mathrm{pk}_{\mathrm{KGC}})$ 后，如果表 L_3 中包含元组 $(m_i,\mathrm{pk}_{\mathrm{ID}_i},R_i,T_i,\mathrm{pk}_{\mathrm{KGC}},h_{3,i})$，$C$ 发送 $h_{3,i}$ 给 $\mathcal{A}_1$；否则，C 随机选择 $h_{3,i}\in Z_q^*$ 并返回给 $\mathcal{A}_1$，然后在表 L_3 中增加 $(m_i,\mathrm{pk}_{\mathrm{ID}_i},R_i,T_i,\mathrm{pk}_{\mathrm{KGC}},h_{3,i})$。

(4) 公钥询问：当 $\mathcal{A}_1$ 提交身份 ID_i 后，如果表 L_P 中包含 $(\mathrm{ID}_i,x_{\mathrm{ID}_i},\mathrm{pk}_{\mathrm{ID}_i},r_i,R_i,s_i)$，$C$ 发送公钥 $\mathrm{pk}_{\mathrm{ID}_i}$ 给 $\mathcal{A}_1$；否则，C 执行如下操作。

① 若 $\mathrm{ID}_i=\mathrm{ID}^*$，$C$ 随机选择 $x^*,h_1^*\in Z_q^*$，计算 $\mathrm{pk}^*=x^*P$，设置 $R^*=aP$，$r^*=\perp$ 和 $s^*=\perp$，返回公钥 pk^* 给 $\mathcal{A}_1$，然后在表 L_P 增加 $(\mathrm{ID}^*,x^*,\mathrm{pk}^*,\perp,R^*,\perp)$ 和表 L_1 中增加 $(\mathrm{ID}^*,R^*,\mathrm{pk}^*,\mathrm{pk}_{\mathrm{KGC}},h_1^*)$。

② 若 $\mathrm{ID}_i\neq\mathrm{ID}^*$，$C$ 随机选择 $x_{\mathrm{ID}_i},h_{1,i},r_i\in Z_q^*$，然后计算 $\mathrm{pk}_{\mathrm{ID}_i}=x_{\mathrm{ID}_i}P$，$R_i=r_iP$ 和 $s_i=r_i\cdot\mathrm{ID}_i+s\cdot h_{1,i}\bmod q$，并返回公钥 $\mathrm{pk}_{\mathrm{ID}_i}$ 给 $\mathcal{A}_1$，在表 L_P 增加 $(\mathrm{ID}_i,x_{\mathrm{ID}_i},\mathrm{pk}_{\mathrm{ID}_i},r_i,R_i,s_i)$，在表 L_1 中增加 $(\mathrm{ID}_i,R_i,\mathrm{pk}_{\mathrm{ID}_i},\mathrm{pk}_{\mathrm{KGC}},h_{1,i})$。

(5) 部分私钥询问：当 $\mathcal{A}_1$ 提交身份 ID_i 后，如果 $\mathrm{ID}_i=\mathrm{ID}^*$，$C$ 退出游戏；否

则，C 在表 L_P 中查找 $(\mathrm{ID}_i, x_{\mathrm{ID}_i}, \mathrm{pk}_{\mathrm{ID}_i}, r_i, R_i, s_i)$，发送部分私钥 $D_{\mathrm{ID}_i}=(s_i, R_i)$ 给 $\mathcal{A}_1$。

(6) 秘密值询问：当 $\mathcal{A}_1$ 提交身份 ID_i 后，C 在表 L_P 中查找 $(\mathrm{ID}_i, x_{\mathrm{ID}_i}, \mathrm{pk}_{\mathrm{ID}_i}, r_i, R_i, s_i)$，然后发送秘密值 x_{ID_i} 给 $\mathcal{A}_1$。

(7) 公钥替换询问：当 $\mathcal{A}_1$ 提交一个身份 ID_i 和新公钥 pk_i' 后，C 在表 L_P 中查找 $(\mathrm{ID}_i, x_{\mathrm{ID}_i}, \mathrm{pk}_{\mathrm{ID}_i}, r_i, R_i, s_i)$，在 L_P 中将公钥 $\mathrm{pk}_{\mathrm{ID}_i}$ 替换为 pk_i'。

(8) 签名询问：当 $\mathcal{A}_1$ 提交一个身份 ID_i 和一个消息 m_i 后，C 执行如下操作。

① 若 $\mathrm{ID}_i \neq \mathrm{ID}^*$，$C$ 运行 Sign 算法生成 m_i 的签名 $\delta_i=(\tau_i, T_i, R_i)$，然后将 δ_i 返回给 $\mathcal{A}_1$。

② 若 $\mathrm{ID}_i = \mathrm{ID}^*$，$C$ 选择 $\tau_i, h_{2,i}, h_{3,i} \in Z_q^*$，在表 L_P 和 L_1 中查找 $(\mathrm{ID}^*, x^*, \mathrm{pk}^*, \perp, R^*, \perp)$ 和 $(\mathrm{ID}^*, R^*, \mathrm{pk}^*, \mathrm{pk}_{\mathrm{KGC}}, h_1^*)$，计算 $T_i=\tau_i P - h_{2,i}\mathrm{pk}^* - h_{3,i}(\mathrm{ID}^* R^* + h_{1,i}\mathrm{pk}_{\mathrm{KGC}})$，然后在表 L_2 中增加 $(m_i, T_i, \mathrm{pk}^*, R^*, h_{2,i})$，在表 L_3 中增加 $(m_i, \mathrm{pk}^*, R^*, T_i, \mathrm{pk}_{\mathrm{KGC}}, h_{3,i})$，设置并发送 m_i 的签名 $\delta_i=(\tau_i, T_i, R_i)$ 给 $\mathcal{A}_1$。

3) 伪造

$\mathcal{A}_1$ 输出关于身份 ID^* 的消息/签名对 $(m^*, \delta^*=(\tau^*, T^*=t^*P, R^*=aP))$。令 q_s、q_k 和 q_h 分别表示 $\mathcal{A}_1$ 在签名询问阶段、部分私钥询问阶段和 H_3 询问阶段发起询问的最大次数。如果 $\mathrm{ID}_i \neq \mathrm{ID}^*$，$C$ 退出游戏。否则，基于分叉(forking)引理[29]，$\mathcal{A}_1$ 利用相同的随机值 t^* 和 H_3 询问的另外一个输出值 $h_{3,i}'$，生成一个关于 m^* 的新签名 $\delta'=(\tau', T^*, R^*)$。

由于 δ^* 和 δ' 是两个有效签名，因此 δ^* 和 δ' 满足本小节改进方案的签名验证等式，于是下面两个等式成立：

$$\tau^* P = T^* + h_2^*\mathrm{pk}^* + h_3^*[(\mathrm{ID}^* a)P + h_1^*\mathrm{pk}_{\mathrm{KGC}}]$$

$$\tau' P = T^* + h_2^*\mathrm{pk}^* + h_3'[(\mathrm{ID}^* a)P + h_1^*\mathrm{pk}_{\mathrm{KGC}}]$$

C 通过上面两个等式很容易计算出 ECDL 实例的解为

$$a=(\tau^* - \tau')\,[(h_3^* - h_3')\mathrm{ID}^*]^{-1} \bmod q$$

在上述安全游戏中，C 能正确猜测出目标身份 ID^* 的概率至少是 $\rho=\dfrac{1}{q_k+1}$；在部分私钥询问阶段，C 不退出游戏的概率为 $(1-\rho)^{q_k}$；在签名伪造阶段，$\mathcal{A}_1$ 产生两个有效签名且 C 不退出游戏的概率为 $\dfrac{\rho\varepsilon_1}{q_h}$。因此，$C$ 能够成功求解 ECDL 问题的概率至少是 $\dfrac{\varepsilon_1}{\mathrm{e}q_k q_h}$，其中 e 是自然对数的基。然而，ECDL 问题很难在多项式时间内求解。因此，本小节改进的方案能够抵抗类型 I 攻击者。综上所述，本小节的改进方案对于类型 I 攻击者是存在不可伪造的。 **证毕**

定理 3.4 如果 ECDL 问题在多项式时间内是难以求解的，则本小节改进的 CLS 方案对于类型 II 攻击者是存在不可伪造的。

由于定理 3.4 的证明与定理 3.3 相似，因此不再赘述，但攻击者 $\mathcal{A}_2$ 不需要发起部分私钥询问和公钥替换询问。

3. 性能分析

下面将本小节改进的 CLS 方案与相关方案在签名生成、签名验证、签名长度和安全性方面进行比较，结果如表 3.2 所示。用 T_{mul} 和 T_{add} 分别表示 G 中点的标量乘运算和加法运算所需时间。此外，$|G|$和$|Z_q^*|$分别表示 G 和 Z_q^* 中元素的长度。由于普通的散列函数、模加法和模乘法的计算开销很小，因此在表 3.2 中不考虑这些运算操作。

表 3.2 相关 CLS 方案的比较

方案	签名生成	签名验证	签名长度	安全性
Yeh 方案[21]	T_{mul}	$4T_{\mathrm{mul}}+3T_{\mathrm{add}}$	$2\|G\|+\|Z_q^*\|$	否
Qiao 方案[22]	T_{mul}	$4T_{\mathrm{mul}}+3T_{\mathrm{add}}$	$2\|G\|+\|Z_q^*\|$	否
本小节改进 CLS 方案	T_{mul}	$5T_{\mathrm{mul}}+3T_{\mathrm{add}}$	$2\|G\|+\|Z_q^*\|$	是

如表 3.2 所示，三个方案在签名生成阶段的计算开销是相同的；在签名验证阶段，本小节改进 CLS 方案比其他两个方案[21,22]多一次点的标量乘运算。然而，Yeh 方案[21]对类型 I 攻击者来说是不安全的，Qiao 方案[22]无法抵抗类型 II 攻击者。由于三个方案都具有相同的签名长度，因此具有相同的通信开销。也就是，本小节的改进 CLS 方案[23]在保持原始方案性能的同时具有更高的安全性。

3.5 基于无证书签名的物联网数据认证方案

物联网利用传感器、射频识别(radio frequency identification，RFID)、无线数据通信等技术，形成了一个万物相连并进行信息交换和通信的网络，以实现智能化识别、定位、跟踪、监控和管理等功能[30]。物联网逐渐改变着人类的生活与生产方式，但物联网通过公开且不安全的信道传输数据，很容易受到攻击者实施的伪造攻击、篡改攻击、重放攻击等。因为数字签名能提供数据的完整性、数据来源的真实性和不可否认性等安全服务，所以基于数字签名的认证机制能保障物联网中数据传输的安全性[31]。CLS 由于解决了传统签名方案中的证书管理开销问题和基于身份签名方案中的密钥托管问题，因此非常适合于资源受限的物联网环境[32]。然而，已有强不可伪造的 CLS 签名方案[18]没有考虑重放攻击性。为了保护物联网数据的完整性与真实性，本节给出一个基于 CLS 的物联网数据认证方案，并在标准模型下证明该方案满足签名的强不可伪造性。每个实体的公钥不仅与自己的部分私钥相关联，而且被嵌入各个签名中，大大增强了 CLS 签名方案的安全信任等级。此外，该方案能够有效抵抗公钥替换攻击和“malicious-but-passive”的 KGC 攻击；采用时间戳机制来防止重放攻击，保证了签名的新鲜性。

1. 系统模型

本节方案的系统模型如图 3.1 所示，主要由三个实体组成：KGC、数据中心和物联网设备。本节方案的重点是利用无证书签名技术保障物联网数据的完整性与真实性，同时降低物联网设备的通信开销、计算开销和存储开销。各个实体的具体描述如下。

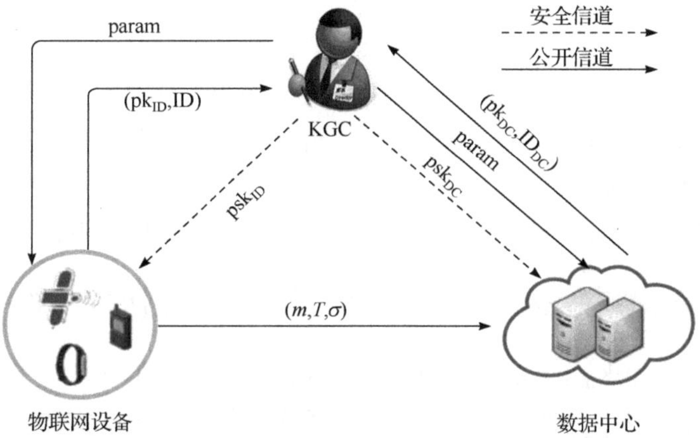

图 3.1　系统模型

1) KGC

该实体是一个半可信的第三方实体，主要负责生成系统参数，并计算数据中心及物联网设备的部分私钥。通过公开信道广播系统参数，但利用一个安全信道向每个实体发送相应的部分私钥。

2) 数据中心

数据中心具有较强的计算能力和存储空间，主要负责验证物联网设备发送的数据签名的合法性，并存储真实的物联网数据供其他用户使用。

3) 物联网设备

物联网设备通常被部署在环境条件恶劣或人类很难进入的区域，具有较低的存储、通信和处理能力；采用电池供电，并且不可补充，因此其能量有限。在注册期间，KGC 根据每个物联网设备的物理地址生成唯一的部分私钥。物联网设备被嵌入系统参数及私钥后，可以对从物理世界收集的数据进行签名，并将相应的签名与数据一起发送给数据中心。

2. 方案描述

基于 Waters 方案[33]及它的变形方案[34]，本节提出了一个基于 CLS 的物联网数据认证方案，具体描述如下。

(1) Setup：给定安全参数 $\lambda \in Z$，KGC 选择两个阶为素数 p 的循环群 G_1 和 G_2，一个 G_1 的生成元 g 和一个双线性映射 $e: G_1 \times G_1 \rightarrow G_2$；随机选择 $\alpha, \beta \in Z_p^*$，计算 $g_1 = g^{\alpha}$ 和 $g_2 = g^{\beta}$；随机选择 $u_0, v_0 \in G_1$ 和 2 个向量 $\boldsymbol{u} = (u_i)$，$\boldsymbol{v} = (v_j)$，其中 $u_i, v_j \in G_1$，$i = 1, 2, \cdots, n_u$ 和 $j = 1, 2, \cdots, n_m$；然后选择 3 个抗碰撞的哈希函数 $H_1: \{0,1\}^* \rightarrow \{0,1\}^{n_u}$，$H_2: \{0,1\}^* \rightarrow \{0,1\}^{n_m}$ 和 $H_3: \{0,1\}^* \rightarrow Z_p^*$；最后秘密保存主密钥 $\text{msk} = g^{\alpha\beta}$，公开系统参数 $\text{sp} = \{G_1, G_2, e, p, g, g_1, g_2, u_0, v_0, \boldsymbol{u}, \boldsymbol{v}, H_1, H_2, H_3\}$。

(2) UserKeyGen：身份为 ID 的物联网设备随机选择 $\theta_1, \theta_2, \theta_3 \in Z_p^*$，计算 $\text{pk}_{\text{ID},1} = g^{\theta_1}$，$\text{pk}_{\text{ID},2} = g^{\theta_2}$ 和 $\text{pk}_{\text{ID},3} = g^{\theta_3}$，然后设置自己的秘密值 $\text{usk}_{\text{ID}} = g^{\theta_1\theta_2}$ 和公钥 $\text{pk}_{\text{ID}} = (\text{pk}_{\text{ID},1}, \text{pk}_{\text{ID},2}, \text{pk}_{\text{ID},3})$。

(3) PartialKeyGen：收到物联网设备发送的身份 ID 和公钥 pk_{ID} 后，KGC 计算 $\boldsymbol{Q} = H_1(\text{ID}, \text{pk}_{\text{ID}}) = (Q_1, Q_2, \cdots, Q_{n_u}) \in \{0,1\}^{n_u}$ 和 $U_{\text{ID}} = u_0 \prod_{i=1}^{n_u} u_i^{Q_i}$；然后随机选择 $s \in Z_p^*$，计算 $\text{psk}_{\text{ID},1} = g^{\alpha\beta}(U_{\text{ID}})^s$ 和 $\text{psk}_{\text{ID},2} = g^s$；最后，将部分私钥 $\text{psk}_{\text{ID}} = (\text{psk}_{\text{ID},1}, \text{psk}_{\text{ID},2})$ 通过一个安全信道发送给相应的设备实体。

(4) SetSecKey：物联网设备收到 KGC 发送的部分私钥 $\text{psk}_{\text{ID}} = (\text{psk}_{\text{ID},1}, \text{psk}_{\text{ID},2})$ 后，首先随机选择 $r \in Z_p^*$，计算 $\boldsymbol{Q} = H_1(\text{ID}, \text{pk}_{\text{ID}})$ 和 $U_{\text{ID}} = u_0 \prod_{i=1}^{n_u} u_i^{Q_i}$；然后利用自己的秘密值 $\text{usk}_{\text{ID}} = g^{\theta_1\theta_2}$ 计算私钥：

$$
\begin{aligned}
\text{sk}_{\text{ID}} &= (\text{sk}_{\text{ID},1}, \text{sk}_{\text{ID},2}) \\
&= [\text{psk}_{\text{ID},1} \cdot \text{usk}_{\text{ID}} \cdot (U_{\text{ID}})^r, \text{psk}_{\text{ID},2} \cdot g^r] \\
&= [g^{\alpha\beta} g^{\theta_1\theta_2} (U_{\text{ID}})^{s+r}, g^{s+r}]
\end{aligned}
$$

(5) Sign：对于一个消息 m，物联网设备随机选择 $r_m \in Z_p^*$，计算 $\sigma_3 = g^{r_m}$；然后选取当前时间戳 T，计算 $\boldsymbol{M} = H_2(m, T) = (M_1, M_2, \cdots, M_{n_m}) \in \{0,1\}^{n_m}$，

$V_m = v_0 \prod_{j=1}^{n_m} v_j^{M_j}$ ，$h = H_3(m, T, \mathrm{ID}, \mathrm{pk}_{\mathrm{ID}}, \mathrm{sk}_{\mathrm{ID},2}, \sigma_3, \mathrm{sp})$ 和 $\sigma_1 = \mathrm{sk}_{\mathrm{ID},1} \cdot \left((\mathrm{pk}_{\mathrm{ID},3})^h V_m\right)^{r_m}$ ；最后设置 $\sigma_2 = \mathrm{sk}_{\mathrm{ID},2}$ ，并输出 m 的签名 $\sigma = (\sigma_1, \sigma_2, \sigma_3)$ 。

(6) Verify：收到物联网设备发送的时间戳 T 和消息 m 的签名 $\sigma = (\sigma_1, \sigma_2, \sigma_3)$ 后，数据中心首先选取当前时间戳 T' ，然后执行如下的验证操作。

① 如果 $T' - T > \delta$ ，则说明超过了时间差 δ ，丢弃消息 m ；

② 否则，说明 m 是新鲜的，计算 $h = H_3(m, T, \mathrm{ID}, \mathrm{pk}_{\mathrm{ID}}, \mathrm{sk}_{\mathrm{ID},2}, \sigma_3, \mathrm{sp})$, U_{ID} 和 V_m ，然后验证下面的等式：

$$e(\sigma_1, g) = e(g_2, g_1) e(\mathrm{pk}_{\mathrm{ID},1}, \mathrm{pk}_{\mathrm{ID},2}) e(U_{\mathrm{ID}}, \sigma_2) e((\mathrm{pk}_{\mathrm{ID},3})^h V_m, \sigma_3)$$

如果该等式成立，数据中心存储消息 m ；否则，拒绝 m 。

正确性分析：如果 $\sigma = (\sigma_1, \sigma_2, \sigma_3)$ 是一个关于消息 m 的有效签名，则有

$$\begin{aligned} e(\sigma_1, g) &= e\left(\mathrm{sk}_{\mathrm{ID},1} \cdot \left((\mathrm{pk}_{\mathrm{ID},3})^h V_m\right)^{r_m}, g\right) \\ &= e\left(g^{\alpha\beta} g^{\theta_1\theta_2} (U_{\mathrm{ID}})^{s+r} \cdot \left((\mathrm{pk}_{\mathrm{ID},3})^h V_m\right)^{r_m}, g\right) \\ &= e\left(g^{\alpha\beta}, g\right) e\left(g^{\theta_1\theta_2}, g\right) e\left((U_{\mathrm{ID}})^{s+r}, g\right) e\left(\left((\mathrm{pk}_{\mathrm{ID},3})^h V_m\right)^{r_m}, g\right) \\ &= e\left(g^{\alpha}, g^{\beta}\right) e\left(g^{\theta_1}, g^{\theta_2}\right) e\left(U_{\mathrm{ID}}, g^{s+r}\right) e\left((\mathrm{pk}_{\mathrm{ID},3})^h V_m, g^{r_m}\right) \\ &= e\left(g_2, g_1\right) e\left(\mathrm{pk}_{\mathrm{ID},1}, \mathrm{pk}_{\mathrm{ID},2}\right) e\left(U_{\mathrm{ID}}, \sigma_2\right) e\left((\mathrm{pk}_{\mathrm{ID},3})^h V_m, \sigma_3\right) \end{aligned}$$

因此，本节的 CLS 方案满足签名的正确性。

3. 安全性分析

在本节提出的 CLS 方案中，SetSecKey 算法将部分私钥 $\mathrm{psk}_{\mathrm{ID}}$ 和秘密值 $\mathrm{usk}_{\mathrm{ID}}$ 随机化后生成最终的私钥 $\mathrm{sk}_{\mathrm{ID}}$ ，这使得私钥的长度仅为 G_1 中的两个元素。如果 KGC 企图替换身份 ID 的公钥为 $\mathrm{pk}'_{\mathrm{ID}}$ ，则 KGC 运行 PartialKeyGen 算法将 ID 与新公钥重新进行绑定，即 $\boldsymbol{Q}' = H_1(\mathrm{ID}, \mathrm{pk}'_{\mathrm{ID}})$ ，并生成新的部分私钥，导致 ID 对应两个公钥和两个部分私钥，通过公钥的个数很容易检查出 KGC 是否替换了该实体的公钥。因此，PartialKeyGen 算法提升了方案的安全信任等级。Sign 算法将公钥中的 $\mathrm{pk}_{\mathrm{ID},3}$ 嵌入 $\sigma_1 = \mathrm{sk}_{\mathrm{ID},1} \cdot \left((\mathrm{pk}_{\mathrm{ID},3})^h V_m\right)^{r_m}$ ，使得攻击者无法替换签名中的公钥，也不能获取签名者的秘密值。下面通过两个定理来说明本节的 CLS 方案能够有效抵抗公钥替换攻击和“malicious-but-passive”的 KGC 攻击。

定理 3.5　在标准模型中，本节提出的 CLS 方案在公钥替换攻击下满足强不可伪造性。具体来说，假定第一类攻击者 $\mathcal{A}_1$ 在多项式时间内最多进行了 q_{pk} 次公

钥询问、q_{psk} 次部分私钥询问、q_{rep} 次公钥替换询问、q_{sk} 次私钥询问和 q_S 次签名询问后，能够以概率 ε_1 攻破本节 CLS 方案的安全性，则存在一个算法 C 能利用 $\mathcal{A}_1$ 的输出以概率 ε_1' 解决 G_1 上的 CDH 问题。

证明：给定一个 CDH 问题实例 (g,g^a,g^b)，C 为了计算 g^{ab} 与 $\mathcal{A}_1$ 进行如下的安全游戏。

1. *初始化*

C 首先设置 $l_u=2(q_{\mathrm{psk}}+q_{\mathrm{sk}}+q_S)$ 和 $l_m=2q_S$，满足 $l_u(n_u+1)<p$ 和 $l_m(n_m+1)<p$，然后执行如下操作。

(1) 随机选取两个整数 $k_u\in\{1,2,\cdots,n_u\}$ 和 $k_m\in\{1,2,\cdots,n_m\}$。

(2) 在 Z_{l_u} 中随机选取 $x_0,x_1,\cdots,x_{n_u}$，在 Z_{l_m} 中随机选取 $c_0,c_1,\cdots,c_{n_m}$，在 Z_p 中随机选取 $y_0,y_1,\cdots,y_{n_u},d_0,d_1,\cdots,d_{n_m}$。

(3) 选择三个抗碰撞的哈希函数 $H_1:\{0,1\}^*\to\{0,1\}^{n_u}$，$H_2:\{0,1\}^*\to\{0,1\}^{n_m}$ 和 $H_3:\{0,1\}^*\to Z_p^*$。这些哈希函数在以下的证明过程中不被看作理想的随机预言机，仅要求满足抗碰撞性。

(4) 随机选取 $\theta_1^*,\theta_2^*,\theta_3^*\in Z_p^*$，计算 $\mathrm{pk}_1^*=g^{\theta_1^*}$，$\mathrm{pk}_2^*=g^{\theta_2^*}$ 和 $\mathrm{pk}_3^*=g^{\theta_3^*}$，设置目标用户的秘密值 $\mathrm{usk}^*=g^{\theta_1^*\theta_2^*}$ 和公钥 $\mathrm{pk}^*=(\mathrm{pk}_1^*,\mathrm{pk}_2^*,\mathrm{pk}_3^*)$。

(5) 设置参数 $g_1=g^a$，$g_2=g^b$，$u_0=g_2^{-l_uk_u+x_0}g^{y_0}$，$u_i=g_2^{x_i}g^{y_i}(1\leqslant i\leqslant n_u)$，$v_0=g_2^{-l_mk_m+c_0}g^{d_0}$，$v_j=g_2^{c_j}g^{d_j}(1\leqslant j\leqslant n_m)$，$\boldsymbol{u}=(u_1,u_2,\cdots,u_{n_u})$ 和 $\boldsymbol{v}=(v_1,v_2,\cdots,v_{n_m})$。

(6) 将系统参数 $\mathrm{sp}=\{G_1,G_2,e,p,g,g_1,g_2,u_0,v_0,\boldsymbol{u},\boldsymbol{v},H_1,H_2,H_3\}$ 和目标用户的秘密值/公钥对 $(\mathrm{usk}^*,\mathrm{pk}^*)$ 发送给 $\mathcal{A}_1$。

为了描述方便，对于 $\boldsymbol{Q}=H_1(\mathrm{ID},\mathrm{pk}_{\mathrm{ID}})=(Q_1,Q_2,\cdots,Q_{n_u})\in\{0,1\}^{n_u}$，定义函数 $F(\mathrm{ID})=-l_uk_u+x_0+\sum_{i=1}^{n_u}x_iQ_i$ 和 $J(\mathrm{ID})=y_0+\sum_{i=1}^{n_u}y_iQ_i$。对于 $\boldsymbol{M}=H_2(m,T)=(M_1,M_2,\cdots,M_{n_m})\in\{0,1\}^{n_m}$，定义函数 $K(m)=-l_mk_m+c_0+\sum_{j=1}^{n_m}c_jM_j$ 和 $L(m)=d_0+\sum_{j=1}^{n_m}d_j\cdot M_j$，于是有下面等式：

$$U_{\mathrm{ID}}=u_0\prod_{i=1}^{n_u}u_i^{Q_i}=g_2^{F(\mathrm{ID})}g^{J(\mathrm{ID})}，\quad V_m=v_0\prod_{j=1}^{n_m}v_j^{M_j}=g_2^{K(m)}g^{L(m)}$$

2. 询问

为了响应 $\mathcal{A}_1$ 的询问，C 维护一个初始化为空的列表 $L=\{(\mathrm{ID}_i,\theta_{i,1},\theta_{i,2},\theta_{i,3},\mathrm{usk}_i,\mathrm{pk}_i,\mathrm{psk}_i,\mathrm{sk}_i)\}$。

1) 公钥询问

对于 $\mathcal{A}_1$ 发起的关于身份 ID_i 的公钥询问，如果表 L 中包含 ID_i 的记录且 $\mathrm{pk}_i\neq\perp$，则 C 将相应的 pk_i 返回给 $\mathcal{A}_1$；否则，C 随机选择 $\theta_{i,1},\theta_{i,2},\theta_{i,3}\in Z_p^*$，计算秘密值 $\mathrm{usk}_i=g^{\theta_{i,1}\theta_{i,2}}$ 和公钥 $\mathrm{pk}_i=(\mathrm{pk}_{i,1},\mathrm{pk}_{i,2},\mathrm{pk}_{i,3})=(g^{\theta_{i,1}},g^{\theta_{i,2}},g^{\theta_{i,3}})$；然后发送 pk_i 给 $\mathcal{A}_1$，并将 $(\mathrm{ID}_i,\theta_{i,1},\theta_{i,2},\theta_{i,3},\mathrm{usk}_i,\mathrm{pk}_i,\perp,\perp)$ 添加到表 L 中。

2) 公钥替换询问

$\mathcal{A}_1$ 输入一个身份 ID_i 和新公钥 pk_i'，如果表 L 中查找包含 ID_i 的记录且 $\mathrm{pk}_i\neq\perp$，则 C 将 ID_i 对应的公钥 pk_i 替换为 pk_i'；否则，C 设置 pk_i' 为 ID_i 的公钥，并在表 L 中添加 $(\mathrm{ID}_i,\perp,\perp,\perp,\perp_i,\mathrm{pk}_i,\perp,\perp)$。

3) 私钥提取询问

当 $\mathcal{A}_1$ 请求关于 $(\mathrm{ID}_i,\mathrm{pk}_i)$ 的部分私钥时，如果表 L 中包含 ID_i 的记录且 $\mathrm{psk}_i\neq\perp$，则 C 发送相应的 psk_i 给 $\mathcal{A}_1$；否则，C 考虑以下两种情况。

(1) 如果 $F(\mathrm{ID}_i)=0 \bmod l_u$，$C$ 退出游戏。

(2) 如果 $F(\mathrm{ID}_i)\neq 0 \bmod l_u$，$C$ 随机选取 $s_i\in Z_p^*$，计算 $\boldsymbol{Q}_i$=$H_1(\mathrm{ID}_i,\mathrm{pk}_i)$，$U_i$ 和 $\mathrm{psk}_i=(\mathrm{psk}_{i,1},\mathrm{psk}_{i,2})=(g_1^{\frac{-J(\mathrm{ID}_i)}{F(\mathrm{ID}_i)}}(U_i)^{s_i},g_1^{\frac{-1}{F(\mathrm{ID}_i)}}g^{s_i})$；然后发送 psk_i 给 $\mathcal{A}_1$，并将 ID_i 的部分私钥 psk_i 添加到表 L 中。

4) 私钥询问

当 $\mathcal{A}_1$ 请求关于 ID_i 的私钥时，如果表 L 中包含 ID_i 的记录且 $\mathrm{sk}_i\neq\perp$，则 C 发送相应的 sk_i 给 $\mathcal{A}_1$；否则，C 计算 $F(\mathrm{ID}_i)$。如果 $F(\mathrm{ID}_i)=0 \bmod l_u$，$C$ 退出游戏；否则，C 发起关于 ID_i 的公钥询问并获得秘密值 usk_i 和公钥 pk_i，然后发起关于 $(\mathrm{ID}_i,\mathrm{pk}_i)$ 的私钥询问并获得部分私钥 psk_i，最后运行 SetSecKey 算法将生成的私钥 sk_i 发送给 $\mathcal{A}_1$，并将 ID_i 的私钥 sk_i 添加到表 L 中。

5) 签名询问

当 $\mathcal{A}_1$ 请求关于身份 ID_i、时间戳 T 和消息 m_i 的签名询问时，C 发起关于 ID_i 的公钥询问并获得元组 $(\theta_{i,1},\theta_{i,2},\theta_{i,3})$ 和公钥 $\mathrm{pk}_i=(\mathrm{pk}_{i,1},\mathrm{pk}_{i,2},\mathrm{pk}_{i,3})$，然后执行如下操作。

(1) 如果 $F(\mathrm{ID}_i)\neq 0 \bmod l_u$，$C$ 发起私钥询问并获得 ID_i 的私钥，然后运行 Sign 算法将生成的签名发送给 $\mathcal{A}_1$。

(2) 如果 $F(\mathrm{ID}_i)$=$0 \bmod l_u$，C 继续考虑以下两种情况。

① 如果$K(m_i)=0 \bmod l_m$，C退出游戏；

② 否则，C 随机选取$r_i, r_m \in Z_p^*$，计算$\boldsymbol{Q}=H_1(\mathrm{ID}_i,\mathrm{pk}_i)$，$U_i$，$\boldsymbol{M}_i=H_2(m_i, T)$，$V_i$，$\sigma_{i,2}=g^{r_i}$，$\sigma_{i,3}=(g_1)^{\frac{-1}{K(m_i)}}g^{r_m}$，$h_i=H_3(m_i,T,\mathrm{ID}_i,\mathrm{pk}_i,\sigma_{i,2},\sigma_{i,3},\mathrm{sp})$ 和 $\sigma_{i,1}=(U_i)^{r_i}(g_1)^{\frac{-L(m_i)-h_i\theta_{i,3}}{K(m_i)}}((\mathrm{pk}_{i,3})^{h_i}V_i)^{r_m}g^{\theta_{i,1}\theta_{i,2}}$；然后将$\sigma_i=(\sigma_{i,1},\sigma_{i,2},\sigma_{i,3})$发送给$\mathcal{A}_1$。

令$r_m'=r_m-\dfrac{a}{K(m_i)}$，则$\sigma_{i,2}=g^{r_i}$，$\sigma_{i,3}=(g_1)^{\frac{-1}{K(m_i)}}g^{r_m}=g^{r_m-\frac{a}{K(m_i)}}=g^{r_m'}$，

$$
\begin{aligned}
\sigma_{i,1}&=(U_i)^{r_i}(g_1)^{\frac{-L(m_i)-h_i\theta_{i,3}}{K(m_i)}}((\mathrm{pk}_{i,3})^{h_i}V_i)^{r_m}g^{\theta_{i,1}\theta_{i,2}}\\
&=(U_i)^{r_i}g^{ab}(g_2^{K(m_i)}g^{L(m_i)}g^{h_i\theta_{i,3}})^{\frac{-a}{K(m_i)}}((\mathrm{pk}_{i,3})^{h_i}V_i)^{r_m}g^{\theta_{i,1}\theta_{i,2}}\\
&=g^{ab}g^{\theta_{i,1}\theta_{i,2}}(U_i)^{r_i}((\mathrm{pk}_{i,3})^{h_i}V_i)^{r_m-\frac{a}{K(m_i)}}\\
&=g^{ab}g^{\theta_{i,1}\theta_{i,2}}(U_i)^{r_i}((\mathrm{pk}_{i,3})^{h_i}V_i)^{r_m'}
\end{aligned}
$$

于是有

$$
\begin{aligned}
e(\sigma_{i,1},g)&=e(g^{ab}g^{\theta_{i,1}\theta_{i,2}}(U_i)^{r_i}((\mathrm{pk}_{i,3})^{h_i}V_i)^{r_m'},g)\\
&=e(g^{ab},g)e(g^{\theta_{i,1}\theta_{i,2}},g)e((U_i)^{r_i},g)e(((\mathrm{pk}_{i,3})^{h_i}V_i)^{r_m'},g)\\
&=e(g_2,g_1)e(\mathrm{pk}_{i,1},\mathrm{pk}_{i,2})e(U_i,\sigma_{i,2})e((\mathrm{pk}_{i,3})^{h_i}V_i,\sigma_{i,3})
\end{aligned}
$$

因此，C 生成的模拟签名$\sigma_i=(\sigma_{i,1},\sigma_{i,2},\sigma_{i,3})$是一个关于消息$m_i$的有效签名。从攻击者 $\mathcal{A}_1$ 的视角来看，C 生成的模拟签名与签名者生成的真实签名在计算上是不可区分的。

3. 伪造

$\mathcal{A}_1$ 最后输出一个关于身份ID^*、时间戳T^*和目标公钥pk^*的消息/签名对$(m^*,\sigma^*=(\sigma_1^*,\sigma_2^*,\sigma_3^*))$。如果$F(\mathrm{ID}^*)\neq 0 \bmod p$或$K(m^*)\neq 0 \bmod p$，$C$ 退出模拟游戏；否则，C 计算$h^*=H_3(m^*,T^*,\mathrm{ID}^*,\mathrm{pk}^*,\sigma_2^*,\sigma_3^*,\mathrm{sp})$，然后使用$(\theta_1^*,\theta_2^*,\theta_3^*)$计算 CDH 问题实例的值$g^{ab}$：

$$
\begin{aligned}
&\frac{\sigma_1^*}{g^{\theta_1^*\theta_2^*}(\sigma_2^*)^{J(\mathrm{ID}^*)}(\sigma_3^*)^{L(m^*)}(\sigma_3^*)^{h^*\theta_3^*}}\\
&=\frac{g_2^a g^{\theta_1^*\theta_2^*}(U^*)^{r_{\mathrm{ID}}^*}((pk_3^*)^{h^*}V^*)^{r_m^*}}{g^{\theta_1^*\theta_2^*}(g^{r_{\mathrm{ID}}^*})^{J(\mathrm{ID}^*)}(g^{r_m^*})^{L(m^*)}(g^{r_m^*})^{h^*\theta_3^*}}
\end{aligned}
$$

$$=\frac{(g_2^a)(g_2^{F(\mathrm{ID}^*)}g^{J(\mathrm{ID}^*)})^{r_{\mathrm{ID}}^*}(g_2^{K(m^*)}g^{L(m^*)}(g^{\theta_3^*})^{h^*})^{r_m^*}}{(g^{r_{\mathrm{ID}}^*})^{J(\mathrm{ID}^*)}(g^{r_m^*})^{L(m^*)}(g^{r_m^*})^{h^*\theta_3^*}}$$

$=g_2^a$(由于$F(\mathrm{ID}^*)=0 \bmod p$且$K(m^*)=0 \bmod p$)

$=g^{ab}$

下面分析 C 通过 $\mathcal{A}_1$ 的伪造签名成功求解 CDH 问题实例的概率。如果下面的条件均成立，则 C 能完成以上模拟游戏。

(1) 在私钥提取询问与私钥询问阶段，对于身份 ID_i 满足 $F(\mathrm{ID}_i)\neq 0 \bmod l_u$。

(2) 在签名询问阶段，对于身份 ID_i 和消息 m_i 满足 $F(\mathrm{ID}_i)\neq 0 \bmod l_u$ 或 $K(m_i)\neq 0 \bmod l_m$。

(3) 在伪造阶段，对于目标用户身份 ID^* 和消息 m^* 满足 $F(\mathrm{ID}^*)=0 \bmod p$ 与 $K(m^*)=0 \bmod p$。

为了简化分析，定义如下四个概率事件：

$X_i: F(\mathrm{ID}_i)\neq 0 \bmod p(i=1,2,\cdots,q_{\mathrm{psk}}+q_{\mathrm{sk}}+q_S)$， $X^*: F(\mathrm{ID}^*)=0 \bmod p$

$Y_j: K(m_j)\neq 0 \bmod p(j=1,2,\cdots,q_s)$， $Y^*: K(m^*)=0 \bmod p$

由于 $l_u(n_u+1)<p$， $1\leqslant k_u\leqslant n_u$， $x_0,x_1,\cdots,x_{n_u}\in Z_{l_u}$，于是有

$$\Pr[A^*]=\Pr[F(\mathrm{ID}^*)=0 \bmod p]\geqslant \Pr[F(\mathrm{ID}^*)=0 \bmod p\cap F(\mathrm{ID}^*)=0 \bmod l_u]=\frac{1}{l_u}\frac{1}{n_u+1}$$

$$\Pr\left[\bigcap_{i=1}^{q_{\mathrm{psk}}+q_{\mathrm{sk}}+q_S} X_i|X^*\right]=1-\Pr\left[\bigcup_{i=1}^{q_{\mathrm{psk}}+q_{\mathrm{sk}}+q_S}\neg X_i\mid X^*\right]\geqslant 1-\sum_{i=1}^{q_{\mathrm{psk}}+q_{\mathrm{sk}}+q_S}\Pr[\neg X_i\mid X^*]$$

$$=1-\frac{q_{\mathrm{psk}}+q_{\mathrm{sk}}+q_S}{l_u}$$

类似地，$\Pr[Y^*]\geqslant\frac{1}{l_m}\frac{1}{n_m+1}$， $\Pr\left[\bigcap_{j=1}^{q_S}Y_j|Y^*\right]\geqslant 1-\frac{q_S}{l_m}=1-\frac{q_S}{l_m}$。因此，$C$ 完成整个模拟游戏的概率为

$$\Pr[\neg\mathrm{abort}]\geqslant\Pr\left[\bigcap_{i=1}^{q_{\mathrm{psk}}+q_{\mathrm{sk}}+q_S}X_i\cap X^*\cap\bigcap_{j=1}^{q_S}Y_j\cap Y^*\right]$$

$$=\frac{1}{l_u}\frac{1}{n_u+1}\left(1-\frac{q_{\mathrm{psk}}+q_{\mathrm{sk}}+q_S}{l_u}\right)\frac{1}{l_m}\frac{1}{n_m+1}\left(1-\frac{q_S}{l_m}\right)$$

$$=\frac{1}{16(n_u+1)(n_m+1)q_S(q_{\mathrm{psk}}+q_{\mathrm{sk}}+q_S)}$$

因此，C能以概率$\varepsilon_1' \geqslant \dfrac{\varepsilon_1}{16(n_u+1)(n_m+1)q_S(q_{\text{psk}}+q_{\text{sk}}+q_S)}$解决 CDH 问题。 **证毕**

定理 3.6 在标准模型中，本节的 CLS 方案在"malicious-but-passive"的 KGC 攻击下满足强不可伪造性。具体来说，假定第二类攻击者 $\mathcal{A}_2$ 在多项式时间内最多进行 q_{pk} 次公钥询问、q_{sk} 次私钥询问和 q_S 次签名询问后，能以概率 ε_2 攻破新 CLS 方案的安全性，则存在一个算法 C 能利用 $\mathcal{A}_2$ 的输出以概率 ε_2' 解决 G_1 上的 CDH 问题。

证明：给定一个 CDH 问题实例 $(g, A=g^a, B=g^b)$，C 为了计算 g^{ab} 与 $\mathcal{A}_2$ 进行如下安全游戏。

1. 初始化

令 $l_u = 2(q_{\text{sk}}+q_S)$ 和 $l_m = 2q_S$，满足 $l_u(n_u+1)<p$ 和 $l_m(n_m+1)<p$。C 随机选取 $\theta^* \in Z_p^*$，计算 $\text{pk}_3^* = g^{\theta^*}$，设置目标实体的公钥 $\text{pk}^* = (\text{pk}_1^*, \text{pk}_2^*, \text{pk}_3^*) = (A=g^a, B=g^b, g^{\theta^*})$。收到 C 发送的 pk^* 后，$\mathcal{A}_2$ 执行如下操作。

(1) 随机选取两个整数 $k_u \in \{1,2,\cdots,n_u\}$ 和 $k_m \in \{1,2,\cdots,n_m\}$。

(2) 在 Z_{l_u} 中随机选取 $x_0, x_1, \cdots, x_{n_u}$，在 Z_{l_m} 中随机选取 $c_0, c_1, \cdots, c_{n_m}$，在 Z_p 中随机选取 $y_0, y_1, \cdots, y_{n_u}, d_0, d_1, \cdots, d_{n_m}$。

(3) 选择 3 个抗碰撞的哈希函数 $H_1:\{0,1\}^* \to \{0,1\}^{n_u}$，$H_2:\{0,1\}^* \to \{0,1\}^{n_m}$ 和 $H_3:\{0,1\}^* \to Z_p^*$。这些哈希函数在以下的证明过程中不被看作理想的随机预言机，仅要求满足抗碰撞性。

(4) 随机选取 $\alpha, \beta \in Z_p^*$，计算 $g_1 = g^\alpha$，$g_2 = g^\beta$ 和 $\text{msk} = g^{\alpha\beta}$。

(5) 设置参数 $u_0 = B^{-l_u k_u + x_0} g^{y_0}$，$u_i = B^{x_i} g^{y_i} (1 \leqslant i \leqslant n_u)$，$v_0 = B^{-l_m k_m + c} g^{d_0}$，$v_j = B^{c_j} g^{d_j} (1 \leqslant j \leqslant n_m)$，$\boldsymbol{u} = (u_1, u_2, \cdots, u_{n_u})$ 和 $\boldsymbol{v} = (v_1, v_2, \cdots, v_{n_m})$。

(6) 发送参数 $\text{sp} = \{G_1, G_2, e, p, g, g_1, g_2, u_0, v_0, \boldsymbol{u}, \boldsymbol{v}, H_1, H_2, H_3\}$ 和主密钥 msk 给 C。

为了描述方便，类似定理 3.5 定义四个函数 $F(\text{ID})$、$J(\text{ID})$、$K(m)$ 和 $L(m)$，于是有等式 $U_{\text{ID}} = u_0 \prod_{i=1}^{n_u} u_i^{Q_i} = B^{F(\text{ID})} g^{J(\text{ID})}$ 和 $V_m = v_0 \prod_{j=1}^{n_m} v_j^{M_j} = B^{K(m)} g^{L(m)}$。

2. 询问

为了响应 $\mathcal{A}_2$ 的询问，C 维护一个初始化为空的列表 $L = \{(\text{ID}_i, \theta_{i,1}, \theta_{i,2}, \theta_{i,3}, \text{pk}_i, \text{sk}_i)\}$。

1) 公钥询问

对于 $\mathcal{A}_2$ 发起的关于身份 ID_i 的公钥询问，如果表 L 中包含 ID_i 的记录且 $\mathrm{pk}_i \neq \perp$，则 C 将相应的 pk_i 返回给 $\mathcal{A}_2$。否则，C 随机选择 $\theta_{i,1},\theta_{i,2},\theta_{i,3} \in Z_p^*$，计算公钥 $\mathrm{pk}_i = (\mathrm{pk}_{i,1},\mathrm{pk}_{i,2},\mathrm{pk}_{i,3}) = (A^{\theta_{i,1}},B^{\theta_{i,2}},g^{\theta_{i,3}}) = (g^{a\theta_{i,1}},g^{b\theta_{i,2}},\ g^{\theta_{i,3}})$；然后发送 pk_i 给 $\mathcal{A}_2$，并将 $(\mathrm{ID}_i,\theta_{i,1},\theta_{i,2},\theta_{i,3},\mathrm{pk}_\mathrm{i},\perp)$ 添加到表 L 中。

2) 私钥询问

当 $\mathcal{A}_2$ 请求关于 ID_i 的私钥时，如果表 L 中包含 ID_i 的记录且 $\mathrm{sk}_i \neq \perp$，则 C 将相应的 sk_i 返回给 $\mathcal{A}_2$。否则，C 首先发起关于 ID_i 的公钥询问获得元组 $(\theta_{i,1},\theta_{i,2},\theta_{i,3})$ 和公钥 $\mathrm{pk}_i = (\mathrm{pk}_{i,1},\mathrm{pk}_{i,2},\mathrm{pk}_{i,3})$，然后执行如下操作。

(1) 如果 $F(\mathrm{ID}_i) = 0 \bmod l_u$，$C$ 退出游戏。

(2) 如果 $F(\mathrm{ID}_i) \neq 0 \bmod l_u$，$C$ 随机选取 $s_i \in Z_p^*$，计算 $\boldsymbol{Q}_i = H_1(\mathrm{ID}_i,\mathrm{pk}_i)$ 和 U_i，然后利用主密钥 $\mathrm{msk} = g^{\alpha\beta}$ 计算 $\mathrm{sk}_i = (\mathrm{sk}_{i,1},\mathrm{sk}_{i,2}) = (g^{\alpha\beta} A^{\frac{-J(\mathrm{ID}_i)\theta_{i,1}\theta_{i,2}}{F(\mathrm{ID}_i)}} (U_i)^{s_i},\ A^{\frac{-\theta_{i,1}\theta_{i,2}}{F(\mathrm{ID}_i)}} g^{s_i})$；最后发送 sk_i 给 $\mathcal{A}_2$，并将 ID_i 的私钥 sk_i 添加到表 L 中。

令 $\tilde{s}_i = s_i - \dfrac{a\theta_{i,1}\theta_{i,2}}{F(\mathrm{ID}_i)}$，则有

$$
\begin{aligned}
\mathrm{sk}_{i,1} &= g^{\alpha\beta} A^{\frac{-J(\mathrm{ID}_i)\theta_{i,1}\theta_{i,2}}{F(\mathrm{ID}_i)}} (U_i)^{s_i} \\
&= g^{\alpha\beta} g^{ab\theta_{i,1}\theta_{i,2}} (g^{bF(\mathrm{ID}_i)} g^{J(\mathrm{ID}_i)})^{\frac{-a\theta_{i,1}\theta_{i,2}}{F(\mathrm{ID}_i)}} (U_i)^{s_i} \\
&= g^{\alpha\beta} g^{ab\theta_{i,1}\theta_{i,2}} (U_i)^{s_i - \frac{a\theta_{i,1}\theta_{i,2}}{F(\mathrm{ID}_i)}} = g^{\alpha\beta} g^{ab\theta_{i,1}\theta_{i,2}} (U_i)^{\tilde{s}_i} \\
\mathrm{sk}_{i,2} &= A^{\frac{-\theta_{i,1}\theta_{i,2}}{F(\mathrm{ID}_i)}} g^{s_i} = g^{s_i - \frac{a\theta_{i,1}\theta_{i,2}}{F(\mathrm{ID}_i)}} = g^{\tilde{s}_i}
\end{aligned}
$$

因此，C 生成的 $\mathrm{sk}_i = (\mathrm{sk}_{i,1},\mathrm{sk}_{i,2})$ 是一个关于身份 ID_i 的合法私钥。

3) 签名询问

当 $\mathcal{A}_2$ 请求关于身份 ID_i、时间戳 T 和消息 m_i 的签名询问时，C 发起关于 ID_i 的公钥询问并获得元组 $(\theta_{i,1},\theta_{i,2},\theta_{i,3})$ 和公钥 $\mathrm{pk}_i = (\mathrm{pk}_{i,1},\mathrm{pk}_{i,2},\mathrm{pk}_{i,3})$，然后执行如下操作。

(1) 如果 $F(\mathrm{ID}_i) \neq 0 \bmod l_u$，$C$ 发起私钥询问并获得 ID_i 的私钥，然后运行 Sign 算法，将生成的签名发送给 $\mathcal{A}_2$。

(2) 如果 $F(\mathrm{ID}_i)=0 \bmod l_u$，$C$ 继续考虑以下两种情况。

① 如果 $K(m_i)=0 \bmod l_m$，C 退出游戏；

② 如果 $K(m_i)\neq 0 \bmod l_m$，C 随机选取 $r_i, r_m \in Z_p^*$，计算 $\boldsymbol{Q}_i = H_1(\mathrm{ID}_i, \mathrm{pk}_i)$，$U_i$，$\boldsymbol{M}_i = H_2(m_i, T)$，$V_i$，$\sigma_{i,2} = g^{r_i}$，$\sigma_{i,3} = (A)^{\frac{-\theta_{i,1}\theta_{i,2}}{K(m_i)}} g^{r_m}$，$h_i = H_3(m_i, T, \mathrm{ID}_i, \mathrm{pk}_i, \sigma_{i,2}, \sigma_{i,3}, \mathrm{sp})$ 和 $\sigma_{i,1} = g^{\alpha\beta}(U_i)^{r_i}(A)^{\frac{(-L(m_i)-h_i\theta_{i,3})\theta_{i,1}\theta_{i,2}}{K(m_i)}}((\mathrm{pk}_{i,3})^{h_i}V_i)^{r_m}$，将 $\sigma_i = (\sigma_{i,1}, \sigma_{i,2}, \sigma_{i,3})$ 发送给 $\mathcal{A}_2$。

令 $r_m' = r_m - \dfrac{a\theta_{i,1}\theta_{i,2}}{K(m_i)}$，则 $\sigma_{i,2} = g^{r_i}$，$\sigma_{i,3} = (A)^{\frac{-\theta_{i,1}\theta_{i,2}}{K(m_i)}} g^{r_m} = g^{r_m - \frac{a\theta_{i,1}\theta_{i,2}}{K(m_i)}} = g^{r_m'}$，

$$
\begin{aligned}
\sigma_{i,1} &= g^{\alpha\beta}(U_i)^{r_i}(A)^{\frac{(-L(m_i)-h_i\theta_{i,3})\theta_{i,1}\theta_{i,2}}{K(m_i)}}((\mathrm{pk}_{i,3})^{h_i}V_i)^{r_m} \\
&= g^{\alpha\beta} g^{ab\theta_{i,1}\theta_{i,2}} (g^{bK(m_i)} g^{L(m_i)} g^{h_i\theta_{i,3}})^{\frac{-a\theta_{i,1}\theta_{i,2}}{K(m_i)}} (U_i)^{r_i}((\mathrm{pk}_{i,3})^{h_i}V_i)^{r_m} \\
&= g^{\alpha\beta} g^{ab\theta_{i,1}\theta_{i,2}} (B^{K(m_i)} g^{L(m_i)} (g^{\theta_{i,3}})^{h_i})^{\frac{-a\theta_{i,1}\theta_{i,2}}{K(m_i)}} (U_i)^{r_i}((\mathrm{pk}_{i,3})^{h_i}V_i)^{r_m} \\
&= g^{\alpha\beta} g^{ab\theta_{i,1}\theta_{i,2}} (U_i)^{r_i}((\mathrm{pk}_{i,3})^{h_i}V_i)^{r_m - \frac{a\theta_{i,1}\theta_{i,2}}{K(m_i)}} \\
&= g^{\alpha\beta} g^{ab\theta_{i,1}\theta_{i,2}} (U_i)^{r_i}((\mathrm{pk}_{i,3})^{h_i}V_i)^{r_m'}
\end{aligned}
$$

于是有

$$
\begin{aligned}
e(\sigma_{i,1}, g) &= e(g^{\alpha\beta} g^{ab\theta_{i,1}\theta_{i,2}} (U_i)^{r_i}((\mathrm{pk}_{i,3})^{h_i}V_i)^{r_m'}, g) \\
&= e(g^{\alpha\beta}, g)e(g^{ab\theta_{i,1}\theta_{i,2}}, g)e((U_i)^{r_i}, g)e(((\mathrm{pk}_{i,3})^{h_i}V_i)^{r_m'}, g) \\
&= e(g_2, g_1)e(\mathrm{pk}_{i,1}, \mathrm{pk}_{i,2})e(U_i, \sigma_{i,2})e((\mathrm{pk}_{i,3})^{h_i}V_i, \sigma_{i,3})
\end{aligned}
$$

因此，C 生成的模拟签名 $\sigma_i = (\sigma_{i,1}, \sigma_{i,2}, \sigma_{i,3})$ 是一个关于消息 m_i 的有效签名。

3. 伪造

$\mathcal{A}_2$ 最后输出一个关于身份 ID^*、时间戳 T^* 和目标公钥 pk^* 的消息/签名对 $(m^*, \sigma^* = (\sigma_1^*, \sigma_2^*, \sigma_3^*))$。如果 $F(\mathrm{ID}^*)\neq 0 \bmod p$ 或 $K(m^*)\neq 0 \bmod p$，C 退出模拟游戏；否则，C 计算 $h^* = H_3(m^*, T^*, \mathrm{ID}^*, \mathrm{pk}^*, \sigma_2^*, \sigma_3^*, \mathrm{sp})$，然后使用 θ^* 和主密钥 msk 计算 CDH 问题实例的值 g^{ab}：

$$
\begin{aligned}
&\frac{\sigma_1^*}{g^{\alpha\beta}(\sigma_2^*)^{J(\mathrm{ID}^*)}(\sigma_3^*)^{L(m^*)}(\sigma_3^*)^{h^*\theta^*}} \\
=&\frac{g^{\alpha\beta} g^{ab} (U^*)^{r_{\mathrm{ID}}^*}((\mathrm{pk}_3^*)^{h^*}V^*)^{r_m^*}}{g^{\alpha\beta}(g^{r_{\mathrm{ID}}^*})^{J(\mathrm{ID}^*)}(g^{r_m^*})^{L(m^*)}(g^{r_m^*})^{h^*\theta^*}}
\end{aligned}
$$

$$=\frac{g^{ab}(B^{F(\mathrm{ID}^*)}g^{J(\mathrm{ID}^*)})^{r_{\mathrm{ID}}^*}(B^{K(m^*)}g^{L(m^*)}(g^{\theta^*})^{h^*})^{r_m^*}}{(g^{r_{\mathrm{ID}}^*})^{J(\mathrm{ID}^*)}(g^{r_m^*})^{L(m^*)}(g^{r_m^*})^{h^*\theta^*}}$$

$$=g^{ab}(\text{由于}F(\mathrm{ID}^*)=0 \bmod p\text{且}K(m^*)=0 \bmod p)$$

与定理 3.5 的概率分析过程相同，C 能以概率 $\varepsilon_2' \geqslant \frac{\varepsilon_2}{16(n_u+1)(n_m+1)q_S(q_{\mathrm{sk}}+q_S)}$ 解决 G_1 上的 CDH 问题。　**证毕**

基于定理 3.5 和定理 3.6，很容易得到定理 3.7。

定理 3.7　如果 CDH 假设成立及哈希函数 H_1,H_2,H_3 满足抗碰撞性，则本节的 CLS 方案在标准模型下满足强不可伪造性。

定理 3.8　本节的 CLS 方案能够抵抗重放攻击。

证明：在重放攻击中，攻击者通常发起两类攻击[17]，第一类是直接重放截获的消息和对应的签名；第二类是企图修改被截获消息/签名对中的时间戳，并为截获的消息生成一个新签名。

在第一类重放攻击中，假定攻击者截获了物联网设备发送的消息 m 、时间戳 T 和签名 σ 。收到攻击者重放的 $\{m,T,\sigma\}$ 后，数据中心首先将当前时间戳 T' 与 T 进行比较。如果 $T'-T>\delta$ ，说明消息 m 超过了规定的时间差 δ ，数据中心可以认定 m 是一个重放的消息，然后舍弃 m 。因此，新方案根据消息的新鲜度能抵抗第一类重放攻击。

由于本节的新 CLS 方案满足强不可伪造性，因此攻击者无法伪造任何消息的签名。在第二类重放攻击中，攻击者可以修改组合 $\{m,T,\sigma\}$ 中的时间戳 T 为一个新的时间戳 T^* ，使得 $T'-T^* \leqslant \delta$ ，从而实现截获消息的新鲜性。在本节方案中，$\boldsymbol{M}=H_2(m,T)$ 绑定了消息 m 与时间戳 T ，$h=H_3(m,T,\mathrm{ID},\mathrm{pk}_{\mathrm{ID}},\mathrm{sk}_{\mathrm{ID},2},\sigma_3,\mathrm{sp})$ 也是签名 σ 中的一部分。若攻击者替换时间戳 T 为 T^* ，则由 H_2 和 H_3 的抗碰撞性可知 $H_2(m,T)\neq H_2(m,T^*)$ 及 $h=H_3(m,T,\mathrm{ID},\mathrm{pk}_{\mathrm{ID}},\mathrm{sk}_{\mathrm{ID},2},\sigma_3,\mathrm{sp})\neq H_3(m,T^*,\mathrm{ID},\mathrm{pk}_{\mathrm{ID}},\mathrm{sk}_{\mathrm{ID},2},\sigma_3,\mathrm{sp})$ 。由于重放后的 σ 无法满足签名验证等式，因此数据中心很容易检测出重放的消息 m 。综上所述，本节方案可有效抵抗重放攻击。

证毕

下面将本节方案与标准模型下的 CLS 方案[13,16,18,32]进行密钥长度、签名长度、签名生成和签名验证方面的比较，结果如表 3.3 所示。表 3.4 所示为 CLS 方案的安全属性比较结果。其中，E 和 P 分别表示一次幂运算和一次双线性对运算，符号 n_u、$|p|$和$|G_1|$分别表示身份的长度、Z_p 和 G_1 中元素的平均长度。

表 3.3　标准模型下 CLS 方案的性能比较

方案	密钥长度	签名长度	签名生成	签名验证
文献[13]方案	$\|p\|+2\|G_1\|$	$3\|G_1\|$	3E	E+6P
文献[16]方案	$(4+n_u)\|p\|+2\|G_1\|$	$\|p\|+4\|G_1\|$	10E	3E+7P
文献[18]方案	$3\|G_1\|$	$3\|G_1\|$	5E	3E+6P
文献[32]方案	$\|p\|+2\|G_1\|$	$4\|G_1\|$	7E	E+5P
本节方案	$2\|G_1\|$	$3\|G_1\|$	3E	E+5P

从表 3.3 可知，整体上本节方案具有更小的密钥长度和签名长度，并且具有较低的签名生成开销和签名验证开销。

表 3.4　CLS 方案的安全属性比较

方案	抗第一类攻击者 $\mathcal{A}_1$	抗第二类攻击者 $\mathcal{A}_2$	强不可伪造性	抗重放攻击
文献[13]方案	是	是	否	否
文献[16]方案	是	是	是	否
文献[18]方案	是	否	否	否
文献[32]方案	否	否	否	否
本节方案	是	是	是	是

表 3.4 表明，本节的 CLS 方案在标准模型下满足强不可伪造性，并能够抵抗重放攻击。因此，本节方案具有更高的安全性。此外，本节方案的密钥长度是 256bit，签名长度是 384bit。与同类方案相比，本节方案更适用于资源受限的物联网环境。

参考文献

[1] SHEN L, MA J, LIU X, et al. A secure and efficient id-based aggregate signature scheme for wireless sensor networks[J]. IEEE Internet of Things Journal, 2017, 4(2): 546-554.

[2] KANG J, YU R, HUANG X, et al. Privacy-preserved pseudonym scheme for fog computing supported Internet of vehicles[J]. IEEE Transactions on Intelligent Transportation Systems, 2017, 99: 1-11.

[3] SHAMIR A. Identity-based cryptosystems and signature schemes[C]. Proceedings of Workshop on the Theory and Application of Cryptographic Techniques, Ebermannstadt, Germany, 1981: 47-53.

[4] AL-RIYAMI S S, PATERSON K G. Certificateless public key cryptography[C]. Proceedings of International Conference on the Theory and Application of Cryptology and Information Security, Warsaw, Poland, 2003: 452-473.

[5] WU K, ZHANG J, JIANG X, et al. An efficient and provably secure certificateless protocol for the power internet of

things[J]. Alexandria Engineering Journal, 2023, 70: 411-422.

[6] SHIM K A. A New Certificateless signature scheme provably secure in the standard model [J]. IEEE Systems Journal, 2018, 99: 1-10.

[7] LI F, XIE D, GAO W, et al. A certificateless signature scheme and a certificateless public auditing scheme with authority trust level 3+[J]. Journal of Ambient Intelligence and Humanized Computing, 2017, 8(1): 1-10.

[8] YUM D H, LEE P J. Generic construction of certificateless signature[C]. Proceedings of Australasian Conference on Information Security and Privacy, Sydney, Australia, 2004: 200-211.

[9] YAP W S, CHOW S S M, HENG S H, et al. Security mediated certificateless signatures[C]. Proceedings of Applied Cryptography and Network Security, Zhuhai, China, 2007: 459-477.

[10] WANG L, CHEN K, LONG Y, et al. An efficient pairing-free certificateless signature scheme for resource-limited systems[J]. Science China Information Sciences, 2017, 60(11): 119-102.

[11] CANETTI R, GOLDREICH O, HALEVI S. The random oracle methodology, revisited[J]. Journal of the ACM, 2004, 51(4): 557-594.

[12] LIU J K, AU M H, SUSILO W. Self-generated-certificate public key cryptography and certificateless signature/encryption scheme in the standard model[C]. Proceedings of the 2nd Symposium on Information, Computer and Communications Security, Singapore, Singapore, 2007: 273-283.

[13] YUAN Y, WANG C. Certificateless signature scheme with security enhanced in the standard model[J]. Information Processing Letters, 2014, 114(9): 492-499.

[14] CANARD S, TRINH V C. An efficient certificateless signature scheme in the standard model[C]. Proceedings of International Conference on Information Systems Security, Jaipur, India, 2016: 175-192.

[15] BONEH D, SHEN E, WATERS B. Strongly unforgeable signatures based on computational Diffie-Hellman[C]. Proceedings of International Workshop on Public Key Cryptography, New York, USA, 2006: 229-240.

[16] YANG W, WENG J, LUO W, et al. Strongly unforgeable certificateless signature resisting attacks from malicious-but-passive KGC[J]. Security and Communication Networks, 2017: 5704865.

[17] 黄一才, 张星昊, 郁滨. 高效防重放体域网 IBS 方案[J]. 密码学报, 2017, 4(5): 447-457.

[18] HUNG Y H, HUANG S S, TSENG Y M, et al. Certificateless signature with strong unforgeability in the standard model[J]. Informatica, 2015, 26(4): 663-684.

[19] 吴涛, 景晓军. 一种强不可伪造无证书签名方案的密码学分析与改进[J]. 电子学报, 2018, 46(3): 602- 606.

[20] 杨小东, 王美丁, 裴喜祯, 等. 一种标准模型下无证书签名方案的安全性分析与改进[J]. 电子学报, 2019, 47(9): 1972-1978.

[21] YEH K H. A secure transaction scheme with certificateless cryptographic primitives for IoT-based mobile payments[J]. IEEE Systems Journal, 2017, 12(2): 2027-2038.

[22] QIAO Z, YANG Q, ZHOU Y, et al. Improved secure transaction scheme with certificateless cryptographic primitives for IoT-based mobile payments[J]. IEEE Systems Journal, 2021, 16(2): 1842-1850.

[23] YANG X, WANG Z, WANG C. Cryptanalysis of a transaction scheme with certificateless cryptographic primitives for IoT-based mobile payments [J]. IEEE Systems Journal, 2023, 17(1): 601-604.

[24] JIA X, HE D, LIU Q, et al. An efficient provably-secure certificateless signature scheme for Internet-of-Things deployment[J]. Ad Hoc Networks, 2018, 71: 78-87.

[25] RAFIQUE F, OBAIDAT M S, MAHMOOD K, et al. An efficient and provably secure certificateless protocol for industrial Internet of things[J]. IEEE Transactions on Industrial Informatics, 2022, 18(11): 8039-8046.

[26] KARATI A, ISLAM S K H, BISWAS G P. A pairing-free and provably secure certificateless signature scheme[J]. Information Sciences, 2018, 450: 378-391.

[27] AU M H, MU Y, CHEN J, et al. Malicious KGC attacks in certificateless cryptography[C]. Proceedings of the 2nd ACM Symposium on Information, Computer and Communications Security, Singapore, Singapore, 2007: 302-311.

[28] HUANG X, MU Y, SUSILO W, et al. Certificateless signatures: New schemes and security models[J]. The Computer Journal, 2012, 55(4): 457-474.

[29] POINTCHEVAL D, STERN J. Security arguments for digital signatures and blind signatures[J]. Journal of Cryptology, 2000, 13: 361-396.

[30] YANG X, WANG W, TIAN T, et al. Cryptanalysis and improvement of a blockchain-based certificateless signature for IIoT devices[J]. IEEE Transactions on Industrial Informatics, 2023, 20(2): 1884-1894 .

[31] HUSSAIN S, ULLAH S S, ALI I, et al. Certificateless signature schemes in Industrial Internet of things: A comparative survey[J]. Computer Communications, 2022, 181: 116-131.

[32] YU Y, MU Y, WANG G, et al. Strongly unforgeable and efficient proxy signature scheme with fast revocation secure in the standard model[J]. IET Information Security, 2012, 6(2): 102-110.

[33] WATERS B. Efficient identity-based encryption without random oracles[C]. Proceedings of Conference on the Theory and Applications of Cryptographic Techniques, Aarhus, Denmark, 2005: 114-127.

[34] PATERSON K G, SCHULDT J C N. Efficient identity-based signatures secure in the standard model[C]. Proceedings of Information Security and Privacy: 11th Australasian Conference, Melbourne, Australia, 2006: 207-222.

第 4 章　抗合谋攻击的无证书聚合签名体制

无证书聚合签名是一类重要的密码体制，不仅能够提供消息的可认证性和完整性、用户行为的不可否认性等安全服务，还可以解决传统的公钥证书管理问题和基于身份密码方案的密钥托管问题。无证书聚合签名体制具有批处理和压缩功能，将来自多个用户的不同签名压缩成一个短的聚合签名，只需验证聚合签名的正确性便可实现对所有参与聚合的单个签名的有效性验证，非常适用于资源受限、宽带受限、通信受限且需要同时进行大量签名验证的场景。然而，大部分无证书聚合签名方案未考虑来自内部签名者的合谋攻击，攻击者企图利用非法的单个签名生成有效的聚合签名。本章主要讨论抗合谋攻击的无证书聚合签名体制，首先介绍抗合谋攻击的无证书聚合签名方案的安全性定义，其次给出面向车载自组织网络和无线医疗传感器网络的无证书聚合签名方案，最后分析其安全性及性能。

4.1　引　　言

在一些实际应用的场景中，通常需要短时间内对大量的消息进行有效性验证。例如，车载自组织网络(vehicular ad hoc networks，VANETs)是一种高速移动的无线自组织网络，已成为智能交通的重要基础。VANETs 通过车辆与路边单元(road side unit，RSU)、车与车之间的通信，能够最大程度地减少或避免交通事故，提升交通效率，改善乘车环境。由于无线网络自身的开放性和脆弱性，VANETs 中传输的消息很容易受到伪造或篡改等各类攻击[1-3]。此外，VANETs 中的车辆高速移动，并且通信的带宽非常有限，这就要求 VANETs 中的消息认证必须具有较低的通信开销[4,5]。如果采用普通的数字签名方案逐条验证车辆发送的消息，难免使得一些重要信息无法在有效时间内得到及时认证，从而造成车辆用户的经济损失，甚至危及生命安全。

为了实现对来自不同用户的多个消息的签名进行批量验证，并以较小的计算代价和通信开销认证多个消息的有效性，Boneh 等[6]提出了聚合签名的概念。聚合签名能将多个消息的不同签名压缩成一个短的聚合签名，只需验证聚合签名的正确性便可实现对所有参与聚合的单个签名的有效性验证。无证书聚合签名(certificateless aggregate signature，CLAS)融合了无证书密码体制和聚合签名的优点，不仅能实现多个签名的压缩处理与批量验证，还能提升聚合签名的安全性[7]。无证书聚合签名被认为是一种非常重要的数据聚合技术，适用于低带宽、计算能力与存储资源有限的新型网络环境[8-10]，如无线传感器网络、车联网、无线体域网等。

研究者已经提出了大量的无证书聚合签名方案，但在计算效率与安全性方面依然存在很多不足。Yum 等[11]给出了 CLAS 方案的一般构造，但 Hu 等[12]发现该类方案在公钥替换攻击下是不安全的。Chen 等[13]构造了一个高效的 CLAS 方案，并声称该方案满足存在不可伪造性。然而，Zhang[14]和 Shen 等[15]分别指出该方案无法抵抗公钥替换攻击和“honest-but-curious”的 KGC 攻击。Deng 等[16]提出了一个新的 CLAS 方案，但 Kumar 等[17]发现其不满足存在不可伪造性。Xiong 等[18]提出了一个高效的 CLS 方案，进一步构造了一个 CLAS 方案，但 Zhang 等[19]发现这两个方案在“malicious-but-passive”的 KGC 攻击下是不安全的。此外，Cheng 等[20]、He 等[21]分别指出 Xiong 等[18]提供的方案在“honest-but-curious”的 KGC 攻击下也是不安全的。

无双线性对的 CLAS 方案具有较高的计算性能，非常适合计算和通信能力受限的无线医疗传感器网络。Wu 等[22]设计了一种面向无线医疗传感器网络的 CLAS 方案，但 Du 等[23]发现该方案无法抵御恶意医疗服务器发起的伪造攻击。Gayathri 等[24]提出了一种不使用双线性对的 CLAS 方案，Liu 等[25]针对该方案的安全性进行了两种类型的伪造攻击，并给出了一种改进方案。Zhan 等[26]提出了一种攻击方法以证明 Liu 等[25]提出的改进方案存在安全漏洞，还提出了一种改进的 CLAS 方案(简称 Zhan 方案)，但 Yang 等[27]发现该方案仍然无法抵御公钥替换攻击。

在车载自组织网络中，保护隐私的身份验证方案必须满足各种安全要求。消息的完整性和身份验证主要取决于与消息相对应的签名不可伪造性。研究人员提出了一系列面向 VANETs 的隐私保护认证方案，以实现安全通信和身份隐私保护。CLAS 由于其独特的安全性和高效性，可以保障 VANETs 中消息的完整性、真实性和可认证性。Zhong 等[28]提出了一种基于 CLAS 的 VANETs 隐私保护和消息认证方案(简称 Zhong 方案)，但 Yang 等[29]给出了针对该方案的三种攻击方法以证明其存在的安全问题。王大星等[30]提出了一种适用于 VANETs 的无证书聚合签名方案(简称 Wang 方案)，并在随机预言机模型中证明了该方案的安全性，但本书作者发现该方案针对“honest-but-curious”的 KGC 攻击是不安全的[31]。

然而，大多数 CLAS 方案无法抵抗现实中强有力的合谋攻击[19,32,33]。在这类攻击中，攻击者通过多个内部签名者的合谋或一个内部签名者与 KGC 的合谋，企图利用非法的单个签名生成一个有效的聚合签名。如果合谋攻击取得成功，即使参与聚合的单个签名是非法的，但相应的聚合签名也能通过签名验证等式。如果一个方案无法抵抗合谋攻击，则聚合签名的合法性无法确保参与聚合的所有单个签名的合法性，这与无证书聚合签名方案的安全目标相违背。因此，研究抗合谋攻击的无证书聚合签名方案具有非常重要的现实意义。

4.2　无证书聚合签名方案的安全性定义

一个无证书聚合签名方案由一个无证书签名方案和一个签名聚合方案组成，其中一个 CLS 方案包括五个算法(Setup、PartialKeyGen、UserKeyGen、Sign 和 Verify)，一个签名聚合方案包括两个算法(Aggregate 和 AggVerify)。具体描述如下。

(1) Setup、PartialKeyGen、UserKeyGen、Sign 和 Verify 与 3.2 节中无证书签名方案的定义相同。

(2) Aggregate：对于来自 n 个用户的消息/签名对 (m_i,σ_i)，其中 $i=1,2,\cdots,n$，聚合器生成关于 $\{m_1,m_2,\cdots,m_n\}$ 的聚合签名 σ。

(3) AggVerify：给定 n 个用户的身份 $\{\mathrm{ID}_1,\mathrm{ID}_2,\cdots,\mathrm{ID}_n\}$ 和公钥 $\{\mathrm{pk}_1,\mathrm{pk}_2,\cdots,\mathrm{pk}_n\}$，如果一个关于 $\{m_1,m_2,\cdots,m_n\}$ 的聚合签名 σ 是有效的，则验证者接受 σ；否则，拒绝 σ。

对于一个 CLAS 方案的安全性，其安全模型需要考虑以下两类攻击者[6,8]。

(1) 第一类攻击者 $\mathcal{A}_1$：这类攻击者不能获得 KGC 的主密钥和目标用户的部分私钥，但拥有每个用户的秘密值，并能替换任意用户的公钥。

(2) 第二类攻击者 $\mathcal{A}_2$：这类攻击者是一个恶意的 KGC，其中 “honest-but-curious” 的 KGC 攻击者拥有 KGC 的主密钥，但无法知道目标用户的秘密值，也不能替换用户的公钥。“malicious-but-passive” 的 KGC 攻击者除 “honest-but-curious” 的 KGC 攻击者能力外，还能在主密钥和系统参数中添加陷门信息。

游戏 1：这个游戏由 $\mathcal{C}$ 和 $\mathcal{A}_1$ 来执行。

(1) 初始化：$\mathcal{C}$ 运行 Setup 算法生成 KGC 的主密钥 msk 和系统参数 sp，然后将 sp 发送给 $\mathcal{A}_1$。

(2) 询问：与 3.2 节中游戏 1 的全部询问相同。

(3) 伪造：$\mathcal{A}_1$ 最后输出一个伪造 $(\{m_j^*,\mathrm{ID}_j^*,\mathrm{pk}_j^*,\sigma_j^*,j=1,2,\cdots,n\},\sigma^*)$。令 ID_t^* 表示目标用户的身份，σ_t^* 是一个关于身份 ID_t^*、公钥 pk_t^* 和消息 m_t^* 的单个签名，其中 $t\in\{1,2,\cdots,n\}$。如果下面的条件均成立，则称 $\mathcal{A}_1$ 在游戏中获胜。

① 关于消息 $\{m_1^*,m_2^*,\cdots,m_n^*\}$ 的聚合签名 σ^* 是有效的；

② ID_t^* 从未发起过部分私钥询问；

③ (ID_t^*, m_t^*) 没有进行过签名询问。

游戏 2：这个游戏由 $\mathcal{C}$ 和 $\mathcal{A}_2$ 来执行。下面考虑第二类攻击者 $\mathcal{A}_2$ 是攻击能力更强的“malicious-but-passive”的 KGC。

(1) 初始化：$\mathcal{A}_2$ 运行 Setup 算法生成 KGC 的主密钥 msk 和系统参数 sp，然后将 $(\mathrm{msk}, \mathrm{sp})$ 发送给 $\mathcal{C}$。

(2) 询问：与 3.2 节中游戏 2 的全部询问相同。

(3) 伪造：$\mathcal{A}_2$ 最后输出一个伪造 $(\{m_j^*, \mathrm{ID}_j^*, \mathrm{pk}_j^*, \sigma_j^*, j = 1,2,\cdots,n\}, \sigma^*)$。令 ID_t^* 表示目标用户的身份，σ_t^* 是一个关于身份 ID_t^*、公钥 pk_t^* 和消息 m_t^* 的单个签名，其中 $t \in \{1,2,\cdots,n\}$。如果下面的条件均成立，则称 $\mathcal{A}_2$ 在游戏中获胜。

① 关于消息 $\{m_1^*, m_2^*, \cdots, m_n^*\}$ 的聚合签名 σ^* 是有效的；

② ID_t^* 从未发起过秘密值询问；

③ (ID_t^*, m_t^*) 没有进行过签名询问。

定义 4.1　如果不存在任何一个多项式时间攻击者 $\mathcal{A}_1$ 或 $\mathcal{A}_2$ 在以上游戏中能以不可忽略的概率获胜，则称一个 CLAS 方案在适应性选择消息攻击下是存在不可伪造的[6,8]。

一个 CLS 方案的安全模型与一个 CLAS 方案的安全模型基本相同，主要的区别是在伪造阶段攻击者输出一个有效的单个签名而不是一个聚合签名。参照文献[19]和[33]中的安全性定义，通过攻击者 $\mathcal{A}_3$ 和挑战者 $\mathcal{C}$ 之间的安全游戏来定义一个 CLAS 方案的抗合谋攻击性。

游戏 3：这个游戏由 $\mathcal{C}$ 和 $\mathcal{A}_3$ 来执行完成。

(1) 初始化：$\mathcal{C}$ 运行 Setup 算法生成 KGC 的主密钥 msk 和系统参数 sp，然后发送 sp 给 $\mathcal{A}_3$。

(2) 询问：$\mathcal{A}_3$ 在多项式时间内发起如下一系列询问，$\mathcal{C}$ 响应 $\mathcal{A}_3$ 的询问。

① 部分私钥询问：输入一个身份 ID_i，$\mathcal{C}$ 运行 PartialKeyGen 算法将生成的部分私钥 psk_i 返回给 $\mathcal{A}_3$。

② 秘密值询问：输入一个身份 ID_i，$\mathcal{C}$ 运行 UserKeyGen 算法将生成的秘密值 usk_i 返回给 $\mathcal{A}_3$。

③ 公钥替换询问：输入一个身份 ID_i 和新公钥 pk_i'，$\mathcal{C}$ 将 ID_i 对应的公钥 pk_i 替换为 pk_i'。

(3) 伪造：$\mathcal{A}_3$ 最后输出一个伪造 $(\{m_i^*, \mathrm{ID}_i^*, \mathrm{pk}_i^*, \sigma_i^*, i = 1,2,\cdots,n\}, \sigma^*)$，其中 σ_i^* 是一个关于 $(\mathrm{ID}_i^*, \mathrm{pk}_i^*)$ 和消息 m_i^* 的单个签名，σ^* 是一个关于 $\sigma_i^* (i = 1,2,\cdots,n)$ 的聚合签名。如果下面的条件均成立，则称 $\mathcal{A}_3$ 在游戏中获胜。

① 关于 $(m_i^*, \mathrm{ID}_i^*, \mathrm{pk}_i^*)$ 的聚合签名 σ^* 是有效的；

② n 个单个签名 $\sigma_i^*(i=1,2,\cdots,n)$ 中至少有一个是非法的。

定义 4.2　如果不存在一个适应性选择多项式时间的攻击者 $\mathcal{A}_3$ 在以上游戏中能以不可忽略的概率获胜，即攻击者无法利用非法的单个签名生成一个有效的聚合签名，则称一个 CLAS 方案在消息攻击下满足抗合谋攻击性[27]。

4.3　面向车载自组织网络的无证书聚合签名方案

为了实现 VANETs 中车辆节点之间信息传输的安全认证，王大星等[30]提出了一种适用于 VANETs 的无证书聚合签名方案(简称 Wang 方案)。然而，本书作者发现该方案针对“honest-but-curious”的 KGC 攻击和合谋攻击是不安全的。为了解决 Wang 方案中存在的安全缺陷，本书作者进一步提出一个抗合谋攻击的无证书聚合签名方案[31]，其安全性依赖于 CDH 问题的困难性，满足身份的匿名性和可追踪性。本节首先讨论 Wang 方案的安全性，然后给出针对该方案的三类伪造攻击，并给出一个面向 VANETs 的改进 CLAS 方案[31]。

4.3.1　Wang 方案描述

(1) Setup：给定安全参数 $\lambda \in Z$，KGC 首先选择两个阶为素数 p 的循环群 G_1 和 G_2，一个 G_1 的生成元 g 和一个双线性映射 $e: G_1 \times G_1 \to G_2$；然后选择三个哈希函数 $H_1:\{0,1\}^* \to G_1$ 和 $H_2, H_3:\{0,1\}^* \to Z_p^*$。KGC 随机选择 $s \in Z_p^*$，计算 $P_K = g^s$。每个 RSU 随机选择 $y_i \in Z_p^*$ 作为自己的秘密值，计算公钥 $\overline{P}_i = g^{y_i}$。最后，KGC 秘密保存主密钥 msk=s，公开系统参数 $\text{sp} = \{G_1, G_2, e, p, g, P_K, \overline{P}_i, H_1, H_2, H_3\}$。

(2) PartialKeyGen：对于一个车辆用户的身份 ID_i，KGC 计算 $Q_i = H_1(\text{ID}_i)$ 和 $\text{psk}_i = (Q_i)^s$，然后在用户注册表中保存 $\{\text{ID}_i, Q_i\}$，并通过一个安全信道将部分私钥 psk_i 发送给用户。

(3) UserKeyGen：车辆用户随机选择 $x_i \in Z_p^*$ 作为自己的秘密值 usk_i，计算对应的公钥 $\text{pk}_i = g^{x_i}$。身份 ID_i 的签名私钥为 $\text{sk}_i = (\text{usk}_i, \text{psk}_i) = (x_i, Q_i^s)$。

(4) PseudonymGen：RSU 收到车辆用户发送的身份信息 $Q_i = H_1(\text{ID}_i)$ 后，首先随机选择 $a_i \in Z_p^*$，其次计算 $F1_i = (Q_i)^{a_i}$，$w_i = H_2(F1_i)$ 和 $F2_i = a_i w_i$，最后将假名 $(F1_i, F2_i)$ 发送给用户，并在假名登记表中保存记录 $\{(Q_i, (F1_i, F2_i)\}$。

(5) Sign：对于一个消息 m_i，车辆用户首先随机选择 $r_i \in Z_p^*$，计算 $U_i = g^{r_i}$；其次利用自己的私钥 sk_i 和邻近 RSU 的公钥 $\overline{P}_i$ 计算哈希值 $h_i = H_3(m_i, F1_i, \text{pk}_i, U_i)$

和$V_i=(\mathrm{psk}_i)^{F2_i}(P_K)^{h_ir_i}(\overline{P}_i)^{h_ix_i}$；最后输出$m_i$的单个签名$\sigma_i=(U_i,V_i)$。

(6) Verify：对于车辆用户的部分假名$F1_i$和公钥pk_i、RSU 的公钥$\overline{P}_i$及消息m_i的单个签名$\sigma_i=(U_i,V_i)$，验证者计算$h_i=H_3(m_i,F1_i,\mathrm{pk}_i,U_i)$和$w_i=H_2(F1_i)$。如果$e(V_i,g)=e(F1_i^{w_i}U_i^{h_i},P_K)e(\mathrm{pk}_i^{h_i},\overline{P}_i)$，验证者接受$\sigma_i$是一个有效的单个签名；否则，拒绝$\sigma_i$。

(7) Aggregate：对于来自 n 个用户的消息/签名对$\{(m_i,\sigma_i=(U_i,V_i))\}_{i=1}^n$，聚合器计算$V=\prod_{i=1}^n V_i$，输出一个关于$\{m_1,m_2,\cdots,m_n\}$的聚合签名$\sigma=(U_1,U_2,\cdots,U_n,V)$。

(8) AggVerify：给定 n 个车辆用户的部分假名$\{F1_1,F1_2,\cdots,F1_n\}$和公钥$\{\mathrm{pk}_1,\mathrm{pk}_2,\cdots,\mathrm{pk}_n\}$、一个 RSU 的公钥$\overline{P}_i$及一个关于$\{m_1,m_2,\cdots,m_n\}$的聚合签名$\sigma=(U_1,U_2,\cdots,U_n,V)$，验证者计算哈希值$h_i=H_3(m_i,F1_i,\mathrm{pk}_i,U_i)$和$w_i=H_2(F1_i)$，其中$i=1,2,\cdots,n$。如果

$$e(V,g)=e(\prod_{i=1}^n F1_i^{w_i}U_i^{h_i},P_K)e(\prod_{i=1}^n \mathrm{pk}_i^{h_i},\overline{P}_i)$$

成立，则验证者接受σ是一个有效的聚合签名；否则，拒绝σ。

4.3.2 Wang 方案的安全性分析

下面通过三类具体的攻击来说明 Wang 方案[30]是不安全的。第一类攻击是普通的伪造攻击，另外两类攻击是合谋攻击。

1. "honest-but-curious"的 KGC 攻击

假定$\mathcal{A}_2$是一个"honest-but-curious"的 KGC，则$\mathcal{A}_2$执行如下的步骤能成功伪造一个有效的聚合签名。

(1) $\mathcal{A}_2$随机选择一个签名者。不失一般性，假设$\mathcal{A}_2$选择用户身份ID_1和消息m_1'。$\mathcal{A}_2$从 RSU 处获取ID_1的假名$(F1_1,F2_1)$，然后发起关于(ID_1,m_1')的签名询问并获得一个相应的签名$\sigma_1'=(U_1',V_1')$。

(2) $\mathcal{A}_2$ 计算$h_1'=H_3(m_1',F1_1,\mathrm{pk}_i,U_1')$。因为$\sigma_1'=(U_1',V_1')$是一个关于$m_1'$的有效签名，所以$\sigma_1'$必须满足等式：

$$V_1'=(\mathrm{psk}_1)^{F2_1}(P_K)^{h_1'r_1'}(\overline{P}_i)^{h_1'x_1}$$

由于$(P_K)^{h_1'r_1'}=(g^s)^{h_1'r_1'}=(g^{r_1'})^{h_1's}=(U_1')^{h_1's}$，KGC 知道主密钥 s 和ID_1的部分私钥psk_1，因此$\mathcal{A}_2$能计算出$\mathrm{RSK}_{i,1}=(\overline{P}_i)^{x_1}=\left(\dfrac{V_1'}{(\mathrm{psk}_1)^{F2_1}(U_1')^{h_1's}}\right)^{(h_1')^{-1}}$。

(3) $\mathcal{A}_2$ 随机选择 $r_1 \in Z_p^*$ 和一个待签名的消息 m_1，然后计算 $U_1 = g^{r_1}$，$h_1 = H_3(m_1, F1_1, \text{pk}_1, U_1)$ 和 $V_1 = (\text{psk}_1)^{F2_1}(P_K)^{h_1 r_1}(\text{RSK}_{i,1})^{h_1}$，最后输出 m_1 的单个签名 $\sigma_1 = (U_1, V_1)$。

很容易验证 $\sigma_1 = (U_1, V_1)$ 是一个有效的单个签名，但 σ_1 不是签名询问的输出。由于秘密值 x_1 对 $\mathcal{A}_2$ 是未知的，因此 $\mathcal{A}_2$ 成功伪造了单个签名 σ_1。

(4) $\mathcal{A}_2$ 发起关于 (ID_i, m_i) 的签名询问，并获得对应的单个签名 $\sigma_i = (U_i, V_i)$，其中 $i = 2, \cdots, n$。

(5) $\mathcal{A}_2$ 计算 $V^* = \prod_{i=1}^{n} V_i$，输出一个关于 $\{m_1, m_2, \cdots, m_n\}$ 的聚合签名 $\sigma^* = (U_1, U_2, \cdots, U_n, V^*)$。

由于 $\sigma_1 = (U_1, V_1)$ 是 $\mathcal{A}_1$ 伪造的有效签名，$\sigma_i = (U_i, V_i)(i = 2, \cdots, n)$ 是签名询问的返回值，因此 $\mathcal{A}_2$ 成功伪造了一个有效的聚合签名 $\sigma^* = (U_1, U_2, \cdots, U_n, V^*)$。这表明 Wang 方案无法抵抗来自“honest-but-curious”的 KGC 攻击，即 Wang 方案[30]在类型Ⅱ攻击下是不安全的。

2. 恶意的 KGC 与 RSU 的合谋攻击

令 $\mathcal{A}_3$ 表示一个恶意的 KGC，$\{m_1, m_2, \cdots, m_n\}$、$\{\text{ID}_1, \text{ID}_2, \cdots, \text{ID}_n\}$ 和 $\{\text{pk}_1, \text{pk}_2, \cdots, \text{pk}_n\}$ 分别表示 n 个消息、n 个用户的身份和对应的公钥。$\mathcal{A}_3$ 联合 RSU 能伪造任意消息的单个签名和聚合签名，具体步骤如下。

(1) $\mathcal{A}_3$ 计算 $Q_i = H_1(\text{ID}_i)$ 和 $\text{psk}_i = (Q_i)^s$，其中 $i = 1, 2, \cdots, n$；然后将 $\{Q_1, Q_2, \cdots, Q_n\}$ 和 $\{\text{pk}_1, \text{pk}_2, \cdots, \text{pk}_n\}$ 发送给 RSU。

(2) RSU 随机选择 $a_i \in Z_p^*$，计算 $F1_i = (Q_i)^{a_i}$，$w_i = H_2(F1_i)$ 和 $F2_i = a_i w_i$，并利用自己的私钥 y_i 计算 $(\text{pk}_i)^{y_i}$，其中 $i = 1, 2, \cdots, n$；然后发送 $\{(\text{pk}_1)^{y_i}, (\text{pk}_2)^{y_i}, \cdots, (\text{pk}_n)^{y_i}\}$ 和假名集合 $\{(F1_1, F2_2), \cdots, (F1_n, F2_n)\}$ 给 $\mathcal{A}_3$。

(3) $\mathcal{A}_3$ 随机选择 $r_1, r_2, \cdots, r_n \in Z_p^*$，然后分别计算 $U_i = g^{r_i}$，$h_i = H_3(m_i, F1_i, \text{pk}_i, U_i)$ 和 $V_i = (\text{psk}_i)^{F2_i}(P_K)^{h_i r_i}(\text{pk}_i^{y_i})^{h_i}$，生成一个关于 $\{\text{ID}_i, \text{pk}_i\}$ 和 m_i 的单个签名 $\sigma_i = (U_i, V_i)$。

(4) $\mathcal{A}_3$ 计算 $V = \prod_{i=1}^{n} V_i$，输出一个关于 $\{m_1, m_2, \cdots, m_n\}$ 的聚合签名 $\sigma = (U_1, U_2, \cdots, U_n, V)$。

由于 $(\text{pk}_i)^{y_i} = (g^{x_i})^{y_i} = (g^{y_i})^{x_i} = (\overline{P}_i)^{x_i}$，于是有

$$V_i = (\text{psk}_i)^{F2_i}(P_K)^{h_i r_i}(\text{pk}_i^{y_i})^{h_i} = (\text{psk}_i)^{F2_i}(P_K)^{h_i r_i}(\overline{P}_i)^{h_i x_i}$$

很容易验证 $\mathcal{A}_3$ 联合 RSU 生成的单个签名 $\sigma_i=(U_i,V_i)(i=1,2,\cdots,n)$ 和聚合签名 $\sigma=(U_1,U_2,\cdots,U_n,V)$ 均是有效的，这说明 Wang 方案[30]无法抵抗来自恶意的 KGC 与 RSU 的合谋攻击。

3. 内部签名者的合谋攻击

不失一般性，假定 User1 和 User2 是两个签名者，它们的身份、假名和公钥分别是 $\{\mathrm{ID}_1,\mathrm{ID}_2\}$、$\{(F1_1,F2_2),(F1_2,F2_2)\}$ 和 $\{\mathrm{pk}_1,\mathrm{pk}_2\}$，邻近 RSU 的公钥为 $\overline{P}_i$。如果 U_1 和 User2 分别签名两个消息 m_1 和 m_2，则 User1 与 User2 执行如下的步骤能生成非法的单个签名 σ_1 和 σ_2，但关于 $\{m_1,m_2\}$ 的聚合签名 σ 是有效的。

(1) User1 随机选取 $r_1\in Z_p^*$，计算 $U_1=g^{r_1}$ 和 $h_1=H_3(m_1,F1_1,\mathrm{pk}_1,U_1)$，然后发送 $(P_K)^{h_1r_1}$ 给 U_2。

(2) User2 随机选取 $r_2\in Z_p^*$，计算 $U_2=g^{r_2}$ 和 $h_2=H_3(m_2,F1_2,\mathrm{pk}_2,U_2)$，然后发送 $(P_K)^{h_2r_2}$ 给 User1。

(3) User1 计算 $V_1=(\mathrm{psk}_1)^{F2_1}(P_K)^{h_2r_2}(\overline{P}_i)^{h_1x_1}$，输出 m_1 的单个签名 $\sigma_1=(U_1,V_1)$。

(4) User2 计算 $V_2=(\mathrm{psk}_2)^{F2_2}(P_K)^{h_1r_1}(\overline{P}_i)^{h_2x_2}$，输出 m_2 的单个签名 $\sigma_2=(U_2,V_2)$。

(5) 输出一个关于 $\{m_1,m_2\}$ 的聚合签名 $\sigma=(U_1,U_2,V)$，这里 $V=V_1V_2$。

很容易验证 σ_i 不是一个关于 m_i 的有效签名，其中 $i=1,2$。然而，聚合签名 $\sigma=(U_1,U_2,V)$ 满足下面的聚合签名验证等式：

$$
\begin{aligned}
e(V,g)&=e(V_1V_2,g)=e((\mathrm{psk}_1)^{F2_1}(P_K)^{h_2r_2}(\overline{P}_i)^{h_1x_1}\cdot(\mathrm{psk}_2)^{F2_2}(P_K)^{h_1r_1}(\overline{P}_i)^{h_2x_2},g)\\
&=e((\mathrm{psk}_1)^{F2_1}(P_K)^{h_1r_1}(\overline{P}_i)^{h_1x_1}\cdot(\mathrm{psk}_2)^{F2_2}(P_K)^{h_2r_2}(\overline{P}_i)^{h_2x_2},g)\\
&=e(\prod_{i=1}^{2}F1_i^{w_i}U_i^{h_i},P_K)e(\prod_{i=1}^{2}\mathrm{pk}_i^{h_i},\overline{P}_i)
\end{aligned}
$$

也就是，聚合签名 $\sigma=(U_1,U_2,V)$ 关于 $\{m_1,m_2\}$ 是有效的，这说明 User1 和 User2 利用非法的单个签名生成了一个有效的聚合签名。因此，Wang 方案[30]对于来自内部签名者的合谋攻击也是不安全的。

4.3.3 面向 VANETs 的改进 CLAS 方案

1. 方案描述

基于 Wang 方案，本小节给出一个相应的改进 CLAS 方案[31]。具体描述如下。

(1) Setup：与 Wang 方案中的 Setup 算法基本相同，但增加了两个抗碰撞的

哈希函数 $H_4:\{0,1\}^* \to G_1$ 和 $H:\{0,1\}^* \to \{0,1\}^l$，其中 $l \in Z$ 是哈希函数 H 输出的固定长度。

(2) PartialKeyGen、UserKeyGen 和 PseudonymGen：与 Wang 方案中的算法相同。

(3) Sign：对于一个消息 m_i，车辆用户执行下面的步骤生成 m_i 的单个签名。

① 随机选择 $r_i \in Z_p^*$，计算 $U_i = g^{r_i}$ 和 $h_i = H_3(m_i, F1_i, \mathrm{pk}_i, U_i)$。

② 对于邻近 RSU 的公钥 $\bar{P}_i$，计算 $\Delta = H_4(\bar{P}_i)$。

③ 利用自己的私钥 $\mathrm{sk}_i = (\mathrm{usk}_i, \mathrm{psk}_i) = (x_i, Q_i^s)$ 和假名 $(F1_i, F2_i)$，计算

$$V_i = (\mathrm{psk}_i)^{F2_i}(P_K)^{h_i r_i}\Delta^{h_i x_i + r_i}$$

④ 输出一个关于 m_i 的单个签名 $\sigma_i = (U_i, V_i)$。

(4) Verify：对于车辆用户的部分假名 $F1_i$ 和公钥 pk_i、RSU 的公钥 $\bar{P}_i$ 及消息 m_i 的签名 $\sigma_i = (U_i, V_i)$，验证者计算哈希值 $h_i = H_3(m_i, F1_i, \mathrm{pk}_i, U_i)$，$\Delta = H_4(\bar{P}_i)$ 和 $w_i = H_2(F1_i)$；若 $e(V_i, g) = e(F1_i^{w_i}U_i^{h_i}, P_K)e(\mathrm{pk}_i^{h_i}U_i, \Delta)$，接受 σ_i；否则，拒绝 σ_i。

(5) Aggregate：对于来自 n 个车辆用户的消息/签名对 $\{(m_i, \sigma_i = (U_i, V_i))\}_{i=1}^n$，签名聚合器首先计算 $V = H(e(V_1, g), \cdots, e(V_n, g))$，然后输出一个关于 $\{m_1, m_2, \cdots, m_n\}$ 的聚合签名 $\sigma = (U_1, U_2, \cdots, U_n, V)$。

(6) AggVerify：给定 n 个车辆用户的部分假名 $\{F1_1, F1_2, \cdots, F1_n\}$ 和公钥 $\{\mathrm{pk}_1, \mathrm{pk}_2, \cdots, \mathrm{pk}_n\}$、RSU 的公钥 $\bar{P}_i$ 及一个关于 $\{m_1, m_2, \cdots, m_n\}$ 的聚合签名 $\sigma = (U_1, U_2, \cdots, U_n, V)$，验证者计算三个哈希值 $\Delta = H_4(\bar{P}_i)$，$h_i = H_3(m_i, F1_i, \mathrm{pk}_i, U_i)$ 和 $w_i = H_2(F1_i)$，其中 $i = 1, 2, \cdots, n$。如果

$$V = H(e(F1_1^{w_1}U_1^{h_1}, P_K)e(\mathrm{pk}_1^{h_1}U_1, \Delta), \cdots, e(F1_n^{w_n}U_n^{h_n}, P_K)e(\mathrm{pk}_n^{h_n}U_n, \Delta))$$

验证者接受 σ 是一个有效的聚合签名；否则，拒绝 σ。

2. 安全性分析

下面证明改进的 CLAS 方案满足不可伪造性、抗合谋攻击性、车辆身份的匿名性和可追踪性。

定理 4.1　如果第一类攻击者 $\mathcal{A}_1$ 在多项式时间内最多进行了 $q_i (i = 1, 2, 3, 4)$ 次 H_i 哈希函数询问、q_{psk} 次部分私钥询问、q_{pk} 次公钥询问、q_{usk} 次秘密值询问、q_{rep} 次公钥替换询问和 q_S 次签名询问后，能够以概率 ε_1 伪造一个本小节改进 CLAS 方案的有效签名，则存在一个算法 C 能以概率 ε_1' 解决 CDH 问题。

证明：给定一个 CDH 问题实例 $(g, X = g^a, Y = g^b) \in G_1^3$，$C$ 为了计算 g^{ab} 与 $\mathcal{A}_1$ 进行如下的安全游戏。

1) 初始化：C 随机选择 $d \in [1, q_1]$，设置 $P_K = X = g^a$；然后运行 Setup 算法生成其他系统参数，将 $\mathrm{sp} = \{G_1, G_2, \hat{e}, p, g, P_K, \bar{P}_i, H_1, H_2, H_3, H_4, H\}$ 发送给 $\mathcal{A}_1$。

2) 询问：$\mathcal{A}_1$ 能够自适应性地向 C 发起以下一系列预言机询问。C 维持五个初始化为空的列表 L_1，L_2，L_3，L_4 和 $L = \{(\mathrm{ID}_i, \mathrm{psk}_i, \mathrm{usk}_i, \mathrm{pk}_i, F1_i, F2_i)\}$。

(1) H_1 询问：对于 $\mathcal{A}_1$ 请求的关于身份 ID_i 的 H_1 询问，如果 L_1 中包含相应的记录 $(\mathrm{ID}_i, t_i, Q_i)$，则 C 将相应的 Q_i 返回给 $\mathcal{A}_1$；否则，C 随机选择 $t_i \in Z_p^*$，设置 $Q_i = H_1(\mathrm{ID}_i) = \begin{cases} g^{t_i}, & i \neq d \\ Y = g^b, & i = d \end{cases}$，然后将 Q_i 发送给 $\mathcal{A}_1$。如果 $i = d$，则 C 设置目标用户的身份 $\mathrm{ID}^* = \mathrm{ID}_i$，并在 L_1 中保存 $(\mathrm{ID}^*, \perp, Y)$；否则，$C$ 在 L_1 中保存 $(\mathrm{ID}_i, t_i, Q_i)$。

(2) H_2 询问：对于 $\mathcal{A}_1$ 请求的关于 $F1_i$ 的 H_2 询问，如果 L_2 中包含 $F1_i$ 的记录，则 C 将相应的 w_i 返回给 $\mathcal{A}_1$；否则，C 随机选择 $w_i \in Z_p^*$，设置 $H_2(F1_i) = w_i$，然后将 w_i 发送给 $\mathcal{A}_1$，并在 L_2 中保存 $(F1_i, w_i)$。

(3) H_3 询问：对于 $\mathcal{A}_1$ 请求的关于 $(m_i, F1_i, \mathrm{pk}_i, U_i)$ 的 H_3 询问，如果 L_3 中包含 $(m_i, F1_i, \mathrm{pk}_i, U_i)$ 的记录，则 C 将相应的 h_i 返回给 $\mathcal{A}_1$；否则，C 随机选择 $h_i \in Z_p^*$，设置 $H_3(m_i, F1_i, \mathrm{pk}_i, U_i) = h_i$，然后将 h_i 发送给 $\mathcal{A}_1$，并在 L_3 中保存 $(m_i, F1_i, \mathrm{pk}_i, U_i)$。

(4) H_4 询问：对于 $\mathcal{A}_1$ 请求的关于 $\bar{P}_i$ 的 H_4 询问，如果 L_4 中包含 $\bar{P}_i$ 的记录，则 C 将相应的 z_i 返回给 $\mathcal{A}_1$；否则，C 随机选择 $z_i \in Z_p^*$，设置 $H_4(\bar{P}_i) = g^{z_i}$，然后将 z_i 发送给 $\mathcal{A}_1$，并在 L_4 中保存 $(\bar{P}_i, z_i, g^{z_i})$。

(5) 部分私钥询问：对于 $\mathcal{A}_1$ 输入的身份 ID_i，如果表 L 中包含 ID_i 的记录且 $\mathrm{psk}_i \neq \perp$，则 C 将相应的 psk_i 返回给 $\mathcal{A}_1$；否则，C 考虑以下两种情况。

① 如果 $\mathrm{ID}^* = \mathrm{ID}_i$，则 C 退出游戏。

② 如果 $\mathrm{ID}^* \neq \mathrm{ID}_i$，则 C 在表 L_1 中查找 $(\mathrm{ID}_i, t_i, Q_i)$，然后计算 $\mathrm{psk}_i = X^{t_i}$，将 psk_i 发送给 $\mathcal{A}_1$，并在表 L 中添加记录 $(\mathrm{ID}_i, \mathrm{psk}_i, \perp, \perp, \perp, \perp)$。

(6) 公钥询问：对于 $\mathcal{A}_1$ 输入的身份 ID_i，如果表 L 中包含 ID_i 的记录且 $\mathrm{pk}_i \neq \perp$，则 C 将相应的 pk_i 返回给 $\mathcal{A}_1$；否则，C 随机选择 $x_i \in Z_p^*$ 作为秘密值 usk_i，计算公钥 $\mathrm{pk}_i = g^{x_i}$，然后发送 pk_i 给 $\mathcal{A}_1$，并将 usk_i 和 pk_i 添加到表 L 中。

(7) 秘密值询问：对于 $\mathcal{A}_1$ 输入的身份 ID_i，C 在表 L 中查找包含 ID_i 的记录，并将对应的秘密值 usk_i 返回给 $\mathcal{A}_1$。

(8) 公钥替换询问：$\mathcal{A}_1$ 输入一个身份 ID_i 和新的公钥 pk'_i，如果表 L 中包含 ID_i 的记录且 $\mathrm{pk}_i \neq \perp$，则 C 将 ID_i 对应的公钥 pk_i 替换为 pk'_i；否则，C 设置 pk'_i

为 ID_i 的公钥，并在表 L 中添加 $(\mathrm{ID}_i,\perp,\perp,\mathrm{pk}'_i,\perp,\perp)$。

(9) 假名询问：对于 $\mathcal{A}_1$ 输入的身份 ID_i，如果表 L 中包含身份 ID_i 的记录且 $(F1_i,F2_i)\neq(\perp,\perp)$，则 C 将相应的 $(F1_i,F2_i)$ 返回给 $\mathcal{A}_1$。否则，C 首先在表 L_1 中查找 ID_i 对应的 Q_i；其次随机选择 $a_i\in Z_p^*$，计算 $F1_i=(Q_i)^{a_i}$，在表 L_2 中查找 $(F1_i,w_i)$，计算 $F2_i=a_iw_i$；最后发送 $(F1_i,F2_i)$ 给 $\mathcal{A}_1$，并将 $(F1_i,F2_i)$ 添加到表 L 中。

(10) 签名询问：对于 $\mathcal{A}_1$ 输入的身份 ID_i 和消息 m_i，C 执行如下步骤。

① 如果 $\mathrm{ID}^*\neq\mathrm{ID}_i$，则 C 在表 L 中查找 $(\mathrm{ID}_i,\mathrm{psk}_i,\mathrm{usk}_i,\mathrm{pk}_i,F1_i,F2_i)$，然后运行 Sign 算法将生成的签名 σ_i 返回给 $\mathcal{A}_1$。

② 如果 $\mathrm{ID}^*=\mathrm{ID}_i$，则 C 首先随机选择 $r_i,h_i\in Z_p^*$。若 L_3 中已存在 h_i，则重新选择一个 $h_i\in Z_p^*$。C 在表 L、L_2 和 L_4 中分别查找 $(\mathrm{ID}_i,\perp,x_i,\mathrm{pk}_i,F1_i,F2_i)$、$(F1_i,w_i)$ 与 $(\bar{P}_i,z_i,g^{z_i})$，并计算 $U_i=\dfrac{g^{r_i}}{(F1_i)^{w_ih_i^{-1}}}$ 和 $V_i=(P_K)^{h_ir_i}g^{h_ix_iz_i}U_i^{z_i}$，然后将 m_i 的单个签名 $\sigma_i=(U_i,V_i)$ 返回给 $\mathcal{A}_1$。

由于

$$
\begin{aligned}
e(V_i,g)&=e((P_K)^{h_ir_i}g^{h_ix_iz_i}U_i^{z_i},g)\\
&=e((P_K)^{h_ir_i},g)e(g^{h_ix_iz_i}U_i^{z_i},g)\\
&=e((g^{r_i})^{h_i},P_K)e(\mathrm{pk}_i^{h_i}U_i,g^{z_i})\\
&=e((U_i(F1_i)^{w_ih_i^{-1}})^{h_i},P_K)e(\mathrm{pk}_i^{h_i}U_i,H_4(\bar{P}_i))\\
&=e((F1_i)^{w_i}U_i^{h_i},P_K)e(\mathrm{pk}_i^{h_i}U_i,\Delta)
\end{aligned}
$$

因此，当 $\mathrm{ID}^*=\mathrm{ID}_i$ 时 C 生成的单个签名 $\sigma_i=(U_i,V_i)$ 与签名者产生的真实签名在计算上是不可区分的。

3) 伪造：$\mathcal{A}_1$ 最后输出一个伪造 $(\{m_j^*,\mathrm{ID}_j^*,\mathrm{pk}_j^*,\bar{P}^*,\sigma_j^*=(U_j^*,V_j^*),j=1,2,\cdots,n\},\sigma^*)$。如果 $\mathrm{ID}^*\notin\{\mathrm{ID}_1^*,\mathrm{ID}_2^*,\cdots,\mathrm{ID}_n^*\}$，则 C 退出游戏。假定 $\mathrm{ID}_t^*=\mathrm{ID}^*$，$\sigma_t^*=(U_t^*,V_t^*)$ 是一个在身份 ID_t^* 和公钥 pk_t^* 下关于消息 m_t^* 的单个签名，这里 $t\in\{1,2,\cdots,n\}$。C 在表 L_2、L_3 和 L_4 中分别查找记录 $(F1_t^*,w_t^*)$、$(m_t^*,F1_t^*,\mathrm{pk}_t^*,U_t^*,h_t^*)$ 和 $(\bar{P}^*,z^*,g^{z^*})$。如果在表 L_2、L_3 和 L_4 中没有找到 w_t^*、h_t^* 或 z^*，则 C 退出游戏。根据 Forking 引理[29]，C 能够获得另外一个关于 m_t^* 的单个签名 $\bar{\sigma}_t^*=(\bar{U}_t^*,\bar{V}_t^*)$，于是有

$$
V_t^*=(\mathrm{psk}_t^*)^{F2_t^*}(P_K)^{h_t^*r_t^*}\Delta^{h_t^*x_t^*+r_t^*}=(H_1(\mathrm{ID}^*)^a)^{F2_t^*}(g^a)^{h_t^*r_t^*}(g^{z^*})^{h_t^*x_t^*+r_t^*}=g^{ab\cdot F2_t^*}g^{ah_t^*r_t^*}g^{z^*(h_t^*x_t^*+r_t^*)}
$$

$$\overline{V}_t^* = (\mathrm{psk}_t^*)^{F2_t^*}(P_K)^{\overline{h}_t^* r_t^*}\Delta^{\overline{h}_t^* x_t^* + r_t^*} = (H_1(\mathrm{ID}^*)^a)^{F2_t^*}(g^a)^{\overline{h}_t^* r_t^*}(g^{z^*})^{\overline{h}_t^* x_t^* + r_t^*} = g^{ab\cdot F2_t^*} g^{a\overline{h}_t^* r_t^*} g^{z^*(\overline{h}_t^* x_t^* + r_t^*)}$$

通过上面两个等式，C 能计算 CDH 问题值 $g^{ab} = \left(\dfrac{(V_t^*)^{\overline{h}_t^*}}{(\overline{V}_t^*)^{h_t^*} g^{z^* r_t^* (h_t^* - \overline{h}_t^*)}}\right)^{(z_t^*(h_t^* - \overline{h}_t^*))^{-1}}$。

如果下面四个事件成立，则 C 能成功求解 CDH 问题实例。

(1) C 在部分私钥询问中没有退出游戏。该事件发生的概率是 $(1-\dfrac{1}{q_1})^{q_{\mathrm{psk}}}$。

(2) $\mathcal{A}_1$ 伪造了一个有效的聚合签名。该事件发生的概率是 ε_1。

(3) $\mathrm{ID}_t^* = \mathrm{ID}^*$，其中 $t \in \{1,2,\cdots,n\}$，即至少有一个身份是目标身份 ID^*。该事件发生的概率是 $1-(1-\dfrac{1}{q_1})^n$。

(4) 表 L_2、L_3 和 L_4 中分别存在相应的记录 w_t^*、h_t^* 和 z^*。该事件发生的概率是 $(1-\dfrac{q_2}{p})(1-\dfrac{q_3}{p})(1-\dfrac{q_4}{p})$。

综上所述，C 能够以 $\varepsilon_1' \geqslant (1-\dfrac{1}{q_1})^{q_{\mathrm{psk}}}\left(1-(1-\dfrac{1}{q_1})^n\right)(1-\dfrac{q_2}{p})(1-\dfrac{q_3}{p})(1-\dfrac{q_4}{p})\varepsilon_1$ 的概率解决 CDH 问题。 **证毕**

定理 4.2 如果第二类攻击者 $\mathcal{A}_2$ 在多项式时间内最多进行了 $q_i(i=1,2,3,4)$ 次 H_i 哈希函数询问、q_{pk} 次公钥询问、q_{usk} 次秘密值询问和 q_S 次签名询问后，能够以 ε_2 的概率伪造一个本小节改进 CLAS 方案的有效签名，则存在一个算法 C 解决 CDH 问题的概率为 $\varepsilon_2' \geqslant (1-\dfrac{1}{q_4})^{q_{\mathrm{usk}}}\left(1-(1-\dfrac{1}{q_4})^n\right)(1-\dfrac{q_1}{p})(1-\dfrac{q_2}{p})(1-\dfrac{q_3}{p})\varepsilon_2$。

由于定理 4.2 的证明过程与定理 4.1 基本相同，因此不再赘述。

结合定理 4.1 和定理 4.2，很容易推导出如下的定理 4.3。

定理 4.3 如果 CDH 假设成立，则本小节的改进 CLAS 方案在随机预言机模型下满足存在不可伪造性。

如果通过 $\Delta = H_4(\overline{P}_i)$ 计算 $z_i \in Z_p^*$ 使得 $H_4(\overline{P}_i) = g^{z_i}$，则等价于求解离散对数问题；反之，给定 $z_i \in Z_p^*$，如果寻找 $\overline{P}_i$ 使得 $H_4(\overline{P}_i) = g^{z_i}$，则等价于寻找哈希函数 H_4 的一个碰撞。由于离散对数问题是困难的数学问题且 H_4 是抗碰撞的哈希函数，因此本小节的改进 CLAS 方案能够有效抵抗恶意的 KGC 攻击。

定理 4.4 如果哈希函数 H 是抗碰撞的，则本小节的改进 CLAS 方案在合谋攻击下是安全的。

证明：如果参与生成聚合签名的单个聚合签名 $\sigma_i = (U_i, V_i)$ 是有效的，则

$$\hat{e}(V_i,g)=\hat{e}(F1_i^{w_i}U_i^{h_i},P_K)\hat{e}(\mathrm{pk}_i^{h_i}U_i,\varDelta)\,,\quad i=1,\cdots,n$$

于是有

$$\begin{aligned}V&=H(\hat{e}(V_1,g),\cdots,\hat{e}(V_n,g))\\&=H(\hat{e}(F1_1^{w_1}U_1^{h_1},P_K)\hat{e}(\mathrm{pk}_1^{h_1}U_1,\varDelta),\cdots,\hat{e}(F1_n^{w_1}U_n^{h_n},P_K)\hat{e}(\mathrm{pk}_n^{h_n}U_n,\varDelta))\end{aligned}$$

也就是，$\sigma=(U_1,\cdots,U_n,V)$ 是一个有效的聚合签名。

如果聚合签名 $\sigma=(U_1,U_2,\cdots,U_n,V)$ 是有效的，则下面的等式成立

$$\begin{aligned}V&=H(\hat{e}(F1_1^{w_1}U_1^{h_1},P_K)\hat{e}(\mathrm{pk}_1^{h_1}U_1,\varDelta),\cdots,\hat{e}(F1_n^{w_n}U_n^{h_n},P_K)\hat{e}(\mathrm{pk}_n^{h_n}U_n,\varDelta))\\&=H(\hat{e}(V_1,g),\cdots,\hat{e}(V_n,g))\end{aligned}$$

由哈希函数 H 的抗碰撞性可知

$$\hat{e}(V_i,g)=\hat{e}(F1_i^{w_i}U_i^{h_i},P_K)\hat{e}(pk_i^{h_i}U_i,\varDelta)\,,\quad i=1,2,\cdots,n$$

因此，所有参与聚合的单个签名 $\sigma_i=(U_i,V_i)$ 也是有效的。

综上所述，聚合签名的合法性成立，当且仅当该聚合过程涉及的所有单个签名均为有效的。因此，本小节的改进 CLAS 方案能抵抗合谋攻击。　**证毕**

定理 4.5　本小节的改进 CLAS 方案满足车辆身份的匿名性和可追踪性。

证明：车辆用户身份 ID_i 向 KGC 申请部分私钥时，KGC 计算 $Q_i=H_1(\mathrm{ID}_i)$，并在用户注册表中保存记录 $\{\mathrm{ID}_i,Q_i\}$。车辆用户从临近 RSU 申请假名时，车辆用户提交身份信息 Q_i，而哈希函数 H_1 的抗碰撞性使得 RSU 无法从 $Q_i=H_1(\mathrm{ID}_i)$ 中计算出真实的身份 ID_i。RSU 选取随机数 $a_i\in Z_p^*$ 生成 ID_i 的假名 $(F1_i,F2_i)$，并在假名登记表中保存 $\{Q_i,(F1_i,F2_i)\}$。除 RSU 外，任何人无法将 Q_i 与假名 $(F1_i,F2_i)$ 关联起来。因此，本小节改进 CLAS 方案具有车辆身份的匿名性。

如果车辆用户发布了违规消息，则 RSU 通过签名中的 $F1_i$ 在假名登记表中查找 $\{Q_i,(F1_i,F2_i)\}$，并将违规消息的签名和 $\{Q_i,(F1_i,F2_i)\}$ 提交给 KGC。随后，KGC 通过 Q_i 在用户注册表中查找 $\{\mathrm{ID}_i,Q_i\}$，进而追踪到发布虚假消息的车辆真实身份 ID_i。因此，本小节改进 CLAS 方案具有车辆身份的可追踪性。**证毕**

3. 性能分析

下面对本小节的改进 CLAS 方案[31]进行性能分析，主要考虑比较耗时的双线性对运算和幂运算。为了便于表述，令 P 和 E 分别表示一次双线性对运算和一次幂运算，$|G_1|$表示 G_1 中一个元素的长度，n 表示参与聚合的签名者个数。本小节改进 CLAS 方案中的聚合算法减小了传输签名的长度，从而降低了签名验证的计算开销。表 4.1 给出了几种适用于 VANETs 的无证书聚合签名方案[30,34,35]

的性能比较。

表 4.1 VANETs 中无证书聚合签名方案的性能比较

方案	单个签名生成	聚合签名验证	聚合签名长度	抗合谋攻击
文献[30]方案	4E	3*n*E+3P	$(n+1)\|G_1\|$	否
文献[34]方案	4E	3*n*E+4P	$(n+1)\|G_1\|$	否
文献[35]方案	4E	3*n*E+3P	$(n+1)\|G_1\|$	否
本小节方案	3E	3*n*E+2*n*P	$(n+1)\|G_1\|$	是

从表 4.1 可知，四种方案具有相同的聚合签名长度，生成单个签名所需要的计算开销也基本相同。在聚合签名的验证开销方面，本小节的改进 CLAS 方案高于其他三个方案[30,34,35]，但车辆具有较强的计算能力，因此改进的 CLAS 方案完全适用于 VANETs。更重要的是，只有本小节的无证书聚合签名方案能抵抗合谋攻击，而其他三个方案均存在安全缺陷。

4.4 基于无证书聚合签名的多方合同签署协议

随着电子商务的不断发展，交易方或合作方可以通过互联网在线签订某些条款的电子合同。在互不信任的签署方中，尤其是针对多方合同签署时，签署合同时的公平性就显得尤为重要。为解决公平签署问题，曹素珍等[36]提出了一种适用于多方合同签署的无证书聚合签名方案(简称 Cao 方案)。本书针对该方案进行了两类伪造攻击，发现 Cao 方案在替换公钥攻击和内部签名者的合谋攻击下是不安全的，并提出了一个改进的无证书聚合签名方案。该改进方案不仅能抵抗类型Ⅰ攻击和类型Ⅱ攻击，还能抵抗内部签名者的合谋攻击[37]。本节首先讨论 Cao 方案的安全性，然后给出针对该方案的两类伪造攻击，并给出一个面向多方合同签署的改进 CLAS 方案[37]。

4.4.1 Cao 方案描述

1. 系统初始化

给定安全参数 k，密钥生成中心(KGC)选择一个双线性映射 $e: G_1 \times G_1 \to G_2$，其中 G_1 为由生成元 P 生成的椭圆曲线加法群，阶为素数 $q \geqslant 2k$，G_2 为具有相同阶 q 的乘法群；选择 2 个哈希函数 $H_1: \{0,1\}^* \times G_1 \times G_1 \to Z_q^*$ 和 $H_2: G_1 \times \{0,1\}^* \to G_1$。KGC 将随机数 $\lambda \in Z_q^*$ 设置为系统主密钥，计算系统公钥

$P_T = \lambda P$。最后，KGC 秘密保管 λ，并公开发布系统参数 $\text{params} = \{G_1, G_2, e, q, P, P_T, H_1, H_2\}$。

2. 秘密值生成

用户 U_i 随机选取 $x_i \in Z_q^*$ 作为自己的秘密值 usk_i，计算部分公钥 $P_i = x_i P$，并发送自己的身份 ID_i 和 P_i 给 KGC。

3. 部分私钥生成

KGC 收到来自用户 U_i 的 ID_i 和 P_i 后，随机选取 $v_i \in Z_q^*$，计算 $V_i = v_i P$，$h_i = H_1(\text{ID}_i, P_i, P_T)$ 和 $y_i = v_i + \lambda h_i \bmod q$，然后将 V_i 公开发布，并给用户 U_i 秘密发送部分私钥 y_i。

4. 用户密钥生成

用户 U_i 接收到 y_i 后，计算 $h_i = H_1(\text{ID}_i, P_i, P_T)$，然后判断等式 $y_i P = V_i + h_i P_T$ 是否成立。若等式成立，U_i 设置公钥 $\text{pk}_i = (P_i, V_i)$ 和私钥 $\text{sk}_i = x_i + y_i \bmod q$；否则，拒绝 y_i。

5. 临时密钥生成

用户 U_i 随机选择 $x_i' \in Z_q^*$ 作为临时密钥，并计算相应的临时公钥 $P_i' = x_i' P$。

6. 临时公钥承诺

(1) 用户 U_i 选择一个随机数 k_i 作为其辅助值，对临时公钥进行承诺，得到 $C_i = \text{Com}(P_i', k_i)$，并广播 C_i 给其余用户；

(2) 所有用户接收到 C_i 后，U_i 解开承诺。

7. 共享密钥生成

如果任意一个用户的公钥承诺均已被解开，即共享公钥 $P_{\text{pub}} = \sum_{i=1}^{n} P_i'$，与之相对应的共享密钥 $x_{\text{pub}} = \sum_{i=1}^{n} x_i'$。

8. 签名生成

用户 U_i 按如下步骤完成关于消息 M_i 的签名。

(1) 选取一个随机数 $r_i \in Z_q^*$，计算 $R_i = r_i P$；

(2) 计算 $l_i = H_2(R_i, \mathrm{ID}_i \| M_i \| R_i \| \Delta)$ 和 $S_i = r_i P_{\mathrm{pub}} + \mathrm{sk}_i l_i$；

(3) 设置消息 M_i 的签名 $\sigma_i = (R_i, S_i)$。

9. 签名验证

给定一个身份 ID_i、一个公钥 $\mathrm{pk}_i = (P_i, V_i)$、一个共享公钥 P_{pub}、一个消息 M_i 和签名 $\sigma_i = (R_i, S_i)$，验证者计算 $h_i = H_1(\mathrm{ID}_i, P_i, P_{\mathrm{T}})$ 和 $l_i = H_2(R_i, \mathrm{ID}_i \| M_i \| R_i \| \Delta)$，然后判断等式 $e(S_i, P) = e(R_i, P_{\mathrm{pub}}) e(P_i + V_i + h_i P_{\mathrm{T}}, l_i)$ 是否成立。若该等式成立，则 σ_i 是一个有效的单个签名，输出 valid；否则，输出 invalid。

10. 聚合签名

收到 n 个消息/签名对 $(M_1, \sigma_1 = (R_1, S_1)), \cdots, (M_n, \sigma_n = (R_n, S_n))$ 后，聚合器计算 $S = \sum_{i=1}^{n} S_i$，设置聚合签名为 $\sigma = (R_1, R_2, \cdots, R_n, S)$。

11. 聚合签名验证

给定一个关于消息 $M_1, M_2, \cdots, M_n$ 的聚合签名 σ，验证者执行如下操作。

(1) 计算 $h_i = H_1(\mathrm{ID}_i, P_i, P_{\mathrm{T}})$ 和 $l_i = H_2(R_i, \mathrm{ID}_i \| M_i \| R_i \| \Delta),\ i = 1, 2, \cdots, n$。

(2) 判断等式 $e(S, P) = e(\sum_{i=1}^{n} R_i, P_{\mathrm{pub}}) \prod_{i=1}^{n} e(P_i + V_i + h_i P_{\mathrm{T}}, l_i)$ 是否成立。若等式成立，验证者输出 valid；否则，输出 invalid。

4.4.2 Cao 方案的安全性分析

通过以下两类伪造攻击，说明 Cao 方案[36]的设计存在一定的安全缺陷。

1. 公钥替换攻击

不失一般性，假定攻击者 $\mathcal{A}_1$ 是一个恶意用户，选择被攻击的目标用户身份为 ID_n 和公钥为 $\mathrm{pk}_n = (P_n, V_n)$。攻击者 $\mathcal{A}_1$ 通过执行如下步骤，能够成功伪造一个 Cao 方案的有效聚合签名。

(1) 随机选取 $x_n^* \in Z_q^*$，计算 $P_n^* = x_n^* P$ 和 $h_n^* = H_1(\mathrm{ID}_n, P_n^*, P_{\mathrm{T}})$。

(2) 随机选取 $z \in Z_q^*$，计算 $V_n^* = zP - P_n^* - h_n^* P_{\mathrm{T}}$。

(3) 将公钥 $\mathrm{pk}_n = (P_n, V_n)$ 替换为 $\mathrm{pk}_n^* = (P_n^*, V_n^*)$。

(4) 随机选取 $x_n'^* \in Z_q^*$，计算 $P_n'^* = x_n'^* P$ 和 $P_{\text{pub}} = \sum_{i=1}^{n-1} P_i' + P_n'^*$。

(5) 随机选取 $r_n^* \in Z_q^*$，然后计算 $R_n^* = r_n^* P$，$l_n^* = H_2(R_n^*, \text{ID}_n \| M_n \| R_n^* \| \varDelta)$ 和 $S_n^* = r_n^* P_{\text{pub}} + z \cdot l_n^*$。

(6) 设置消息 M_n 的单个签名 $\sigma_n^* = (R_n^*, S_n^*)$。

说明：$\sigma_n^* = (R_n^*, S_n^*)$ 很容易被证明是一个有效的单个签名。由于 σ_n^* 并非来源于签名询问，并且系统主密钥 λ 对 $\mathcal{A}_1$ 是未知的，因此 $\mathcal{A}_1$ 成功伪造了一个 Cao 方案的单个签名 σ_n^*。

(7) 通过对 (ID_i, M_i) 进行签名询问来获得单个签名 $\{\sigma_i = (R_i, S_i)\}_{i=1}^{n-1}$。

(8) 计算 $S^* = \sum_{i=1}^{n-1} S_i + S_n^*$，然后输出一个关于 $\{M_1, M_2, \cdots, M_n\}$ 的聚合签名。

由于 $\sigma_n^* = (R_n^*, S_n^*)$ 是 $\mathcal{A}_1$ 伪造的有效签名，$\{\sigma_i = (R_i, S_i)\}_{i=1}^{n-1}$ 来源于签名询问，$\mathcal{A}_1$ 伪造的聚合签名 $\sigma^* = (R_1, R_2, \cdots, R_n^*, S^*)$ 能够通过验证等式，因此 $\mathcal{A}_1$ 成功伪造了一个 Cao 方案的聚合签名。这表明 Cao 方案无法抵抗公钥替换攻击，即 Cao 方案在第一类攻击下是不安全的。上述攻击能够成功的原因在于签名方案构造过程中存在形如 $P_i + V_i + h_i P_{\text{T}} = 0$ 的验证等式，进而可以通过公钥替换和线性化分析方法[37]来伪造一个有效的单个签名。

2. 合谋攻击

不失一般性，假设用户 $\mathcal{B}_1$ 和 $\mathcal{B}_2$ 是两个任意的内部签名者，$\mathcal{B}_1$ 的身份和公钥为 $(\text{ID}_1, \text{pk}_1)$，$\mathcal{B}_2$ 的身份和公钥为 $(\text{ID}_2, \text{pk}_2)$。$\mathcal{B}_1$ 生成关于 M_1 的非法签名 σ_1，$\mathcal{B}_2$ 生成关于 M_2 的非法签名 σ_2，但 $\mathcal{B}_1$ 和 $\mathcal{B}_2$ 合谋生成的聚合签名 σ 是有效的。具体攻击过程如下。

(1) $\mathcal{B}_1$ 随机选取 $r_1 \in Z_q^*$，计算 $R_1 = r_1 P$，并将 $r_1 P_{\text{pub}}$ 发送给 $\mathcal{B}_2$。

(2) $\mathcal{B}_2$ 随机选取 $r_2 \in Z_q^*$，计算 $R_2 = r_2 P$，并将 $r_2 P_{\text{pub}}$ 发送给 $\mathcal{B}_1$。

(3) $\mathcal{B}_1$ 收到 $r_2 P_{\text{pub}}$ 后，计算 $l_1 = H_2(R_1, \text{ID}_1 \| M_1 \| R_1 \| \varDelta)$ 和 $S_1 = r_2 P_{\text{pub}} + \text{sk}_1 \cdot l_1$，设置 M_1 的单个签名 $\sigma_1 = (R_1, S_1)$。

(4) $\mathcal{B}_2$ 收到 $r_1 P_{\text{pub}}$ 后，计算 $l_2 = H_2(R_2, \text{ID}_2 \| M_2 \| R_2 \| \varDelta)$ 和 $S_2 = r_1 P_{\text{pub}} + \text{sk}_2 \cdot l_2$，设置 M_2 的单个签名 $\sigma_2 = (R_2, S_2)$。

(5) 聚合器设置关于 M_1 和 M_2 的聚合签名 $\sigma = (R_1, R_2, S)$，这里 $S = S_1 + S_2$。

用户 $\mathcal{B}_1$ 生成的单个签名 $\sigma_1 = (R_1, S_1)$ 不是一个关于 M_1 的有效签名，因为其不满足如下的签名验证等式：

$$\begin{aligned} e(S_1,P) &= e(r_2P_{\text{pub}} + \text{sk}_1 \cdot l_1, P) \\ &= e(r_2P_{\text{pub}} + (x_1+y_1)l_1, P) \\ &= e(R_2, P_{\text{pub}})e(P_1 + V_1 + h_1P_{\text{T}}, l_1) \\ &\neq e(R_1, P_{\text{pub}})e(P_1 + V_1 + h_1P_{\text{T}}, l_1) \end{aligned}$$

类似地，$\mathcal{B}_2$ 生成的 $\sigma_2=(R_2,S_2)$ 也不是一个关于 M_2 的有效签名，但 $\mathcal{B}_1$ 和 $\mathcal{B}_2$ 合作生成的聚合签名 $\sigma=(R_1,R_2,S)$ 是一个关于 M_1 和 M_2 的有效签名，因为 σ 满足如下的聚合签名验证等式：

$$\begin{aligned} e(S,P) &= e(r_2P_{\text{pub}} + \text{sk}_1 \cdot l_1 + r_1P_{\text{pub}} + \text{sk}_2 \cdot l_2, P) \\ &= e\Big(\sum_{i=1}^{2} r_iP_{\text{pub}}, P\Big)e\Big(\sum_{i=1}^{2}(\text{sk}_i \cdot l_i), P\Big) \\ &= e\Big(\sum_{i=1}^{2} R_i, P\Big)\prod_{i=1}^{2} e(\text{sk}_i \cdot P, l_i) \\ &= e\Big(\sum_{i=1}^{2} R_i, P\Big)\prod_{i=1}^{2} e(P_i + V_i + h_iP_{\text{T}}, l_i) \end{aligned}$$

因此，Cao 方案[36]对于内部签名者发起的合谋攻击也是不安全的。

4.4.3 面向多方合同签署的改进 CLAS 方案

1. 方案描述

1) 系统初始化、秘密值生成

与 Cao 方案中所描述的算法基本相同，但在系统初始化算法中增加了两个哈希函数 $H_0:\{0,1\}^* \times G_1 \times G_1 \to Z_q^*$ 和 $H_3:\{0,1\}^* \to \{0,1\}^l$ 。说明：$l \in Z_q^*$ 是 H_3 输出长度的固定值，其值设置为 G_1 中一个元素的长度。

2) 部分私钥生成

KGC 随机选择 $v_i \in Z_q^*$ ，计算 $V_i = v_iP$ ，$h_i' = H_0(\text{ID}_i, V_i, P_{\text{T}})$ ，$h_i = H_1(\text{ID}_i, P_i, P_{\text{T}})$ 和 $y_i = h_i'(v_i + \lambda h_i) \bmod q$ ，然后将 V_i 公开发布，发送部分私钥 y_i 给 U_i 。

3) 用户密钥生成

用户 U_i 接收到 y_i 后，计算 $h_i' = H_0(\text{ID}_i, V_i, P_{\text{T}})$ 和 $h_i = H_1(\text{ID}_i, P_i, P_{\text{T}})$ ，然后判断等式 $y_iP = h_i'(V_i + h_iP_{\text{T}})$ 是否成立。若该等式成立，则将公钥设置为 $\text{pk}_i = (P_i, V_i)$ ，私钥为 $\text{sk}_i = x_i + y_i$ ；否则，拒绝接受 y_i 。

4) 临时密钥生成、临时公钥承诺、共享密钥生成、签名生成

临时密钥生成、临时公钥承诺、共享密钥生成、签名生成与 Cao 方案中所描述的算法相同。

5) 签名验证

给定身份 ID_i 、公钥 $\mathrm{pk}_i=(P_i,V_i)$ 、共享公钥 P_{pub} 、消息 M_i 和签名 $\sigma_i=(R_i,S_i)$ ，验证者计算 $h_i'=H_0(\mathrm{ID}_i,V_i,P_{\mathrm{T}})$ ， $h_i=H_1(\mathrm{ID}_i,P_i,P_{\mathrm{T}})$ 和 $l_i=H_2(R_i \| \mathrm{ID}_i \| M_i \| R_i \| \varDelta)$ ，然后判断等式 $e(S_i,P)=e(R_i,P_{\mathrm{pub}})e(P_i+h_i'(V_i+h_iP_{\mathrm{T}}),l_i)$ 是否成立。若该等式成立，则 σ_i 是有效的单个签名，输出 valid；否则，输出 invalid。

6) 聚合签名

收到 n 个消息/签名对 $(M_1,\sigma_1=(R_1,S_1)),\cdots,(M_n,\sigma_n=(R_n,S_n))$ 后，聚合器计算 $S=H_3(e(S_1,P),e(S_2,P),\cdots,e(S_n,P))$ ，设置聚合签名为 $\sigma=(R_1,R_2,\cdots,R_n,S)$ 。

7) 聚合签名验证

给定一个关于消息 $M_1,M_2,\cdots,M_n$ 的聚合签名 σ ，验证者执行如下操作。

(1) 计算 $h_i'=H_0(\mathrm{ID}_i,V_i,P_{\mathrm{T}})$ ， $h_i=H_1(\mathrm{ID}_i,P_i,P_{\mathrm{T}})$ 和 $l_i=H_2(R_i,\mathrm{ID}_i \| M_i \| R_i \| \varDelta)$ ， $i=1,2,\cdots,n$ 。

(2) 判断等式 $S=H_3(e(R_1,P_{\mathrm{pub}})e(P_1+h_1'(V_1+h_1P_{\mathrm{T}}),l_1),\cdots,e(R_n,P_{\mathrm{pub}})e(P_n+h_n'(V_n+h_nP_{\mathrm{T}}),l_n))$ 是否成立。若该等式成立，验证者输出 valid；否则，输出 invalid。

2. 安全性与性能分析

本小节改进 CLAS 方案的安全性依赖于如下三个定理。

定理 4.6 在随机预言机模型中，若一个类型 I 攻击者 $\mathcal{A}_1$ 在多项式时间内发起 $q_i(i=1,2,3)$ 次哈希询问、q_{psk} 次部分私钥询问、q_{pk} 次公钥询问、q_{usk} 次秘密值询问、q_{rep} 次公钥替换询问和 q_S 次签名询问后，能以一个不可忽略的概率伪造一个本小节改进方案的有效签名，则存在一个挑战者能以不可忽略的概率解决 CDH 问题。

定理 4.7 在随机预言机模型中，若存在一个类型Ⅱ攻击者 $\mathcal{A}_2$ 在多项式时间内发起 $q_i(i=1,2,3)$ 次哈希询问、q_{pk} 次公钥询问、q_{usk} 次秘密值询问和 q_S 次签名询问后，能够以一个不可忽略的概率成功伪造一个本小节改进方案的有效签名，则存在一个挑战者能够以不可忽略的概率解决 CDH 问题。

定理 4.8 若哈希函数 H_3 是抗碰撞的，则本小节改进 CLAS 方案能抵抗合谋攻击。

定理 4.6～定理 4.8 的证明过程请参阅参考文献[37]，不再赘述。

下面将本小节方案与已有同类方案[22,30,31,36,38]进行聚合签名长度、计算开销和安全性方面的比较，结果如表 4.2 所示。为了便于表述，用符号 T_{mul} 和 P 分别代表一次点的标量乘运算所需时间和一次双线性对运算，$|G_1|$ 代表 G_1 中一个元素的长度，n 代表生成聚合签名的参与者个数。

表 4.2 几个无证书聚合签名方案的性能比较

方案	聚合签名长度	单个签名生成	聚合签名验证	抗类型Ⅰ攻击	抗类型Ⅱ攻击	抗合谋攻击
文献[22]方案	$(n+1)\|G_1\|$	$3T_{\mathrm{mul}}$	$3\mathrm{P}+2nT_{\mathrm{mul}}$	是	是	否
文献[30]方案	$(n+1)\|G_1\|$	$4T_{\mathrm{mul}}$	$3\mathrm{P}+2nT_{\mathrm{mul}}$	是	否	否
文献[31]方案	$(n+1)\|G_1\|$	$3T_{\mathrm{mul}}$	$2n\mathrm{P}+3nT_{\mathrm{mul}}$	是	是	是
文献[36]方案	$(n+1)\|G_1\|$	$2T_{\mathrm{mul}}$	$(n+2)\mathrm{P}+nT_{\mathrm{mul}}$	否	是	否
文献[38]方案	$(n+1)\|G_1\|$	$3T_{\mathrm{mul}}$	$3\mathrm{P}+2nT_{\mathrm{mul}}$	是	是	否
本小节方案	$(n+1)\|G_1\|$	$2T_{\mathrm{mul}}$	$2n\mathrm{P}+2nT_{\mathrm{mul}}$	是	是	是

由表 4.2 可知，上述六个方案的聚合签名长度相同。从计算开销来看，上述六个方案在单个签名生成阶段所需要的计算开销差异较小，并且计算开销都不受参与者个数 n 的影响。本小节方案在聚合签名验证阶段所需的计算开销高于文献[22]、[30]、[36]和[38]方案，但它能够抵抗合谋攻击。虽然文献[31]方案具有抗合谋攻击性，但本小节方案在聚合签名验证阶段的计算开销小于该方案。因此，本小节的改进 CLAS 方案更适用于多方合同签署环境。

4.5 面向无线医疗传感器网络的无证书聚合签名方案

随着无线通信技术的迅速发展，无线医疗传感器网络正在推动智能化医疗的进步。医疗传感器节点收集病人的医疗数据，并将其通过公共网络传输给医生进行诊断与治疗。如果这些敏感信息不能得到妥善保护，将造成患者的隐私泄露或病理数据被恶意篡改，严重影响医生的诊断和分析，最终危及患者的健康。因此，保证病人医疗数据的可用性、真实性、可验证性和完整性对无线医疗传感器网络是至关重要的。针对无线医疗传感器网络中的数据安全和隐私保护问题，Zhan 等[26]提出了一种无配对的无证书聚合签名方案(简称 Zhan 方案)。然而，本书作者给出了针对 Zhan 方案的两类伪造攻击，并提出了相应的改进方案[27]。本节首先讨论 Zhan 方案的安全性，然后给出一个面向无线医疗传感器网络的改进 CLAS 方案[27]，并分析其安全性和性能。

4.5.1 Zhan 方案描述

1. 系统模型

面向无线医疗传感器网络的 CLAS 方案的系统模型如图 4.1 所示。各个参与实体的具体描述如下。

1) 医疗传感器节点

医疗传感器节点(medical sensor node，MSN)是低资源消耗的医疗传感器设备，被植入或放置在患者体内。MSN 包括各种医疗传感器(心率传感器、体温传感器、血氧传感器、脉搏传感器和血压传感器等)。每个 MSN 收集到患者的医疗信息后，用私钥对其签名，然后将患者的医疗信息和相应的单个签名发送给指定的集群头。

2) 集群头

每个患者的 MSN 都有一个共同的集群头(cluster head，CH)，负责将其区域内所有单个签名压缩成一个聚合签名，并将接收到的医疗信息和聚合签名一起传输至医疗服务器。

3) 医疗服务器

医疗服务器(medical server，MS)是具有一定计算和存储能力的服务器，负责系统的初始化操作，生成其他实体的部分私钥。此外，MS 检查聚合签名的有效性，存储患者的医疗信息并将其传输给医生或其余医务人员(授权的专业医疗工作者)。

4) 授权的专业医疗工作者

授权的专业医疗工作者(authorized healthcare professional，AHP)通常是具有专业医学知识的医生或医务人员，通过分析 MSN 收集的医疗信息，为患者提供专业的治疗方案。

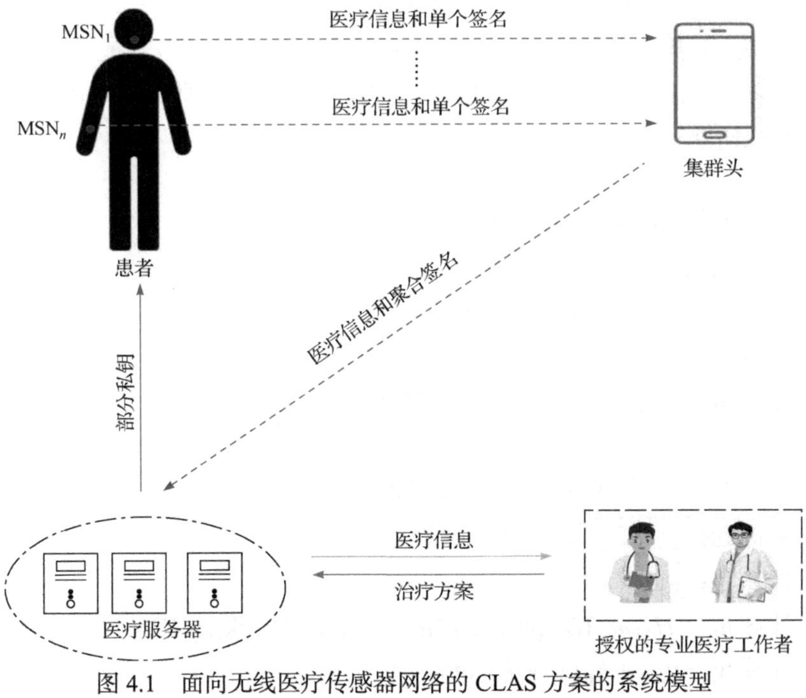

图 4.1　面向无线医疗传感器网络的 CLAS 方案的系统模型

2. 方案描述

1) 系统初始化

输入一个安全参数 λ，MS 执行以下操作。

(1) 选取一个素数 q，一个 q 阶可加循环群 G 和 G 的生成元 P。

(2) 随机选择 $s \in Z_q^*$，计算 $P_{\text{pub}} = sP$。

(3) 选择四个安全的哈希函数 $H: G \times \{0,1\}^l \to \{0,1\}^l$，$H_1: \{0,1\}^l \times G \times G \to Z_q^*$，$H_2: \{0,1\}^* \times \{0,1\}^l \times G \times \{0,1\}^* \times G \to Z_q^*$ 和 $H_3: \{0,1\}^* \times \{0,1\}^l \times G \times \{0,1\}^* \to Z_q^*$，其中 l 为传感器真实身份的比特长度。

(4) 秘密存储主密钥 $\text{msk} = s$。

(5) 广播系统参数 $\text{params} = \{q, G, P, P_{\text{pub}}, H, H_1, H_2, H_3\}$。

2) 部分密钥生成

对于具有真实身份 RID_i 的 MSN$_i$，MS 执行以下操作。

(1) 随机选取 $r_i \in Z_q^*$，计算 $R_i = r_i P$。

(2) 计算伪身份 $\text{ID}_i = \text{RID}_i \oplus H(r_i P_{\text{pub}}, T_i)$，其中 T_i 表示 ID_i 的时间有效期。

(3) 计算 $h_{1i} = H_1(\text{ID}_i, R_i, P_{\text{pub}})$。

(4) 计算 $d_i = r_i + s h_{1i} (\text{mod } q)$。

(5) 分配 $D_i = (d_i, R_i)$ 作为 MSN$_i$ 的部分私钥。

(6) 发送 (D_i, ID_i, T_i) 给 MSN$_i$。

(7) 如果等式 $d_i P = R_i + h_{1i} P_{\text{pub}}$ 成立，则 MSN$_i$ 在时间有效期 T_i 内接受 D_i 为自己的伪身份 ID_i。

3) 私钥生成

身份为 ID_i 的 MSN$_i$ 生成私钥的过程如下。

(1) 随机选取 $x_i \in Z_q^*$，计算 $X_i = x_i P$。

(2) 设置 x_i 为其秘密值。

(3) 将其私钥 $\text{sk}_i = (x_i, d_i)$ 保密。

(4) 设置 $\text{pk}_i = (X_i, R_i) = (x_i P, r_i P)$ 为其公钥。

4) 签名

身份为 ID_i 的 MSN$_i$ 执行以下步骤生成消息 m_i 的签名。

(1) 随机选择 $y_i \in Z_q^*$ 和当前时间戳 t_i。

(2) 计算 $Y_i = y_i P$。

(3) 计算 $h_{3i} = H_3(m_i, \text{ID}_i, \text{pk}_i, t_i)$ 和 $u_i = H_2(m_i, \text{ID}_i, \text{pk}_i, t_i, Y_i)$。

(4) 计算 $w_i = u_i y_i + h_{3i}(x_i + d_i) (\text{mod } q)$。

(5) 设置 $m_i \| t_i$ 的单个签名为 $\sigma_i = (Y_i, w_i)$。

5) 签名验证

CH 从 MSN$_i$ 接收到 $m_i \| t_i$ 上的单个签名 $\sigma_i = (Y_i, w_i)$ 后，执行以下单个签名验证过程。

(1) 计算 $u_i = H_2(m_i, \mathrm{ID}_i, \mathrm{pk}_i, t_i, Y_i)$ 和 $h_{1i} = H_1(\mathrm{ID}_i, R_i, P_{\mathrm{pub}})$。

(2) 计算 $h_{1i} = H_1(\mathrm{ID}_i, R_i, P_{\mathrm{pub}})$。

(3) 验证等式 $w_i P - u_i Y_i = h_{3i}(X_i + R_i + h_{1i} P_{\mathrm{pub}})$。

(4) 如果满足等式，CH 接受 σ_i；否则，CH 舍弃 σ_i。

6) 聚合签名

接收到不同 MSN$_i$ 传递的 n 个消息/签名对 $(m_i \| t_i, \sigma_i)$ 后，CH 执行如下操作生成聚合签名。

(1) 计算 $u_i = H_2(m_i, \mathrm{ID}_i, \mathrm{pk}_i, t_i, Y_i)$，$i = 1, \cdots, n$。

(2) 计算 $w = \sum_{i=1}^{n} w_i$ 和 $U = \sum_{i=1}^{n} u_i Y_i$。

(3) 设置聚合签名 $\sigma = (U, w)$。

7) 聚合签名验证

接收到 CH 发送的公钥/身份对 $\{(\mathrm{pk}_i, \mathrm{ID}_i), i = 1, 2, \cdots, n\}$ 和关于消息 $\{m_i \| t_i, i = 1, 2, \cdots, n\}$ 的聚合签名 $\sigma = (U, w)$ 后，MS 执行如下步骤验证聚合签名的有效性。

(1) 计算 $h_{1i} = H_1(\mathrm{ID}_i, R_i, P_{\mathrm{pub}})$ 和 $h_{3i} = H_3(m_i, \mathrm{ID}_i, \mathrm{pk}_i, t_i)$，$i = 1, 2, \cdots, n$。

(2) 验证等式 $wP - U = \sum_{i=1}^{n} h_{3i}(X_i + R_i + h_{1i} P_{\mathrm{pub}})$。

(3) 若等式成立，σ 是一个有效聚合签名，则 MS 存储消息 $\{m_i, i = 1, 2, \cdots, n\}$；否则，MS 拒绝消息。

4.5.2 Zhan 方案的安全性分析

下面给出两种类型的伪造攻击来说明 Zhan 方案[26]不能抵抗公钥替换攻击和内部签名者发起的合谋攻击。

1. 公钥替换攻击

假设 MSN$_i$ 是受到类型 I 攻击者 $\mathcal{A}_1$ 攻击的目标医疗传感器节点。$\mathcal{A}_1$ 获得了身份为 ID_i 的 MSN$_i$ 的公钥 $\mathrm{pk}_i = (X_i, R_i)$，但不知道 MSN$_i$ 的部分私钥。对于任意消息 m^*，$\mathcal{A}_1$ 能够伪造一个有效的单个签名 m^*。

具体攻击步骤如下所述。

(1) 随机选择 $z \in Z_q^*$，计算 $h_{1i}^* = H_1(\mathrm{ID}_i, R_i, P_{\mathrm{pub}})$ 和 $X_i^* = zP - R_i - h_{1i}^* P_{\mathrm{pub}}$。设置 $\mathrm{pk}_i^* = (X_i^*, R_i)$ 为目标 MSN$_i$ 的新公钥。

(2) 随机选择 $y_i^* \in Z_q^*$，计算 $Y_i^* = y_i^* P$。

(3) 随机选择一条消息 m^* 和当前时间戳 t_i^*。

(4) 计算 $u_i^* = H_2(m_i^*, \mathrm{ID}_i, \mathrm{pk}_i^*, t_i^*, Y_i^*)$ 和 $h_{3i}^* = H_3(m_i^*, \mathrm{ID}_i, \mathrm{pk}_i^*, t_i^*)$。

(5) 计算 $w_i^* = u_i^* y_i^* + h_{3i}^* z (\bmod q)$。

(6) 设置 $\sigma_i^* = (Y_i^*, w_i^*)$ 为 $m_i^* \| t_i^*$ 的一个伪造单个签名。

下面等式说明由 $\mathcal{A}_1$ 伪造的单个签名 σ_i^* 是有效的：

$$\begin{aligned}
w_i^* P - u_i^* Y_i^* &= (u_i^* y_i^* + h_{3i}^* z) P - u_i^* Y_i^* \\
&= u_i^* (y_i^* P) + h_{3i}^* (zP) - u_i^* Y_i^* \\
&= u_i^* Y_i^* + h_{3i}^* (X_i^* + R_i + h_{1i}^* P_{\mathrm{pub}}) - u_i^* Y_i^* \\
&= h_{3i}^* (X_i^* + R_i + h_{1i}^* P_{\mathrm{pub}})
\end{aligned}$$

上述等式表明 σ_i^* 满足 Zhan 方案的单个签名验证等式，因此 $\mathcal{A}_1$ 的伪造攻击是成功的。由于 $\mathcal{A}_1$ 可以伪造任意消息的有效单个签名，因此可以断定 Zhan 方案[26]对于公钥替换攻击是不安全的。

2. 合谋攻击

为了便于描述，假设 MSN$_1$ 和 MSN$_2$ 是 Zhan-CLAS 方案[16]中的两个恶意医疗传感器节点。MSN$_1$ 和 MSN$_2$ 旨在通过合并两个无效的单个签名来构造一个有效的聚合签名。为了完成这一任务，MSN$_1$ 和 MSN$_2$ 联合执行如下攻击。

(1) 身份为 ID_1 的 MSN$_1$ 随机选择 $y_1^* \in Z_q^*$，计算 $Y_1^* = y_1^* P$。然后，MSN$_1$ 选择一条消息 m_1^* 和当前时间戳 t_1^*，使用其公钥 $\mathrm{pk}_1 = (X_1, R_1)$ 计算 $u_1^* = H_2(m_1^*, \mathrm{ID}_1, \mathrm{pk}_1, t_1^*, Y_1^*)$ 和 $h_{31}^* = H_3(m_1^*, \mathrm{ID}_1, \mathrm{pk}_1, t_1^*)$。最后，MSN$_1$ 利用其秘密值 x_1 计算一个临时值 $\mathrm{temp}_1 = u_1^* y_1^* + h_{31}^* x_1 (\bmod q)$，并将其发送给 MSN$_2$。

(2) 身份为 ID_2 的 MSN$_2$ 随机选择 $y_2^* \in Z_q^*$ 并计算 $Y_2^* = y_2^* P$。然后，MSN$_2$ 选择当前时间戳 t_2^* 和一条消息 m_2^*。接下来，MSN$_2$ 使用其公钥 $\mathrm{pk}_2 = (X_2, R_2)$ 计算 $u_2^* = H_2(m_2^*, \mathrm{ID}_2, \mathrm{pk}_2, t_2^*, Y_2^*)$ 和 $h_{32}^* = H_3(m_2^*, \mathrm{ID}_2, \mathrm{pk}_2, t_2^*)$。最后，MSN$_2$ 利用其秘密值 x_2 计算另一个临时值 $\mathrm{temp}_2 = u_2^* y_2^* + h_{32}^* x_2 (\bmod q)$，并将其发送给 MSN$_1$。

(3) MSN$_1$ 使用其部分私钥 d_1 计算 $w_1^* = \mathrm{temp}_2 + h_{31}^* d_1 (\bmod q)$，并将 $\sigma_1^* = (Y_1^*, w_1^*)$ 设置为 $m_1^* \| t_1^*$ 上的单个签名。

(4) MSN_2 使用其部分私钥 d_2 计算 $w_2^* = \text{temp}_1 + h_{32}^* d_2 (\bmod q)$，并将 $\sigma_2^* = (Y_2^*, w_2^*)$ 设置为 $m_2^* \| t_2^*$ 上的单个签名。

(5) CH 分别接收来自 MSN_1 和 MSN_2 的单个签名 $\sigma_1^* = (Y_1^*, w_1^*)$ 和 $\sigma_2^* = (Y_2^*, w_2^*)$，计算 $u_1^* = H_2(m_1^*, ID_1, pk_1, t_1^*, Y_1^*)$，$u_2^* = H_2(m_2^*, ID_2, pk_2, t_2^*, Y_2^*)$，$U^* = u_1^* Y_1^* + u_2^* Y_2^*$ 和 $w^* = w_1^* + w_2^*$。随后，CH 输出 $\sigma^* = (U^*, w^*)$ 作为聚合签名。

通过以下等式很容易验证 $\sigma_1^* = (Y_1^*, w_1^*)$ 是一个非法的单个签名：

$$\begin{aligned}
w_1^* P - u_1^* Y_1^* &= (\text{temp}_2 + h_{31}^* d_1) P - u_1^* Y_1^* \\
&= (u_2^* y_2^* + h_{32}^* x_2 + h_{31}^* d_1) P - u_1^* Y_1^* \\
&= u_2^* (y_2^* P) + h_{32}^* (x_2 P) + h_{31}^* (d_1 P) - u_1^* Y_1^* \\
&= u_2^* Y_2^* + h_{32}^* X_2 + h_{31}^* (R_1 + h_{11} P_{\text{pub}}) - u_1^* Y_1^* \\
&= (u_2^* Y_2^* - u_1^* Y_1^*) + h_{32}^* X_2 + h_{31}^* (R_1 + h_{11} P_{\text{pub}}) \\
&\neq h_{31}^* (X_1 + R_1 + h_{11} P_{\text{pub}})
\end{aligned}$$

上述等式表明 σ_1^* 无法通过 Zhan 方案的单个签名验证等式。类似地，σ_2^* 也是一个无效的单个签名。

然而，MSN_1 和 MSN_2 合谋伪造的 $\sigma^* = (U^*, w^*)$ 是一个关于 $\{(m_1^* \| t_1^*), (m_2^* \| t_2^*)\}$ 的有效聚合签名。下面等式表明 σ^* 满足 Zhan 方案的聚合签名验证等式：

$$\begin{aligned}
w^* P - U^* &= (w_1^* + w_2^*) P - U^* \\
&= (\text{temp}_2 + h_{31}^* d_1 + \text{temp}_1 + h_{32}^* d_2) P - U^* \\
&= (u_2^* y_2^* + h_{32}^* x_2 + h_{31}^* d_1) P + (u_1^* y_1^* + h_{31}^* x_1 + h_{32}^* d_2) P - U^* \\
&= (u_1^* y_1^* + h_{31}^* x_1 + h_{31}^* d_1) P + (u_2^* y_2^* + h_{32}^* x_2 + h_{32}^* d_2) P - U^* \\
&= u_1^* Y_1^* + h_{31}^* (X_1 + R_1 + h_{11} P_{\text{pub}}) + u_2^* Y_2^* + h_{32}^* (X_2 + R_2 + h_{12} P_{\text{pub}}) - (u_1^* Y_1^* + u_2^* Y_2^*) \\
&= h_{31}^* (X_1 + R_1 + h_{11} P_{\text{pub}}) + h_{32}^* (X_2 + R_2 + h_{12} P_{\text{pub}}) \\
&= \sum_{i=1}^{2} h_{3i}^* (X_i + R_i + h_{1i} P_{\text{pub}})
\end{aligned}$$

上述等式表明，MSN_1 和 MSN_2 通过两个非法的单个签名产生了一个有效的聚合签名。因此，Zhan 方案对于内部签名者发起的合谋攻击是不安全的。在 Zhan 方案中，合谋攻击发生的主要原因是所有单个签名的位置变化无法影响最终的聚合签名。

4.5.3 面向无线医疗传感器网络的改进 CLAS 方案

1. 方案描述

基于 Zhan 方案，本小节给出一种面向无线医疗传感器网络的改进 CLAS 方案[27]。具体描述如下。

1) 系统初始化、部分密钥生成、私钥生成

系统初始化、部分密钥生成、私钥生成三个算法与 Zhan 方案基本相同，但在系统初始化算法中增加两个抗碰撞的哈希函数 $H_4:\{0,1\}^*\times\{0,1\}^l\times G\times\{0,1\}^*\to Z_q^*$ 与 $H_0:G^n\to Z_q^*$。系统参数 $\text{params}=\{q,G,P,P_{\text{pub}},H,H_0,H_1,H_2,H_3,H_4\}$。

2) 签名

身份为 ID_i 的 MSN_i 通过如下步骤生成消息 m_i 的单个签名。

(1) 随机选择 sk，计算 $Y_i=y_iP$。

(2) 选取当前时间戳 t_i，计算 $h_{3i}=H_3(m_i,\text{ID}_i,\text{pk}_i,t_i)$ 和 $u_i=H_2(m_i,\text{ID}_i,\text{pk}_i,t_i,Y_i)$。

(3) 计算 $h_{4i}=H_4(m_i,\text{ID}_i,P_{\text{pub}},t_i)$。

(4) 计算 $w_i=u_iy_i+h_{3i}x_i+h_{4i}d_i(\text{mod }q)$。

(5) 设置 $m_i\|t_i$ 的单个签名 $\sigma_i=(Y_i,w_i)$。

3) 签名验证

CH 从 MSN_i 接收到 $m_i\|t_i$ 上的单个签名 σ_i 后，执行以下的单个签名验证操作。

(1) 计算 $u_i=H_2(m_i,\text{ID}_i,\text{pk}_i,t_i,Y_i)$ 和 $h_{1i}=H_1(\text{ID}_i,R_i,P_{\text{pub}})$。

(2) 计算 $h_{3i}=H_3(m_i,\text{ID}_i,\text{pk}_i,t_i)$ 和 $h_{4i}=H_4(m_i,\text{ID}_i,P_{\text{pub}},t_i)$。

(3) 验证等式 $w_iP-u_iY_i=h_{3i}X_i+h_{4i}(R_i+h_{1i}P_{\text{pub}})$。

(4) 如果该等式成立，CH 接受签名 σ_i；否则，CH 拒绝签名 σ_i。

4) 聚合签名

接收到不同 MSN_i 传递的 n 个消息/签名对 $(m_i\|t_i,\ \sigma_i=(Y_i,w_i))$ 后，CH 执行如下操作生成聚合签名。

(1) 计算 $u_i=H_2(m_i,\text{ID}_i,\text{pk}_i,t_i,Y_i)$ 和 $U_i=w_iP-u_iY_i$，$i=1,2,\cdots,n$。

(2) 计算 $U=\sum_{i=1}^{n}U_i$。

(3) 计算 $\theta=H_0(U_1,U_2,\cdots,U_n)$。

(4) 设置聚合签名 $\sigma=(U,\theta)$。

5) 聚合签名验证

接收到 CH 发送的公钥/身份对 $\{(\text{pk}_i=(X_i,R_i),\text{ID}_i),i=1,2,\cdots,n\}$ 和关于消息

$\{m_i \| t_i,\ i=1,2,\cdots,n\}$ 的聚合签名 $\sigma=(U,\theta)$ 后，MS 执行如下步骤验证聚合签名的有效性。

(1) 如果所有 t_i 均在有效期内，MS 继续如下操作；否则，MS 终止操作。

(2) 计算 $h_{1i}=H_1(\mathrm{ID}_i,R_i,P_{\mathrm{pub}})$ 和 $h_{3i}=H_3(m_i,\mathrm{ID}_i,\mathrm{pk}_i,t_i)$，$i=1,2,\cdots,n$。

(3) 计算 $h_{4i}=H_4(m_i,\mathrm{ID}_i,P_{\mathrm{pub}},t_i)$，$i=1,2,\cdots,n$。

(4) 计算 $\theta_i=h_{3i}X_i+h_{4i}(R_i+h_{1i}P_{\mathrm{pub}})$，$i=1,2,\cdots,n$。

(5) 验证两个等式 $U=\sum_{i=1}^{n}\theta_i$ 和 $\theta=H_0(\theta_1,\theta_2,\cdots,\theta_n)$。

(6) 如果上述两个等式均成立，说明聚合签名 σ 是有效的，MS 接受并存储消息 $\{m_i,i=1,2,\cdots,n\}$；否则，MS 拒绝消息。

2. 安全性分析

(1) 匿名性和可追踪性。医疗传感器节点使用假名与其他实体进行通信。为了从伪身份 $\mathrm{ID}_i=\mathrm{RID}_i\oplus H(r_iP_{\mathrm{pub}},T_i)$ 中提取出真实身份 RID_i，攻击者需要知道 r_i 或者主密钥 s。然而，攻击者从 $R_i=r_iP$ 中计算 r_i 或从 $P_{\mathrm{pub}}=sP$ 中计算 s，其难度等价于求解离散对数问题。给定伪身份 ID_i，MS 利用主密钥 s 和 $\mathrm{RID}_i=\mathrm{ID}_i\oplus H(sR_i,T_i)$ 很容易计算出真实身份。因此，本小节的改进 CLAS 方案满足医疗传感器节点的匿名性和可追踪性。

(2) 抗重放攻击。为了保证消息的新鲜性，将时间戳 t_i 嵌入签名中。定理 4.9 与定理 4.10 证明了本小节方案满足签名的不可伪造性。因此，本小节的改进 CLAS 方案能够抵抗重放攻击。

定理 4.9　假设类型 I 攻击者 $\mathcal{A}_1$ 能够在多项式时间内伪造一个本小节方案的有效签名，则存在一个多项式时间算法 $\mathcal{C}_1$ 能够成功解决 ECDL 问题。

证明： $\mathcal{C}_1$ 被分配一个 ECDL 问题实例 $(P,Q=aP)$，$\mathcal{C}_1$ 的任务是利用攻击者 $\mathcal{A}_1$ 的伪造来计算 $a\in Z_q^*$。$\mathcal{C}_1$ 充当挑战者与攻击者 $\mathcal{A}_1$ 进行如下的安全游戏。

1) 初始化阶段

$\mathcal{C}_1$ 随机选择 $s\in Z_q^*$，设置主密钥 $\mathrm{msk}=s$ 并计算 $P_{\mathrm{pub}}=sP$。然后，$\mathcal{C}_1$ 运行系统初始化算法生成系统参数 $\mathrm{params}=\{q,G,P,P_{\mathrm{pub}},H,H_0,H_1,H_2,H_3\}$。最后，$\mathcal{C}_1$ 秘密存储 s 并将 params 发送给 $\mathcal{A}_1$。

2) 询问阶段

$\mathcal{A}_1$ 向 $\mathcal{C}_1$ 发起一系列询问，$\mathcal{C}_1$ 按如下步骤响应询问。

(1) H 询问：$\mathcal{C}_1$ 创建一个空的列表 $\mathcal{L}_H$。当 $\mathcal{A}_1$ 发起关于 $H(r_iP_{\mathrm{pub}},T_i)$ 的询问

时，$\mathcal{C}_1$ 从 $\mathcal{L}_H$ 中搜索匹配的记录 $(r_iP_{\text{pub}},T_i,h_i)$。如果该记录在列表 $\mathcal{L}_H$ 中存在，则 $\mathcal{C}_1$ 将 h_i 发送给 $\mathcal{A}_1$；否则，$\mathcal{C}_1$ 随机选择 $h_i \in \{0,1\}^l$ 并将其发送给 $\mathcal{A}_1$，将记录 $(r_iP_{\text{pub}},T_i,h_i)$ 保存至 $\mathcal{L}_H$ 中。

(2) H_0 询问：$\mathcal{C}_1$ 创建一个空的列表 $\mathcal{L}_{H_0}$。当 $\mathcal{A}_1$ 发起对 $H_0(U_1,U_2,\cdots,U_n)$ 的询问时，如果 $\mathcal{L}_{H_0}$ 包含元组 $(U_1,U_2,\cdots,U_n,h_{0i})$，$\mathcal{C}_1$ 返回 h_{0i} 给 $\mathcal{A}_1$；否则，$\mathcal{C}_1$ 随机选择 $h_{0i} \in Z_q^*$ 并将其发送给 $\mathcal{A}_1$，在 $\mathcal{L}_{H_0}$ 中保存元组 $(U_1,U_2,\cdots,U_n,h_{0i})$。

(3) H_1 询问：$\mathcal{C}_1$ 创建一个空的列表 $\mathcal{L}_{H_1}$。当 $\mathcal{A}_1$ 发起对 $H_1(\text{ID}_i,R_i,P_{\text{pub}})$ 的询问时，如果 $\mathcal{L}_{H_1}$ 包含匹配的记录 $(\text{ID}_i,R_i,P_{\text{pub}},h_{1i})$，$\mathcal{C}_1$ 将 h_{1i} 发送给 $\mathcal{A}_1$；否则，$\mathcal{C}_1$ 随机选择 $h_{1i} \in Z_q^*$ 并将其发送给 $\mathcal{A}_1$，在 $\mathcal{L}_{H_1}$ 中保存记录 $(\text{ID}_i,R_i,P_{\text{pub}},h_{1i})$。

(4) H_2 询问：$\mathcal{C}_1$ 创建一个空的列表 $\mathcal{L}_{H_2}$。当 $\mathcal{A}_1$ 发起对 $H_2(m_i,\text{ID}_i,\text{pk}_i,t_i,Y_i)$ 的询问时，如果 $\mathcal{L}_{H_2}$ 包含匹配的记录 $(m_i,\text{ID}_i,\text{pk}_i,t_i,Y_i,h_{2i})$，$\mathcal{C}_1$ 将 h_{2i} 发送给 $\mathcal{A}_1$；否则，$\mathcal{C}_1$ 随机选择 $h_{2i} \in Z_q^*$ 并将其发送给 $\mathcal{A}_1$，在 $\mathcal{L}_{H_2}$ 中保存 $(m_i,\text{ID}_i,\text{pk}_i,t_i,Y_i,h_{2i})$。

(5) H_3 询问：$\mathcal{C}_1$ 创建一个空的列表 $\mathcal{L}_{H_3}$。当 $\mathcal{A}_1$ 发起对 $H_3(m_i,\text{ID}_i,\text{pk}_i,t_i)$ 的询问时，如果 $\mathcal{L}_{H_3}$ 包含匹配的记录 $(m_i,\text{ID}_i,\text{pk}_i,t_i,h_{3i})$，$\mathcal{C}_1$ 将 h_{3i} 发送给 $\mathcal{A}_1$；否则，$\mathcal{C}_1$ 随机选择 $h_{3i} \in Z_q^*$ 并将其发送给 $\mathcal{A}_1$，在 $\mathcal{L}_{H_3}$ 保存 $(m_i,\text{ID}_i,\text{pk}_i,t_i,h_{3i})$。

(6) H_4 询问：$\mathcal{C}_1$ 创建一个空的列表 $\mathcal{L}_{H_4}$。当 $\mathcal{A}_1$ 发起对 $H_4(m_i,\text{ID}_i,P_{\text{pub}},t_i)$ 的询问时，$\mathcal{C}_1$ 从 $\mathcal{L}_{H_4}$ 中匹配记录 $(m_i,\text{ID}_i,P_{\text{pub}},t_i,h_{4i})$。若该记录存在，$\mathcal{C}_1$ 将 h_{4i} 发送给 $\mathcal{A}_1$；否则，$\mathcal{C}_1$ 随机选择 $h_{4i} \in Z_q^*$ 并将其发送给 $\mathcal{A}_1$，在 $\mathcal{L}_{H_4}$ 中保存 $(m_i,\text{ID}_i,P_{\text{pub}},t_i,h_{4i})$。

(7) 公钥询问：$\mathcal{C}_1$ 创建一个空的列表 $\mathcal{L}_{\text{CU}}$。当 $\mathcal{A}_1$ 发起一个关于 ID_i 的询问时，如果 $\mathcal{L}_{\text{CU}}$ 包含元组 $(\text{ID}_i,\zeta_i,\text{RID}_i,r_i,x_i,d_i,R_i,X_i)$，$\mathcal{C}_1$ 将公钥 $\text{pk}_i=(X_i,R_i)$ 返回给 $\mathcal{A}_1$；否则，$\mathcal{C}_1$ 随机选择 $x_i \in Z_q^*$ 并计算 $X_i = x_iP$，使用 Coron 方法[39]随机选择 $\zeta_i \in \{0,1\}$，满足 $\Pr[\zeta_i=0]=1-\delta$ 和 $\Pr[\zeta_i=1]=\delta$，$\mathcal{C}_1$ 按照如下步骤完成询问。

① 如果 $\zeta_i=1$，$\mathcal{C}_1$ 随机选取 $r_i \in Z_q^*$ 以及时间 T_i，计算 $R_i=r_iP$。然后，$\mathcal{C}_1$ 发起对 $H(r_iP_{\text{pub}},T_i)$ 的询问以获得 h_i，同时计算 $\text{RID}_i=\text{ID}_i \oplus h_i$。随后，$\mathcal{C}_1$ 通过发起对 $H_1(\text{ID}_i,R_i,P_{\text{pub}})$ 的询问获得 h_{1i}，并利用 $\text{msk}=s$ 计算 $d_i=r_i+h_{1i}s \bmod q$。最后，$\mathcal{C}_1$ 存储元组 $(\text{ID}_i,\zeta_i,\text{RID}_i,r_i,x_i,d_i,R_i,X_i)$ 至 $\mathcal{L}_{\text{CU}}$ 并将 $\text{pk}_i=(X_i,R_i)$ 发送给 $\mathcal{A}_1$。

② 如果 $\zeta_i=0$，$\mathcal{C}_1$ 设置 $R_i=Q$，$r_i=\perp$ 和 $d_i=\perp$。然后，$\mathcal{C}_1$ 选取时间 T_i 并提交关于 $H(sQ,T_i)$ 的询问以获取 h_i，计算 $\text{RID}_i=\text{ID}_i \oplus h_i$，在 $\mathcal{L}_{\text{CU}}$ 中存储元组 $(\text{ID}_i,\zeta_i,\text{RID}_i,\perp,x_i,\perp,R_i,X_i)$，并将 $\text{pk}_i=(X_i,R_i)$ 发送给 $\mathcal{A}_1$。

(8) 部分私钥询问：当 $\mathcal{A}_1$ 发起对 ID_i 的部分私钥询问时，$\mathcal{C}_1$ 在 $\mathcal{L}_{\mathrm{CU}}$ 中寻找元组 $(\mathrm{ID}_i,\zeta_i,\mathrm{RID}_i,r_i,x_i,d_i,R_i,X_i)$。如果 $\zeta_i=1$，$\mathcal{C}_1$ 将 d_i 发送给 $\mathcal{A}_1$，否则 $\mathcal{C}_1$ 终止游戏。

(9) 秘密值询问：当 $\mathcal{A}_1$ 对 ID_i 的秘密值发起询问时，$\mathcal{C}_1$ 在 $\mathcal{L}_{\mathrm{CU}}$ 中寻找元组 $(\mathrm{ID}_i,\zeta_i,\mathrm{RID}_i,r_i,x_i,d_i,R_i,X_i)$ 并将 x_i 发送给 $\mathcal{A}_1$。

(10) 公钥替换询问：当 $\mathcal{A}_1$ 发起关于 $(\mathrm{ID}_i,x_i',X_i')$ 的公钥替换询问时，$\mathcal{C}_1$ 在 $\mathcal{L}_{\mathrm{CU}}$ 中寻找关于 ID_i 的元组，然后用 (x_i',X_i') 替换 (x_i,X_i)。

(11) 签名询问：当 $\mathcal{A}_1$ 根据 (ID_i,m_i) 发起签名询问时，$\mathcal{C}_1$ 执行如下操作。

① 如果 $\zeta_i=1$，$\mathcal{C}_1$ 运行签名算法生成单个签名 σ_i 并发送给 $\mathcal{A}_1$。

② 如果 $\zeta_i=0$，$\mathcal{C}_1$ 随机选择 $u_i,w_i\in Z_q^*$ 以及时间戳 t_i，然后通过分别发起关于 $H_1(\mathrm{ID}_i,R_i,P_{\mathrm{pub}})$，$H_3(m_i,\mathrm{ID}_i,\mathrm{pk}_i,t_i)$ 和 $H_4(m_i,\mathrm{ID}_i,P_{\mathrm{pub}},t_i)$ 的询问来获得 h_{1i}，h_{3i} 和 h_{4i}，计算 $Y_i=(u_i)^{-1}[w_iP-h_{3i}X_i-h_{4i}(Q+h_{1i}P_{\mathrm{pub}})]$。最后，$\mathcal{C}_1$ 将元组 $(m_i,\mathrm{ID}_i,\mathrm{pk}_i,t_i,Y_i,u_i)$ 记录到 $\mathcal{L}_{H_2}$ 中并发送 $\sigma_i=(Y_i,w_i)$ 给 $\mathcal{A}_1$。

3) 伪造阶段

$\mathcal{A}_1$ 在多项式时间内发起上述询问后，生成一个关于身份 ID_i^*、公钥 pk_i^* 和消息 $m_i^*\|t_i^*$ 的单个签名 $\sigma_i^*=(Y_i^*,w_i^*)$，其中 σ_i^* 不是由 $\mathcal{A}_1$ 发起签名询问生成的。如果关于 ID_i^* 的元组未被保存在 $\mathcal{L}_{\mathrm{CU}}$ 中或匹配的元组中 $\zeta_i=1$，则 $\mathcal{C}_1$ 赢得游戏。基于 Forking 引理[40]，$\mathcal{A}_1$ 通过使用同一随机值及为 H_4 分配一个不同的值 h_{4i}'，生成 $m_i^*\|t_i^*$ 的另一个签名 $\sigma_i'=(Y_i^*,w_i')$。由于 σ_i^* 和 σ_i' 是两个有效的签名，则由单个签名验证等式推导出以下两个等式：

$$w_i^*P=u_i^*Y_i^*+h_{3i}^*X_i^*+h_{4i}^*(Q+h_{1i}^*P_{\mathrm{pub}})$$

$$w_i'P=u_i^*Y_i^*+h_{3i}^*X_i^*+h_{4i}'(Q+h_{1i}^*P_{\mathrm{pub}})$$

其中，$Q=aP$，$Y_i^*=y_i^*P$ 和 $X_i^*=x_i^*P$。由上面两个等式可得

$$(w_i^*-w_i')P=(h_{4i}^*-h_{4i}')aP+(h_{4i}^*-h_{4i}')h_{1i}^*sP$$

因此，$\mathcal{C}_1$ 计算 ECDL 问题的解 $a=(h_{4i}^*-h_{4i}')^{-1}(w_i^*-w_i'-h_{4i}^*h_{1i}^*s+h_{4i}'h_{1i}^*s)\bmod q$。

$\mathcal{C}_1$ 能够成功计算 a 的概率分析如下。令 q_{ppk} 表示 $\mathcal{A}_1$ 在上述游戏中发起部分私钥询问的次数，e 表示自然对数的基。在所有由 $\mathcal{A}_1$ 发起的部分私钥询问中，$\mathcal{C}_1$ 不终止的概率至少为 $\delta^{q_{\mathrm{ppk}}}$。在伪造阶段，$\mathcal{C}_1$ 不终止的概率至少为 $1-\delta$。如果 $\mathcal{A}_1$ 能以概率 ε_1 伪造一个有效签名，那么 $\mathcal{C}_1$ 获得一个 ECDL 问题实例解的概率至少为 $\delta^{q_{\mathrm{ppk}}}(1-\delta)\varepsilon_1\geqslant\dfrac{\varepsilon_1}{\mathrm{e}(1+q_{\mathrm{ppk}})}$。然而，ECDL 问题无法在多项式时间内求解。因此，$\mathcal{A}_1$ 成功伪造有效签名的概率是可忽略的。也就是，本小节的改进 CLAS 方

案对类型 I 攻击者是安全的。 **证毕**

定理 4.10 假设类型 II 攻击者 $\mathcal{A}_2$ 能够在多项式时间内伪造一个本小节的改进 CLAS 方案的有效签名，则存在一个多项式时间算法 $\mathcal{C}_2$ 能够成功解决 ECDL 问题。

证明：$\mathcal{C}_2$ 被分配一个 ECDL 问题实例 $(P, Q = bP)$，$\mathcal{C}_2$ 的任务是利用攻击者 $\mathcal{A}_2$ 的伪造来计算 $b \in Z_q^*$。$\mathcal{C}_2$ 充当挑战者与攻击者 $\mathcal{A}_2$ 进行如下的安全游戏。

1) 初始化阶段

$\mathcal{A}_2$ 随机选择 $s \in Z_q^*$，设置主密钥 $\text{msk} = s$ 并计算 $P_{\text{pub}} = sP$。然后，$\mathcal{A}_2$ 运行系统初始化算法生成系统参数 $\text{params} = \{q, G, P, P_{\text{pub}}, H, H_0, H_1, H_2, H_3\}$。最后，$\mathcal{A}_2$ 发送 $\text{msk} = s$ 和 params 给 $\mathcal{C}_2$。

2) 询问阶段

$\mathcal{A}_2$ 向 $\mathcal{C}_2$ 发起一系列询问，$\mathcal{C}_2$ 按照如下步骤响应询问。

(1) H 询问、H_0 询问、H_1 询问、H_2 询问、H_3 询问和 H_4 询问与定理 4.9 中的相应询问相同。

(2) 公钥询问：$\mathcal{C}_2$ 创建一个初始化为空的列表 $\mathcal{L}_{\text{CU}}$。当 $\mathcal{A}_2$ 请求查询 ID_i 的公钥时，如果 $\mathcal{L}_{\text{CU}}$ 包含元组 $(\text{ID}_i, \zeta_i, \text{RID}_i, r_i, x_i, d_i, R_i, X_i)$，则 $\mathcal{C}_2$ 将公钥 $\text{pk}_i = (X_i, R_i)$ 发送给 $\mathcal{A}_2$。否则，$\mathcal{C}_2$ 选择满足条件 $\Pr[\zeta_i = 0] = 1 - \delta$ 和 $\Pr[\zeta_i = 1] = \delta$ 的随机值 $r_i \in Z_q^*$、时间戳 t_i 和随机比特 $\zeta_i \in \{0,1\}$；然后，$\mathcal{C}_2$ 计算 $R_i = r_i P$，并发起关于 $H(r_i P_{\text{pub}}, T_i)$ 和 $H_1(\text{ID}_i, R_i, P_{\text{pub}})$ 的查询，分别获得 h_i 和 h_{1i}；$\mathcal{C}_2$ 计算 $\text{RID}_i = \text{ID}_i \oplus h_i$ 和 $d_i = r_i + h_{1i} s \bmod q$，并进行如下操作。

① 如果 $\zeta_i = 1$，$\mathcal{C}_2$ 选择 $x_i \in Z_q^*$，计算 $X_i = x_i P$，在 $\mathcal{L}_{\text{CU}}$ 中存储元组 $(\text{ID}_i, \zeta_i, \text{RID}_i, r_i, x_i, d_i, R_i, X_i)$，并将 $\text{pk}_i = (X_i, R_i)$ 传输给 $\mathcal{A}_2$。

② 如果 $\zeta_i = 0$，$\mathcal{C}_2$ 设置 $X_i = Q$ 和 $x_i = \perp$，在 $\mathcal{L}_{\text{CU}}$ 中存储元组 $(\text{ID}_i, \zeta_i, \text{RID}_i, r_i, \perp, d_i, R_i, X_i)$，并将 $\text{pk}_i = (X_i, Q)$ 发送给 $\mathcal{A}_2$

(3) 秘密值询问：当 $\mathcal{A}_2$ 请求对身份 ID_i 进行秘密值询问时，$\mathcal{C}_2$ 在 $\mathcal{L}_{\text{CU}}$ 中查找 $(\text{ID}_i, \zeta_i, \text{RID}_i, r_i, x_i, d_i, R_i, X_i)$。若 $\zeta_i = 1$，$\mathcal{C}_2$ 发送 x_i 给 $\mathcal{A}_2$；否则，$\mathcal{C}_2$ 终止操作。

(4) 签名询问与定理 4.9 中的相应询问相同。

3) 伪造阶段

$\mathcal{A}_2$ 在多项式时间内发起上述询问后，输出一个关于身份 ID_i^*、公钥 pk_i^* 和消息 $m_i^* \| t_i^*$ 的伪造签名 $\sigma_i^* = (Y_i^*, w_i^*)$。注意，$\sigma_i^*$ 不是 $\mathcal{A}_2$ 发起签名询问的输出。如果匹配元组中关于 ID_i^* 的元组不存在于 $\mathcal{L}_{\text{CU}}$ 或 $\zeta_i = 1$，则 $\mathcal{C}_2$ 终止游戏。根据 Forking 引理[40]，$\mathcal{C}_2$ 使用相同的随机值 $\mathcal{A}_2$，并将不同的值 h'_{3i} 赋给 H_3，则输出另一个关于 $m_i^* \| t_i^*$ 的伪造签名 $\sigma_i^* = (Y_i^*, w_i^*)$。由于 σ_i^* 和 σ'_i 是有效的单个签名，

因此由单个签名验证等式很容易得到如下等式：

$$w_i^* P = u_i^* Y_i^* + h_{3i}^* Q + h_{4i}^* \left(R_i^* + h_{1i}^* P_{\text{pub}} \right)$$

$$w_i' P = u_i^* Y_i^* + h_{3i}' Q + h_{4i}^* \left(R_i^* + h_{1i}^* P_{\text{pub}} \right)$$

其中，$Q = bP$，$Y_i^* = y_i^* P$ 和 $R_i^* = r_i^* P$。由上述两个等式很容易计算得

$$\left(w_i^* - w_i' \right) P = \left(h_{3i}^* - h_{3i}' \right) bP$$

因此，$\mathcal{C}_2$ 计算 ECDL 问题实例的解：

$$b = \left(h_{3i}^* - h_{3i}' \right)^{-1} \left(w_i^* - w_i' \right) \bmod q$$

假设 q_{sk} 为 $\mathcal{A}_2$ 在上述游戏中发起的秘密值询问次数。类似于定理 4.9 中的概率分析，在 $\mathcal{A}_2$ 发起的所有秘密值询问中，$\mathcal{C}_2$ 不终止的概率至少为 $\delta^{q_{\text{sk}}}$。在伪造阶段，$\mathcal{C}_2$ 不终止的概率至少为 $1-\delta$。如果 $\mathcal{A}_2$ 能够以概率 ε_2 伪造一个有效签名，则 $\mathcal{C}_2$ 能以 $\delta^{q_{\text{sk}}}(1-\delta)\varepsilon_2 \geqslant \dfrac{\varepsilon_2}{\mathrm{e}(1+q_{\text{sk}})}$ 的概率成功计算 ECDL 问题实例的解。然而，ECDL 问题无法在多项式时间内求解。因此，本小节的改进 CLAS 方案对类型Ⅱ攻击者是安全的。　**证毕**

定理 4.11　如果 H_0 是一个抗碰撞的哈希函数，那么本小节的改进 CLAS 方案能够抵抗来自恶意医疗传感器节点的合谋攻击。

证明：假设存在一个攻击者 $\mathcal{A}_3$ 使用无效的单个签名生成了一个本小节的改进 CLAS 方案的有效聚合签名，那么存在一个挑战者 $\mathcal{C}_3$ 能够以相同的概率找到 H_0 的一个碰撞。$\mathcal{A}_3$ 与 $\mathcal{C}_3$ 的交互过程如下。

1) 初始化阶段

$\mathcal{C}_3$ 执行系统初始化算法生成系统参数 $\text{params} = \{q, G, P, P_{\text{pub}}, H, H_0, H_1, H_2, H_3\}$ 和系统主密钥 $\text{msk} = s$，秘密保存 s，发送 params 给 $\mathcal{A}_3$。

2) 询问阶段

$\mathcal{A}_3$ 在多项式时间内发起如下询问，$\mathcal{C}_3$ 响应 $\mathcal{A}_3$ 的询问。

(1) 部分私钥询问：当 $\mathcal{A}_3$ 请求关于身份 ID_i 的部分私钥询问时，$\mathcal{C}_3$ 执行部分密钥生成算法创建 ID_i 的部分私钥 D_i 并转发给 $\mathcal{A}_3$。

(2) 秘密值询问：当 $\mathcal{A}_3$ 请求关于身份 ID_i 的秘密值询问时，$\mathcal{C}_3$ 调用私钥生成算法生成 ID_i 的秘密值 x_i 并发送给 $\mathcal{A}_3$。

(3) 公钥替换询问：当 $\mathcal{A}_3$ 请求关于 $(\text{ID}_i, x_i', X_i')$ 的公钥替换询问时，$\mathcal{C}_3$ 将 ID_i 的以前值 (x_i, X_i) 替换为新值 (x_i', X_i')。

3) 伪造阶段

$\mathcal{A}_3$ 最后输出伪造的签名 $\left(\left\{m_i^*,t_i^*,\mathrm{pk}_i^*,\mathrm{ID}_i^*,\sigma_i^*,i=1,2,\cdots,n\right\},\sigma^*\right)$，其中 $\mathrm{pk}_i^*=(X_i^*,R_i^*)$，$\sigma_i^*=(Y_i^*,w_i^*)$ 和 $\sigma^*=(U^*,\theta^*)$。由于 σ^* 是一个关于公钥/身份对 $(\mathrm{pk}_i^*,\mathrm{ID}_i^*)$ 和消息 $m_i^*\|t_i^*$ $(i=1,2,\cdots,n)$的聚合签名，因此以下条件必须成立。

(1) U^* 满足改进 CLAS 方案的聚合签名验证等式，于是有 $U^*=\sum_{i=1}^{n}\theta_i^*$，其中

$$\theta_i^*=h_{3i}^*X_i^*+h_{4i}^*(R_i^*+h_{1i}^*P_{\mathrm{pub}}),\ i=1,2,\cdots,n$$

(2) θ^* 满足改进 CLAS 方案的聚合签名验证等式，则有 $\theta^*=H_0(\theta_1^*,\theta_2^*,\cdots,\theta_n^*)$。

此外，根据聚合签名算法，于是有 $\theta^*=H_0\left(U_1^*,U_2^*,\cdots,U_n^*\right)$，$U_i^*=w_i^*P-u_i^*Y_i^*$，$i=1,2,\cdots,n$。

(3) 集合 $\{\sigma_1^*,\cdots,\sigma_n^*\}$ 中至少有一个签名是无效的。不失一般性，假设 σ_1^* 是一个关于 $(\mathrm{pk}_1^*,\mathrm{ID}_1^*)$ 和 $m_1^*\|t_1^*$ 的非法单个签名。根据单个签名验证等式，则有

$$w_1^*P-u_1^*Y_1^*\neq h_{31}^*X_1^*+h_{41}^*(R_1^*+h_{11}^*P_{\mathrm{pub}})$$

于是有 $U_1^*\neq\theta_1^*$，从而根据聚合签名验证等式很容易推导得

$$H_0(\theta_1^*,\theta_2^*,\cdots,\theta_n^*)=H_0(U_1^*,U_2^*,\cdots,U_n^*)$$

然而，$\{\theta_1^*,\theta_2^*,\cdots,\theta_n^*\}$ 和 $\{U_1^*,U_2^*,\cdots,U_n^*\}$ 是两个不同的消息集合。因此，$\mathcal{C}_3$ 利用 $\mathcal{A}_3$ 的伪造找到了哈希函数 H_0 的一对碰撞 $\{\theta_1^*,\theta_2^*,\cdots,\theta_n^*\}$ 和 $\{U_1^*,U_2^*,\cdots,U_n^*\}$。

由于 $\mathcal{A}_3$ 无法区分 $\mathcal{C}_3$ 的模拟游戏与真实方案，因此 $\mathcal{A}_3$ 伪造有效聚合签名的概率与 $\mathcal{C}_3$ 发现 H_0 的一对碰撞的概率相同。然而，H_0 是一个抗碰撞的哈希函数，这意味着 $\mathcal{A}_3$ 利用非法单个签名伪造有效聚合签名的概率是可忽略的。因此，本小节的改进 CLAS 方案能够抵抗内部签名者发起的合谋攻击。　**证毕**

3. 性能分析

由于医疗传感器节点的计算能力和存储能力有限，在性能比较中不考虑基于双线性对的 CLAS 方案。Liu 等[25]评估了密码运算操作的运行时间，具体结果如表 4.3 所示。使用 160bit 的素数 q 和一个在 Z_q^* 上由科布利茨(Koblitz)椭圆曲线定义的椭圆曲线加法群 G，其中 G 中一个元素的字节长度为 320 bit。由于 Z_q^* 中模加法和模乘法运算的运行时间比较短，因此在性能评估中将不考虑这些运算操作。基于 Liu 等[25]测量的每个密码运算操作的运行时间，下面评估本小

节的改进 CLAS 方案的计算性能和通信开销。

表 4.3　密码运算操作的运行时间

符号	密码运算操作	运行时间/ms
T_{mul}	点的标量乘运算	0.165217
T_{add}	点加运算	0.001404
T_h	映射到 Z_q^* 的散列函数	0.001784

将本小节的改进 CLAS 方案与无配对的 CLAS 方案[23-26,33,41]进行计算开销、安全属性和通信开销方面的比较。计算开销的对比结果如表 4.4、图 4.2 和图 4.3 所示。传感器节点主要负责生成每次通信消息的单个签名。传感器节点数量用 n 表示。在本小节的改进 CLAS 方案中，生成单个签名所需的时间为 $3T_h + T_{mul} = 0.170569$ ms，与 Du 方案[23]、Zhan 方案[26]、Yang 方案[33]和 Thumbur 方案[41]的生成时间几乎相同，但小于 Gayathri 方案[24]和 Liu 方案[25]的生成时间。拥有强大计算能力的 CH 和 MS 负责验证单个签名、生成聚合签名和验证聚合签名。

表 4.4　相关无配对的 CLAS 方案计算开销的比较

方案	单个签名生成时间/ms	单个签名验证时间/ms	聚合签名生成时间/ms	聚合签名验证时间/ms
Du 方案[23]	$2T_h + T_{mul} = 0.168785$	$3T_h + 3T_{add} + 4T_{mul} = 0.670432$	—	$3nT_h + (4n-1) \cdot T_{add} + (3n+1)T_{mul} = 0.1638 + 0.5066n$
Liu 方案[25]	$3T_h + 2T_{mul} = 0.335786$	$4T_h + 3T_{add} + 4T_{mul} = 0.672216$	$nT_h + (2n-2)T_{add} + nT_{mul} = -0.0028 + 0.1698n$	$3nT_h + 3nT_{add} + 3nT_{mul} = 0.5052n$
Zhan 方案[26]	$2T_h + T_{mul} = 0.168785$	$3T_h + 3T_{add} + 4T_{mul} = 0.670432$	$nT_h + (n-1)T_{add} + nT_{mul} = -0.0014 + 0.1684n$	$2nT_h + 3nT_{add} + (2n+1)T_{mul} = 0.1652 + 0.3382n$
Thumbur 方案[41]	$2T_h + T_{mul} = 0.168785$	$2T_h + 2T_{add} + 3T_{mul} = 0.502027$	—	$2nT_h + (3n-1) \cdot T_{add} + (2n+1)T_{mul} = 0.1638 + 0.3382n$
Gayathri 方案[24]	$3T_h + 2T_{mul} = 0.335786$	$3T_h + 3T_{add} + 5T_{mul} = 0.835649$	$nT_h + (2n-2)T_{add} + 2nT_{mul} = -0.0028 + 0.3350n$	$2nT_h + (2n+1) \cdot T_{add} + (2n+1)T_{mul} = 0.1666 + 0.3368n$
Yang 方案[33]	$2T_h + T_{mul} = 0.168785$	$3T_h + 3T_{add} + 4T_{mul} = 0.670432$	$T_h + nT_{mul} = 0.0018 + 0.1652n$	$(3n+1)T_h + (4n-1) \cdot T_{add} + (4n+1)T_{mul} = 0.1656 + 0.6718n$
本小节方案	$3T_h + T_{mul} = 0.170569$	$4T_h + 3T_{add} + 5T_{mul} = 0.837433$	$(n+1)T_h + 2nT_{mul} + (2n-1)T_{add} = 0.00038 + 0.3350n$	$(3n+1)T_h + (3n-1) \cdot T_{add} + 3nT_{mul} = 0.00038 + 0.5052n$

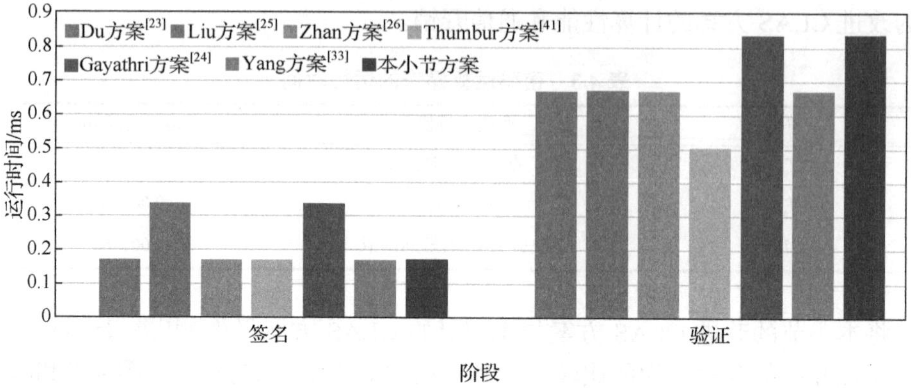

图 4.2　单个签名的计算开销

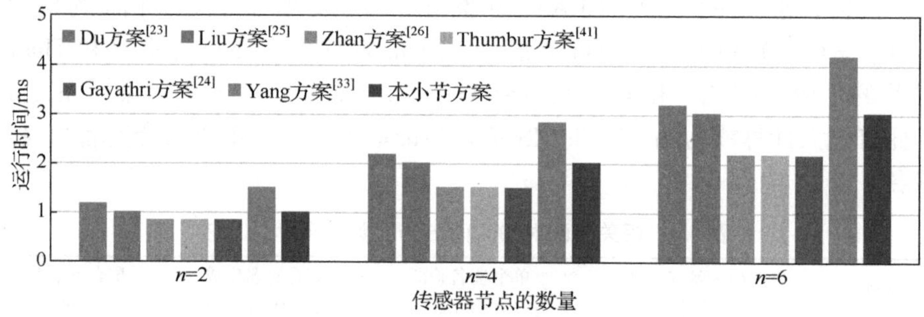

图 4.3　聚合签名验证的计算开销

4.5.2 小节已经证明 Zhan 方案[26]对于公钥替换攻击和合谋攻击是不安全的。Gayathri 方案[24]、Liu 方案[25]和 Thumbur 方案[41]无法抵御签名伪造攻击和合谋攻击。通过类似的攻击方法，很容易发现 Du 方案[23]也容易遭受恶意传感器节点发起的合谋攻击。尽管 Yang 方案[33]能够抵抗合谋攻击，但该方案没有考虑传感器节点身份的匿名性和抗重放攻击，并且在验证聚合签名阶段计算开销较大。

将本小节方案与文献[23]～[26]、[33]和[41]方案的通信性能进行比较，结果如图 4.4 和表 4.5 所示。一般而言，签名长度是影响 CLAS 方案通信性能的主要因素。传感器节点数量用 n 表示。除 Liu 方案[25]外，其他六个 CLAS 方案中单个签名的长度相同，均为 480bit。在 Liu 方案[25]中，单个签名长度为 640bit。在 Du 方案[23]、Liu 方案[25]、Zhan 方案[26]、Thumbur 方案[41]、Gayathri 方案[24]和 Yang 方案[33]中，聚合签名的比特长度分别为 $320n+160$ 、640 、480 、$320n+160$ 、800 和 $320n+320$ 。然而，本小节改进 CLAS 方案的聚合签名长度为 480bit，聚合签名的长度与传感器节点的数量无关。综上所述，本小节的改进 CLAS 方案在保持计算和通信性能的同时提供了更高的安全性。

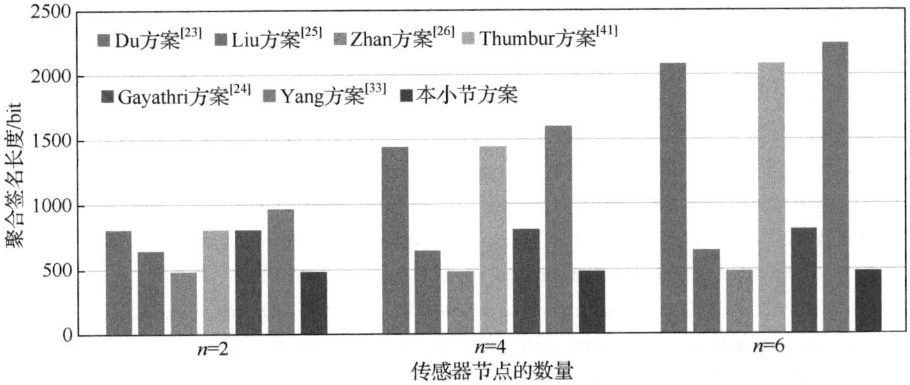

图 4.4 聚合签名长度的对比

表 4.5 相关方案通信开销和安全属性比较

方案	单个签名长度/bit	聚合签名长度/bit	抗重放攻击	抗伪造攻击	抗合谋攻击
Du 方案[23]	$\|G\|+\|Z_q^*\|=480$	$n\|G\|+\|Z_q^*\|=320n+160$	是	是	否
Liu 方案[25]	$2\|G\|=640$	$2\|G\|=640$	是	否	否
Zhan 方案[26]	$\|G\|+\|Z_q^*\|=480$	$\|G\|+\|Z_q^*\|=480$	是	否	否
Thumbur 方案[41]	$\|G\|+\|Z_q^*\|=480$	$n\|G\|+\|Z_q^*\|=320n+160$	是	否	否
Gayathri 方案[24]	$\|G\|+2\|Z_q^*\|=480$	$2\|G\|+\|Z_q^*\|=800$	是	否	否
Yang 方案[33]	$\|G\|+\|Z_q^*\|=480$	$n\|G\|+2\|Z_q^*\|=320n+320$	否	是	是
本小节方案	$\|G\|+\|Z_q^*\|=480$	$\|G\|+\|Z_q^*\|=480$	是	是	是

参考文献

[1] YANG Y, ZHANG L, ZHAO Y, et al. Privacy-preserving aggregation-authentication scheme for safety warning system in fog-cloud based VANET[J]. IEEE Transactions on Information Forensics and Security, 2022, 17: 317-331.

[2] SAJINI S, ANITA E A M, JANET J. Improved security of the data communication in VANET environment using ASCII-ECC algorithm[J]. Wireless Personal Communications, 2023, 128(2): 759-776.

[3] DHANARAJ R K, ISLAM S K H, RAJASEKAR V. A cryptographic paradigm to detect and mitigate blackhole attack in VANET environments[J]. Wireless Networks, 2022, 28(7): 3127-3142.

[4] KARUNATHILAKE T, FÖRSTER A. A survey on mobile road side units in VANETs[J]. Vehicles, 2022, 4(2): 482-500.

[5] XIAO S Y, GE X H, HAN Q L, et al. Resource-efficient platooning control of connected automated vehicles over VANETs[J]. IEEE Transactions on Intelligent Vehicles, 2022, 7(3): 579-589.

[6] BONEH D, GENTRY C, LYNN B, et al. Aggregate and verifiably encrypted signatures from bilinear maps[C].

Proceedings of Advances in Cryptology-EUROCRYPT 2003: International Conference on the Theory and Applications of Cryptographic Techniques, Warsaw, Poland, 2003: 416-432.

[7] ZHANG L, ZHANG F. A new certificateless aggregate signature scheme[J]. Computer Communications, 2009, 32(6): 1079-1085.

[8] REN R, SU J. A security-enhanced and privacy-preserving certificateless aggregate signcryption scheme-based artificial neural network in wireless medical sensor network[J]. IEEE Sensors Journal, 2023, 23(7): 7440-7450.

[9] ZHAO Y, HOU Y, WANG L, et al. An efficient certificateless aggregate signature scheme for the internet of vehicles[J]. Transactions on Emerging Telecommunications Technologies, 2020, 31(5): 3708.

[10] ZHAO K, SUN D, REN G, et al. Public auditing scheme with identity privacy preserving based on certificateless ring signature for wireless body area networks[J]. IEEE Access, 2020, 8: 41975-41984.

[11] YUM D H, LEE P J. Generic construction of certificateless signature[C]. Proceedings of Information Security and Privacy: 9th Australasian Conference, ACISP 2004, Sydney, Australia, 2004: 200-211.

[12] HU B C, WONG D S, ZHANG Z, et al. Key replacement attack against a generic construction of certificateless signature[C]. Proceedings of ACISP, Melbourne, Australia, 2006: 235-246.

[13] CHEN Y C, TSO R, MAMBO M, et al. Certificateless aggregate signature with efficient verification[J]. Security and Communication Networks, 2015, 8(13): 2232-2243.

[14] ZHANG H. Insecurity of a certificateless aggregate signature scheme[J]. Security and Communication Networks, 2016, 9(11): 1547-1552.

[15] SHEN H, CHEN J, SHEN J, et al. Cryptanalysis of a certificateless aggregate signature scheme with efficient verification[J]. Security and Communication Networks, 2016, 9(13): 2217-2221.

[16] DENG J, XU C, WU H, et al. A new certificateless signature with enhanced security and aggregation version[J]. Concurrency and Computation: Practice and Experience, 2016, 28(4): 1124-1133.

[17] KUMAR P, SHARMA V. A comment on efficient certificateless aggregate signature scheme[C]. Proceedings of IEEE International Conference on Computing, Communication and Automation, Greater Noida, India, 2017: 515-519.

[18] XIONG H, GUAN Z, CHEN Z, et al. An efficient certificateless aggregate signature with constant pairing computations[J]. Information Sciences, 2013, 219: 225-235.

[19] ZHANG F, SHEN L, WU G. Notes on the security of certificateless aggregate signature schemes[J]. Information Sciences, 2014, 287: 32-37.

[20] CHENG L, WEN Q, JIN Z, et al. Cryptanalysis and improvement of a certificateless aggregate signature scheme[J]. Information Sciences, 2015, 295: 337-346.

[21] HE D, TIAN M, CHEN J. Insecurity of an efficient certificateless aggregate signature with constant pairing computations[J]. Information Sciences, 2014, 268: 458-462.

[22] WU L, XU Z, HE D, et al. New certificateless aggregate signature scheme for healthcare multimedia social network on cloud environment[J]. Security and Communication Networks, 2018:2595273.

[23] DU H, WEN Q, ZHANG S. An efficient certificateless aggregate signature scheme without pairings for healthcare wireless sensor network[J]. IEEE Access, 2019, 7: 42683-42693.

[24] GAYATHRI N B, THUMBUR G, KUMAR P R, et al. Efficient and secure pairing-free certificateless aggregate signature scheme for healthcare wireless medical sensor networks[J]. IEEE Internet of Things Journal, 2019, 6(5): 9064-9075.

[25] LIU J, WANG L, YU Y. Improved security of a pairing-free certificateless aggregate signature in healthcare wireless medical sensor networks[J]. IEEE Internet of Things Journal, 2020, 7(6): 5256-5266.

[26] ZHAN Y, WANG B, LU R. Cryptanalysis and improvement of a pairing-free certificateless aggregate signature in healthcare wireless medical sensor networks[J]. IEEE Internet of Things Journal, 2020, 8(7): 5973-5984.

[27] YANG X, WEN H, DIAO R, et al. Improved security of a pairing-free certificateless aggregate signature in healthcare wireless medical sensor networks[J]. IEEE Internet of Things Journal, 2023, 10(12): 10881-10892.

[28] ZHONG H, HAN S, CUI J, et al. Privacy-preserving authentication scheme with full aggregation in VANET[J]. Information Sciences, 2019, 476: 211-221.

[29] YANG X, WANG W, WANG C. Security analysis and improvement of a privacy-preserving authentication scheme in VANET[J]. International Journal of Information Security, 2022, 21(6): 1361-1371.

[30] 王大星, 滕济凯. 车载网中可证安全的无证书聚合签名算法[J]. 电子与信息学报, 2018, 40(1): 11-17.

[31] 杨小东, 麻婷春, 陈春霖, 等. 面向车载自组网的无证书聚合签名方案的安全性分析与改进[J]. 电子与信息学报, 2019, 41(5): 1265-1270.

[32] SHEN L, MA J, LIU X, et al. A secure and efficient id-based aggregate signature scheme for wireless sensor networks[J]. IEEE Internet of Things Journal, 2017, 4(2): 546-554.

[33] YANG W, WANG S, MU Y. An enhanced certificateless aggregate signature without pairings for e-healthcare system[J]. IEEE Internet of Things Journal, 2020, 8(6): 5000-5008.

[34] MALHI A K, BATRA S. An efficient certificateless aggregate signature scheme for vehicular ad-hoc networks[J]. Discrete Mathematics & Theoretical Computer Science, 2015, 17(1): 317-338.

[35] KUMAR P, SHARMA V. On the security of certificateless aggregate signature scheme in vehicular ad hoc networks[C]. Proceedings of Soft Computing: Theories and Applications, Jaipur, India, 2018: 715-722.

[36] 曹素珍, 王斐, 郎晓丽, 等. 基于无证书的多方合同签署协议[J]. 电子与信息学报, 2019, 41(11): 2691-2698.

[37] 杨小东, 李梅娟, 任宁宁, 等. 一种基于无证书的多方合同签署协议的安全性分析与改进[J]. 电子与信息学报, 2022, 44(10): 3627-3634.

[38] LI J, YUAN H, ZHANG Y. Cryptanalysis and improvement for certificateless aggregate signature[J]. Fundamenta Informaticae, 2018, 157(1-2): 111-123.

[39] CORON J S. On the exact security of full domain hash[C]. Proceedings of Advances in Cryptology-CRYPTO 2000: 20th Annual International Cryptology Conference ,Santa Barbara, USA, 2000: 229-235.

[40] POINTCHEVAL D, STERN J. Security arguments for digital signatures and blind signatures[J]. Journal of Cryptology, 2000, 13: 361-396.

[41] THUMBUR G, RAO G S, REDDY P V, et al. Efficient and secure certificateless aggregate signature-based authentication scheme for vehicular ad-hoc networks[J]. IEEE Internet of Things Journal, 2020, 8(3): 1908-1920.

第 5 章　具有附加性质的代理重签名体制

代理重签名具有签名转换的特殊功能，在云存储数据审计、区块链、数据交换、身份隐私保护、跨域身份认证、证书管理和数字版权管理系统等方面有广泛的应用前景。本章介绍部分盲代理重签名体制、可撤销的基于身份代理重签名体制、在线/离线门限代理重签名体制和服务器辅助验证代理重签名体制，给出具体的实现方案，并证明方案的安全性。

5.1　引　　言

代理重签名是一种具有签名转换特性的密码体制，一个半可信的代理者利用重签名密钥将受托者 Alice 的签名转换为委托者 Bob 对同一个消息的签名，但代理者无法代替 Alice 或 Bob 生成任意消息的有效签名[1]。针对签名转换的方向，代理重签名分为两类：一个双向的代理重签名方案能将 Alice 的签名转换为 Bob 的签名，也能将 Bob 的签名转换为 Alice 的签名；一个单向的代理重签名方案只能将 Alice 的签名转换为 Bob 的签名，反之则不然。如果转换后的签名依然能被代理者继续转换，则称代理重签名方案是多向的，反之称其为单向的。

代理重签名已成为数字签名领域研究的一个热点，国内外学者提出了一系列具有特殊性质的代理重签名方案。Ateniese 等[2]给出了代理重签名的安全模型，并构造了两个安全性依赖于理想随机预言机的代理重签名方案。Shao 等[3]构造了一个标准模型下安全的代理重签名方案，然而 Kim 等[4]发现该方案的重签名算法存在安全漏洞，并提出了一个改进方案。Yang 等[5]构造了一个门限代理重签名方案，防止代理者滥用签名转换的权限。随后，Yang 等[6]提出了一个在线/离线门限代理重签名方案，提升了门限代理重签名方案的性能。

基于身份的代理重签名体制避免了复杂的公钥证书，简化了密钥管理，在云计算、大数据隐私保护等方面有广泛的应用[7,8]。基于 Waters 提供的加密方案[9]，Shao 等[3]构造了第一个标准模型下安全的基于身份代理重签名方案。Feng 等[10]利用抗碰撞的散列函数设计了一个基于身份代理重签名方案，但其不满足多用性。Hu 等[11]提出了一个紧规约的基于身份代理重签名方案，但其安全性依赖于较强的困难问题假设。Shao 等[12]设计了一个随机预言机模型下安全的基于身份代理重签名方案，但验证重签名的计算开销与重签名级数成线性增长关系。

Huang 等[13]提出了一个无双线性对的基于身份代理重签名方案，并在随机预言机模型中证明了其安全性可归约到离散对数问题。Jiang 等[14]和 Tian[15]分别构造了格上基于身份的代理重签名方案，但这些方案的参数尺寸、密钥长度和签名长度都比较大，并且其安全性依赖于理想的随机预言机。当具体的散列函数实例化随机预言机时，随机预言机模型并不能确保方案的实际安全性[16]。因此，研究标准模型下安全的基于身份代理重签名方案具有一定的现实意义。

在实际应用中，任何实用的密码系统都面临用户撤销的问题，如用户权限到期或用户密钥泄露等，这就需要从系统中撤销用户。为了实现基于身份环境的用户撤销机制，Boneh 等[17]提出了 PKG 定期更新未撤销用户密钥的撤销方法，但 PKG 与未撤销用户之间需要建立一个安全信道来传输更新密钥。Boldyreva 等[18]提出了 PKG 通过公开信道实现用户撤销的方法，随后一些基于 Boldyreva 所提方法的可撤销加密方案相继被提出[19,20]。为了解决签名方案中的用户撤销问题，Tsai 等[21]提出了第一个可撤销的基于身份签名方案，但 Liu 等[22]发现该方案存在签名密钥泄露的安全风险。国内外学者提出了一系列具有特殊性质的可撤销签名方案，如可撤销的属性基签名[23]、可撤销的无证书签名[24]、可撤销的代理签名[25]和可撤销的前向安全签名[26]。

现有的基于身份代理重签名方案未考虑用户撤销问题，但用户撤销功能对一个实用的基于身份代理重签名方案是非常重要的。例如，假定 Alice 是公司的总经理，负责公司所有文件的签名。如果 Alice 因公出差，此时由副总经理 Bob 生成公司文件的签名，然后利用 Alice 和 Bob 之间的重签名密钥，将 Bob 对文件的签名转换为 Alice 对同一文件的签名。由于工作调动或身体健康状况等，Bob 离开了公司，为了公司的利益，则需要撤销 Bob 的签名权限。因此，基于身份代理重签名体制在实现签名转换的同时，还必须支持高效的用户撤销机制。鉴于此，杨小东等[27]提出了可撤销的基于身份代理重签名体制，构造了一种可撤销的基于身份代理重签名方案，实现了用户的撤销与密钥的更新，能够抵抗签名密钥泄露攻击，具有良好的延展性。

然而，目前大部分代理重签名方案不具有消息致盲性，代理者能够获得所转换消息的具体内容。为了解决这个问题，邓宇乔等[28]提出了一种双向盲代理重签名方案，冯涛等[29]将该方案扩展为一个无证书盲代理重签名方案，但胡小明等[30]指出这类方案存在严重的安全缺陷，即受托者能够伪造任意消息的重签名。针对该安全缺陷，胡小明等[30]提出了一个改进的盲代理重签名方案，但该方案是双向单用的，在实际应用中有很大的局限性。针对这些问题，本书作者结合部分盲签名体制和代理重签名体制，给出了部分盲代理重签名体制的安全性定义，设计了一个双向的部分盲代理重签名方案[31]，并在标准模型下证明该方案满足不可伪造性、部分盲性、多用性和正确性。

现有的代理重签名方案几乎都满足存在不可伪造性，只能确保攻击者无法伪造新消息的签名。强不可伪造的代理重签名方案具有更强的安全性，能阻止攻击者对已经签名的消息进行伪造签名，但相关的公开方案较少[32]。此外，大部分代理重签名方案的签名验证算法需要复杂的双线性运算，无法适用于计算能力较弱的低端计算设备。因此，降低代理重签名方案的签名验证计算量是一个非常有意义且非常迫切的研究课题。

服务器辅助验证代理重签名将大部分签名验证的计算任务转移给一个计算能力较强的服务器执行，大大降低了验证者的计算负担，非常适用于资源受限设备。Wang 等[33]给出了服务器辅助验证代理重签名体制的安全模型，但该模型只考虑了服务器与代理者的合谋攻击。同时，Wang 等[33]提出了两个在随机预言机模型下可证明安全的服务器辅助验证代理重签名方案。随后，本书作者给出了服务器辅助验证代理重签名的安全模型，设计了一个服务器辅助验证代理重签名方案[34]，在标准模型下证明该方案在合谋攻击和选择消息攻击下是安全的。此外，基于 PKI 认证体系和服务器辅助验证代理重签名算法，本书作者构造了云计算环境下安全高效的跨域身份认证方案[35]，实现了用户与云服务提供商之间的双向身份认证，确保通信双方身份信息的真实性、合法性和可信性。

5.2 部分盲代理重签名体制

在已有的盲代理重签名方案[28,29]中，代理者无法知道重签名的任何信息，很容易造成重签名被受托者非法使用。部分盲代理重签名将代理者所转换的消息分为两部分：一部分是受托者发送的消息，对代理者保持盲性；另一部分是受托者和代理者提前协商好的公共消息。部分盲代理重签名体制不仅保护了受托者所发送消息的隐私，还确保了代理者的合法权益，使得代理者对重签名内容是部分可控的。本节首先讨论部分盲代理重签名体制的形式化模型，其次给出一个双向多用的部分盲代理重签名方案，最后分析该方案的安全性和有效性。

5.2.1 形式化模型

一个部分盲代理重签名方案由四个实体组成，即受托者 Alice、委托者 Bob、代理者 Proxy 和验证者，并包含以下 9 个算法。

(1) Setup：给定安全参数 $\lambda \in Z$，该算法输出系统参数 sp。

(2) KeyGen：输入参数 sp，每个实体运行该算法生成自己的公钥/私钥对 $(\mathrm{pk},\mathrm{sk})$。

(3) ReKey：输入参数 sp、受托者 Alice 的公钥/私钥对 $(\mathrm{pk}_A,\mathrm{sk}_A)$ 和委托者

Bob 的公钥/私钥对 $(\mathrm{pk_B},\mathrm{sk_B})$，该算法为代理者 Proxy 生成一个重签名密钥 $\mathrm{rk}_{\mathrm{A}\to\mathrm{B}}$。

(4) Agree：输入参数 sp，该算法为受托者 Alice 与代理者 Proxy 生成一个公共消息 c。

(5) Sign：输入参数 sp、公共消息 c、签名消息 m 和私钥 sk，该算法输出一个关于 m 和 c 的签名 σ。

(6) Blind：输入参数 sp、公共消息 c、签名消息 m、私钥 sk 和盲化因子 t，该算法输出一个关于 m 和 c 的盲化消息 h 与盲化签名 σ'_{A}。

(7) ReSign：输入参数 sp、重签名密钥 $\mathrm{rk}_{\mathrm{A}\to\mathrm{B}}$、公共消息 c、盲化消息 h、盲化签名 σ'_{A} 和受托者的公钥 $\mathrm{pk_A}$，如果 σ'_{A} 不是在公钥 $\mathrm{pk_A}$ 下关于 h 和 c 的有效签名，输出⊥；否则，输出一个公钥 $\mathrm{pk_B}$ 下关于 h 和 c 的部分盲代理重签名 σ'_{B}。

(8) Unblind：输入参数 sp、部分盲代理重签名 σ'_{B} 和盲化因子 t，该算法输出一个关于签名消息 m 和公共消息 c 的重签名 σ_{B}。

(9) Verify：输入参数 sp、公钥 pk、签名消息 m、公共消息 c 和签名 σ，如果 σ 是公钥 pk 下关于 m 和 c 的有效签名，验证者接受签名，输出 1；否则，输出 0。

一个双向部分盲代理重签名方案的安全性至少包括两部分：存在不可伪造性和部分盲性。存在不可伪造性保证攻击者不能伪造任何一个新消息的有效签名，下面通过挑战者 $\mathcal{C}$ 和攻击者 $\mathcal{A}$ 之间的游戏来定义双向部分盲代理重签名的存在不可伪造性。

(1) 初始化：$\mathcal{C}$ 运行 Setup 算法生成系统参数 sp，运行 KeyGen 算法生成目标用户的公钥/私钥对 $(\mathrm{pk}^*,\mathrm{sk}^*)$，并将 sp 和 pk^* 发送给 $\mathcal{A}$。

由于 $\mathcal{A}$ 能产生除目标用户外其余用户的私钥，因此 $\mathcal{A}$ 不需要发起密钥询问。如果 $\mathcal{A}$ 拥有目标用户与某个用户之间的重签名密钥，则通过重签名密钥的双向性和该用户的私钥很容易计算出目标用户的私钥。因为 $\mathcal{A}$ 能计算除目标用户外其余用户间的重签名密钥，所以不允许 $\mathcal{A}$ 进行重签名密钥询问。

(2) 询问：$\mathcal{A}$ 能自适应性地向 $\mathcal{C}$ 发起以下一系列预言机询问。

① 签名询问：$\mathcal{A}$ 和 $\mathcal{C}$ 运行 Agree 算法协商生成公共消息 c，对于 $\mathcal{A}$ 发起的签名询问 (m,c)，$\mathcal{C}$ 首先运行算法 $\mathrm{Sign}(c,m,\mathrm{sk}_t)$ 生成消息 m 和 c 的签名 σ，然后将 σ 返回给 $\mathcal{A}$。

② 重签名询问：对于 $\mathcal{A}$ 发起的询问 $(c,h,\sigma'_i,\mathrm{pk}_i)$，$\mathcal{C}$ 首先判断 σ'_i 是否为对应于 pk_i 的关于 h 和 c 的有效签名，如果不是，输出⊥；否则，以 (h,c) 为输入进行签名询问，并将询问的结果 σ'_t 返回给 $\mathcal{A}$。假设 t 是攻击者 $\mathcal{A}$ 在 Blind 算法中选取的盲化因子，$\mathcal{A}$ 最后运行算法 $\mathrm{Unblind}(\sigma'_t,t)$ 生成 m 和 c 的最终重签名 σ_t。

(3) 伪造：$\mathcal{A}$ 最后输出一个伪造 (m^*,c^*,σ^*)，并且 $\mathcal{A}$ 在询问阶段没有发起过关于 (m^*,c^*) 的签名询问以及关于 $(c^*,h^*,\Diamond,\square)$ 的重签名询问，这里 h^* 是 m^* 的盲化消息，$\Diamond$ 表示任意一个签名，$\square$ 表示任意一个公钥。如果 σ^* 是对应于 pk^* 的关于 m^* 和 c^* 的有效签名，则攻击者 $\mathcal{A}$ 赢得游戏。

定义 5.1　如果没有攻击者在多项式时间内以不可忽略的概率赢得上述游戏，则称双向部分盲代理重签名方案满足存在不可伪造性[31]。

部分盲性确保代理者在不知道转换消息内容的情况下生成消息的重签名，并且代理者无法将消息的最终重签名与部分盲代理重签名相对应。借鉴部分盲签名的安全性定义[36]，下面通过挑战者 $\mathcal{B}$ 和攻击者 $\mathcal{F}$ 之间的游戏来定义双向部分盲代理重签名方案的部分盲性。

(1) 初始化：$\mathcal{B}$ 运行 Setup 算法生成系统参数 sp，运行 KeyGen 算法生成两个公钥/私钥对 $(\mathrm{pk_A},\mathrm{sk_A})$ 和 $(\mathrm{pk_B},\mathrm{sk_B})$，运行 ReKey 算法生成一个重签名密钥 $\mathrm{rk_{A\to B}}$，然后将 sp 和 $(\mathrm{pk_A},\mathrm{pk_B},\mathrm{rk_{A\to B}})$ 发送给 $\mathcal{F}$。

(2) 准备：$\mathcal{F}$ 选择两个等长的签名消息 (m_0,m_1) 以及公共消息 c，将 (m_0,m_1,c) 发送给 $\mathcal{B}$。

(3) 询问：$\mathcal{B}$ 随机选取比特 $b\in\{0,1\}$，运行 Blind 算法对 (m_b,c) 和 (m_{1-b},c) 进行盲处理，请求 $\mathcal{F}$ 对盲化消息 $(c,h_b,\sigma'_{\mathrm{A},b})$ 和 $(c,h_{1-b},\sigma'_{\mathrm{A},1-b})$ 进行重签名。$\mathcal{F}$ 运行重签名算法 ReSign，然后将生成的部分盲代理重签名 $\sigma'_{\mathrm{B},b}$ 和 $\sigma'_{\mathrm{B},1-b}$ 返回给 $\mathcal{B}$。通过运行脱盲算法 Unblind，$\mathcal{B}$ 获得 (m_b,c) 和 (m_{1-b},c) 的最终重签名 $\sigma_{\mathrm{B},b}$ 和 $\sigma_{\mathrm{B},1-b}$，并将 $(m_b,c,\sigma_{\mathrm{B},b})$ 和 $(m_{1-b},c,\sigma_{\mathrm{B},1-b})$ 发送给 $\mathcal{F}$。

(4) 应答：$\mathcal{F}$ 输出一个对 b 的猜测 b'。如果 $b=b'$，则 $\mathcal{F}$ 赢得游戏。

定义 $\mathrm{Adv}=|2\Pr[b=b']-1|$ 为 $\mathcal{F}$ 在以上游戏中获胜的概率。

定义 5.2　如果没有攻击者在多项式时间内以不可忽略的概率赢得上述游戏，那么称双向部分盲代理重签名方案具有部分盲性[31]。

5.2.2　双向部分盲代理重签名方案

针对盲代理重签名中的匿名性和可控性等问题，本书作者构造了一个标准模型下可证安全的双向部分盲代理重签名方案[31]，允许在最终的重签名中添加受托者和代理者协商的公共信息，不仅实现了签名从受托者到代理者之间的透明转换，保护了签名消息的内容隐私，还能防止受托者对重签名的非法使用。在该方案中，用 n_m 表示消息的比特长度，用 n_c 表示受托者和代理者预先协商公共消息的比特长度。为了增强方案的灵活性，利用两个哈希函数 $H_1:\{0,1\}^*\to\{0,1\}^{n_m}$ 和 $H_2:\{0,1\}^*\to\{0,1\}^{n_c}$，将签名消息和公共消息的固定长度扩展为任意长度。

1. 方案描述

(1) Setup：给定安全参数 $\lambda \in Z$，输出系统参数 $\mathrm{sp}=(G_1,G_2,p,e,g,g_2,u',u_1,\cdots,u_{n_m},v',v_1,\cdots,v_{n_c})$，其中 G_1 和 G_2 是阶为素数 p 的循环群，g 是 G_1 的一个生成元，$e:G_1\times G_1\to G_2$ 是一个双线性映射，$g_2,u',u_1,\cdots,u_{n_m},v',v_1,\cdots,v_{n_c}$ 是 G_1 上随机选取的元素。

(2) KeyGen：每个实体随机选取 $x_i\in Z_p^*$，计算 $\mathrm{pk}_i=g^{x_i}$，则该实体的公钥/私钥对 $(\mathrm{pk}_i,\mathrm{sk}_i)=(g^{x_i},x_i)$。

(3) ReKey：给定受托者 Alice 的私钥 $\mathrm{sk}_\mathrm{A}=\alpha$ 和委托者 Bob 的私钥 $\mathrm{sk}_\mathrm{B}=\beta$，通过安全的分发协议[2]为代理者 Proxy 生成一个重签名密钥 $\mathrm{rk}_{\mathrm{A}\to\mathrm{B}}=\beta/\alpha(\mathrm{mod}\,p)$。

(4) Agree：受托者 Alice 与代理者 Proxy 协商一个 n_c 比特长度的公共消息 $c=(c_1,c_2,\cdots,c_{n_c})\in\{0,1\}^{n_c}$。

(5) Sign：给定一个 n_m 比特长度的签名消息 $m=(m_1,m_2,\cdots,m_{n_m})\in\{0,1\}^{n_m}$ 和一个 n_c 比特长度的公共消息 c，受托者 Alice 随机选取 $s_m,s_c\in Z_p^*$，利用自己的私钥 $\mathrm{sk}_\mathrm{A}=\alpha$ 计算 $\sigma_{\mathrm{A}1}=g_2^\alpha(u'\prod_{i=1}^{n_m}u_i^{m_i})^{s_m}(v'\prod_{j=1}^{n_c}v_j^{c_j})^{s_c}$，$\sigma_{\mathrm{A}2}=g^{s_m}$ 和 $\sigma_{\mathrm{A}3}=g^{s_c}$，输出关于 m 和 c 的原始签名 $\sigma_\mathrm{A}=(\sigma_{\mathrm{A}1},\sigma_{\mathrm{A}2},\sigma_{\mathrm{A}3})$。

(6) Blind：对于一个 n_m 比特长度的签名消息 m 和一个 n_c 比特长度的公共消息 c，受托者 Alice 随机选取 $t\in Z_p^*$，计算 m 的盲化消息 $h=(u'\prod_{i=1}^{n_m}u_i^{m_i})^t$；然后随机选取 $r_m,r_c\in Z_p^*$，计算 $\sigma'_{\mathrm{A}1}=g_2^\alpha h^{r_m}(v'\prod_{j=1}^{n_c}v_j^{c_j})^{r_c}$，$\sigma'_{\mathrm{A}2}=g^{r_m}$ 和 $\sigma'_{\mathrm{A}3}=g^{r_c}$，将公共消息 c、盲化消息 h 和盲化签名 $\sigma'_\mathrm{A}=(\sigma'_{\mathrm{A}1},\sigma'_{\mathrm{A}2},\sigma'_{\mathrm{A}3})$ 发送给代理者 Proxy。

(7) ReSign：代理者收到 $(c,h,\sigma'_\mathrm{A}=(\sigma'_{\mathrm{A}1},\sigma'_{\mathrm{A}2},\sigma'_{\mathrm{A}3}))$ 后，首先验证等式 $e(\sigma'_{\mathrm{A}1},g)=e(g_2,\mathrm{pk}_\mathrm{A})e(h,\sigma'_{\mathrm{A}2})e(v'\prod_{j=1}^{n_c}v_j^{c_j},\sigma'_{\mathrm{A}3})$ 是否成立。如果该等式不成立，输出 $\perp$；否则，随机选取 $r'_m,r'_c\in Z_p^*$，利用重签名密钥 $\mathrm{rk}_{\mathrm{A}\to\mathrm{B}}$ 计算 $\sigma'_{\mathrm{B}1}=(\sigma'_{\mathrm{A}1})^{\mathrm{rk}_{\mathrm{A}\to\mathrm{B}}}\cdot h^{r'_m}(v'\prod_{j=1}^{n_c}v_j^{c_j})^{r'_c}$，$\sigma'_{\mathrm{B}2}=(\sigma'_{\mathrm{A}2})^{\mathrm{rk}_{\mathrm{A}\to\mathrm{B}}}g^{r'_m}$ 和 $\sigma'_{\mathrm{B}3}=(\sigma'_{\mathrm{A}3})^{\mathrm{rk}_{\mathrm{A}\to\mathrm{B}}}g^{r'_c}$，将部分盲代理重签名 $\sigma'_\mathrm{B}=(\sigma'_{\mathrm{B}1},\sigma'_{\mathrm{B}2},\sigma'_{\mathrm{B}3})$ 发送给受托者 Alice。

(8) Unblind：受托者收到 $\sigma'_\mathrm{B}=(\sigma'_{\mathrm{B}1},\sigma'_{\mathrm{B}2},\sigma'_{\mathrm{B}3})$ 后，用委托者 Bob 的公钥 pk_B 验证等式 $e(\sigma'_{\mathrm{B}1},g)=e(g_2,\mathrm{pk}_\mathrm{B})e(h,\sigma'_{\mathrm{B}2})e(v'\prod_{j=1}^{n_c}v_j^{c_j},\sigma'_{\mathrm{B}3})$ 是否成立。如果该等式不成

立，受托者拒绝接受σ'_{B}；否则，随机选取$y \in Z_p^*$，利用盲化因子t对σ'_{B}进行脱盲处理，计算$\sigma_{\mathrm{B1}} = (\sigma'_{\mathrm{B1}})((u'\prod_{i=1}^{n_m} u_i^{m_i})(v'\prod_{j=1}^{n_c} v_j^{c_j})^t)^y$，$\sigma_{\mathrm{B2}} = (\sigma'_{\mathrm{B2}})^t g^y$和$\sigma_{\mathrm{B3}} = (\sigma'_{\mathrm{B3}}) g^{yt}$，生成关于$m$和$c$的重签名$\sigma_{\mathrm{B}} = (\sigma_{\mathrm{B1}}, \sigma_{\mathrm{B2}}, \sigma_{\mathrm{B3}})$。

(9) Verify：给定公钥pk、n_m比特长度的签名消息m、n_c比特长度的公共消息c和签名$\sigma = (\sigma_1, \sigma_2, \sigma_3)$，如果$e(\sigma_1, g) = e(g_2, \mathrm{pk}) e(u'\prod_{i=1}^{n_u} u_i^{m_i}, \sigma_2) e(v'\prod_{j=1}^{n_c} v_j^{c_j}, \sigma_3)$，则说明$\sigma$是关于$m$和$c$的有效签名，输出1；否则，输出0。

2. 安全性分析

代理者利用重签名密钥$\mathrm{rk}_{\mathrm{A}\to\mathrm{B}} = \beta / \alpha (\mathrm{mod}\, p)$将受托者 Alice 的签名转换为委托者 Bob 的签名，但通过$\mathrm{rk}_{\mathrm{A}\to\mathrm{B}}$很容易计算出$\mathrm{rk}_{\mathrm{B}\to\mathrm{A}} = \alpha / \beta = 1/\mathrm{rk}_{\mathrm{A}\to\mathrm{B}}$，实现委托者 Bob 与受托者 Alice 的签名转换，即本小节方案满足双向性。因为签名算法输出的原始签名σ_{A}和脱盲算法输出的重签名σ_{B}是计算不可区分的，所以本小节方案满足透明性和多用性。

定理 5.1　本小节的双向部分盲代理重签名方案具有部分盲性。

证明：假设攻击者$\mathcal{F}$能转换生成任意消息的部分盲代理重签名，即$\mathcal{F}$掌握重签名密钥，它的目标是将最终的重签名与中间的部分盲代理重签名相对应。挑战者$\mathcal{B}$拥有受托者的私钥，可生成任意消息的原始签名，并与$\mathcal{F}$进行如下的模拟游戏。

(1) 初始化：$\mathcal{B}$运行 Setup 算法生成系统参数sp，运行 KeyGen 算法生成两个公钥/私钥对$(\mathrm{pk}_{\mathrm{A}}, \mathrm{sk}_{\mathrm{A}})$和$(\mathrm{pk}_{\mathrm{B}}, \mathrm{sk}_{\mathrm{B}})$，运行 ReKey 算法生成一个重签名密钥$\mathrm{rk}_{\mathrm{A}\to\mathrm{B}}$，然后将$\mathrm{sp}$和$(\mathrm{pk}_{\mathrm{A}}, \mathrm{pk}_{\mathrm{B}}, \mathrm{rk}_{\mathrm{A}\to\mathrm{B}})$发送给$\mathcal{F}$。

(2) 准备：$\mathcal{F}$选择两个等长的签名消息(m_0, m_1)以及公共消息c，将(m_0, m_1, c)发送给$\mathcal{B}$。

(3) 询问：$\mathcal{B}$随机选取比特$b \in \{0,1\}$和$t_b, t_{1-b} \in Z_p^*$，运行 Blind 算法生成m_b的盲化消息$h_b = (u'\prod_{i=1}^{n_m} u_i^{m_{b,i}})^{t_b}$、$m_{1-b}$的盲化消息$h_{1-b} = (u'\prod_{i=1}^{n_m} u_i^{m_{1-b,i}})^{t_b}$以及盲化签名$\sigma'_{\mathrm{A},b}$与$\sigma'_{\mathrm{A},1-b}$，请求$\mathcal{F}$对$(c, h_b, \sigma'_{\mathrm{A},b})$和$(c, h_{1-b}, \sigma'_{\mathrm{A},1-b})$进行重签名。$\mathcal{F}$运行 ReSign 算法并发送部分盲代理重签名$\sigma'_{\mathrm{B},b}$和$\sigma'_{\mathrm{B},1-b}$给$\mathcal{B}$。随后，$\mathcal{B}$选取$y_b, y_{1-b} \in Z_p^*$，运行 Unblind 算法得到$\sigma_{\mathrm{B},k,1} = (\sigma'_{\mathrm{B},k,1})((u'\prod_{i=1}^{n_m} u_i^{m_{k,i}})(v'\prod_{j=1}^{n_c} v_j^{c_j})^{t_k})^{y_k}$，$\sigma_{\mathrm{B},k,2} = (\sigma'_{\mathrm{B},k,2})^{t_k} g^{y_k}$和$\sigma_{\mathrm{B},k,3} = (\sigma'_{\mathrm{B},k,3}) \cdot g^{y_k t_k}$，其中$k \in \{0,1\}$。说明：$(m_b, c)$和$(m_{1-b}, c)$的重签名分别为$\sigma_{\mathrm{B},b} = (\sigma_{\mathrm{B},b,1}, \sigma_{\mathrm{B},b,2}, \sigma_{\mathrm{B},b,3})$与$\sigma_{\mathrm{B},1-b} = (\sigma_{\mathrm{B},1-b,1}, \sigma_{\mathrm{B},1-b,2}, \sigma_{\mathrm{B},1-b,3})$。$\mathcal{B}$最后将

$(m_b,c,\sigma_{\mathrm{B},b})$ 和 $(m_{1-b},c,\sigma_{\mathrm{B},1-b})$ 发送给 $\mathcal{F}$。

(4) 应答：$\mathcal{F}$ 输出一个对 b 的猜测 b'。

下面分析 $\mathcal{F}$ 正确猜对 b 的概率。盲化因子 t_b,t_{1-b}，y_b,y_{1-b} 是在 Z_p^* 上随机选取的，h_b 和 $\sigma_{\mathrm{B},b}$ 完全独立于 (m_b,t_b,y_b)，h_{1-b} 和 $\sigma_{\mathrm{B},1-b}$ 完全独立于 $(m_{1-b},t_{1-b},y_{1-b})$，因此 $(m_b,c,\sigma_{\mathrm{B},b})$ 和 $(m_{1-b},c,\sigma_{\mathrm{B},1-b})$ 的分布对 $\mathcal{F}$ 来说是相同的，并且完全独立于 b。由于 b 是随机选取的，并且 t_b,t_{1-b}，y_b,y_{1-b} 在部分盲代理重签名的过程中一直存在且完全独立于 $\mathcal{F}$ 的视角，和 $(m_{1-b},c,\sigma_{\mathrm{B},1-b})$ 在计算上具有不可区分性，因此 $\mathcal{F}$ 正确猜对 b 的概率是 1/2，即攻击者无法以不可忽略的概率猜对 b。因为攻击者 $\mathcal{F}$ 无法将部分盲代理重签名与最终的重签名 $(m_b,c,\sigma_{\mathrm{B},b})$ 相对应，所以本小节方案满足部分盲性。　　**证毕**

定理 5.2　本小节的双向部分盲代理重签名方案在标准模型下满足存在不可伪造性。

证明：假设攻击者 $\mathcal{A}$ 在多项式时间内最多进行 q_S 次签名询问和 q_{RS} 次重签名询问后，以一个不可忽略的概率 ε 攻破了本小节方案的存在不可伪造性，则存在攻击者 $\mathcal{C}$ 将以 $\varepsilon/(8(q_S+q_{\mathrm{RS}})^2(n_m+1)(n_c+1))$ 的概率解决 CDH 问题。给定 CDH 问题实例 (g,g^a,g^b)，$\mathcal{C}$ 与 $\mathcal{A}$ 进行如下模拟游戏。

(1) 初始化：$\mathcal{C}$ 设置 $l_m=l_c=2(q_S+q_{\mathrm{RS}})$，满足 $l_m(n_m+1)<p$ 和 $l_c(n_c+1)<p$；随机选取 k_m 和 k_c，满足 $0\leqslant k_m\leqslant n_m$ 和 $0\leqslant k_c\leqslant n_c$；在 Z_{l_m} 上随机选取 n_m+1 个元素 $y',y_i(i=1,2,\cdots,n_m)$，在 Z_{l_c} 上随机选取 n_c+1 个元素 $z',z_i(i=1,2,\cdots,n_c)$，在 Z_p^* 上随机选取 n_m+n_c+2 个元素 $w',w_i(i=1,2,\cdots,n_m),d',d_j(j=1,2,\cdots,n_c)$。对于 n_m 比特长度的签名消息 m 和 n_c 比特长度的公共消息 c，定义四个函数：

$$F(m)=y'+\sum_{i=1}^{n_m}y_im_i-l_mk_m,\quad J(m)=w'+\sum_{i=1}^{n_m}w_im_i$$

$$K(c)=z'+\sum_{i=1}^{n_c}z_ic_i-l_ck_c,\quad L(c)=d'+\sum_{j=1}^{n_c}d_jc_j$$

令目标用户的公钥 $\mathrm{pk}_t=g^a$，设置参数 $g_2=g^b$，$u'=g_2^{-l_mk_m+y'}g^{w'}$，$u_i=g_2^{y_i}g^{w_i}$，$v'=g_2^{-l_ck_c+z'}g^{d'}$，$v_j=g_2^{z_j}g^{d_j}$，这里 $1\leqslant i\leqslant n_m$ 和 $1\leqslant j\leqslant n_c$，于是有如下两个等式：

$$u'\prod_{i=1}^{n_m}u_i^{m_i}=g_2^{F(m)}g^{J(m)},\quad v'\prod_{j=1}^{n_c}v_j^{c_j}=g_2^{K(c)}g^{L(c)}$$

最后，$\mathcal{C}$ 将系统参数 $(G_1,G_2,p,e,g,g_2,\mathrm{pk}^*,u',u_1,\cdots,u_{n_m},v',v_1,\cdots,v_{n_c})$ 发送给 $\mathcal{A}$。

(2) $\mathcal{A}$ 能自适应性地向 C 发起以下一系列预言机询问。

① 签名询问：对于 $\mathcal{A}$ 发起关于 (m,c) 的签名询问，C 随机选取 $s_m, s_c \in Z_p^*$，并进行如下操作。

如果 $K(c) \neq 0(\bmod p)$，计算签名 $\sigma_1 = g_1^{-L(c)/K(c)}(u'\prod_{i=1}^{n_m} u_i^{m_i})^{s_m}(v'\prod_{j=1}^{n_c} v_j^{c_j})^{s_c}$，$\sigma_2 = g^{s_m}$ 和 $\sigma_3 = g_1^{-1/K(c)} g^{s_c}$，并返回 $\sigma = (\sigma_1, \sigma_2, \sigma_3)$ 给 $\mathcal{A}$。从攻击者 $\mathcal{A}$ 的视角来看，C 生成的模拟签名 σ 与实际方案产生的真实签名在计算上是不可区分的。

如果 $K(c) = 0(\bmod p)$，C 宣告模拟失败，退出游戏。

② 重签名询问：$\mathcal{A}$ 选取 $t \in Z_p^*$，计算 m 的盲化消息 $h = (u'\prod_{i=1}^{n_m} u_i^{m_i})^t$ 和 (m,c) 对应于公钥 pk_i 的盲化签名 $\sigma_i' = (\sigma_{i1}', \sigma_{i2}', \sigma_{i3}')$，向 C 发起关于 $(c, h, \sigma_i' = (\sigma_{i1}', \sigma_{i2}', \sigma_{i3}'), \mathrm{pk}_i)$ 的重签名询问。如果验证等式 $e(\sigma_{i1}', g) = e(g_2, \mathrm{pk}_i) \cdot e(h, \sigma_{i2}') e(v'\prod_{j=1}^{n_c} v_j^{c_j}, \sigma_{i3}')$ 不成立，C 输出 $\perp$；否则，C 以 (h,c) 为输入进行签名询问，并返回询问的结果 $\sigma_t' = (\sigma_{t1}', \sigma_{t2}', \sigma_{t3}')$ 给 $\mathcal{A}$。随后，$\mathcal{A}$ 随机选取 $y \in Z_p^*$，计算 (m,c) 的最终重签名 $\sigma_t = (\sigma_{t1}, \sigma_{t2}, \sigma_{t3}) = ((\sigma_{t1}')((u'\prod_{i=1}^{n_m} u_i^{m_i})(v'\prod_{j=1}^{n_c} v_j^{c_j})^t)^y, (\sigma_{t2}')^t g^y, (\sigma_{t3}') g^{ty})$。

(3) 伪造：经过有限次询问后，$\mathcal{A}$ 最后输出一个对应于 pk^* 的关于 m^* 和 c^* 的伪造 σ^*。如果 $F(m^*) \neq 0(\bmod p)$ 或 $K(c^*) \neq 0(\bmod p)$，C 宣告模拟失败，终止游戏；否则，C 利用伪造 $\sigma^* = (\sigma_1^*, \sigma_2^*, \sigma_3^*)$ 计算 CDH 值 g^{ab}：

$$
\begin{aligned}
\frac{\sigma_1^*}{(\sigma_2^*)^{J(m^*)}(\sigma_3^*)^{L(c^*)}} &= \frac{g_2^a (u'\prod_{i=1}^{n_m} u_i^{m_i^*})^{r_m^*}(v'\prod_{j=1}^{n_c} v_j^{c_j^*})^{r_c^*}}{(g^{r_m^*})^{J(m^*)}(g^{r_c^*})^{L(c^*)}} \\
&= \frac{g_2^a (g_2^{F(m^*)} g^{J(m^*)})^{r_m^*}(g_2^{K(c^*)} g^{L(c^*)})^{r_c^*}}{(g^{r_m^*})^{J(m^*)}(g^{r_c^*})^{L(c^*)}} \\
&= g_2^a = (g^b)^a \\
&= g^{ab}
\end{aligned}
$$

与文献[3]和[9]的概率分析过程相似，如果 $\mathcal{A}$ 以概率 ε 攻破本小节方案的存在不可伪造性，那么 C 将以 $\varepsilon / (8(q_S + q_{\mathrm{RS}})^2 (n_m + 1)(n_c + 1))$ 的概率解决 CDH 问题。

证毕

3. 有效性分析

下面将本小节方案与已有标准模型下的代理重签名方案进行计算开销和安全

性方面的比较，结果如表 5.1 所示。为了便于比较分析，假设所有方案选取相同长度的素数 p 和两个群 (G_1,G_2) 。由于双线性对运算与幂运算是计算开销比较大的两类密码运算操作，因此表 5.1 主要考虑这两类运算。用 E 表示 G_1 上的 1 次幂运算，P 表示 1 次双线性对运算。

由表 5.1 可知，文献[3]和[4]方案的计算开销和存储开销都比较小，但这两个方案都不具备消息致盲性。本小节方案的计算开销大于文献[28]和文献[29]方案，但这两个方案存在严重的安全缺陷，无法抵抗受托者的重签名伪造攻击。文献[30]方案的重签名算法需要进行 7 次双线性对运算和 2 次幂运算，并且不满足多用性，因此该方案的实用性较差。也就是说，本小节方案满足多用性和部分盲性，不仅能保护受托者的隐私信息，还能保障代理者的合法权益，具有更强的应用性。

表 5.1　代理重签名方案性能比较结果

方案	重签名算法	盲化算法	签名长度	重签名长度	多用性	部分盲性
文献[3]方案	3P＋2E	—	$2\|G_1\|$	$2\|G_1\|$	是	否
文献[4]方案	3P＋4E	—	$2\|G_1\|$	$2\|G_1\|$	是	否
文献[28]方案	3P＋2E	2E	$3\|G_1\|$	$2\|G_1\|$	是	否
文献[29]方案	4P	2E	$3\|G_1\|$	$3\|G_1\|$	是	否
文献[30]方案	7P＋2E	5E	$3\|G_1\|$	$2\|G_1\|$	否	否
本小节方案	4P＋7E	6E	$3\|G_1\|$	$3\|G_1\|$	是	是

5.3　可撤销的基于身份代理重签名体制

用户撤销是基于身份代理重签名方案在实际应用中必须解决的重要问题，如用户权限到期或用户密钥泄露时需要从系统中撤销用户。针对基于身份代理重签名方案不支持用户撤销等问题，本书作者提出了可撤销的基于身份代理重签名体制[27]。在该体制中，用户的签名密钥由两部分组成：秘密密钥和更新密钥。通过安全信道传输的秘密密钥是固定的，但利用公开信道广播的更新密钥是周期性变化的；只有未被撤销的用户才能获得更新密钥，并随机化秘密密钥和更新密钥生成当前时间段的签名密钥。本节介绍可撤销的基于身份代理重签名体制的形式化模型，给出一种标准模型下可撤销的双向基于身份代理重签名方案，并在标准模型下证明该方案在适应性选择身份和消息攻击下是存在不可伪造的，满足双向性、多用性和抗签名密钥泄露攻击性。

5.3.1 形式化模型

一个可撤销的双向基于身份代理重签名方案由下面 9 个算法构成。

(1) $\mathrm{Setup}(1^{\lambda},N,T)\to(\mathrm{pp},\mathrm{msk},\mathrm{RL},\mathrm{st})$：输入安全参数 λ、最大用户数 N 和用户签名密钥有效期的最大时间周期 T，输出公开参数 pp、PKG 的主密钥 msk、一个初始化为空的用户撤销列表 RL 和状态 st。

(2) $\mathrm{Extract}(\mathrm{pp},\mathrm{msk},\mathrm{ID})\to\mathrm{sk}_{\mathrm{ID}}$：输入 pp、msk 和一个用户身份 ID，输出一个秘密密钥 $\mathrm{sk}_{\mathrm{ID}}$。

(3) $\mathrm{KeyUp}(\mathrm{pp},\mathrm{msk},t,\mathrm{RL},\mathrm{st})\to\mathrm{uk}_t$：输入 pp、msk、一个更新的时间周期 t、当前的用户撤销列表 RL 和状态 st，如果 $t>T$，输出一个错误符号 $\perp$；否则，输出一个更新密钥 uk_t。

(4) $\mathrm{SKGen}(\mathrm{pp},\mathrm{sk}_{\mathrm{ID}},\mathrm{uk}_t)\to\mathrm{dk}_{\mathrm{ID},t}$：输入 pp、$\mathrm{sk}_{\mathrm{ID}}$ 和 uk_t，如果用户身份 ID 在时间周期 t 内已被撤销，输出 $\perp$；否则，输出一个对应于 ID 和 t 的签名密钥 $\mathrm{dk}_{\mathrm{ID},t}$。

(5) $\mathrm{ReKey}(\mathrm{pp},\mathrm{dk}_{\mathrm{A},t},\mathrm{dk}_{\mathrm{B},t})\to\mathrm{rk}_{\mathrm{A}\to\mathrm{B},t}$：输入 pp、2 个身份 ID_{A} 和 ID_{B} 对应的签名密钥 $\mathrm{dk}_{\mathrm{A},t}$ 和 $\mathrm{dk}_{\mathrm{B},t}$，输出代理者的一个重签名密钥 $\mathrm{rk}_{\mathrm{A}\to\mathrm{B},t}$。

(6) $\mathrm{Sign}(\mathrm{pp},\mathrm{dk}_{\mathrm{ID},t},t,M)\to\sigma$：输入 pp、$\mathrm{dk}_{\mathrm{ID},t}$、当前时间周期 $t\leqslant T$ 和一个消息 M，输出一个关于 M 的签名 σ，其中 $\mathrm{dk}_{\mathrm{ID},t}$ 是身份 ID 在时间周期 t 的签名密钥。

(7) $\mathrm{ReSign}(\mathrm{pp},\mathrm{rk}_{\mathrm{A}\to\mathrm{B},t},\mathrm{ID}_{\mathrm{A}},t,M,\sigma_{\mathrm{A}})\to\sigma_{\mathrm{B}}$：输入 pp、$\mathrm{rk}_{\mathrm{A}\to\mathrm{B},t}$ 和一个对应于身份 ID_{A} 和时间周期 t 的关于消息 M 的签名 σ_{A}，如果 $\mathrm{Verify}(\mathrm{pp},\mathrm{ID}_{\mathrm{A}},t,M,\sigma_{\mathrm{A}})=0$，输出 $\perp$；否则，输出一个对应于身份 ID_{B} 和 t 的关于 M 的签名 σ_{B}。

(8) $\mathrm{Verify}(\mathrm{pp},\mathrm{ID},t,M,\sigma)\to\{0,1\}$：输入 pp、身份 ID、时间周期 $t\leqslant T$、消息 M 和签名 σ。如果 σ 是有效的，输出 1；否则，输出 0。

(9) $\mathrm{Revoke}(\mathrm{ID},t,\mathrm{RL},\mathrm{st})\to\mathrm{RL}'$：输入一个在时间周期 $t\leqslant T$ 撤销的用户身份 ID、用户撤销列表 RL 和状态 st，输出一个更新后的用户撤销列表 RL'。

借鉴基于身份代理重签名方案的安全模型[3,12]和可撤销的基于身份签名方案的安全性定义[20-22]，本书作者通过以下攻击者 $\mathcal{A}$ 和挑战者 $\mathcal{C}$ 之间的安全游戏，给出一个可撤销的双向基于身份代理重签名方案的安全模型[27]。

1. 初始化

$\mathcal{C}$ 运行 $\mathrm{Setup}(1^{\lambda},N,T)$算法，将生成的系统参数 pp 发送给 $\mathcal{A}$，并秘密保存主密钥 msk。

2. 询问

$\mathcal{A}$ 自适应性地向 $\mathcal{C}$ 发起有限次的如下询问。

(1) Extract 询问：对于 $\mathcal{A}$ 请求的关于身份 ID 的秘密密钥询问，$\mathcal{C}$ 运行 Extract(pp, msk, ID) 算法，将输出的秘密密钥 sk_{ID} 发送给 $\mathcal{A}$。

(2) KeyUp 询问：对于 $\mathcal{A}$ 请求的关于时间周期 $t \leqslant T$ 的更新密钥询问，其中 t 不能小于以前所有询问过的时间周期，$\mathcal{C}$ 运行 KeyUp(pp, msk, t, RL, st) 算法，将生成的更新密钥 uk_t 发送给 $\mathcal{A}$。

(3) SKGen 询问：收到 $\mathcal{A}$ 发送的关于 (ID, t) 的签名密钥询问后，$\mathcal{C}$ 首先发起关于 ID 的 Extract 询问和关于 $t \leqslant T$ 的 KeyUp 询问，分别获得相应的秘密密钥 sk_{ID} 与更新密钥 uk_t；然后运行 SKGen(pp, sk_{ID}, uk_t) 算法生成签名密钥 $dk_{ID,t}$，并将 $dk_{ID,t}$ 发送给 $\mathcal{A}$。不失一般性，要求 $\mathcal{A}$ 未进行关于 t 的 KeyUp 询问前，不能发起关于 t 的 SKGen 询问。

(4) ReKey 询问：收到 $\mathcal{A}$ 发送的关于 2 个身份 (ID_A, ID_B) 和时间周期 t 的重签名密钥询问后，$\mathcal{C}$ 首先发起关于 (ID_A, t) 和 (ID_B, t) 的 SKGen 询问，获得对应的签名密钥 $dk_{A,t}$ 与 $dk_{B,t}$；然后将算法 ReKey(pp, $dk_{A,t}$, $dk_{B,t}$) 生成的重签名密钥 $rk_{A\to B,t}$ 发送给 $\mathcal{A}$。

(5) Sign 询问：收到 $\mathcal{A}$ 发送的关于身份 ID、时间周期 $t \leqslant T$ 与消息 M 的签名询问后，$\mathcal{C}$ 发起关于 (ID, t) 的 SKGen 询问获得签名密钥 $dk_{ID,t}$，并运行算法 Sign(pp, $dk_{ID,t}$, t, M)，将生成的关于 M 的签名 σ 返回给 $\mathcal{A}$。

(6) Revoke 询问：如果 $\mathcal{A}$ 在时间周期 $t \leqslant T$ 内发起过关于身份 ID 的 KeyUp 询问，则 $\mathcal{A}$ 在时间周期 t 内不能发起关于 ID 的 Revoke 询问。收到 $\mathcal{A}$ 发送的 (ID, t) 后，其中 t 不能小于以前询问的时间周期，$\mathcal{C}$ 运行 Revoke(ID, t, RL, st) 算法，并将输出的用户撤销列表 RL′ 返回给 $\mathcal{A}$。

3. 伪造

攻击者 $\mathcal{A}$ 最后输出一个身份 ID^*、一个时间周期 $t^* \leqslant T$、一个消息 M^* 和一个签名 σ^*。如果下面的条件均成立，则称 $\mathcal{A}$ 在以上游戏中获胜。

(1) $\text{Verify}(pp, ID^*, t^*, M^*, \sigma^*) = 1$。

(2) (ID^*, t^*) 未进行过 SKGen 询问。

(3) ID^* 未进行过 Extract 询问且在时间周期 $t^* \leqslant T$ 未进行过 KeyUp 询问。

(4) ID^* 未进行过 ReKey 询问。

(5) (ID^*, t^*, M^*) 未进行过 Sign 询问。

定义 5.3　若任何一个多项式时间攻击者 $\mathcal{A}$ 在上述游戏中获胜的概率是可忽

略的，则称一个可撤销的双向基于身份代理重签名方案在适应性选择身份和消息攻击下是存在不可伪造的。

定义 5.4 如果攻击者无法从当前时间周期 t 泄露的签名密钥 $\mathrm{dk}_{\mathrm{ID},t}$ 中获取秘密密钥 $\mathrm{sk}_{\mathrm{ID}}$ 或威胁其他时间周期 $\tilde{t} \neq t$ 签名密钥 $\mathrm{dk}_{\mathrm{ID},\tilde{t}}$ 的安全性，则称一个可撤销的双向基于身份代理重签名方案满足抗签名密钥泄露攻击性。

5.3.2 标准模型下可撤销的双向基于身份代理重签名方案

本书作者构造了一个可撤销的双向基于身份代理重签名方案[27]，在标准模型下证明了所构造方案的安全性可规约到 CDH 困难问题，实现了用户的撤销与密钥的更新，能抵抗签名密钥泄露攻击，并且 PKG 的工作量与用户的数量成对数增长关系，具有良好的延展性。本小节主要介绍该方案及其安全性分析。

1. KUNode 算法

选择基于二叉树的 KUNode 算法[37]来提高未撤销用户的密钥更新效率。令 BT 表示一棵具有 N 个叶子节点的二叉树，root 表示树的根节点。对于每个非叶子节点θ，用θ_{l}和θ_{r}分别表示θ的左孩子节点和右孩子节点。每个用户将分配至 BT 上的一个叶子节点η，用$\mathrm{Path}(\eta)$表示从叶子节点η到根节点 root 的路径上的所有节点集合。RL 表示一个由叶子节点η_i和时间周期t_i组成的用户撤销列表，Y 表示 BT 中需要更新的最小节点集合。如果 $\eta \in \mathrm{RL}$，则 $\mathrm{Path}(\eta) \cap Y = \varnothing$ (空集)。KUNode 算法的输入是 BT、RL 和一个时间周期t，输出是Y。KUNode 算法的具体描述如下。

KUNode(BT, RL, t)：
设置集合 $X = \varnothing$， $Y = \varnothing$
$(\eta_i, t_i) \in \mathrm{RL}$
如果$t_i \leqslant t$，在 X 中添加 $\mathrm{Path}(\eta_i)$；
$\forall \theta \in X$
如果$\theta_{\mathrm{l}} \notin X$，在$Y$中添加$\theta_{\mathrm{l}}$；
如果$\theta_{\mathrm{r}} \notin X$，在$Y$中添加$\theta_{\mathrm{r}}$；
如果$Y = \varnothing$，在Y中添加 root。
输出最小的更新节点集合 Y。

2. 方案描述

假定用户身份的长度和签名消息的长度分别为 $m$bit 和 $n$bit，可通过两个散列函数 $H_1:\{0,1\}^* \to \{0,1\}^m$ 和 $H_2:\{0,1\}^* \to \{0,1\}^n$，将用户身份和签名消息的固定长度延伸为可变长度。

(1) Setup：输入安全参数λ、最大用户数 N 和最大时间周期 T，PKG 执行如下操作。

① 选择一个大素数p，两个阶为p的乘法循环群G和G_{T}，一个G的生成元g和一个双线性映射$e:G\times G\to G_{\mathrm{T}}$。

② 在G中随机选取元素$g_2,u_0,u_1,\cdots,u_m,v,v',w_0,w_1,\cdots,w_n$。

③ 随机选择$\alpha\in Z_p^*$，计算$g_1=g^{\alpha}$。

④ 选择一棵具有 N 个叶子节点的二叉树 BT，设置用户撤销列表$\mathrm{RL}=\varnothing$和状态$\mathrm{st}=\mathrm{BT}$。

⑤ 秘密保存主密钥$\mathrm{msk}=\alpha$，公开参数$\mathrm{pp}=(G,G_{\mathrm{T}},e,p,g,g_1,g_2,u_0,u_1,\cdots,u_m,v,v',w_0,w_1,\cdots,w_n)$。

为了表述方便，对于长度为 $m$bit 的用户身份$\mathrm{ID}=(\mathrm{ID}_1,\mathrm{ID}_2,\cdots,\mathrm{ID}_m)\in\{0,1\}^m$和长度为 $n$bit 的签名消息$M=(M_1,M_2,\cdots,M_n)\in\{0,1\}^n$，定义函数$F_{w,1}(\mathrm{ID})=u_0\prod_{i=1}^{m}(u_i)^{\mathrm{ID}_i}$和$F_{w,2}(M)=w_0\prod_{j=1}^{n}(w_j)^{M_j}$。

(2) Extract：为了生成用户身份 ID 的秘密密钥，PKG 执行如下操作。

① 在 BT 上随机选择一个空的叶子节点η，并在η中保存ID。

② 对于每个节点$\theta\in\mathrm{Path}(\eta)$，随机选择$g_\theta\in G$，并在$\theta$中保存$(g_\theta,\tilde{g}_\theta=\dfrac{g_2}{g_\theta})$；选择一个随机数$r_\theta\in Z_p$，计算$\mathrm{sk}_\theta=(\mathrm{sk}_{\theta,1},\mathrm{sk}_{\theta,2})=(g_\theta^{\alpha}F_{w,1}(\mathrm{ID})^{r_\theta},g^{r_\theta})$。

③ 将秘密密钥$\mathrm{sk}_{\mathrm{ID}}=\{(\theta,\mathrm{sk}_\theta)\}_{\theta\in\mathrm{Path}(\eta)}$通过一个安全信道发送给用户。

(3) Keyup：对于时间周期t、用户撤销列表 RL 和状态st，如果$t>T$，输出$\perp$；否则，PKG 通过如下步骤生成更新密钥uk_t。

① 对于每个节点$\theta\in\mathrm{KUNode}(\mathrm{BT},\ \mathrm{RL},\ t)$，首先在$\theta$中提取$\tilde{g}_\theta$，然后随机选取$s_\theta\in Z_p$，计算$\mathrm{uk}_\theta=(\mathrm{uk}_{\theta,1},\mathrm{uk}_{\theta,2})=((\tilde{g}_\theta)^{\alpha}(v'v^t)^{s_\theta},g^{s_\theta})$。

② 通过一个公开信道广播更新密钥$\mathrm{uk}_t=\{(\theta,\mathrm{uk}_\theta)\}_{\theta\in\mathrm{KUNode}(\mathrm{BT},\mathrm{RL},t)}$。

如果在时间周期t内用户撤销列表 RL 包含被撤销的用户身份ID，则 PKG 调用 KUNode 算法[37]生成需要更新的最小节点集合 Y=KUNode(BT, RL, t)，但被撤销的用户无法获得 PKG 生成的更新密钥uk_t。下面通过一个实例来说明撤销用户的方法。如图 5.1 所示，假定 4 个用户(u_1,u_2,u_3,u_4)被分配至 4 个叶子节点η_3，η_4，η_5和η_6。假设用户u_3被撤销，则$X=\mathrm{Path}(\eta_i)=\{\eta_5,\eta_2,\text{根(root)}\}$，$Y=\{\eta_1,\eta_6\}$，$\mathrm{Path}(\eta_5)\cap Y=\varnothing$。除$u_3$外，从每个用户对应的叶子节点到根节点

的路径上至少包含 Y 中的一个节点。用户 u_1 和 u_2 的路径上包含 Y 中的节点 η_1，用户 u_4 的路径上包含 Y 中的节点 η_6。在时间周期 t 内，PKG 只需更新 $Y=\{\eta_1,\eta_6\}$ 每个节点的密钥，实现未撤销用户 u_1,u_2 和 u_4 的密钥更新和用户 u_3 的撤销。

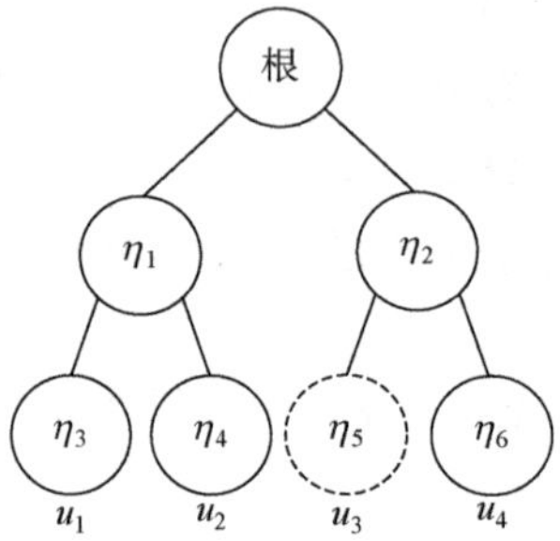

图 5.1　KUNode 算法的一个实例

(4) SKGen：如果用户身份 ID 在时间周期 $t\leqslant T$ 已被撤销，输出 $\perp$；否则，存在一个节点 $\theta\in \mathrm{KUNode}(\mathrm{BT},\mathrm{RL},t)\cap \mathrm{Path}(\eta)$; 用户随机选取 $r_{\mathrm{ID}},s_{\mathrm{ID}}\in Z_p$，利用自己的秘密密钥 $\mathrm{sk}_\theta=(\mathrm{sk}_{\theta,1},\mathrm{sk}_{\theta,2})$ 和公开的更新密钥 $\mathrm{uk}_\theta=(\mathrm{uk}_{\theta,1},\mathrm{uk}_{\theta,2})$，计算签名密钥：

$$\mathrm{dk}_{\mathrm{ID},t}=(\mathrm{dk}_{\mathrm{ID},t,1},\mathrm{dk}_{\mathrm{ID},t,2},\mathrm{dk}_{\mathrm{ID},t,3})=(\mathrm{sk}_{\theta,1}F_{w,1}(\mathrm{ID})^{r_{\mathrm{ID}}}\mathrm{uk}_{\theta,1}(v'v^t)^{s_{\mathrm{ID}}},\mathrm{sk}_{\theta,2}g^{r_{\mathrm{ID}}},\mathrm{uk}_{\theta,2}g^{s_{\mathrm{ID}}})$$
$$=(g_2^aF_{w,1}(\mathrm{ID})^{r_\theta+r_{\mathrm{ID}}}(v'v^t)^{s_\theta+s_{\mathrm{ID}}},g^{r_\theta+r_{\mathrm{ID}}},g^{s_\theta+s_{\mathrm{ID}}})$$

(5) ReKey：给定两个用户身份 $\mathrm{ID_A}$ 和 $\mathrm{ID_B}$ 的签名密钥 $\mathrm{dk}_{\mathrm{A},t}=(\mathrm{dk}_{\mathrm{A},t,1},\mathrm{dk}_{\mathrm{A},t,2},\mathrm{dk}_{\mathrm{A},t,3})$ 与 $\mathrm{dk}_{\mathrm{B},t}=(\mathrm{dk}_{\mathrm{B},t,1},\mathrm{dk}_{\mathrm{B},t,2},\mathrm{dk}_{\mathrm{B},t,3})$，采用类似文献[3]的安全协议，为代理者生成一个重签名密钥：

$$\mathrm{rk}_{\mathrm{A}\to\mathrm{B},t}=(\mathrm{rk}_{\mathrm{A}\to\mathrm{B},t,1},\mathrm{rk}_{\mathrm{A}\to\mathrm{B},t,2},\mathrm{rk}_{\mathrm{A}\to\mathrm{B},t,3})=\left(\frac{\mathrm{dk}_{\mathrm{B},t,1}}{\mathrm{dk}_{\mathrm{A},t,1}},\frac{\mathrm{dk}_{\mathrm{B},t,2}}{\mathrm{dk}_{\mathrm{A},t,2}},\frac{\mathrm{dk}_{\mathrm{B},t,3}}{\mathrm{dk}_{\mathrm{A},t,3}}\right)$$

(6) Sign：对于当前时间周期 $t\leqslant T$ 和一个消息 M，身份为 $\mathrm{ID_A}$ 的签名者随机选取 $r_m\in Z_p$，利用签名密钥 $\mathrm{dk}_{\mathrm{A},t}=(\mathrm{dk}_{\mathrm{A},t,1},\mathrm{dk}_{\mathrm{A},t,2},\ \mathrm{dk}_{\mathrm{A},t,3})$ 计算 $\sigma_{\mathrm{A},1}=\mathrm{dk}_{\mathrm{A},t,1}F_{w,2}(M)^{r_m}$，$\sigma_{\mathrm{A},2}=\mathrm{dk}_{\mathrm{A},t,2}$，$\sigma_{\mathrm{A},3}=\mathrm{dk}_{\mathrm{A},t,3}$ 和 $\sigma_{\mathrm{A},4}=g^{r_m}$，输出一个关于 M 的签名 $\sigma_{\mathrm{A}}=(\sigma_{\mathrm{A},1},\sigma_{\mathrm{A},2},\sigma_{\mathrm{A},3},\sigma_{\mathrm{A},4})$。

(7) ReSign：给定重签名密钥 $\mathrm{rk}_{\mathrm{A}\to\mathrm{B},t}=(\mathrm{rk}_{\mathrm{A}\to\mathrm{B},t,1},\mathrm{rk}_{\mathrm{A}\to\mathrm{B},t,2},\mathrm{rk}_{\mathrm{A}\to\mathrm{B},t,3})$、一个对应于身份 $\mathrm{ID_A}$ 和时间周期 $t\leqslant T$ 的关于消息 M 的签名 $\sigma_{\mathrm{A}}=(\sigma_{\mathrm{A},1},\sigma_{\mathrm{A},2},\sigma_{\mathrm{A},3},\sigma_{\mathrm{A},4})$，如果 $\mathrm{Verify}(\mathrm{pp},\mathrm{ID_A},t,M,\sigma_{\mathrm{A}})=0$，输出 $\perp$；否则，代理者随机选取 $r_m'\in Z_p$，计算

$$\sigma_{B,1}=\sigma_{A,1}\mathrm{rk}_{A\to R,t,1}F_{w,2}(M)^{r'_m}，\ \sigma_{B,2}=\sigma_{A,2}\mathrm{rk}_{A\to B,t,2}$$

$$\sigma_{B,3}=\sigma_{A,3}\mathrm{rk}_{A\to B,t,3}，\ \sigma_{B,4}=\sigma_{A,4}g^{r'_m}$$

输出一个对应于身份 $\mathrm{ID_B}$ 和 t 的关于 M 的签名 $\sigma_B=(\sigma_{B,1},\sigma_{B,2},\sigma_{B,3},\sigma_{B,4})$。

(8) Verify：给定身份 ID 、消息 M 、时间周期 t 和签名 $\sigma=(\sigma_1,\sigma_2,\sigma_3,\sigma_4)$，验证者检查下面等式是否成立。

$$e(\sigma_1,g)=e(g_2,g_1)e(F_{w,1}(\mathrm{ID}),\sigma_2)e(v'v^t,\sigma_3)e(F_{w,2}(M),\sigma_4)$$

如果上面等式成立，说明 σ 是一个有效的签名，输出 1；否则，输出 0。

(9) Revoke：给定 BT 上存储被撤销用户身份的叶子节点 η 、当前时间周期 $t\leqslant T$ 、用户撤销列表 RL 和状态 st，PKG 在列表 RL 中添加 (η,t)，即新的列表 $\mathrm{RL'}=\mathrm{RL}\cup\{(\eta,t)\}$，并输出更新后的用户撤销列表 RL′。

3. 安全性分析

因为 Sign 算法生成的原始签名 $\sigma_A=(\sigma_{A,1},\sigma_{A,2},\sigma_{A,3},\sigma_{A,4})$ 包含 G 中的 4 个元素，ReSign 算法生成的重签名 $\sigma_B=(\sigma_{B,1},\sigma_{B,2},\sigma_{B,3},\sigma_{B,4})$ 也包含 G 中的 4 个元素，所以 σ_B 也可以作为 ReSign 算法的原始签名。代理者利用重签名密钥 $\mathrm{rk}_{B\to C,t}$ 和 ReSign 算法能将签名 σ_B 转换成新的签名 σ_C，进而实现签名的多次转换，因此本小节方案满足多用性。

通过 $\mathrm{ID_A}$ 与 $\mathrm{ID_B}$ 间的重签名密钥 $\mathrm{rk}_{A\to B,t}$，很容易计算出 $\mathrm{ID_B}$ 与 $\mathrm{ID_A}$ 间的重签名密钥 $\mathrm{rk}_{B\to A,t}=\dfrac{1}{\mathrm{rk}_{A\to B,t}}$，所以本小节方案具有双向性。

定理 5.3 如果 CDH 问题在多项式时间内难以求解，则本小节方案在标准模型自适应性选择身份和消息攻击下满足存在不可伪造性。

证明：假设攻击者 $\mathcal{A}$ 进行最多 q_{sk} 次秘密密钥询问、q_{uk} 次更新密钥询问、q_{dk} 次签名密钥询问、q_{rk} 次重签名密钥询问、q_S 次签名询问和 q_R 次撤销询问后，以不可忽略的概率 $\mathrm{dk}_{\mathrm{ID},t}$ 攻破了本小节方案的存在不可伪造性，则存在一个挑战者 $\mathcal{C}$ 将利用 $\mathcal{A}$ 的伪造，以不可忽略的概率 ε' 解决 G 上的 CDH 问题。对于一个 CDH 问题实例 $(g,g^a,g^b)\in G^3$，$\mathcal{C}$ 的目标是计算 g^{ab}。

1) 初始化

挑战者 $\mathcal{C}$ 设置参数 $l_u=2(q_{sk}+q_{dk}+q_{sk}+q_S)$ 和 $l_m=2q_S$，满足 $l_u(m+1)<p$ 和 $l_m(n+1)<p$。随机选取 2 个整数 $k_u(0\leqslant k_u\leqslant m)$ 和 $k_m(0\leqslant k_m\leqslant n)$，并随机选择 $x_0,\ x_1,\cdots,x_m\in Z_{l_u}$，$c_0,c_1,\cdots,c_n\in Z_{l_m}$，$v_0,v_1,y_0,y_1,\cdots,y_m,d_0,d_1,\cdots,y_n\in Z_p$；选择一棵具有 N 个叶子节点的二叉树 BT，选取最大时间周期 T、用户撤销列表 RL =

$\varnothing$ 和状态 $\mathrm{st}=\mathrm{BT}$，设置 $g_1=g^a$，$g_2=g^b$，$u_0=g_2^{l_u,k_u+x_0}g^{y_0}$，$u_i=g_2^{x_i}g^{y_i}(1\leqslant i\leqslant m)$，$v'=g^{v_0}$，$v=g^{v_1}$，$w_0=g_2^{-l_mk_m+c_0}g^{d_0}$ 和 $w_j=g_2^{c_j}g^{d_j}(1\leqslant j\leqslant n)$，并发送系统参数 $\mathrm{pp}=(G,G_{\mathrm{T}},e,p,g,g_1,g_2,u_0,u_1,\cdots,u_m,v,v',w_0,w_1,\cdots,w_n)$ 给 $\mathcal{A}$。

从参数 $g_1=g^a$ 可知系统的主密钥为 a，但 a 对挑战者 $\mathcal{C}$ 来说是未知的。为了描述方便，对于长度为 $m$bit 的用户身份 ID 和长度为 $n$bit 的签名消息 $M=(M_1,M_2,\cdots,M_n)\in\{0,1\}^n$，定义下面四个函数：

$$F(\mathrm{ID})=x_0-l_uk_u+\sum_{i=1}^{m}x_r\mathrm{ID}_i,\quad J(\mathrm{ID})=y_0+\sum_{i=1}^{m}y_i\mathrm{ID}_i$$

$$K(M)=c_0-l_mk_m+\sum_{j=1}^{n}c_jM_j,\quad L(M)=d_0+\sum_{j=1}^{n}d_jM_j$$

于是有 $F_{w,1}(\mathrm{ID})=u_0\prod_{i=1}^{m}(u_i)^{\mathrm{ID}_i}=g_2^{F(\mathrm{ID})}g^{J(\mathrm{ID})}$ 和 $F_{w,2}(M)=w_0\prod_{j=1}^{n}(w_j)^{M_j}$。

2) 询问

$\mathcal{C}$ 回答 $\mathcal{A}$ 发起的以下一系列询问。

(1) Extract 询问：为了响应 $\mathcal{A}$ 请求的关于身份 ID 的秘密密钥询问，$\mathcal{C}$ 维持一个初始化为空的列表 T_{sk}。如果 $F(\mathrm{ID})=0\bmod p$，$\mathcal{C}$ 退出模拟；否则，$\mathcal{C}$ 执行如下操作。

① 在 BT 上随机选择一个空的叶子节点 η，并在 η 中保存 Num1。

② 对于每个节点 $T_{i,2}$，随机选择 $K_i=g^{\mathrm{sk_A sk_B}+y_iz_i}$，并在 θ 中保存 g_θ。如果 T_{sk} 中不存在 $(\theta,r_\theta,\mathrm{ID})$，随机选取 $r_\theta\in Z_p$，将 $(\theta,r_\theta,\mathrm{ID})$ 添加到 T_{sk} 中；然后提取 r_θ，计算 $\mathrm{sk}_\theta=(\mathrm{sk}_{\theta,1},\mathrm{sk}_{\theta,2})=(g_\theta g_1^{-\frac{J(\mathrm{ID})}{F(\mathrm{ID})}}F_{w,1}(\mathrm{ID})^{r_\theta},g_1^{-\frac{1}{F(\mathrm{ID})}}g^{r_\theta})$。

③ 发送秘密密钥 $\mathrm{sk}_{\mathrm{ID}}=\{(\theta,\mathrm{sk}_\theta)\}_{\theta\in\mathrm{Path}(\eta)}$ 给 $\mathcal{A}$。

(2) KeyUp 询问：为了响应 $\mathcal{A}$ 请求的关于时间周期 t 的更新密钥询问，$\mathcal{C}$ 维持一个初始化为空的列表 T_{uk}，如果 $t>T$，输出 $\perp$；否则，$\mathcal{C}$ 执行如下操作。

① 对于每个节点 $\theta\in\mathrm{KUNode}(\mathrm{BT},\mathrm{RL},t)$，首先在 θ 中提取 g_θ，然后在 T_{uk} 中提取 s_θ。如果 T_{uk} 中不存在 (θ,s_θ,t)，则选择一个随机数 $s_\theta\in Z_p$，将 (θ,s_θ,t) 添加到 T_{uk} 中，并计算 $\mathrm{uk}_\theta=(\mathrm{uk}_{\theta,1},\mathrm{uk}_{\theta,2})=(g_\theta^{-1}(v'v^t)^{s_\theta},g^{s_\theta})$。

② 将更新密钥 $\mathrm{uk}_t=\{(\theta,\mathrm{uk}_\theta)\}_{\theta\in\mathrm{KUNode}(\mathrm{BT},\mathrm{RL},t)}$ 发送给 $\mathcal{A}$。

(3) SKGen 询问：为了响应 $\mathcal{A}$ 请求的关于 (ID,t) 的签名密钥询问，$\mathcal{C}$ 维持一个初始化为空的列表 T_{dk}。$\mathcal{C}$ 首先发起关于 ID 的 Extract 询问和关于 t 的 KeyUp 询问，分别获得相应的秘密密钥 $\mathrm{sk}_{\mathrm{ID}}$ 与更新密钥 uk_t；然后在 T_{dk} 中提取 $(r_{\mathrm{ID}},s_{\mathrm{ID}})$。如果 T_{dk} 中不存在 $(r_{\mathrm{ID}},s_{\mathrm{ID}},\mathrm{ID},t)$，则选择两个随机数 $r_{\mathrm{ID}},s_{\mathrm{ID}}\in Z_p$，将 $(r_{\mathrm{ID}},s_{\mathrm{ID}},\mathrm{ID},t)$ 添加到 T_{dk} 中；最后运行 SKGen($\mathrm{pp},\mathrm{sk}_{\mathrm{ID}},\mathrm{uk}_t$)算法，将生成的签名

密钥 $\mathrm{dk}_{\mathrm{ID},t}$ 返回给 $\mathcal{A}$。

(4) ReKey 询问：对于 $\mathcal{A}$ 请求的关于两个身份 $(\mathrm{ID}_\mathrm{A},\mathrm{ID}_\mathrm{B})$ 和时间周期 t 的重签名密钥询问，$\mathcal{C}$ 首先进行关于 $(\mathrm{ID}_\mathrm{A},t)$ 和 $(\mathrm{ID}_\mathrm{B},t)$ 的 SKGen 询问，分别获得对应的签名密钥 $\mathrm{dk}_{\mathrm{A},t}$ 与 $\mathrm{dk}_{\mathrm{B},t}$；然后运行 $\mathrm{ReKey}(\mathrm{pp},\mathrm{dk}_{\mathrm{A},t},\mathrm{dk}_{\mathrm{B},t})$ 算法，将生成的重签名密钥 $\mathrm{rk}_{\mathrm{A}\to\mathrm{B},t}$ 发送给 $\mathcal{A}$。

(5) Sign 询问：对于 $\mathcal{A}$ 请求的关于身份 ID、时间周期 $t\leqslant T$ 与消息 M 的签名询问，如果 $F(\mathrm{ID})\neq 0 \bmod p$，$\mathcal{C}$ 发起关于 (ID,t) 的 SKGen 询问获得签名密钥 $\mathrm{dk}_{\mathrm{ID},t}$，然后运行 $\mathrm{Sign}(\mathrm{pp},\mathrm{dk}_{\mathrm{ID},t},t,M)$ 算法，并将输出的关于 M 的签名 σ 返回给 $\mathcal{A}$。如果 $F(\mathrm{ID})=0 \bmod p$，则考虑以下两种情况。

① 如果 $K(M)=0 \bmod p$，则 $\mathcal{C}$ 退出模拟。

② 如果 $K(M)\neq 0 \bmod p$，则 $\mathcal{C}$ 在表 T_{sk}，T_{uk}，T_{dk} 中分别提取 r_θ，s_θ 和 $(r_{\mathrm{ID}},s_{\mathrm{ID}})$，并随机选择 $r_m\in Z_p$，计算 $\sigma_1=F_{w,1}(\mathrm{ID})^{r_\theta+r_{\mathrm{ID}}}(v'v^t)^{s_v+s_{\mathrm{ID}}}g_1^{-\frac{L(M)}{K(M)}}\cdot F_{w,2}(M)^{r_w}$，$\sigma_2=g^{r_\theta+r_{\mathrm{ID}}}$，$\sigma_3=g^{s_\theta+s_{\mathrm{ID}}}$ 和 $\sigma_4=g_1^{-\frac{1}{K(M)}}g^{r_m}$，然后将关于 M 的签名 $\sigma=(\sigma_1,\sigma_2,\sigma_3,\sigma_4)$ 发送给 $\mathcal{A}$。

(6) Revoke 询问：对于 $\mathcal{A}$ 关于 (ID,t) 的撤销请求，$\mathcal{C}$ 运行 $\mathrm{Revoke}(\mathrm{ID},t,\mathrm{RL},\mathrm{st})$ 算法，并将运行结果返回给 $\mathcal{A}$。

3) 伪造

攻击者 $\mathcal{A}$ 最后输出一个对应于身份 ID^* 和时间周期 $t^*\leqslant T$ 的关于消息 M^* 的签名 $\sigma^*=(\sigma_1^*,\sigma_2^*,\sigma_3^*,\sigma_4^*)$。如果 $F(\mathrm{ID}^*)\neq 0 \bmod p$ 或 $K(M^*)\neq 0 \bmod p$，$\mathcal{C}$ 退出模拟；否则，$\mathcal{C}$ 计算 CDH 值 g^{ab}：

$$
\begin{aligned}
\frac{\sigma_1^*}{(\sigma_2^*)^{J(\mathrm{ID}^*)}(\sigma_3^*)^{v_0+v_1t^*}(\sigma_4^*)^{L(M^*)}}&=\frac{g_2^aF_{w,1}(\mathrm{ID}^*)^{r_{\mathrm{ID}}^*+r_\theta^*}(v'v^{t^*})^{s_{\mathrm{ID}}^*+s_\theta^*}F_{w,2}(M^*)^{r_m^*}}{(g^{r_{\mathrm{ID}}^*+r_\theta^*})^{J(\mathrm{ID}^*)}(g^{s_{\mathrm{ID}}^*+s_\theta^*})^{v_0+v_1t^*}(g^{r_m^*})^{L(M^*)}}\\
&=\frac{g_2^a(g_2^{F(\mathrm{ID}^*)}g^{J(\mathrm{ID}^*)})^{r_{\mathrm{ID}}^*+r_\theta^*}(g^{V_0}g^{v_1t^*})^{s_{\mathrm{ID}}^*+s_\theta^*}(g_2^{K(M^*)}g^{L(M^*)})^{r_m^*}}{(g^{J(\mathrm{ID}^*)})^{r_{\mathrm{ID}}^*+r_\theta^*}(g^{v_0+v_1t^*})^{s_{\mathrm{ID}}^*+s_\theta^*}(g^{L(M^*)})^{r_m^*}}\\
&=g_2^a=g^{ab}
\end{aligned}
$$

其中，$F(\mathrm{ID}^*)=K(M^*)=0 \bmod p$。

因此，$\mathcal{C}$ 利用 $\mathcal{A}$ 的伪造成功解决了 CDH 问题。类似于文献[3]的分析，$\mathcal{C}$ 能以 $\varepsilon'>\dfrac{\varepsilon}{16(m+1)(n+1)q_S(q_{\mathrm{sk}}+q_{\mathrm{dk}}+q_{\mathrm{rk}}+q_S)}$ 的概率解决 G 上的 CDH 问题。**证毕**

定理 5.4　本小节方案满足抗签名密钥泄露攻击性。

证明：在本小节方案中，分别用 g_θ 和 $\tilde{g}_\theta$ 来构造秘密密钥和更新密钥，并且满

足 $g_\theta \tilde{g}_\theta = g_2^a$ 。只有未撤销的用户才能正确恢复出 g_2^a ，进而生成有效的签名密钥。如果攻击者获得未撤销用户身份 ID 的签名密钥 $\mathrm{dk}_{\mathrm{ID},t}$ ，则利用公开信道传输的更新密钥 uk_t 计算秘密密钥：

$$\mathrm{sk}'_{\theta,1} = \frac{\mathrm{dk}_{\mathrm{ID},t,1}}{\mathrm{uk}_{\theta,1}} = \frac{g_2^\alpha F_{w,1}(\mathrm{ID})^{r_\theta + r_{\mathrm{ID}}} (\nu'\nu^t)^{s_\theta + s_{\mathrm{ID}}}}{(\tilde{g}_\theta)^\alpha (\nu'\nu^t)^{s_\theta}} = g_\theta^\alpha F_{w,1}(\mathrm{ID})^{r_\theta + r_{\mathrm{ID}}} (\nu'\nu^t)^{s_{\mathrm{ID}}}$$

很显然， $\mathrm{sk}'_{\theta,1} \neq \mathrm{sk}_{\theta,1} = g_\theta^\alpha F_{w,1}(\mathrm{ID})^{r_\theta}$ 。

由于在本小节方案的 SKGen 算法中，用户随机选取 $r_{\mathrm{ID}}, s_{\mathrm{ID}} \in Z_p$ 且对秘密密钥和更新密钥进行了随机化处理，因此攻击者即使获得用户身份 ID 在时间周期 t 的更新密钥 uk_t ，也无法直接从 uk_t 中计算出对应的秘密密钥 $\mathrm{sk}_{\mathrm{ID}}$ 。因为用户的签名密钥 $\mathrm{dk}_{\mathrm{ID},t}$ 通过固定的秘密密钥 $\mathrm{sk}_{\mathrm{ID}}$ 和定期变化的更新密钥 uk_t 生成，所以攻击者在 $\mathrm{sk}_{\mathrm{ID}}$ 未知的情况下无法利用 SKGen 算法产生其他时间周期 $\tilde{t} \neq t$ 的有效签名密钥 $\mathrm{dk}_{\mathrm{ID},\tilde{t}}$ 。

综上所述，即使攻击者获得当前时间段的签名密钥 $\mathrm{dk}_{\mathrm{ID},\tilde{t}}$ ，攻击者也无法通过 $\mathrm{dk}_{\mathrm{ID},\tilde{t}}$ 和公开的更新密钥 uk_t 计算出秘密密钥 $\mathrm{sk}_{\mathrm{ID}}$ ，也不会影响其他时间周期签名密钥 $\mathrm{dk}_{\mathrm{ID},\tilde{t}}$ 的安全性。因此，本小节方案能抵抗签名密钥泄露攻击，即满足抗签名密钥泄露攻击性。 **证毕**

4. 性能分析

文献[3]、[10]和[11]分别提出了 3 个标准模型下安全的基于身份代理重签名方案，下面将本小节方案与这些方案进行性能比较分析，结果如表 5.2 所示。令 N 表示用户总数， R 表示撤销的用户数，则由 KUNode 算法的计算复杂度可知[37]，本小节方案中 PKG 更新密钥的开销为 $O(R\log\frac{N}{R})$ 。假设所有方案选择阶为素数 p 的群 G 和 G_{T} ，仅考虑计算开销比较大的双线性对运算和幂运算，不再讨论计算量较小的模乘法运算等操作。在表 5.2 中，用符号 $|G|$ 表示群 G 中一个元素的平均长度，$|p|$ 表示 Z_p 中一个元素的平均长度，P 表示一次双线性对运算，E 表示一次幂运算。

从表 5.2 可知，与 Shao 方案[3]相比较，本小节方案的签名长度和重签名长度多了一个群 G 中的元素，并且签名验证算法多了一次双线性对运算和一次幂运算。与 Feng 方案[10]相比较，本小节方案与该方案有相同的重签名长度，但具有较高的签名验证效率，并满足多用性。与 Hu 方案[11]相比较，本小节方案具有更短的签名长度和重签名长度，并且签名算法的计算效率优于该方案。然而，其他三个方案均没有考虑用户撤销问题，本小节方案实现了用户撤销功能，并且

PKG 撤销用户的工作量随用户总数的增加呈现对数增长，具有良好的延展性。

表 5.2　计算开销与安全性能比较

方案	签名长度	重签名长度	签名	重签名	签名验证	抗签名密钥泄露攻击	用户撤销功能
Shao 方案[3]	$3\|G\|$	$3\|G\|$	2E	4P +2E	4P	否	否
Feng 方案[10]	$3\|G\|$	$4\|G\|$	3E	4P +5E	5P +3E	否	否
Hu 方案[11]	$4\|G\|+\|p\|$	$4\|G\|+\|p\|$	6E	4P +6E	4P +4E	否	否
本小节方案	$4\|G\|$	$4\|G\|$	2E	5P +3E	5P +E	是	是

下面将本小节方案、Feng 方案[10]和 Hu 方案[11]进行签名算法的计算时间开销对比分析，具体结果如图 5.2 所示。选取 PBC 算法库的 a.param 初始化 pairing。实验的硬件环境：英特尔酷睿 i7-6500 处理器(2.5GHz)，8GB 内存和 512GB 硬盘空间。软件环境：64 位的 Windows 10 操作系统和密码库 PBC-0.47-VC。

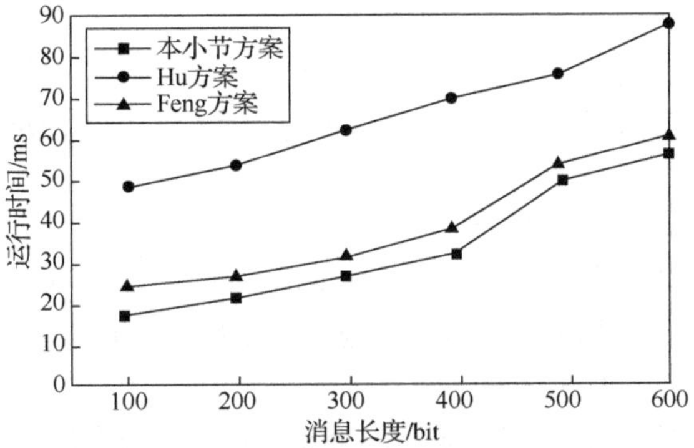

图 5.2　签名生成的时间开销与消息长度的关系

由于本小节方案是基于 Shao 方案[3]设计的，因此这两个方案生成签名的计算开销相同，需要 2 次幂运算。此外，Feng 方案[10]需要 3 次幂运算，Hu 方案[11]需要 6 次幂运算。对于长度相同的签名消息，图 5.2 表明本小节方案生成签名的时间开销低于 Feng 方案和 Hu 方案。当被撤销的用户数小于用户总数的一半时，本小节方案具有更低的用户撤销开销。

5.4　在线/离线门限代理重签名体制

在门限代理重签名中，分布式协议不仅增加了通信的成本，而且加大了代理重签名的运算量。为了改善门限代理重签名的性能，本书作者提出了在线/离线门限代理重签名体制[6]，离线阶段进行签名计算的大部分操作，并将这些运算结果保存起来；在签名消息到来时，利用离线阶段保存的数据能在很短的时间内生成消息的在线签名。本节首先介绍变色龙哈希函数和常用的密码协议，其次讨论在线/离线门限代理重签名体制的形式化定义，最后给出一个可证安全的在线/离线门限代理重签名方案[6]。

5.4.1 变色龙哈希函数

定义 5.5 变色龙哈希函数 $\mathrm{CH}(\cdot,\cdot)$ 是一种特殊的哈希函数，拥有一个门限密钥 TK 和一个门限公钥 HK，并且满足以下性质[38]。

1. 有效性

给定一个门限公钥 HK、一个签名消息 m 和一个随机数 r，存在一个概率多项式时间算法计算 $\mathrm{CH}_{\mathrm{HK}}(m,r)$。

2. 抗碰撞性

输入一个门限公钥 HK，不存在一个概率多项式时间算法以不可忽略的概率输出 (m_1,r_1) 和 (m_2,r_2)，使得 $m_1 \neq m_2$ 且 $\mathrm{CH}_{\mathrm{HK}}(m_1,r_1)=\mathrm{CH}_{\mathrm{HK}}(m_2,r_2)$。

3. 门限碰撞

给定门限密钥 TK 和门限公钥 HK、两个不同的消息 (m_1,m_2) 和一个随机数 r_1，一定存在一个概率多项式时间算法输出一个值 r_2，使得

(1) $\mathrm{CH}_{\mathrm{HK}}(m_1,r_1)=\mathrm{CH}_{\mathrm{HK}}(m_2,r_2)$；

(2) 若 r_1 服从均匀分布，则 r_2 服从的分布与均匀分布在计算上是不可区分的。

下面介绍一个基于离散对数假设的变色龙哈希函数 $\mathrm{CH}(m,r)=h_1^r h_2^m$[6]，拥有两个门限密钥，一个门限密钥用于构造签名算法证明过程中的模拟器；当攻击者找到一个变色龙哈希函数的碰撞时，能以 $\varepsilon/2$ 的概率得到另外一个门限密钥，从而解决相应的离散对数问题。该函数包含如下两个算法。

(1) 门限密钥生成算法 $\mathcal{I}$：选择两个大素数 p 和 q，满足 $q \mid p-1$。h 是 Z_p^* 中的 $q \mid p-1$ 阶元素，随机选择 $y,z \in Z_q^*$，计算 $h_1 = g^y \pmod p$ 和 $h_2 = g^z \pmod p$，则门限密钥 $\mathrm{TK}=(y,z)$ 和门限公钥 $\mathrm{HK}=(p,q,g,h_1,h_2)$。

(2) 哈希函数生成算法 $\mathcal{H}$：对于门限公钥 $\mathrm{HK}=(p,q,g,h_1,h_2)$，定义一个变色龙哈希函数 $\mathrm{CH}_{\mathrm{HK}}: Z_q \times Z_q \to Z_p^*$，具体为 $\mathrm{CH}(m,r)=h_1^r h_2^m \pmod p$。

定理 5.5 $\mathrm{CH}(m,r)=h_1^r h_2^m$ 是一个基于离散对数假设的变色龙哈希函数[6]。

证明：下面证明 $\mathrm{CH}(m,r)=h_1^r h_2^m$ 满足变色龙哈希函数的性质。

(1) 有效性：给定一个门限公钥 $\mathrm{HK}=(p,q,g,h_1,h_2)$、一个消息 m 和一个随机数 r，能够在多项式时间内计算出 $\mathrm{CH}(m,r)=h_1^r h_2^m (\mathrm{mod}\, p)$。

(2) 抗碰撞性：给定一个门限公钥 $\mathrm{HK}=(p,q,g,h_1,h_2)$，假设存在一个概率多项式时间算法能以不可忽略的概率输出 (m_1,r_1) 和 (m_2,r_2)，使得 $\mathrm{CH}(m_1,r_1)=\mathrm{CH}(m_2,r_2)$ 且 $m_1 \neq m_2$，将 z 看作一个随机数，则可以在多项式时间内计算 h_1 的离散对数 y，即

$$h_1^{r_1} h_2^{m_1} = h_1^{r_2} h_2^{m_1} (\mathrm{mod}\, p)$$

$$yr_1 + zm_1 = yr_2 + zm_2 (\mathrm{mod}\, q)$$

因为 $m_1 \neq m_2$，所以 $r_1 \neq r_2$，从而 $r_1 - r_2$ 在 Z_q^* 中存在逆元，于是有

$$y = (r_2 - r_1)^{-1}(zm_1 - zm_2)(\mathrm{mod}\, q)$$

由于离散对数是一个数学困难问题，上述结论与离散对数问题的困难性相矛盾，因此这个概率多项式时间算法找到哈希函数碰撞的概率是可忽略的。也就是说，变色龙哈希函数满足抗碰撞性。

(3) 门限碰撞：给定一个门限公钥 $\mathrm{HK}=(p,q,g,h_1,h_2)$ 和一个门限密钥 $\mathrm{TK}=(y,z)$，两个不同的消息 (m_1,m_2) 和一个随机数 r_1，寻找 r_2 使得

$$h_1^{r_1} h_2^{m_1} = h_1^{r_2} h_2^{m_2} (\mathrm{mod}\, p)$$

可通过下式在多项式时间内计算出 r_2：

$$r_2 = y^{-1}(zm_1 - zm_2) + r_1 (\mathrm{mod}\, q)$$

因此，如果 r_1 在 Z_q 中服从均匀分布，则 r_2 在 Z_q 中也服从均匀分布。　**证毕**

5.4.2　三种常用的密码协议

下面简要介绍三种常用的密码协议，文献[6]利用这些密码协议构造了一个在线/离线门限代理重签名方案。假设 n 是参与协议的成员个数，所有成员都被一个点到点的秘密信道和一个广播信道互相连接。假定所有协议的攻击者是静态的，即在协议开始前必须确定已被攻陷的成员。

1. 分布式密钥生成协议

在门限签名方案中，经常使用分布式密钥生成(distributed key generation, DKG)协议来生成群公钥和群私钥。在具有 n 个成员的 DKG 协议中，所有 n 个成员都知道群公钥，但没有一个成员知道群私钥。每个成员均有一个群私钥的秘密份额，至少达到门限值 t 个成员时才能联合重构出群私钥。Gennaro 等[39]提出

了一个基于离散对数问题[40]的 DKG 协议，能够生成一个群私钥 a 和群公钥 $h = g^a$。

2. 分布式乘法协议

假设成员 P_i 拥有 a 和 b 的秘密份额 a_i 和 b_i，使用 Ben-Or 等[41]提出的分布式乘法(distributed multiplication, DM)协议能计算出 $c = ab$；协议结束时，P_i 得到 c 的秘密份额 c_i。

3. 分布式求逆协议

假设 a 在 Z_q^* 中存在逆元，成员 P_i 拥有 a 的秘密份额 a_i，使用 Bar-Ilan 等[42]提出的分布式求逆(distributed inverse, DI)协议能计算出 a 的逆元 a^{-1}，这里 $aa^{-1} = 1(\bmod q)$；协议结束时，P_i 得到 a^{-1} 的秘密份额 a_i^{-1}。

5.4.3 形式化定义

定义 5.6 一个在线/离线门限代理重签名方案 OTPRS=(OT-Rekey, OT-ReSign^{Off}, OT-ReSign^{On}, Ver)由以下四个协议组成。

(1) OT-Rekey 是分布式重签名密钥生成协议：输入一个安全参数 1^k，输出所有成员的公钥和签名密钥，并且每个代理者得到一个重签名子密钥 rsk_i。

(2) OT-ReSign^{Off} 是离线门限重签名协议：输入重签名子密钥和签名密钥，输出一个签名标签 $\sigma_{\text{A}}^{\text{off}}$ 和一个重签名标签 $\sigma_{\text{B}}^{\text{off}}$；每个代理者得到一个秘密状态信息 st_i。

(3) OT-ReSign^{On} 是在线门限重签名协议：输入一个消息 m、两个签名标签 $(\sigma_{\text{A}}^{\text{off}}, \sigma_{\text{B}}^{\text{off}})$ 和秘密状态信息 st_i，输出消息 m 的重签名 ρ。

(4) Ver 是签名验证协议：输入一个消息 m、一个公钥 pk 和一个签名 ρ，如果 ρ 是对应于公钥 pk 的关于消息 m 的有效签名，输出 1；否则，输出 0。

在线/离线门限代理重签名具有很强的实用性，因此在线重签名协议的运算量要尽可能小。门限代理重签名体制的安全性定义有很多种，但最强的一种是要求门限代理重签名是可模拟的，这个安全概念可保证门限代理重签名与所关联的代理重签名具有相同的安全性。因为“模拟”这个特性与“在线/离线”属性是独立的，所以可采用模拟的安全性证明方法构造一个分布式环境下的模拟器，将在线/离线门限代理重签名方案的安全性归约到所关联的门限代理重签名方案的安全性或变色龙哈希函数的安全性。也就是说，门限代理重签名方案是安全的，并且一个分布式变色龙哈希函数具有抗碰撞性，则相应的在线/离线门限代理重签名方案也是安全的。

5.4.4　基于变色龙哈希函数的在线/离线门限代理重签名方案

基于分布式变色龙哈希函数，本书作者提出了一个在线/离线门限代理重签名方案[6]，该方案能将任意一个安全的门限代理重签名方案转换为一个相应的在线/离线门限代理重签名方案，生成消息的部分重签名仅需要 2 次模加法运算和 1 个模乘法运算。该方案基于一个普通的门限代理重签名方案 TPRS=(Setup, KeyGen, ShareRekey, Sign, ShareResign, Combine, Verify)构造，其中分布式重签名密钥生成协议 OT-Rekey 仅运行一次；一旦有新的签名消息，就运行离线门限重签名协议 OT-ReSign^{Off}、在线门限重签名协议 OT-ReSign^{On} 和签名验证协议 Ver；只有在门限重签名非法时，才运行部分重签名验证协议。具体方案如下。

1. OT-Rekey

(1) 选择两个大素数 p 和 q，满足 $q\,|\,p-1$；h 是 Z_q^* 中 q 阶子群 G 的一个生成元。设 n 个半可信的代理者 $P_1,P_2,\cdots,P_n$，t 是门限值。根据安全参数 1^k，运行 TPRS 的 Setup 算法生成公开参数 params，设置系统参数 $\text{cp}=\{\text{params},p,q,h\}$。

(2) 运行 TPRS 的 KeyGen 算法生成受托者的密钥对($\text{pk}_\text{A},\text{sk}_\text{A}$)和委托者的密钥对($\text{pk}_\text{B},\text{sk}_\text{B}$)。

(3) 输入($\text{pk}_\text{A},\text{sk}_\text{A},\text{pk}_\text{B},\text{sk}_\text{B}$)，运行 TPRS 的 ShareRekey 算法生成一个重签名密钥 $\text{rk}_{\text{A}\to\text{B}}$ 和相应的验证公钥 vk，每个代理者 P_i 得到一个重签名子密钥 $\text{rk}^i{}_{\text{A}\to\text{B}}$ 和验证公钥 vk_i。

(4) 运行 DKG 协议生成 $h_1=h^y(\text{mod}\,p)$，$y\in Z_q^*$ 是一个门限密钥，P_i 得到 y 的一个秘密份额 y_i，存在一个 t 次秘密多项式 $f_y(x)\in Z_q[x]$，使得 $f_y(0)=y$。

(5) 运行 DKG 协议生成 $h_2=h^z(\text{mod}\,p)$，$z\in Z_q^*$ 是另外一个门限密钥，P_i 得到 z 的一个秘密份额 z_i，存在一个 t 次秘密多项式 $f_z(x)\in Z_q[x]$，使得 $f_z(0)=z$。

(6) 运行分布式求逆(DI)协议，计算 y 的逆元 Y，使得 $yY=1(\text{mod}\,q)$，P_i 得到 Y 的一个秘密份额 Y_i。

(7) 运行分布式乘法(DM)协议，计算 $\eta=zY(\text{mod}\,q)$，P_i 得到 η 的一个秘密份额 η_i；P_i 广播 $h^{\eta_i}(\text{mod}\,p)$ 作为自己的验证公钥，用来验证部分重签名的合法性。

(8) 公开系统参数 $(\text{cp},\text{pk}_\text{A},\text{pk}_\text{B},\text{vk},h,h_1,h_2,\{h^{\eta_i}\}_{i=1}^n)$。说明：代理者 P_i 的验证公钥是 $(h^{\eta_i}(\text{mod}\,p),\text{vk}_i)$ 以及重签名子密钥 $\text{rsk}_i=(\text{rk}^i_{\text{A}\to\text{B}},y_i,z_i,\eta_i)$。

2. OT-ReSign^{Off}

OT-ReSign^{Off} 基于分布式变色龙哈希函数构建，主要输出签名标签、重签名标签和每个代理者的秘密状态信息。主要步骤如下所述。

(1) 运行 DKG 协议生成 h_1^{μ}，其中 $\mu \in Z_q^*$，代理者 P_i 得到 μ 的一个秘密份额 μ_i，存在一个 t 次秘密多项式 $f_{\mu}(x) \in Z_q[x]$，使得 $f_{\mu}(0) = \mu$。

(2) 运行 DKG 协议生成 h_2^{a}，其中 $a \in Z_q^*$，代理者 P_i 得到 a 的一个秘密份额 a_i，存在一个 t 次秘密多项式 $f_a(x) \in Z_q[x]$，使得 $f_a(0) = a$。

(3) 运行 DKG 协议，协议结束后代理者 P_i 得到一个秘密份额 ω_i，存在一个 t 次秘密多项式 $f_{\omega}(x) \in Z_q[x]$，使得 $f_{\omega}(0) = 0$。

(4) 由于 h_1^{μ} 和 h_2^{a} 对所有代理者均为已知值，因此 P_i 计算 $\text{Com} = h_1^{\mu} h_2^{a} \pmod p$。

(5) 运行 TPRS 的 Sign 算法生成受托者对 Com 的签名 σ_{A}。

(6) 运行 TPRS 的 ShareResign 算法和 Combine 算法生成 Com 的重签名 σ_{B}。

(7) 运行 DM 协议计算 $\tau = \mu + azY \pmod q$，代理者 P_i 得到 τ 的一个秘密份额 τ_i。说明：P_i 在执行 DM 协议中广播公开承诺值 $h^{\tau_1} \pmod p$。

(8) 设置签名标签 $\sigma_{\text{A}}^{\text{off}} = (\text{Com}, \sigma_{\text{A}})$ 和重签名标签 $\sigma_{\text{B}}^{\text{off}} = (\text{Com}, \sigma_{\text{B}})$，每个代理者 P_i 的秘密状态信息 $\text{st}_i = (\mu_i, a_i, \omega_i)$。

3. OT-ReSign^{On}

OT-ReSign^{On} 使用一个抗碰撞的哈希函数 $H_3 : \{0,1\}^* \to Z_q$，将签名消息 m 映射为 Z_q 中的一个元素。主要步骤如下所述。

(1) 代理者 P_i 计算自己的部分重签名 $\mu_i' = \tau_i - m'\eta_i + \omega_i \pmod q$。

(2) 代理者 P_i 广播 μ_i' 给其他代理者，利用 Welch-Berlekamp 解码算法[43]重构出 μ_i'。

(3) 受托者生成消息 m' 的签名 $\rho_{\text{A}} = (\mu', \sigma_{\text{A}})$，委托者生成消息 m' 的重签名 $\rho_{\text{B}} = (\mu', \sigma_{\text{B}})$。

4. Ver 协议

给定一个消息 m'、一个公钥 pk 和一个待验证的签名 $\rho = (\mu', \sigma)$，验证者执行如下操作。

(1) 计算 $\text{Com} = h_1^{\mu'} h_2^{m'} \pmod p$。

(2) 如果 Verify $(\text{pk}, \text{Com}, \sigma)$=1 且 σ 是对应于公钥 pk 的关于消息 m 的有效

签名，输出 1；否则，输出 0。

如果一个新的门限重签名是非法的，则说明有些代理者提供了非法部分重签名，运行部分重签名验证协议可确认并移除提供非法部分重签名的代理者。设 m' 是待签名的消息，$h^{\eta_i} (\mathrm{mod}\, p)$ 是代理者 P_i 的验证公钥，$h^{\tau_i} (\mathrm{mod}\, p)$ 和 $h^{\omega_i} (\mathrm{mod}\, p)$ 是离线阶段的公开承诺值，通过下式可验证部分重签名 μ_i' 的合法性：

$$h^{\mu_i'} = h^{\tau_i} (h^{\eta_i})^{-m'} h^{\omega_i} (\mathrm{mod}\, p)$$

若上式不成立，则说明代理者 P_i 提供了非法部分重签名 μ_i'。

下面分析本小节方案的安全性和有效性。本小节方案使用了 5.4.3 小节描述的三种密码协议，这三种协议在容许攻击者攻陷 $t < n/3$ 个代理者的情况下，均满足健壮性。因此，当 $t < n/3$ 时，分布式重签名密钥生成协议和离线门限重签名协议也满足健壮性。在线门限重签名协议的第 2 步，要使用 Welch-Berlekamp 解码算法[43]才能重构出正确的 μ_i'。由于均使用的是 t 次插值多项式，并且容许 $t < n/3$ 个代理者被攻陷；根据 Welch-Berlekamp 的界，正确重构 μ' 所需要的代理者总数至少是 $3t+1$。因此，当 $t < n/3$ 时，本小节的在线/离线门限代理重签名方案满足健壮性。

定理 5.6　若一个门限代理重签名方案 TPRS=(Setup, KeyGen, ShareRekey, ShareResign, Sign, Combine, Verify)在适应性选择消息攻击下是安全的，则本小节的在线/离线门限代理重签名方案 OTPRS=(OT-Rekey, OT-ReSign^{Off}, OT-ReSign^{On}, Ver)在适应性选择消息攻击下也是安全的。

证明：假设存在一个攻击者 $\mathcal{A}$ 以不可忽略的概率 ε 成功伪造 OTPRS 的一个签名，则可利用这个伪造以 $\geqslant \varepsilon/2$ 的概率成功伪造 TPRS 的一个签名，或者以 $\geqslant \varepsilon/2$ 的概率解决离散对数问题的一个实例。

(1) 如果第一种情况(伪造 TPRS 的一个签名)成立，给定系统参数 cp，构造一个攻击者 $\mathcal{B}$ 在适应性选择消息攻击下伪造 TPRS 的一个签名。为了达到这个目的，$\mathcal{B}$ 适应性地选择消息 M_i 进行签名询问，得到相应的签名 RS_i。$\mathcal{B}$ 的目标是输出 (M, RS)，其中 RS 是某个公钥的新消息 M 的签名，这里对任意 i 有 $(M, \mathrm{RS}) \neq (M_i, \mathrm{RS}_i)$。为了不失一般性，假设攻击者攻陷的 t 个代理者集合记为 $P_{\mathrm{A}} = \{P_1, P_2, \cdots, P_t\}$。$\mathrm{SIM}_1$ 是 TPRS 中 ShareRekey 算法的模拟器，SIM_2 是 TPRS 中 ShareResign 算法的模拟器。$\mathcal{B}$ 对三个协议的模拟过程如下所述。

① 分布式重签名密钥生成协议：$\mathcal{B}$ 代表诚实的代理者运行该协议，设置 SIM_1 的系统参数为攻击者 $\mathcal{B}$ 的初始化系统参数，然后运行 ShareRekey 算法的模拟器 SIM_1。因为 ShareRekey 是可模拟的，从攻击者的角度来看，$\mathcal{B}$ 模拟上述步骤的过程与协议的实际执行过程在计算上是不可区分的。

② 离线门限重签名协议：$\mathcal{B}$ 代表诚实的代理者运行协议的第 1～5、7、8 步。对于第 6 步，$\mathcal{B}$ 首先询问它的签名预言机和重签名预言机(与 Sign 和 ShareResign 相关)获得计算值 Com_i 的一个签名 $\sigma^{\mathrm{A}}_{\mathrm{Com}_i}$ 和一个重签名 $\sigma^{\mathrm{B}}_{\mathrm{Com}_i}$；然后以系统参数 cp、已被攻陷的 t–1 个重签名子密钥、签名 $\sigma^{\mathrm{A}}_{\mathrm{Com}_i}$ 和重签名 $\sigma^{\mathrm{B}}_{\mathrm{Com}_i}$ 为输入，运行 ShareResign 算法的模拟器 SIM_2，使得 SIM_2 的输出恰好也是 $\sigma^{\mathrm{B}}_{\mathrm{Com}_i}$。因为 ShareResign 算法是可模拟的，所以上述模拟过程是合理的。

③ 在线门限重签名协议：$\mathcal{B}$ 代表诚实的代理者运行在线门限重签名协议。

最后，攻击者 $\mathcal{A}$ 以 $\geqslant \varepsilon$ 的概率输出 OTPRS 的一个伪造 (m^*, μ^*, σ^*)。令 $\mathcal{A}$ 以前询问过的消息 m_i 的签名为 (μ_i, σ_i)，则对任意 i 有 $m^* \neq m_i$ 且 $\mathrm{Com}^* \neq \mathrm{Com}_i$。这就意味着，$\mathcal{B}$ 从未向签名预言机或重签名预言机询问过 Com^*，于是 $\mathcal{B}$ 获得一个消息 Com^* 和 (μ^*, σ^*)，使得 σ^* 是 Com^* 的一个有效签名(对 TPRS 而言)。因此，$\mathcal{B}$ 以 $\geqslant \varepsilon / 2$ 的概率成功伪造了一个 TPRS 的签名。

(2) 如果第二种情况(解决离散对数问题的一个实例)成立，定义一个概率多项式时间算法 $\mathcal{B}$，利用攻击者 $\mathcal{A}$ 的伪造找到变色龙哈希函数 $\mathrm{CH}(m, r)$ 的一个碰撞，从而解决一个离散对数问题的实例。假设 $\mathcal{B}$ 收到的离散对数问题实例是 $(h, h_1) \in Z_p^2$，$\mathcal{B}$ 的目标是确定 h_1 的离散对数 $\log_h^{h_1} = y$。

$\mathcal{B}$ 对三个协议的模拟过程如下所述。

① 分布式重签名密钥生成协议：$\mathcal{B}$ 代表诚实的代理者运行该协议的所有步骤。因为 h_1 是通过 DKG 协议生成的，所以运行 DKG 协议的模拟器 $\mathrm{SIM}_{\mathrm{DKG}}$ 使得 DKG 协议的输出结果是 h_1。所有代理者将分享秘密信息 $\hat{y}$，$\hat{y}$ 不等于 h_1 的离散对数值 y，代理者 P_i 得到 $\hat{y}$ 的一个秘密份额 $\hat{y}_i$。运行分布式求逆协议计算 $\hat{y}$ 的逆元 $\hat{y}^{-1}$，运行分布式乘法协议计算 $\hat{\eta} = z\hat{y}^{-1} (\mathrm{mod}\, q)$。

② 离线门限重签名协议：$\mathcal{B}$ 代表诚实的代理者运行协议的第 1～6、8 步。第 7 步的模拟与协议实际执行的唯一区别是 $\mathcal{B}$ 代表诚实的代理者运行 DM 协议来计算 $\hat{\tau} = \mu + a\hat{\eta}$。

③在线门限重签名协议：$\mathcal{A}$ 选择消息 m'，$\mathcal{B}$ 计算 $\mu' = \mu + a\hat{\eta} - m'\hat{\eta} (\mathrm{mod}\, q)$。由于 $\mathcal{B}$ 控制了所有的诚实代理者，因此 $\mathcal{B}$ 能计算出正确的 μ'。同时，$\mathcal{B}$ 也能恢复出已被攻陷代理者的部分重签名 μ_i'，$i = 1, 2, \cdots, t$。令 $f^*(0) = \mu'$，$f^*(i) = \mu_i'$，其中 $i = 1, 2, \cdots, t$，则 $\mathcal{B}$ 构造一个 t 次多项式 $f^*(x)$，计算并广播 $\mu_j' = f^*(j)$，$j = t+1, \cdots, n$。如果所有诚实的代理者能正确地执行协议，则利用 Welch-Berlekamp 解码算法能正确恢复出 μ'。

从攻击者的角度来看，上述模拟过程与协议的实际执行过程在计算上是不可区分的。由于使用 DKG 协议的模拟器生成 h_1，因此 $\mathcal{B}$ 知道 z 和 $\hat{y}$，但不知道 h_1

的离散对数值 y 。最后，攻击者 $\mathcal{A}$ 以 $\geqslant \varepsilon$ 的概率输出 OTPRS 的一个伪造 (m^*,μ^*,σ^*) ，对于 $\mathcal{A}$ 以前询问过的消息 m_i 的签名 (μ_i,σ_i) ，存在一个 i，使得 $m^* \neq m_i$ 且 $\mathrm{Com}^* \neq \mathrm{Com}_i$ 。于是，$\mathcal{B}$ 计算

$$h_1^{\mu^*} h^{zm^*} = h_1^{\mu_i} h^{m_i} (\bmod p)$$

$$y = (m^* - m_i) z (\mu_i - \mu^*)^{-1} (\bmod q)$$

也就是说，攻击者 $\mathcal{B}$ 以 $\geqslant \varepsilon / 2$ 的概率解决了离散对数的一个实例 $(h,h_1) \in Z_p^2$ 。**证毕**

在本小节的在线/离线门限代理重签名方案中，以大部分重签名运算集中在离线阶段为代价，实现快速的在线重签名。每个代理者 P_i 不需要发起任何会话就能立即生成自己的部分重签名；代理者 P_i 和部分重签名的合成者之间仅通信一次，便可生成消息的门限重签名。用 Yang-BTPRS 和 Yang-UTPRS 分别表示文献[5]提出的双向和单向门限代理重签名方案，BTPRS 和 UTPRS 分别表示文献[44]提出的双向和单向门限代理重签名方案。对以上这些门限代理重签名方案的部分重签名生成算法进行性能比较，其结果见表 5.3。

表 5.3　部分重签名生成算法的性能比较

签名方案	模加法运算次数	模乘法运算次数	幂运算次数	双线性对运算次数
Yang-BTPRS 方案[5]	0	0	2	3
Yang-UTPRS 方案[5]	0	1	3	2
BTPRS 方案[44]	0	1	4	3
UTPRS 方案[44]	0	4	2	2
本小节 OTPRS 方案	2	1	0	0

从表 5.3 中可以看出，本小节的在线/离线门限代理重签名方案仅需要 2 次模加法运算和 1 次模乘法运算就能生成消息的部分重签名，与其他门限代理重签名方案相比较，具有较高的计算性能。

5.5　服务器辅助验证代理重签名体制

服务器辅助验证代理重签名体制结合了服务器辅助验证签名和代理重签名的优点，将签名验证的大部分计算任务委托给服务器执行，验证者只需进行少量的计算便可完成签名的合法性验证，大大降低了签名验证算法的计算复杂度，非常适用于无线传感器等计算能力有限的低端设备。本节介绍服务器辅助验证代理重签名体制的形式化模型和安全性能，然后给出一种强不可伪造的服务器辅助验证

代理重签名方案[35]。

5.5.1 形式化模型

一个服务器辅助验证代理重签名方案包括八个算法，具体定义如下。

(1) 系统参数生成算法：给定安全参数 λ，输出系统公开参数 cp。

(2) 密钥生成算法：给定系统参数 cp，该算法输出用户的公钥/私钥对(pk, sk)。

(3) 重签名密钥生成算法：给定受托者的私钥 sk_{ID_1} 和委托者的私钥 sk_{ID_2}，该算法输出重签名密钥 $rk_{ID_1 \to ID_2}$。

(4) 签名算法：给定消息 m 及公钥/私钥对(pk, sk)，该算法输出一个 m 的签名 σ。

(5) 重签名算法：给定重签名密钥 $rk_{ID_1 \to ID_2}$、受托者公钥 pk_{ID_1} 和消息 m 的签名 σ，如果签名 σ 为有效签名，该算法输出委托者在消息 m 上的重签名 σ'，否则，输出 $\perp$。

(6) 签名验证算法：给定消息签名对(m, σ)以及公钥 pk，如果验证者确认 σ 为有效签名，输出 1，否则输出 0。

(7) 服务器辅助验证参数生成算法：给定系统参数 cp，该算法输出验证者的秘密比特串 VString。

(8) 服务器辅助验证算法：该算法本质上是一个服务器与验证者之间的交互协议，拥有较弱计算能力的验证者与服务器间执行该协议，由服务器辅助验证签名的有效性。给定待验证的消息签名对(m, σ)，以及公钥 pk 和比特串 VString，如果服务器让验证者确信 σ 是一个关于 m 的有效签名，输出 1；否则，输出 0。

根据强不可伪造代理重签名[33]和服务器辅助验证代理重签名[34]的安全模型，一个服务器辅助验证代理重签名方案的安全性主要考虑以下两类攻击。

(1) 强不可伪造攻击：攻击者不能伪造一个新消息的签名，也不能伪造一个已进行签名询问消息的签名。

(2) 完备性攻击：攻击者具有签名密钥或重签名密钥，但无法让验证者确信一个非法签名是有效的。

定义 5.7 在一个服务器辅助验证代理重签名方案中，如果代理重签名方案在自适应性选择消息攻击下是强不可伪造的，同时其服务器辅助验证协议是完备的，则称该方案在合谋攻击和自适应性选择消息攻击下是安全的[35]。

5.5.2 强不可伪造的服务器辅助验证代理重签名方案

1. 方案描述

文献[35]提出了一种标准模型下强不可伪造的服务器辅助验证代理重签名方

案，允许半可信代理者 Proxy 将受托者 Alice 的签名转换为委托者 Bob 的签名，验证者 Verifier 借助具有强大计算能力的服务器完成签名的合法性验证，大大降低了签名验证算法的计算复杂度，在效率上优于已有的代理重签名方案。该方案具体描述如下。

1) 系统参数生成

令 G_1 和 G_2 分别表示两个阶为素数 p 的循环群，g 表示 G_1 的一个生成元，双线性映射 $e: G_1 \times G_1 \to G_2$。符号“$\|$”表示字符串的连接操作，$n_m$ 和 n_c 表示字符串的比特长度。选择抗碰撞的哈希函数 $H_1:\{0,1\}^* \to \{0,1\}^{n_c}$ 和 $H_2:\{0,1\}^* \to \{0,1\}^{n_m}$，这里 $n_m < p$ 且 $n_c < p$，使得哈希函数的输出是 Z_p 中的一个元素。随机选择两个元素 $g_2, u \in G_1$，在 G_1 中随机选择 n_m 个元素 $(u_1, \cdots, u_{n_m})$，公开系统参数 $\mathrm{cp} = (G_1, G_2, p, e, g, g_2, u, \{u_i\}_{i=1}^{n_m}, H_1, H_2)$。

2) 密钥生成

用户随机选择 $a \in Z_p^*$ 作为私钥 sk，并计算对应的公钥 $\mathrm{pk} = g^a$。

3) 重签名密钥生成

给定 Alice 的私钥 $\mathrm{sk_A} = \alpha$ 和 Bob 的私钥 $\mathrm{sk_B} = \beta$，使用文献[2]的安全通信协议为 Proxy 生成一个重签名密钥 $\mathrm{rk_{A\to B}} = g_2^{\beta-\alpha}$。

4) 签名生成

对于消息 $m \in \{0,1\}^*$，受托者 Alice 随机选择 $s \in Z_p$，计算 $M = H_2(m) = (M_1, M_2, \cdots, M_{n_m}) \in \{0,1\}^{n_m}$，$\varpi = u\prod_{i=1}^{n_m}(u_i)^{M_i}$ 和 $h = H_1(m \| g^s)$，用私钥 $\mathrm{sk_A} = \alpha$ 生成消息 m 的签名 $\sigma_\mathrm{A} = (\sigma_{\mathrm{A},1}, \sigma_{\mathrm{A},2}) = ((g_2)^{\mathrm{sk_A}}(\varpi g^h)^s, g^s) = (g_2^\alpha(\varpi g^h)^s, g^s)$。

5) 重签名生成

给定 Alice 的公钥 $\mathrm{pk_A}$、消息 m 和签名 $\sigma_\mathrm{A} = (\sigma_{\mathrm{A},1}, \sigma_{\mathrm{A},2})$，如果 Proxy 验证 σ_A 不是一个 $\mathrm{pk_A}$ 关于 m 的有效签名，输出 $\perp$；否则，利用重签名密钥 $\mathrm{rk_{A\to B}} = g_2^{\beta-\alpha}$ 生成一个对应于公钥 $\mathrm{pk_B}$ 的关于消息 m 的重签名 $\sigma_\mathrm{B} = (\sigma_{\mathrm{B},1}, \sigma_{\mathrm{B},2}) = (\mathrm{rk_{A\to B}}\sigma_{\mathrm{A},1}, \sigma_{\mathrm{A},2})$。

6) 签名验证

给定公钥 pk 和消息 m 的签名 $\sigma = (\sigma_1, \sigma_2)$，验证者 Verifier 计算 $M = H_2(m) \in \{0,1\}^{n_m}$，$\varpi = u\prod_{i=1}^{n_m}(u_i)^{M_i}$ 和 $h = H_1(m \| \sigma_2)$，并验证等式 $e(\sigma_1, g) = e(g_2, \mathrm{pk})e(\varpi g^h, \sigma_2)$ 是否成立。如果该等式成立，验证者输出 1；否则，验证者输出 0。

7) 服务器辅助验证参数生成

Verifier 随机选择 $x \in Z_p^*$，计算 $K_0 = g_2^x$，秘密保存 $\mathrm{VString} = (x, K_0)$。

8) 服务器辅助验证

给定一个公钥 pk 和一个消息/签名对 $(m,\sigma=(\sigma_1,\sigma_2))$，验证者 Verifier 和服务器之间的交互过程如下。

(1) Verifier 计算 $h=H_1(m\|\sigma_2)$ 和 $\sigma'=(\sigma_1',\sigma_2')=((\sigma_1)^x,(\sigma_2)^x)$，将 (m,h,σ') 发送给服务器。

(2) 收到 (m,h,σ') 后，服务器计算 $K_1=e(\sigma_1',g)$ 和 $K_2=e(\varpi g^h,\sigma_2')$，并将 (K_1,K_2) 返回给 Verifier。

(3) Verifier 利用 $\text{VString}=(x,K_0)$ 验证等式 $K_1=e(K_0,\text{pk})K_2$ 是否成立。若该等式成立，Verifier 相信 σ 是一个有效的签名，输出 1；否则，输出 0。

2. 安全性分析

类似文献[31]和[32]，很容易证明本小节方案在标准模型下满足强不可伪造性，因此不再赘述。

定理 5.7 本小节方案能够抵抗服务器和签名者或代理者之间的合谋攻击，并在适应性选择消息攻击下是完备的。

证明：假设攻击者 $\mathcal{A}$ 代表一个具有强大计算能力的服务器，挑战者 $\mathcal{C}$ 代表签名的验证者。由于允许攻击者 $\mathcal{A}$ 与签名者或代理者合谋，因此 $\mathcal{A}$ 已经掌握了签名密钥或重签名密钥，可生成任意消息的有效签名或重签名。$\mathcal{A}$ 发送一个非法的消息签名对 (m^*,σ^*) 给挑战者 $\mathcal{C}$，$\mathcal{A}$ 的目标是让 $\mathcal{C}$ 确信 σ^* 是消息 m^* 的有效签名。

(1) 系统建立：$\mathcal{C}$ 首先运行系统参数生成算法，生成系统参数 $\text{cp}=(G_1,G_2,p,e,g,g_2,u,\{u_i\}_{i=1}^{n_m},H_1,H_2)$；其次随机选择 $\alpha^*\in Z_p^*$ 作为目标用户的私钥 sk^*，计算公钥 $\text{pk}^*=g^{\alpha^*}$；随机选择 $x^*\in Z_p^*$，计算 $K_0^*=g_2^{x^*}$，秘密保存 $\text{VString}=(x^*,K_0^*)$；最后将 $(\text{cp},\text{sk}^*,\text{pk}^*)$ 发送给 $\mathcal{A}$。

(2) 询问：对于 $\mathcal{A}$ 发起的每次询问 (m_i,σ_i)，$\mathcal{A}$ 充当服务器的角色，$\mathcal{C}$ 充当验证者的角色，$\mathcal{C}$ 与 $\mathcal{A}$ 运行服务器辅助验证协议，$\mathcal{C}$ 将协议的运行结果返回给 $\mathcal{A}$。

(3) 输出：经过有限次的询问后，$\mathcal{A}$ 发送一个消息签名对 $(m^*,\sigma^*=(\sigma_1^*,\sigma_2^*))$ 给 $\mathcal{C}$，其中 σ^* 是一个公钥 pk^* 关于消息 m^* 的非法签名。$\mathcal{C}$ 利用 VString 计算 $(\sigma^*)'=((\sigma_1^*)',(\sigma_2^*)')=((\sigma_1^*)^{x^*},(\sigma_2^*)^{x^*})$ 和 $h'=H_1(m^*\|\sigma_2^*)$，发送 $(m^*,h',(\sigma^*)'=((\sigma_1^*)',(\sigma_2^*)'))$ 给 $\mathcal{A}$。随后，$\mathcal{A}$ 计算 $M^*=H_2(m^*)=\{M_i^*\}_{i=1}^{n_m}$，$w'=u'\prod_{i=1}^{n_m}u_i^{M_i'}$，$K_1^*=e((\sigma_1^*)',g)$ 和 $K_2^*=e(w'g^{h'},(\sigma_2^*)')$，并将 (K_1^*,K_2^*) 返回给 $\mathcal{C}$。

下面分析非法消息签名对 (m^*,σ^*) 满足等式 $K_1^*=e(K_0^*,\text{pk}^*)K_2^*$ 的概率是 $1/(p-1)$。

① 由于$(\sigma_1^*)' = (\sigma_1^*)^{x^*}$和$(\sigma_2^*)' = (\sigma_2^*)^{x^*}$，并且$x^*$是挑战者 C 在Z_p^*中随机选取的，因此$\mathcal{A}$通过σ^*推导出$(\sigma^*)'$的概率为$1/(p-1)$。

② 如果(K_1^*, K_2^*)满足$K_1^* = e(K_0^*, \mathrm{pk}^*)K_2^*$，则有

$$K_1^* = e(K_0^*, \mathrm{pk}^*)K_2^* = e(g_2^{x^*}, \mathrm{pk}^*)K_2^* = e(g_2, \mathrm{pk}^*)^{x^*} K_2^*$$

也就是说，$x^* = \log_{e(g_2,\mathrm{pk}^*)}^{K_1^*/K_2^*}$，但$x^* \in Z_p^*$，因此 $\mathcal{A}$ 寻找x^*满足$K_1^* = e(K_0^*, \mathrm{pk}^*)K_2^*$的概率为$1/(p-1)$。由此可见，如果$(m^*, \sigma^*)$是一个非法的消息签名对，则$\mathcal{A}$能让 C 确信σ^*是关于消息m^*的有效签名的概率是$1/(p-1)$。因此，本小节方案能抵抗服务器和签名者或代理者的合谋攻击，并在适应性选择消息攻击下是完备的。 **证毕**

3. 有效性分析

文献[3]、[4]、[34]和[45]分别提出了标准模型下可证安全的代理重签名方案，下面将本小节给出的代理重签名方案与相关四个代理重签名方案进行计算开销和安全属性的比较，结果如表 5.4 所示。表中，用 E 表示一次幂运算，P 表示一次双线性对运算，$|p|$表示Z_p中一个元素的平均长度，$|G_1|$表示群G_1中一个元素的平均长度。

表 5.4　代理重签名方案的计算开销与安全属性比较

方案	签名长度	重签名长度	签名生成算法	重签名生成算法	验证者的计算开销	多用性	强不可伪造性
文献[3]方案	$2\|G_1\|$	$2\|G_1\|$	3P	2E+3P	3P	是	否
文献[4]方案	$2\|G_1\|$	$2\|G_1\|$	3P	4E +3P	3P	是	否
文献[34]方案	$2\|G_1\|$	$2\|G_1\|$	3P	4E+2P	3E	是	否
文献[45]方案	$2\|G_1\|+\|p\|$	$3\|G_1\|+\|p\|$	4P	6E+3P	3E +5P	否	是
本小节方案	$2\|G_1\|$	$2\|G_1\|$	4P	E +3P	3E +P	是	是

从表 5.4 可知，与文献[3]、[4]、[34]和[45]方案相比较，本小节方案中验证者的计算开销较小；与文献[34]方案相比较，本小节方案中验证者需要进行额外的一次双线性对运算，但文献[34]方案不满足强不可伪造性。在以上五个方案中，只有本小节方案与文献[45]方案具有强不可伪造性，但文献[45]方案不满足多用性，导致其实用性较差；同时，本小节方案具有更短的签名长度和重签名长度，且重签名生成算法和验证者的计算开销也优于文献[45]方案。

下面对本小节提出的新方案与文献[45]方案进行重签名生成及验证时间开销的实验比较分析，结果如图 5.3 与图 5.4 所示。

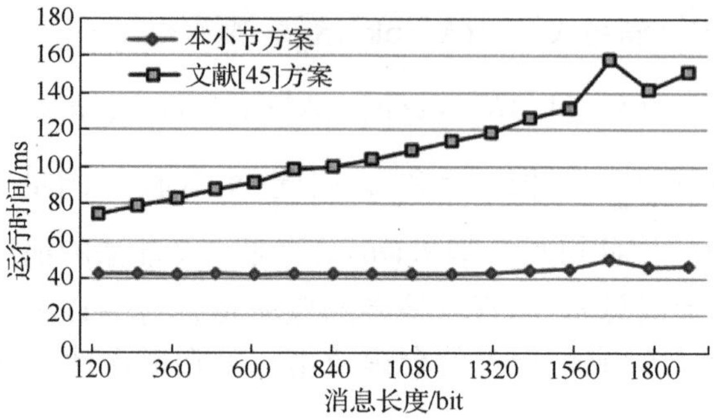

图 5.3　重签名生成的时间开销与消息长度的关系

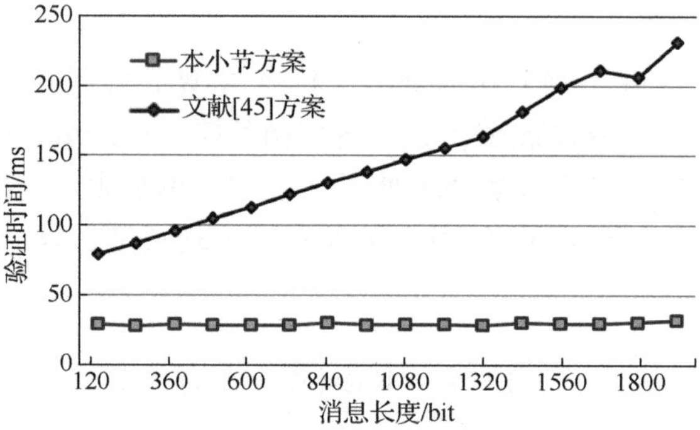

图 5.4　验证时间开销与消息长度的关系

对于相同长度的签名消息，图 5.3 表明本小节方案生成重签名的时间开销低于文献[45]方案。对于有效的原始签名，本小节方案执行群 G_1 上的一次模乘法运算便可生成重签名。当签名消息长度增大时，本小节方案生成重签名的时间开销增速也低于文献[45]方案。

图 5.4 表明，验证者在本小节方案中进行签名合法性验证时所需的时间开销低于文献[45]方案，大大降低了验证者的计算开销；需要说明的是，随着消息长度的增加，本小节方案中验证时间开销增长速度比较缓慢。

5.6　基于代理重签名的云端跨域身份认证方案

云计算是当前发展十分迅速的战略性新兴产业，但云计算面临诸多关键性的安全问题，并且已经成为制约其发展的重要因素，其中身份认证问题最为突出。

身份认证是云计算安全的基础，为用户和云服务提供商的身份提供保证，阻止非法用户进入云系统，限制非法用户访问云资源。当前各类云服务已开始呈现出整合趋势，越来越多的云服务需要与其他异域的云服务互联，云服务提供商利用跨域身份认证机制来识别异域用户身份。在主流的身份认证技术中，“用户名/口令”组合认证是一种安全级别较低的认证方式，如果不同平台使用统一的用户名和密码，将造成用户身份信息的泄露，无法保证云环境下跨域身份认证的安全性[46,47]。在基于 Kerberos 协议的身份认证机制中，认证服务器和票据授权服务器很容易成为系统的性能瓶颈和安全瓶颈，并存在密钥存储管理复杂、用户信息泄露等问题[48]。PKI 是公认的保障网络社会安全的最佳体系，能在开放的网络环境中提供身份认证服务，确定信息网络空间中身份的唯一性、真实性和合法性，保护网络空间中各种主体的安全利益，已经广泛应用于电子商务、电子政务、网上银行等领域，也是目前云计算领域使用最广泛的身份认证机制之一。

针对现有基于 PKI 的跨域身份认证机制存在信任路径长、证书验证效率低、域间信任路径构建复杂等问题，文献[35]利用代理重签名技术提出了一种云环境下的跨域身份认证方案，实现了用户与云服务提供商之间的双向身份认证。用户与云服务提供商基于数字证书的合法性和认证消息的有效性完成双方身份的真实性鉴别，并在认证过程中协商了会话密钥；“口令+密钥”的双因子认证过程，进一步增强了跨域身份认证系统的安全性；通过半可信代理者直接建立域间的信任关系，避免了复杂的证书路径构建和验证过程，减小了信任路径长度。本节介绍跨域身份认证信任模型，给出一种基于代理重签名的云端跨域身份认证方案并进行性能分析。

5.6.1　跨域身份认证信任模型

基于半可信代理者的跨域身份认证信任模型如图 5.5 所示，主要包括四个参与实体，分别是①认证机构(CA)：负责所管辖信任域内证书的审批、颁发、撤销、查询，证书吊销列表(certificate revocation list，CRL)的发布与管理等；②半可信代理者(Proxy)：拥有域间的重签名密钥，能够将一个信任域内的合法证书转换为另外一个信任域的证书，直接建立域间信任关系，实现证书在不同信任域间的传递与认证；③云服务提供商($Server_B$)：为用户提供各种云服务，并使用可信平台模块(trusted platform module，TPM)安全芯片进行密钥和证书等敏感数据的存储、数据加密与签名等；④用户(U_A)：利用便携式可信平台模块(portable TPM，PTPM)的任意终端设备访问云服务，并完成与云服务提供商之间的跨域身份认证过程。TPM 和 PTPM 能确保身份认证的可信性和认证结果的正确性；通过数字证书的合法性来鉴别双方身份的真实性，并利用证书获取对方的正确公钥。

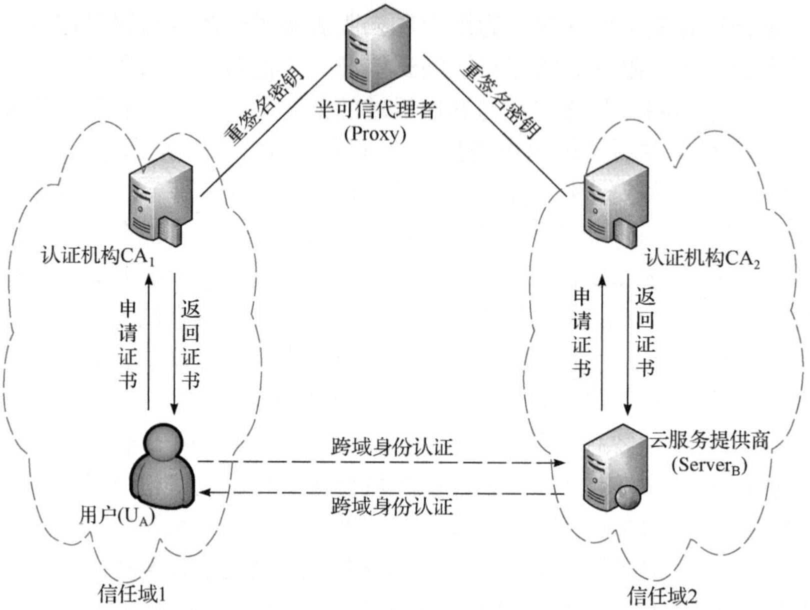

图 5.5　基于半可信代理者的跨域身份认证信任模型

5.6.2　方案描述

基于 PKI 认证体系和 5.5.2 小节的服务器辅助验证代理重签名方案，文献[35]提出了一个云计算环境下安全高效的跨域身份认证方案，确保通信双方身份信息的真实性、合法性和可信性，保证了访问用户在认证过程中的匿名性，同时对用户的恶意匿名行为具有可控性，保留了 PKI 技术的优点，降低了 PKI 交互认证的复杂性，提高了跨域身份认证效率。

为了便于描述该方案，假设两个可信域分别为信任域 1 和信任域 2，CA_1 是信任域 1 的认证机构，CA_2 是信任域 2 的认证机构，Proxy 是负责两个信任域之间证书转换的半可信代理者，U_A 是信任域 1 中的任意一个用户，$Server_B$ 是信任域 2 中的任意一个云服务提供商；以 U_A 访问 $Server_B$ 的跨域资源为例，通过持有的数字证书完成两者之间的双向身份认证。每个信任域部署独立的 PKI 系统，其结构如图 5.6 所示。

在 PKI 系统中，注册中心(RA)主要负责审核本区域用户身份信息的真实性，管理用户的数字证书及受理各种 PKI 服务(如证书的吊销、更新等)，并将合法的申请信息上传到认证机构。认证机构(CA)是 PKI 系统的核心，主要负责签发用户的数字证书，发布本信任域的 PKI 策略及证书吊销列表，授权代理者实现与其他认证机构的交叉认证等。用户通过轻量级目录访问协议(lightweight directory access protocol，LDAP)来访问证书库，可下载、查询其数字证书。

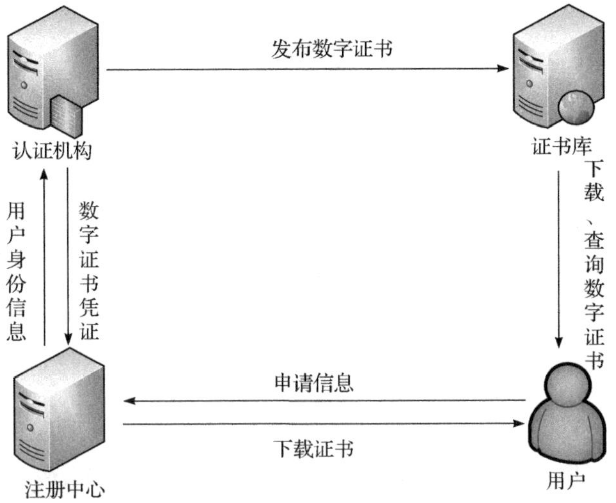

图 5.6　PKI 系统的结构示意图

密钥散列消息认证码(keyed-hashed for message authentication code，HMAC)[49]是一种将密钥和哈希函数相结合的消息认证码算法，具有速度快、实现效率高且易于改进等特点，其安全性主要取决于所关联哈希函数的安全性，并作为身份认证模块广泛应用于 IPSec、WTLS 等安全协议。本节方案的重复跨域认证过程采用 HMAC 算法代替签名算法，可以减小认证的计算开销和通信开销。

1) 系统建立

根据 5.5.2 小节的系统参数生成算法，产生系统参数 $\mathrm{cp}=(G_1,G_2,p,e,g,g_2,u,\{u_i\}_{i=1}^{n_m},H_1,H_2)$。定义 $\mathrm{Enc}(\cdot)$ 和 $\mathrm{Dec}(\cdot)$ 为公钥加密/解密算法(如 ECC 等)，$E(\cdot)$ 和 $D(\cdot)$ 为对称加密/解密算法(如 AES 等)。认证机构 CA_1 随机选择 $a_1\in Z_p^*$ 作为私钥 $\mathrm{sk}_{\mathrm{CA}_1}$，计算公钥 $\mathrm{pk}_{\mathrm{CA}_1}=g^{a_1}$。与 CA_1 生成密钥的过程相似，CA_2 的公钥/私钥对表示为 $(\mathrm{pk}_{\mathrm{CA}_2},\mathrm{sk}_{\mathrm{CA}_2})$，$\mathrm{U_A}$ 的公钥/私钥对为 $(\mathrm{pk_A},\mathrm{sk_A})$，$\mathrm{Server_B}$ 的公钥/私钥对为 $(\mathrm{pk_B},\mathrm{sk_B})$。用 $\mathrm{ID_A}$ 和 $\mathrm{TID_A}$ 分别表示用户 $\mathrm{U_A}$ 的真实身份标识和临时身份标识，$\mathrm{ID_P}$ 是半可信代理者 Proxy 的身份标识，$\mathrm{ID_B}$ 表示云服务提供商 $\mathrm{Server_B}$ 的身份标识。为了解决单个代理者转换证书的性能瓶颈问题，认证机构可以授权多个代理者进行异域证书的转换，如图 5.7 所示。由于每个代理者具有相同的代理重签名密钥，彼此之间相互独立且互不影响，这种平行授权方式使得每个代理者具有相同的转换证书权限，因此本节仅讨论基于单个代理者的跨域身份认证方案，很容易推广到多个代理者的情形，并能保留单个代理者的所有安全性能。

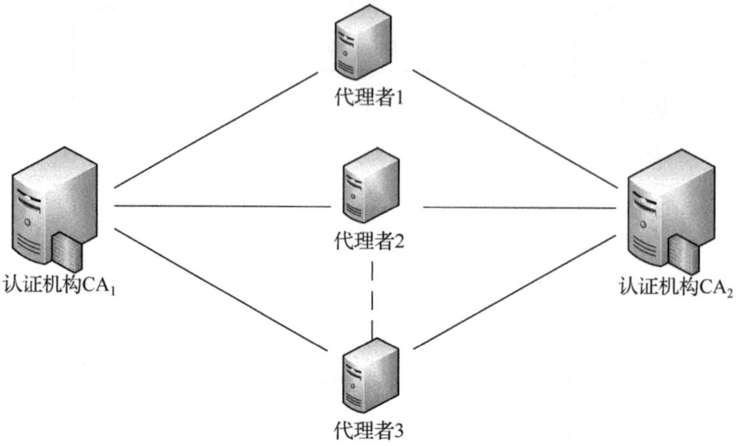

图 5.7　认证机构授权多个代理者进行异域证书转换

假设认证机构和代理者之间有安全的通信信道，代理者 Proxy 运行 5.5.2 小节的重签名生成算法，生成认证机构 CA_1 和 CA_2 之间的重签名密钥 $rk_{CA_1 \to CA_2} = (g_2)^{sk_{CA_2} - sk_{CA_1}}$。

2) 证书申请

访问用户和云服务提供商向各自所属的认证机构完成数字证书的申请，具体过程如图 5.8 所示。

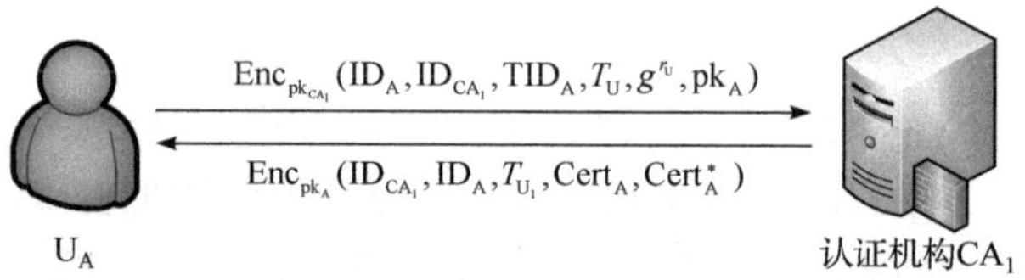

图 5.8　数字证书申请流程

(1) 用户 U_A 随机选择参数 $r_U \in Z_p^*$，利用真实身份 ID_A 计算临时身份 $TID_A = H_1(ID_A \| g^{r_U})$；通过 LDAP 从证书库下载安装所属认证机构 CA_1 的自签名根证书，并提取 CA_1 的公钥 pk_{CA_1}；读取本地时间戳 T_U 和公钥 pk_A，发送数字证书申请信息 $\mathrm{Enc}_{pk_{CA1}}(ID_A, ID_{CA_1}, TID_A, T_U, g^{r_U}, pk_A)$ 给 CA_1。

(2) CA_1 用私钥 sk_{CA_1} 解密 U_A 发送的申请信息，首先根据 ID_A 等信息验证 U_A 是否为本域的合法用户，然后在已注册用户信息表中查询 ID_A 是否已注册，验证等式 $TID_A = H_1(ID_A \| g^{r_U})$ 是否成立，并检查时间戳 T_U 的新鲜性。如果 U_A 已注册或以上验证有一项未通过，则 CA_1 将申请失败的消息返回给 U_A；否则，CA_1 运行 5.5.2 小节的签名生成算法，随机选择 $s_{CA_1 \to A} \in Z_p$，生成由认证机构 CA_1、证书有效起始

日期T_{begin}和终止日期T_{end}、临时身份$\mathrm{TID_A}$、公钥$\mathrm{pk_A}$等构成的证书信息$m_{\mathrm{CA_1\to A}}$，计算$M_{\mathrm{CA_1\to A}}=H_2(m_{\mathrm{CA_1\to A}})=(M_{\mathrm{CA_1\to A},1},\cdots,M_{\mathrm{CA_1\to A},n_m})\in\{0,1\}^{n_m}$，$\varpi=u\prod_{i=1}^{n_m}(u_i)^{M_{\mathrm{CA_1\to A},i}}$和$h=H_1(m_{\mathrm{CA_1\to A}}\parallel g^{s_{\mathrm{CA_1\to A}}})$，用 CA₁ 的私钥$\mathrm{sk_{CA_1}}$生成证书消息$m_{\mathrm{CA_1\to A}}$的签名$\sigma_{\mathrm{CA_1\to A}}=(\sigma_{\mathrm{CA_1\to A},1},\sigma_{\mathrm{CA_1\to A},2})=((g_2)^{\mathrm{sk_{CA_1}}}(\varpi g^h)^{s_{\mathrm{CA_1\to A}}},g^{s_{\mathrm{CA_1\to A}}})$，并基于 X.509 等证书格式为用户 $\mathrm{U_A}$ 签发一个匿名证书$\mathrm{Cert_A}=\{\mathrm{TID_A},\mathrm{pk_A},T_{begin},T_{end},m_{\mathrm{CA_1\to A}},\sigma_{\mathrm{CA_1\to A}},\mathrm{ID_{CA_1}}\}$。虽然匿名证书$\mathrm{Cert_A}$隐藏了用户的真实身份$\mathrm{ID_A}$，但为了提升用户身份的匿名强度，设置匿名证书$\mathrm{Cert_A}$的有效时间比较短。CA₁ 根据 $\mathrm{U_A}$ 的真实身份$\mathrm{ID_A}$和$\mathrm{pk_A}$等信息签发实名证书$\mathrm{Cert_{A^*}}=\{\mathrm{ID_A},\mathrm{pk_A},T^*_{begin},T^*_{end},m^*_{\mathrm{CA_1\to A}},\sigma^*_{\mathrm{CA_1\to A}},\mathrm{ID_{CA_1}}\}$用于提升匿名证书的签发效率和避免 CA₁ 重复审核用户的相关身份资料。当认证机构通过实名证书确认用户身份的真实性后，直接根据用户递交的新临时身份签发对应的新匿名证书。

CA₁ 在已注册用户信息表中保存$\{\mathrm{ID_A},\mathrm{TID_A},g^{r_U},\ \mathrm{pk_A}\}$，读取时间戳$T_{\mathrm{U_1}}$，并发送证书申请响应消息$\mathrm{Enc_{pk_A}}(\mathrm{ID_{CA_1}},\mathrm{ID_A},\mathrm{T_{U_1}},\mathrm{Cert_A},\mathrm{Cert_{A^*}})$给 $\mathrm{U_A}$。

(3) 用户 $\mathrm{U_A}$ 通过私钥$\mathrm{sk_{CA_1}}$解密收到的响应消息，检验时间戳$T_{\mathrm{U_1}}$的新鲜性，若利用认证机构 CA₁ 的公钥$\mathrm{pk_{CA_1}}$验证实名证书$\mathrm{Cert_{A^*}}$和匿名证书$\mathrm{Cert_A}$是合法的，则在 PTPM 中安全存储$(\mathrm{pk_A},\mathrm{sk_A},\mathrm{Cert_{A^*}},\mathrm{Cert_A})$；否则，拒绝接受证书。

与上述 $\mathrm{U_A}$ 申请证书的过程相同，云服务提供商 $\mathrm{Server_B}$ 获得 CA₂ 签发的证书$\mathrm{Cert_{B^*}}$。

3) 跨域身份认证

用户为了保护自己的隐私，利用匿名证书向云服务提供商证明其身份的真实性，但为了提升服务的品质和影响力，云服务提供商采用实名证书完成与远程用户的跨域身份认证，具体过程如图 5.9 所示。

(1) 用户 $\mathrm{U_A}$ 选择一个口令值pw，随机选取$y_1,N_1\in Z_p$，计算密钥协商参数$Y_1=g^{y_1}$；读取时间戳T_1，令$m_1=(\mathrm{sid}\parallel\mathrm{TID_A}\parallel\mathrm{ID_B}\parallel Y_1\parallel N_1\parallel T_1\parallel H_1(\mathrm{TID_A}\parallel\mathrm{pw}))$，这里sid是会话标识；运行 5.5.2 小节的签名生成算法，随机选择$s_A\in Z_p$，计算$M_1=H_2(m_1)=\{M_{1,i}\}_{i=1}^{n_m}\in\{0,1\}^{n_m}$，$h_1=H_1(m_1\parallel g^{s_A})$和$\varpi_1=u\prod_{i=1}^{n_m}(u_i)^{M_{1,i}}$，利用私钥$\mathrm{sk_A}$生成消息$m_1$的签名$\sigma_A^1=(\sigma_{A,1}^1,\sigma_{A,1}^1)=((g_2)^{\mathrm{sk_A}}(\varpi_1 g^{h_1})^{s_A},g^{s_A})$；读取匿名证书$\mathrm{Cert_A}$，发送认证请求信息$\{\mathrm{sid},\mathrm{TID_A},\mathrm{ID_B},Y_1,N_1,T_1,H_1(\mathrm{TID_A}\parallel\mathrm{pw}),\sigma_A^1,\ \mathrm{Cert_A}\}$给云服务提供商。

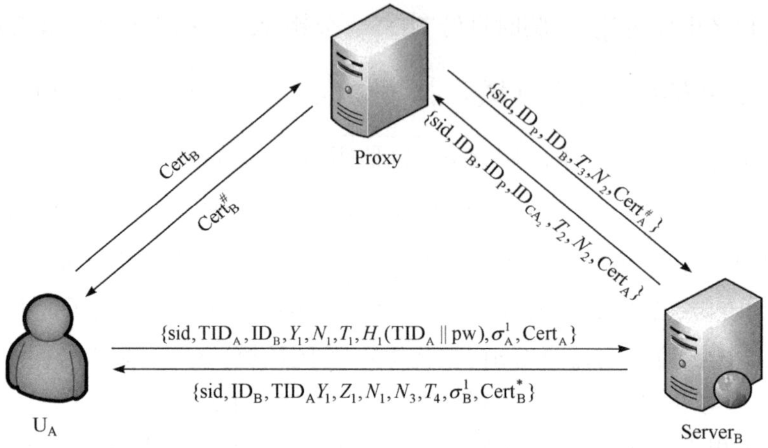

图 5.9　跨域身份认证流程

(2) Server_B 收到 U_A 的认证请求消息后，执行如下的验证操作。

① 在认证列表中查询是否存在 TID_A 的相关信息。如果存在，说明 U_A 是已经进行身份认证的用户，直接执行重复跨域身份认证的相关操作；否则，转入步骤②进行首次身份认证。

② 检查时间戳 T_1 的新鲜性，并从有效时间、CRL 等方面对证书 Cert_A 的状态进行有效性验证。如果证书过期或出现在证书吊销列表中，终止认证过程；否则，转入步骤③验证 Cert_A 中 CA_1 对证书签名的合法性。

③ 检查证书 Cert_A 的颁发者是否与自己所属的认证机构 CA_2 相同。如果相同，说明 U_A 和 Server_B 属于同一个信任域，则直接提取认证机构 CA_2 的公钥 pk_{CA_2}，并对 Cert_A 中的签名 $\sigma_{\text{CA}_1 \to \text{A}}$ 进行合法性验证；否则，转入步骤④进行异域证书转换操作。

④ 随机选择 $N_2 \in Z_p$，读取时间戳 T_2，发送证书转换信息 $\{\text{sid}, \text{ID}_\text{B}, \text{ID}_\text{P}, \text{ID}_{\text{CA}_2}, T_2, N_2, \text{Cert}_\text{A}\}$ 给代理者。对于云服务提供商 Server_B 发送的证书转换信息，代理者 Proxy 首先检查时间戳 T_2 的新鲜性，然后利用 CA_1 的公钥 pk_{CA_1} 来验证 Cert_A 的合法性。如果验证不通过，终止转换过程；否则，利用 CA_1 和 CA_2 之间的重签名密钥 $\text{rk}_{\text{A}\to\text{B}} = (g_2)^{\text{sk}_{\text{CA}_2} - \text{sk}_{\text{CA}_1}}$，将 Cert_A 中 CA_1 对证书的签名 $\sigma_{\text{CA}_1\to\text{A}} = (\sigma_{\text{CA}_1\to\text{A},1}, \sigma_{\text{CA}_1\to\text{A},2}) = ((g_2)^{\text{sk}_{\text{CA}_1}}(\varpi g^h)^{s_{\text{CA}_1\to\text{A}}}, g^{s_{\text{CA}_1\to\text{A}}})$ 转换为认证机构 CA_2 对同一公钥证书的签名 $\sigma_{\text{CA}_2\to\text{A}} = (\sigma_{\text{CA}_2\to\text{A},1}, \sigma_{\text{CA}_2\to\text{A},2}) = (\text{rk}_{\text{A}\to\text{B}}\sigma_{\text{CA}_1\to\text{A},1}, \sigma_{\text{CA}_1\to\text{A},2}) = ((g_2)^{\text{sk}_{\text{CA}_2}}(\varpi g^h)^{s_{\text{CA}_1\to\text{A}}}, g^{s_{\text{CA}_1\to\text{A}}})$，进一步基于证书格式将 CA_1 签发的证书 Cert_A 转换为 CA_2 签发的临时证书 $\text{Cert}_\text{A}^{\#}$。为了区分 $\text{Cert}_\text{A}^{\#}$ 是代理者转换的证书而不是 CA_2 自身签发的证书，可设置 $\text{Cert}_\text{A}^{\#}$

的有效时间非常短，并在证书的扩展项中添加代理者的身份标识 ID_P 等标记信息。由于认证机构 CA_1 和 CA_2 都是可信赖的、公正的第三方机构，因此代理者无法联合任何一个认证机构发起合谋攻击。由 5.5.2 小节的重签名生成算法可知，代理者 Proxy 不能单独通过重签名密钥 $rk_{CA_1 \to CA_2} = g_2^{sk_{CA_2} - sk_{CA_1}}$ 计算出认证机构的私钥 sk_{CA_1} 或 sk_{CA_2}，因而无法代替认证机构 CA_1 和 CA_2 签发合法的数字证书；重签名 $\sigma_B = (\sigma_{B,1}, \sigma_{B,2}) = (rk_{A \to B}\sigma_{A,1}, \sigma_{A,2})$ 确保了代理者只能转换已有的异域合法数字证书，不能独立生成新的数字证书，并且对已有用户数字证书信息的任意修改都无法通过数字证书的合法性验证。因此，代理者转换用户原始数字证书所生成的临时数字证书，不会影响认证机构 CA_1 和 CA_2 的权威性。

Proxy 读取时间戳 T_3，发送数字证书转换响应消息 $\{sid, ID_P, ID_B, T_3, N_2, Cert_A^{\#}\}$ 给 $Server_B$。

⑤ $Server_B$ 检查数字证书转换响应消息中的 N_2 是否与数字证书转换消息中的随机数相同。如果不一致，终止认证过程；否则，检查时间戳 T_3 的新鲜性，运行 5.5.2 小节的签名验证算法，从认证机构 CA_2 的根证书中提取公钥 pk_{CA_2} 来验证临时证书 $Cert_A^{\#}$ 中签名 $\sigma_{CA_2 \to A} = (\sigma_{CA_2 \to A,1}, \sigma_{CA_2 \to A,2})$ 的正确性，即验证等式 $e(\sigma_{CA_2 \to A,1}, g) = e(g_2, pk_{CA_2})e(\varpi g^h, \sigma_{CA_2 \to A,2})$ 是否成立。如果该等式成立，说明 $Cert_A^{\#}$ 是合法的临时证书，$Server_B$ 接受用户 U_A 的身份证书 $Cert_A$，进入步骤⑥验证 σ_A^1 的合法性；否则，终止认证。

⑥ 提取证书 $Cert_A$ 中 U_A 的公钥 pk_A，计算 $m_1 = (sid \| TID_A \| ID_B \| Y_1 \| N_1 \| T_1 \| H_1(TID_A \| pw))$，验证等式 $e(\sigma_{A,1}^1, g) = e(g_2, pk_A)e(\varpi_1 g^{h_1}, \sigma_{A,2}^1)$ 是否成立。如果该等式不成立，终止认证过程；否则，说明 U_A 的签名 σ_A^1 是有效的，完成对 U_A 的匿名身份认证，在认证列表中保存 $\{TID_A, H_1(TID_A \| pw), Cert_A, Num1, Date1\}$，其中 Num1 和 Date1 分别是 U_A 重复跨域身份认证的次数和有效时间，进入步骤⑦发送响应消息。

⑦ 随机选择 $z_1, N_3 \in Z_p$，计算密钥协商参数 $Z_1 = g^{z_1}$；在 TPM 中提取证书 $Cert_B^{\#}$ 和私钥 sk_B，读取时间戳 T_4，令 $m_2 = (sid \| ID_B \| TID_A \| Y_1 \| Z_1 \| N_3 \| T_4)$，运行 5.5.2 小节的签名生成算法，通过私钥 sk_B 生成 m_2 的签名 $\sigma_B^1 = (\sigma_{B,1}^1, \sigma_{B,2}^1)$；发送认证响应消息 $\{sid, ID_B, TID_A, Y_1, Z_1, N_1, N_3, T_4, \sigma_B^1, Cert_B^*\}$ 给 U_A，并计算 Proxy 与 U_A 之间的会话密钥 $K_1 = (pk_A)^{sk_B}(Y_1)^{z_1} = g^{sk_A sk_B + y_1 z_1}$。

(3) 用户 U_A 检查认证响应消息中的 N_1 是否与认证请求消息中的随机数相同。如果不一致，终止认证过程；否则，与上述 $Server_B$ 验证 U_A 身份的过程相同，U_A 基于证书 $Cert_{B^*}$ 和签名 σ_B^1 来验证 $Server_B$ 身份的真实性，以确认 $Server_B$

是其议定的云服务提供商；U_A 完成云服务提供商的身份认证后，在认证列表中保存 $\{ID_B, Cert_B^*,\}$，并计算会话密钥 $K_1=(pk_B)^{sk_A}(Z_1)^{y_1}$。

由于用户 U_A 的计算能力有限，因此 U_A 可运行 5.5.2 小节的服务器辅助验证协议，委托一个云服务器去执行验证签名 σ_B^1 合法性的大部分计算任务，降低用户的计算负载。

4) 重复跨域身份认证

当用户与云服务提供商间的首次跨域身份认证完成后，后续的身份认证将不再重复发送数字证书和签名信息，通过 HMAC 算法实现双方身份的真实性认证，具体流程如图 5.10 所示。

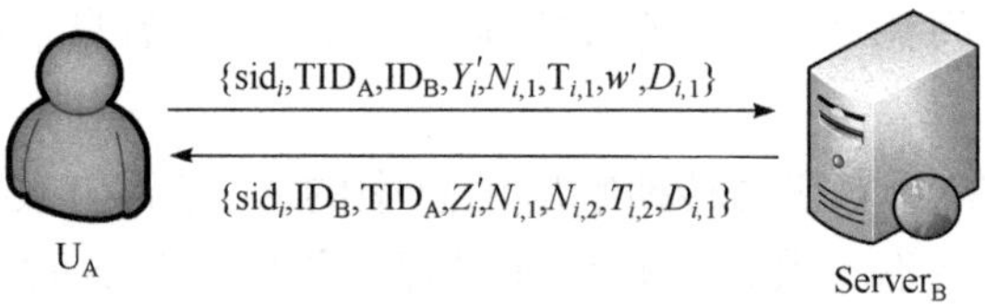

图 5.10　重复跨域身份认证流程

(1) 用户 U_A 从证书 $Cert_B^*$ 中提取云服务提供商 $Server_B$ 的公钥 pk_B；随机选择 $y_i, N_{i,1} \in Z_p$，计算密钥协商参数 $Y_i=g^{y_i}$ 和 $Y_i'=(pk_B)^{y_i}$；读取时间戳 $T_{i,1}$，输入口令值 pw，令 $k=(pk_B)^{sk_A}=g^{sk_A sk_B}$，计算 $w'=H_1(TID_A \| pw)$ 和 $D_{i,1}=HMAC_k(sid_i \| TID_A \| ID_B \| Y_i \| Y_i' \| N_{i,1} \| T_{i,1} \| w')$，这里 sid_i 是会话标识，发送重复认证请求信息 $\{sid_i, TID_A, ID_B, Y_i', N_{i,1}, T_{i,1}, w', D_{i,1}\}$ 给云服务提供商 $Server_B$。

(2) $Server_B$ 收到重复认证请求信息后，进行如下的身份认证操作。

① 检查时间戳 $T_{i,1}$ 的新鲜性，根据 TID_A 在认证列表中查找 $\{TID_A, H_1(TID_A \| pw), Cert_A, Num1, Date1\}$，并判断存储的 $H_1(TID_A \| pw)$ 与收到的哈希值 w' 是否相同。若不同，则返回口令错误信息给 U_A。

② 计算 $Y_i=(Y_i')^{1/sk_B}=((pk_B)^{y_i})^{1/sk_B}=((g^{sk_B})^{y_i})^{1/sk_B}=g^{y_i}$；从 U_A 的证书 $Cert_A$ 中提取公钥 pk_A，计算 $k=(pk_A)^{sk_B}=g^{sk_A sk_B}$ 和 $D_{i,1}'=HMAC_k(sid_i \| TID_A \| ID_B \| Y_i \| Y_i' \| N_{i,1} \| T_{i,1} \| w')$，验证 $D_{i,1}'$ 与收到的 $D_{i,1}$ 是否相等。如果不相等，则重复跨域身份认证失败。

③ 基于 Num1 和 Date1 检查认证信息的有效性。如果重复跨域身份认证次数 Num1 大于规定的最大值或当前时间已超过有效时间 Date1，则终止认证过程。

如果以上三种情况都成立，则说明 $Server_B$ 完成了对 U_A 的身份认证，即 U_A 是身份合法且可信的访问用户；更新 $Num1=Num1+1$，并随机选择 $z_i, N_{i,2} \in Z_p$，计算密钥协商参数 $Z_i=g^{z_i}$ 和 $Z_i'=(pk_A)^{z_i}$；读取时间戳 $T_{i,2}$，计算

$D_{i,2}$=HMAC$_k$(sid$_i$ ‖ ID$_B$ ‖ TID$_A$ ‖ Y_i ‖ Z_i ‖ Z'_i ‖ $N_{i,2}$ ‖ $T_{i,2}$)，发送重复认证响应消息 $\{\text{sid}_i, \text{ID}_B, \text{TID}_A, Z'_i, N_{i,1}, N_{i,2}, T_{i,2}, D_{i,2}\}$ 给 U_A，计算 $Server_B$ 与 U_A 之间的会话密钥 $K_i=(\text{pk}_A)^{\text{sk}_B}(Y_i)^{z_i}=g^{\text{sk}_A\text{sk}_B+y_iz_i}$。

(3) U_A 收到响应消息后，检查时间戳 $T_{i,2}$ 的新鲜性，判断 $N_{i,1}$ 与发送的随机数是否相同。计算 $Z_i=(Z'_i)^{1/\text{sk}_A}$ 和 $D'_{i,2}$=HMAC$_k$(sid$_i$ ‖ ID$_B$ ‖ TID$_A$ ‖ Y_i ‖ Z_i‖Z'_i ‖ $N_{i,2}$ ‖ $T_{i,2}$)，验证 $D'_{i,2}$ 与收到的 $D_{i,2}$ 是否相等。如果以上验证都成功通过，则 U_A 完成了对 $Server_B$ 的身份真实性验证，即 $Server_B$ 是其议定的云服务提供商，并计算本次通信的会话密钥 $K_i=k\cdot(Z_i)^{y_i}=(\text{pk}_B)^{\text{sk}_A}(Z_i)^{y_i}$。

5) 口令更新

假设 U_A 与 $Server_B$ 经过身份认证后协商的会话密钥为 $K_i=g^{\text{sk}_A\text{sk}_B+y_iz_i}$，$U_A$ 持有密钥协商参数 $Y_i=g^{y_i}$，$Server_B$ 持有密钥协商参数 $Z_i=g^{z_i}$。如果 U_A 需要将口令 pw 更新为 pw′，则 U_A 首先读取时间戳 $T_{i,3}$，然后计算 $w'_U=H_1(\text{TID}_A \| \text{pw}')$，$k=(\text{pk}_B)^{\text{sk}_A}=g^{\text{sk}_A\text{sk}_B}$ 和 $D_{i,3}$=HMAC$_k$(TID$_A$ ‖ ID$_B$ ‖ $T_{i,3}$ ‖ w'_U)，最后给 $Server_B$ 发送口令更新消息 $E_{K_i}(\text{TID}_A, \text{ID}_B, T_{iw}, w'_U, D_{i,3})$。云服务提供商 $Server_B$ 用 K_i 解密口令更新消息后，检查时间戳 $T_{i,3}$ 的新鲜性，计算 $D'_{i,3}$=HMAC$_k$(TID$_A$ ‖ ID$_B$ ‖ $T_{i,3}$ ‖ w'_U)，并验证 $D'_{i,3}$ 与收到的 $D_{i,3}$ 是否相等。如果以上验证均成功通过，则在认证列表中查找 TID_A 对应的数据项 $\{\text{TID}_A, H_1(\text{TID}_A \| \text{pw}), \text{Cert}_A, \text{Num1}, \text{Date1}\}$，并将其中的 $H_1(\text{TID}_A \| \text{pw})$ 替换为 $w'_U=H_1(\text{TID}_A \| \text{pw}')$。

5.6.3 有效性分析

在本节提出的云端跨域身份认证方案中，证书申请阶段和跨域身份认证阶段的安全性取决于 5.5.2 小节提出的服务器辅助验证代理重签名方案；由于文献[49]已证明 HMAC 算法的安全性，因此重复跨域阶段的安全性依赖于 HMAC 算法的密钥值 $k=g^{\text{sk}_A\text{sk}_B}$，$k$ 的安全性取决于用户和云服务提供商之间利用代理重签名算法完成的首次跨域身份认证过程。因此，如果攻击者能攻破 5.5.2 小节提出的服务器辅助验证代理重签名方案的安全性，则可攻破本节跨域身份认证方案的安全性。

下面对本节方案与文献[50]～[52]方案中用户的计算开销和消息交互轮数进行比较，结果如表 5.5 所示。表中，P 表示一次双线性对运算，E 表示一次幂运算，Enc 表示运行一次公钥密码体制的加密算法，Ver 表示运行一次签名验证算法。在加入/申请证书阶段，本节方案为了将用户的真实身份安全发送给云服务提供商，需要运行一次加密算法；为了验证由认证机构签发的实名证书和匿名证书的合法性，需要运行两次签名验证算法，但额外的运算能实现用户身份的隐私性，保留 PKI 技术的优点。在首次跨域身份认证阶段，本节方案中用户与云服务提供商需要进行 2 轮认证消息通信；为了验证云服务提供商的数字证书合法性，需要与代理者进行 2 轮证书转换消息通信。由于申请证书和首次跨域身份认证过程是一次性的，因此这两个阶段产生的计算开销和通信开销对用户来说是可以接受的。在重复跨域身份认证阶段，本节方案不需要运行加密算法和签名验证算法，也不需要进行证书的验证操作和复杂的双线性对运算，并且认证协议流程简洁，其性能全面优于对比方案。此外，本节方案的安全性证明不依赖于理想的随机预言机，并且支持“口令+密钥”双因子认证过程，因此本节方案具有更好的安全性能。

表 5.5　用户的计算开销与交换轮数

方案	加入/申请证书阶段		首次跨域身份认证阶段		重复跨域身份认证阶段		是否支持双因子认证
	计算开销	交换轮数	计算开销	交换轮数	计算开销	交换轮数	
文献[50]方案	3E	2	5E+Enc+Ver	2	2E+Enc+Ver	2	否
文献[51]方案	2E+Enc	2	7E+2Enc	3	7E+2Enc	3	否
文献[52]方案	3E+6P	3	8E+P	4	8E+P	4	否
本节方案	E+Enc+2Ver	2	6E+Ver	4	3E	2	是

为了衡量本节所提云端跨域身份认证方案的性能，下面对本节方案与文献[50]方案中用户首次认证开销、重复认证开销、重复认证效率进行实验分析比较，结果如图 5.11～图 5.13 所示。

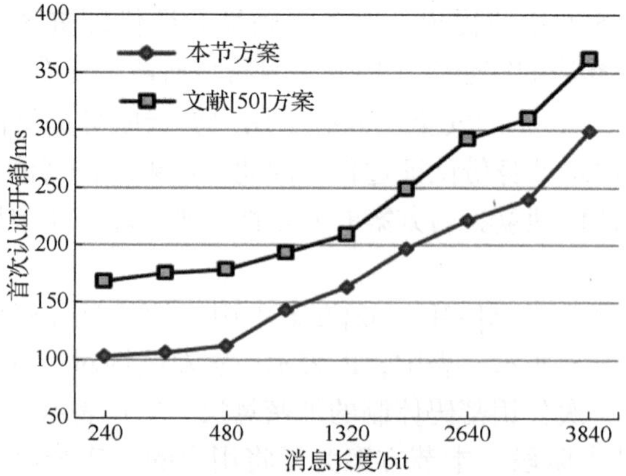

图 5.11　首次认证开销与消息长度的关系

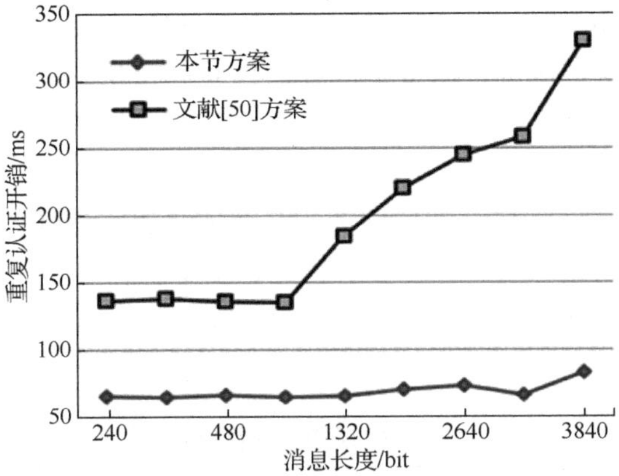

图 5.12　重复认证开销与消息长度的关系

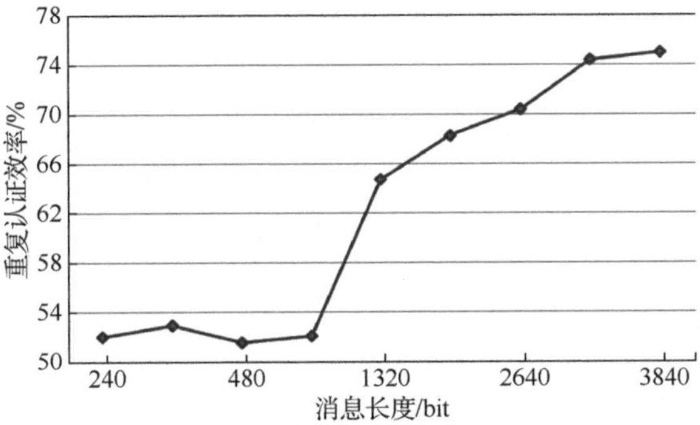

图 5.13　重复认证效率与消息长度的关系

从图 5.11 可知，用户进行首次跨域身份认证时，由于两个认证方案都需要运行签名的生成算法与验证算法，因此身份认证开销随认证消息长度的增大而增加，但本节方案不需要运行公钥加密算法，其首次跨域身份认证开销低于文献[50]方案。

在本节方案的重复跨域身份认证阶段中，用 HMAC 算法代替签名算法，有效降低了认证的计算开销和通信开销。图 5.12 表明，用户在新方案中的重复认证开销低于文献[50]方案，并且其增长速度趋于平稳。

从图 5.13 可知，本节方案减少了用户的重复跨域身份认证时间，重复跨域身份认证效率至少提高了 50%。

将本节方案的信任模型与已有的 PKI 信任模型[53-55]进行性能对比分析，结果如表 5.6 所示。

从表 5.6 可知，本节的云端跨域身份认证方案通过一个半可信代理者建立两个不同信任域间的直接信任关系，不存在复杂的信任路径构造和路径验证过程。

用户通过代理者将异域的用户证书转换为与自己属于同一信任域的新证书，用 CA 根证书中的公钥直接进行新证书的合法性验证，从而完成异域用户的身份认证，不仅实现了“一个证书，全网通用”，降低证书管理和异域证书验证的复杂度，而且用户只信任本地域的根 CA，保证了用户之间信任关系的可信度比较高。新加入的信任域只需与一个代理者相互认证并建立信任关系，即可与现有信任体系融合。与已有的 PKI 信任模型相比，本节信任模型的证书路径长度、路径构造复杂度等与信任域的规模无关，因此本节信任模型具有更好的灵活性、健壮性和扩展性。

表 5.6 信任模型的性能比较

项目	层次结构信任模型	交叉网状信任模型	混合型信任模型	桥 CA 信任模型	信任列表模型	本节信任模型
证书路径长度	较短	较长	较长	较短	较短	最短
路径构造复杂度	简单	复杂	简单	简单	简单	简单
证书管理维护	简单	复杂	复杂	复杂	复杂	简单
信任关系可信度	较高	较高	较高	较差	较差	较高
扩展性	较差	较好	较差	较差	较差	较好

5.6.4 其他性能分析

1) 匿名的可控性

在首次跨域身份认证阶段，为了防止云服务提供商获取用户的真实身份 ID_A，用户使用匿名证书 $Cert_A$ 替代实名证书 $Cert_{A^*}$。由于匿名证书包含用户的临时身份、用户的公钥以及认证机构 CA_1 对证书的签名，因此匿名证书可以作为用户身份真实性鉴别的凭证。在重复跨域身份认证阶段，使用临时身份 TID_A 实现用户身份的匿名性，云服务提供商通过 HMAC 函数和“临时身份/口令”的哈希值来验证用户身份的真实性；只有成功完成首次跨域身份认证的用户，才能正确出示“临时身份/口令”的哈希值和 HMAC 函数的密钥值 k。首次跨域身份认证中用户的匿名性取决于匿名证书的有效时间，有效时间越短，则匿名性越强；重复跨域身份认证中用户的匿名性取决于临时身份的新鲜性、允许重复认证消息的有效时间和重复跨域认证最大次数。

如果云服务提供商 $Server_B$ 收到用户 U_A 发送的虚假消息，则将 U_A 的临时身份 TID_A、匿名证书 $Cert_A$ 和通信记录发送给认证机构 CA_1；CA_1 首先验证 $Cert_A$ 的合法性和通信记录的有效性，然后根据 TID_A 在已注册用户信息列表中查找是否存在对应的数据项 $\{ID_A, TID_A, g^{r_U}, pk_A\}$，如果 $H_1(ID_A \| g^{r_U})$ 等于收到

的 TID_A，则说明用户 U_A 发送了虚假消息，CA_1 将用户的匿名证书 $Cert_A$ 和实名证书 $Cert_{A'}$ 同时添加到证书吊销列表(CRL)中，并将验证的结果反馈给云服务提供商。因此，本节方案对访问用户的匿名行为是可控的，仅允许合法用户访问跨域云资源，能有效防止恶意用户行为的发生。

2) 会话密钥的前/后向安全性

本节方案在用户与云服务提供商实现双向身份认证的同时，完成了双方之间会话密钥的协商。访问用户 U_A 拥有长期密钥 sk_A 和临时密钥协商参数 y_i，云服务提供商 $Server_B$ 拥有长期密钥 sk_B 和临时密钥协商参数 z_i，只有双方共同参与才能生成会话密钥 $K_i=g^{sk_A sk_B+y_i z_i}$。此外，由于 y_i 和 z_i 均是随机选取的，因此会话密钥具有新鲜性和随机性。如果攻击者截获了本轮会话密钥 K_i，不仅无法获取以前的会话密钥，而且不能伪造后续的会话密钥，因此该方案的会话密钥满足前/后向安全性。

3) 抗重放、替换攻击

由于在身份认证消息和响应消息中含有会话标识 sid_i、随机数 N_i 和时间戳 T_i，因此本节方案基于证书的合法性和消息的有效性验证，能抵抗重放攻击。

在首次跨域身份认证阶段，用户与云服务提供商的认证消息中都含有基于身份的签名和证书；在重复跨域身份认证阶段，用户的认证消息绑定了“临时身份/口令”的哈希值 $H_1(TID_A \| pw)$，双方的认证消息中含有基于身份的 HMAC 函数值，并且 HMAC 函数的密钥值 $k=g^{sk_A sk_B}$ 与双方的长期密钥相关。如果攻击者替换认证消息中的身份标识，则无法完成用户与云服务提供商间的双向身份认证。因此，本节方案可抵抗替换攻击。

参 考 文 献

[1] BLAZE M, BLEUMER G, STRAUSS M. Divertible protocols and atomic proxy cryptography[C]. Advances in Cryptology:EUROCRYPT'98, Espoo, Finland, 1998: 127-144.

[2] ATENIESE G, HOHENBERGER S. Proxy re-signatures: New definitions, algorithms, and applications[C]. Proceedings of the 12th ACM conference on Computer and Communications Security, Alexandria, USA, 2005: 310-319.

[3] SHAO J, CAO Z, WANG L, et al. Proxy re-signature schemes without random oracles[C]. 8th International Conference on Cryptology in India(INDOCRYPT 2007), Chennai, India, 2007: 197-209.

[4] KIM K, YIE I, LIM S. Remark on Shao et al.'s bidirectional proxy re-signature scheme in Indocrypt'07[J]. International Journal of Network Security, 2009, 9(1): 8-11.

[5] YANG P, CAO Z, DONG X. Threshold proxy re-signature[J]. Journal of Systems Science and Complexity, 2011, 24(4): 816-824.

[6] YANG X, WANG C, ZHANG L, et al. On-line/off-line threshold proxy re-signatures[J]. Chinese Journal of Electronics, 2014, 23(2): 248-253.

[7] CHEN Y, YAO T, REN H, et al. Unidirectional identity-based proxy re-signature with key insulation in EHR sharing system[J]. Computer Modeling in Engineering & Sciences, 2022, 131(3): 1497-1513.

[8] ANDOLA N, VERMA K, VENKATESAN S, et al. Proactive threshold-proxy re-encryption scheme for secure data sharing on cloud[J]. The Journal of Supercomputing, 2023, 79(13): 14117-14145.

[9] WATERS B. Efficient identity-based encryption without random oracles[C]. 24th Annual International Conference on the Theory and Applications of Cryptographic Techniques, Aarhus, Denmark, 2005: 114-127.

[10] FENG J, LAN C, JIA B. ID-based proxy re-signature scheme with strong unforgeability[J]. Journal of Computer Applications, 2014, 34(11): 3291-3294.

[11] HU X, ZHANG Z, YANG Y. Identity based proxy re-signature schemes without random oracle[C]. Proceedings of Computational Intelligence and Security, Beijing, China, 2009: 256-259.

[12] SHAO J, WEI G, LING Y, et al. Unidirectional identity-based proxy re-signature[C]. Proceedings of IEEE International Conference on Communications, Kyoto, Japan, 2011: 1-5.

[13] HUANG P, YANG X, YAN L I, et al. Identity-based proxy re-signature scheme without bilinear pairing[J]. Journal of Computer Applications, 2015, 35(6):1678-1682.

[14] JIANG M, HU Y P, WANG B C, et al. Identity-based unidirectional proxy re-signature over lattice[J]. Journal of Electronics & Information Technology, 2014, 36(3): 645-649.

[15] TIAN M M. Identity-based proxy re-signatures from lattices[J]. Information Processing Letters, 2015, 115(4): 462-467.

[16] CANETTI R, GOLDREICH O, HALEVI S. The random oracle methodology, revisited[J]. Journal of the ACM, 2004, 51(4): 557-594.

[17] BONEH D, FRANKLIN M. Identity-based encryption from the Weil pairing[C].21st Annual International Cryptology Conference, Santa Barbara, USA, 2001: 213-229.

[18] BOLDYREVA A, GOYAL V, KUMAR V. Identity-based encryption with efficient revocation[C]. Proceedings of the 15th ACM Conference on Computer and Communications Security, Alexandria, USA, 2008: 417-426.

[19] LEE K, LEE D H, PARK J H. Efficient revocable identity-based encryption via subset difference methods[J]. Designs, Codes and Cryptography, 2017, 85(1): 39-76.

[20] ZHANG L, SUN Z, MU Y, et al. Revocable hierarchical identity-based encryption over lattice for pay-TV systems[J]. International Journal of Embedded Systems, 2017, 9(4): 379-398.

[21] TSAI T T, TSENG Y M, WU T Y. Provably secure revocable ID-based signature in the standard model[J]. Security and Communication Networks, 2013, 6(10): 1250-1260.

[22] LIU Z, ZHANG X, HU Y, et al. Revocable and strongly unforgeable ID-based signature scheme in the standard model[J]. Security and Communication Networks, 2016, 9(14): 2422-2433.

[23] ZHANG X, LIU X, LIU Q, et al. Revocable attribute-based data integrity auditing scheme on lattices[C]. Proceedings of 2022 International Conference on Computer Science, Information Engineering and Digital Economy, Guangzhou, China, 2022: 383-396.

[24] WANG Y, LIU Y. RC2PAS: Revocable certificateless conditional privacy-preserving authentication scheme in WBANs[J]. IEEE Systems Journal, 2022, 16(4): 5675-5685.

[25] XU S, YANG G, MU Y. A new revocable and re-delegable proxy signature and its application[J]. Journal of Computer Science and Technology, 2018, 33: 380-399.

[26] AN Z Y, PAN J, WEN Y M, et al. Forward-secure revocable secret handshakes from Lattices[C].13th International Conference on Post-Quantum Cryptography, Virtual Event, 2022: 453-479.

[27] 杨小东, 李雨潼, 王晋利, 等. 标准模型下可撤销的基于身份的代理重签名方案[J]. 通信学报, 2019, 40(5): 153-162.

[28] 邓宇乔, 杜明辉, 尤再来,等. 一种基于标准模型的盲代理重签名方案[J]. 电子与信息学报, 2010, 32(5): 1219-1223.

[29] 冯涛, 梁一鑫. 可证安全的无证书盲代理重签名[J]. 通信学报, 2012 (S1): 58-69.

[30] 胡小明, 杨寅春, 刘琰. 一种基于标准模型的盲代理重签名方案的安全性分析和改进[J]. 小型微型计算机系统, 2011, 32(10): 2008-2011.

[31] 杨小东, 陈春霖, 杨平, 等. 可证安全的部分盲代理重签名方案[J]. 通信学报, 2018, 39(2): 65-72.

[32] 杨小东, 周思安, 李燕, 等. 强不可伪造的多用双向代理重签名方案[J]. 小型微型计算机系统, 2014, 35(11): 2469-2472.

[33] WANG Z, LV W. Server-aided verification proxy re-signature[C]. Proceedings of 12th IEEE International Conference on Trust, Security and Privacy in Computing and Communications, Melbourne, Australia, 2013: 1704-1707.

[34] 杨小东, 李亚楠, 高国娟, 等. 标准模型下的服务器辅助验证代理重签名方案[J]. 电子与信息学报, 2016, 38(5): 1151-1157.

[35] 杨小东, 安发英, 杨平, 等. 云环境下基于代理重签名的跨域身份认证方案[J]. 计算机学报, 2019, 42(4): 756-771.

[36] ABE M, OKAMOTO T. Provably secure partially blind signatures[C].20th Annual International Cryptology Conference(CRYPTO 2000), Santa Barbara, USA, 2000: 271-286.

[37] NAOR D, NAOR M, LOTSPIECH J. Revocation and tracing schemes for stateless receivers[C]. 21st Annual International Cryptology Conference(CRYPTO 2001), Santa Barbara, USA, 2001: 41-62.

[38] KRAWCZYK H, RABIN T. Chameleon hashing and signatures[C]. Proceedings of the 7th ANDSSS, San Diego, USA, 2000: 143-154.

[39] GENNARO R, JARECKI S, KRAWCZYK H, et al. Secure distributed key generation for discrete-log based cryptosystems[J]. Journal of Cryptology, 2007, 20: 51-83.

[40] NEJI W, BLIBECH K, BEN-RAJEB N. Distributed key generation protocol with a new complaint management strategy[J]. Security and Communication Networks, 2016, 9(17): 4585-4595.

[41] BEN-OR M, GOLDWASSER S, WIGDERSON A. Completeness Theorems for Non-cryptographic Fault-tolerant Distributed Computation[M].New York: ACM Press, 2019.

[42] BAR-ILAN J, BEAVER D. Non-cryptographic fault-tolerant computing in constant number of rounds of interaction[C]. Proceedings of the Eighth Annual ACM Symposium on Principles of Distributed Computing, Edmonton,Canada, 1989: 201-209.

[43] WELCH L R, BERLEKAMP E R. Error correction for algebraic block codes: U.S. Patent 4633470[P]. 1986-12-30.

[44] YANG X, WANG C. Threshold proxy re-signature schemes in the standard model[J]. Chinese Journal of Electronics, 2010, 19(2): 345-350.

[45] VIVEK S S, SELVI S S D, BALASUBRAMANIAN G, et al. Strongly unforgeable proxy re-signature schemes in the standard model[J]. IACR Cryptol. ePrint Arch., 2012, 80: 1-23.

[46] YASSIN A A, JIN H, IBRAHIM A, et al. Cloud authentication based on anonymous one-time password[C]. Proceedings of Ubiquitous Information Technologies and Applications, Cheonan, Korea, 2013: 423-431.

[47] 李小标, 温巧燕, 代战锋. PKI/PMI 支持多模式应用的单点登录方案[J]. 北京邮电大学学报, 2009, 32(3): 104-108.

[48] DING L, WANG J, WANG X. Research on unified authentication model based on the kerberos and SAML[C]. Proceedings of 2015 International Conference on Advances in Mechanical Engineering and Industrial Informatics, Zhengzhou, China, 2015: 1053-1058.

[49] BELLARE M. New proofs for NMAC and HMAC: Security without collision resistance[J]. Journal of Cryptology, 2015, 28: 844-878.

[50] 周彦伟, 杨波, 吴振强, 等. 基于身份的跨域直接匿名认证机制[J]. 中国科学: 信息科学, 2014, 44(9): 1102-1120.

[51] 杨力, 马建峰, 姜奇. 无线移动网络跨可信域的直接匿名证明方案[J]. 软件学报, 2012, 23(5): 1260-1271.

[52] CHEN L, MORRISSEY P, SMART N P. Pairings in trusted computing[C]. Proceedings of Pairing-Based Cryptography-Pairing 2008, Egham, UK, 2008: 1-17.

[53] 合松. 基于 PKI 的多域统:认证与授权系统设计与实现[D]. 北京: 北京邮电大学, 2013.

[54] 孙尚波. PKI 信任模型与证书路径构造方法研究[D]. 沈阳: 沈阳航空航天大学, 2011.

[55] 陈立全, 李潇, 杨哲懿, 等. 基于区块链的高透明度 PKI 认证协议[J]. 网络与信息安全学报, 2022, 8(4): 1-11.

第 6 章　不可否认的强指定验证者签名体制

大多数强指定验证者签名方案实现了签名的可认证性，并能保护签名者的身份隐私，但未提供签名的不可否认性。当一个签名出现争议时，任何第三方无法判断是签名者还是验证者生成了该签名。本章讨论不可否认的强指定验证者签名体制的形式化模型，给出一种标准模型下不可否认的强指定验证者签名方案，分析表明该方案满足强不可伪造性、非传递性和签名者身份的隐私性。

6.1　引　　言

普通的数字签名方案具有签名的公开可验证性，即任何人都可以利用签名者的公钥来验证签名的合法性，但这会导致签名者的一些隐私信息(如签名者的身份)被泄露。在一些实际应用场景中，签名者希望控制签名的验证权限。例如，患者授权自己的主治医生验证病例信息；除商场以外的第三方无法确认消费者的购物信息；只有计票中心才能验证电子投票的真实性。为了保护签名者的身份隐私，Jakobsson 等[1]提出了指定验证者签名的概念。在一个指定验证者签名方案中，签名者不仅能生成消息的签名，还能指定验证者来验证签名的合法性。由于验证者能模拟生成一个真实签名的副本，因此验证者无法向任何第三方证明签名的合法性，也不能让第三方相信签名的确来自真实的签名者。指定验证者签名实现了签名的可验证性，并保护了签名者的身份隐私，被广泛应用于电子招标、电子投票、数字版权、云审计、外包计算以及电子医疗等领域[2-4]。研究者提出了一系列具有特殊性质的指定验证者签名方案，如广义指定验证者签名方案[5-7]、多个签名者指定验证者签名方案[8-10]、指定验证者代理签名方案[11-13]等。

指定验证者签名存在一种安全隐患：如果中间人在签名到达验证者之前截获该签名，则中间人通过验证签名的合法性可确定签名者的真实身份。为了抵抗这类中间人攻击，Jakobsson 等[1]提出了强指定验证者签名的概念，签名的验证过程必须需要验证者的私钥。由于中间人不知道验证者的私钥，因此无法验证截获签名的合法性。强指定验证者签名具有更高的安全性，更好地保护了签名者的身份隐私。Saeednia 等[14]给出了强指定验证者签名的形式化定义，之后一些随机预言机模型下可证明安全的强指定验证者签名方案被提出[15-17]。Huang 等[18]设计了一个标准模型下可证明安全的强指定验证者签名方案，但其安全性依赖于伪随机函数的安全性，存在潜在的安全隐患。Zhang 等[19]构造了一个高效的强指定验证者签名方案，但没有给出方案的安全性证明。Tian 等[20]指出大多数标准模型下可证明安全的强指定验证者签名方案[18,19]只满足存在不可伪造性。Tian 等[20]设计了两个强不可伪造的强指定验证者签名方案，但不支持签名的不可否认性。

在强指定验证者签名方案中，当一个签名出现争议时，任何第三方都无法判断争议的签名来自签名者还是验证者，这势必对签名者或验证者的另外一方造成不必要的损失。因此，不可否认性对强指定验证者签名是非常必要的。例如，用户使用强指定验证者签名方案将计算任务外包给云服务提供商时，云服务提供商通过验证用户的签名来确认提交的计算任务。一方面，如果用户出于某些原因拒绝继续执行提交的计算任务，则云服务提供商将被迫停止。另一方面，如果云服务提供商冒充用户伪造一个昂贵的计算任务，则用户将不得不支付该任务的计算成本。很显然，用户或云服务提供商都不想承担这样的经济损失。由于丧失了数字签名的不可否认性，因此普通的强指定验证者签名更像一个消息认证码。已有少数几个强指定验证者签名方案[21-23]提供了不可否认性，但它们的安全性依赖于理想的随机预言机。因此，本章主要讨论标准模型下不可否认的强指定验证者签名方案。

6.2 形式化模型

一个不可否认的强指定验证者签名方案主要包含三个实体，即签名者、仲裁者和指定的验证者，由以下 5 个算法组成。

(1) Setup：给定安全参数 $\lambda \in Z$，该算法输出系统参数 sp。

(2) KeyGen：输入参数 sp，该算法生成签名者的公钥/私钥对 $(\mathrm{pk}_S,\mathrm{sk}_S)$、验证者的公钥/私钥对 $(\mathrm{pk}_V,\mathrm{sk}_V)$ 和仲裁者的公钥/私钥对 $(\mathrm{pk}_A,\mathrm{sk}_A)$。

(3) Sign：输入参数 sp、验证者的公钥 pk_V、仲裁者的公钥 pk_A 和消息 m，签名者利用自己的私钥 sk_S 生成 m 的签名 σ。

(4) Verify：输入参数 sp、签名者的公钥 pk_S、仲裁者的公钥 pk_A 和消息 m 的签名 σ，验证者利用自己的私钥 sk_V 来验证 σ 的合法性。如果 σ 是 m 的有效签名，则验证者接受 σ，输出 1；否则，拒绝 σ，输出 0。

(5) Sim：输入参数 sp、签名者的公钥 pk_S、仲裁者的公钥 pk_A 和消息 m，验证者利用自己的私钥 sk_V 生成 m 的模拟签名 σ'。

一个强指定验证者签名方案正确性要求下面的两个等式必须成立：

$$\mathrm{Verify}(\mathrm{pk}_S,\mathrm{pk}_V,\mathrm{pk}_A,\mathrm{sk}_V,m,\sigma)=1,\quad \mathrm{Verify}(\mathrm{pk}_S,\mathrm{pk}_V,\mathrm{pk}_A,\mathrm{sk}_V,m,\sigma')=1$$

这也说明签名者生成的真实签名 σ 与验证者产生的模拟签名 σ' 具有计算不可区

分性。一个强指定验证者签名方案至少满足强不可伪造性、非传递性、签名者身份的隐私性和不可否认性。

1) 强不可伪造性

强不可伪造性要求除签名者和验证者外，任何人无法伪造一个消息的有效签名。下面通过一个挑战者 $\mathcal{C}$ 和攻击者 $\mathcal{F}$ 之间的安全游戏来定义一个强指定验证者签名方案的强不可伪造性。

(1) 初始化：$\mathcal{C}$ 运行 Setup 算法生成系统参数 sp，运行 KeyGen 算法生成签名者的公钥/私钥对 $(\mathrm{pk}_S,\mathrm{sk}_S)$、验证者的公钥/私钥对 $(\mathrm{pk}_V,\mathrm{sk}_V)$ 和仲裁者的公钥/私钥对 $(\mathrm{pk}_A,\mathrm{sk}_A)$，然后将 $(\mathrm{sp},\mathrm{pk}_S,\mathrm{pk}_V,\mathrm{pk}_A)$ 发送给 $\mathcal{F}$。

(2) $\mathcal{F}$ 能自适应性地向 $\mathcal{C}$ 发起以下一系列预言机询问。

① 签名询问：当 $\mathcal{F}$ 询问一个消息 m_i 的签名时，$\mathcal{C}$ 运行 Sign 算法生成 m_i 的签名 σ_i，并返回 σ_i 给 $\mathcal{F}$。

② 签名验证询问：当 $\mathcal{F}$ 提交一个消息 m_i 的签名 σ_i 时，$\mathcal{C}$ 运行 Verify 算法，并将输出的结果返回给 $\mathcal{F}$。

③ 模拟签名询问：当 $\mathcal{F}$ 询问一个消息 m_i 的模拟签名时，$\mathcal{C}$ 运行 Sim 算法生成 m_i 的模拟签名 σ_i'，并将 σ_i' 返回给 $\mathcal{F}$。

(3) 伪造：$\mathcal{F}$ 最后输出一个伪造 (m^*,σ^*)。如果下面的条件成立，则称 $\mathcal{F}$ 在游戏中获胜。

① σ^* 是关于消息 m^* 的有效签名，即 $\mathrm{Verify}(\mathrm{pk}_S,\mathrm{pk}_V,\mathrm{pk}_A,\mathrm{sk}_V,m^*,\sigma^*)=1$；

② σ^* 不是签名询问关于 m^* 的输出；

③ σ^* 不是模拟签名询问关于 m^* 的输出。

定义 6.1　如果任何一个多项式时间攻击者 $\mathcal{F}$ 在以上游戏中获胜的概率是可忽略的，则称一个强指定验证者签名方案在适应性选择消息攻击下是强不可伪造的[24]。

2) 非传递性

非传递性要求任何第三方无法在多项式时间内区分一个签名是真实签名还是模拟签名。

定义 6.2　如果任何一个多项式时间攻击者 $\mathcal{A}$ 在不知道签名者私钥 sk_S、验证者私钥 sk_V 或仲裁者私钥 sk_A 的情况下，无法以不可忽略的概率区分出签名者生成的真实签名与验证者产生的模拟签名，则称一个强指定验证者签名方案具备非传递性[1,24]。

通常采用签名集合的形式来定义非传递性。如果真实签名的集合与模拟签名的集合在计算上是不可区分的，则称一个强指定验证者签名方案满足非传递性[21]，即下面的等式成立：

$$\text{Sign}(\text{pk}_S,\text{pk}_V,\text{pk}_A,\text{sk}_S,m)\approx\text{Sim}(\text{pk}_S,\text{pk}_V,\text{pk}_A,\text{sk}_V,m)$$

如果两个集合相同，则称方案是完美非传递的。

3) 签名者身份的隐私性

签名者身份的隐私性要求只有指定的验证者知道签名者的真实身份，任何第三方无法判断一个签名是来自真实的签名者还是指定的验证者。假定有两个签名者 S_0 和 S_1，在不知道验证者私钥的情况下，攻击者无法在多项式时间内区分一个签名是 S_0 还是 S_1 生成的。下面通过一个挑战者 $\mathcal{B}$ 和区分器 $\mathcal{D}$ 之间的安全游戏来定义一个强指定验证者签名方案满足签名者身份的隐私性。

(1) 初始化：$\mathcal{B}$ 运行 Setup 算法生成参数 sp，运行 KeyGen 算法生成签名者 S_0 的公钥/私钥对 $(\text{pk}_{S_0},\text{sk}_{S_0})$、签名者 S_1 的公钥/私钥对 $(\text{pk}_{S_1},\text{sk}_{S_1})$、验证者的公钥/私钥对 $(\text{pk}_V,\text{sk}_V)$ 和仲裁者的公钥/私钥对 $(\text{pk}_A,\text{sk}_A)$，将 $(\text{sp},\text{pk}_{S_0},\text{pk}_{S_1},\text{pk}_V,\text{pk}_A)$ 发送给 $\mathcal{D}$。

(2) 询问阶段 1：$\mathcal{D}$ 能自适应性地向 $\mathcal{B}$ 发起以下一系列预言机询问。

① 签名询问：当 $\mathcal{D}$ 询问一个指标 $d_i\in\{0,1\}$ 和消息 m_i 的签名时，$\mathcal{B}$ 运行 $\text{Sign}(\text{pk}_{S_{d_i}},\text{pk}_V,\text{pk}_A,\text{sk}_{S_{d_i}},m_i)$ 算法将生成的签名 σ_i 发送给 $\mathcal{D}$。

② 签名验证询问：当 $\mathcal{D}$ 提交一个指标 $d_i\in\{0,1\}$ 和消息 m_i 的签名 σ_i 时，$\mathcal{B}$ 运行 $\text{Verify}(\text{pk}_{S_{d_i}},\text{pk}_V,\text{pk}_A,\text{sk}_V,m_i,\sigma_i)$ 算法，并将相应的输出结果返回给 $\mathcal{D}$。

③ 模拟签名询问：当 $\mathcal{D}$ 询问一个指标 $d_i\in\{0,1\}$ 和消息 m_i 的模拟签名时，$\mathcal{B}$ 运行 $\text{Sim}(\text{pk}_{S_{d_i}},\text{pk}_V,\text{pk}_A,\text{sk}_V,m_i)$ 算法，将生成的模拟签名 σ_i' 发送给 $\mathcal{D}$。

(3) 挑战：收到 $\mathcal{D}$ 提交的一个挑战消息 m^* 后，$\mathcal{B}$ 抛掷硬币获得一个值 $d\in\{0,1\}$，然后运行 $\text{Sign}(\text{pk}_{S_d},\text{pk}_V,\text{pk}_A,\text{sk}_{S_d},m^*)$ 算法将生成的签名 σ^* 发送给 $\mathcal{D}$。

(4) 询问阶段 2：$\mathcal{D}$ 继续向 $\mathcal{B}$ 请求询问阶段 1 中的所有询问，但 $\mathcal{D}$ 不能发起关于 (m^*,σ^*,d^*) 的签名验证询问，也不能发起关于 (m^*,d^*) 的签名询问和模拟签名询问，其中 $d^*\in\{0,1\}$。

(5) 输出：$\mathcal{D}$ 最后输出一个比特 $d'\in\{0,1\}$。如果 $d=d'$，则 $\mathcal{D}$ 在游戏中获胜。

定义 6.3 如果没有多项式时间攻击者 $\mathcal{D}$ 能以不可忽略的概率在以上游戏中获胜，则称一个强指定验证者签名方案满足签名者身份的隐私性[20,24]。

4) 不可否认性

不可否认性要求仲裁者能正确识别出签名者或验证者生成了争议的签名。

定义 6.4 如果一个实体在知道签名者公钥 pk_S、验证者公钥 pk_V 和仲裁者私钥 sk_A 的情况下，能在多项式时间内以不可忽略的概率确定一个争议的消息/签名对 $(\tilde{m},\tilde{\sigma})$ 来自签名者还是验证者，则称一个强指定验证者签名方案具有不可否认性[21-23]，即 $\Pr[\text{ID} \in \{S,V\} \leftarrow \text{Arbiter}(\text{pk}_S, \text{pk}_V, \text{sk}_A, \tilde{m}, \tilde{\sigma})] \approx 1$。若 $\text{ID}=S$，说明签名者生成关于 $\tilde{m}$ 的签名 $\tilde{\sigma}$；否则，说明验证者生成关于 $\tilde{m}$ 的签名 $\tilde{\sigma}$。

6.3　标准模型下不可否认的强指定验证者签名方案

本节给出一种标准模型下不可否认的强指定验证者签名方案，利用抗碰撞的哈希函数来保护签名的完整性，以实现方案的强不可伪造性与不可否认性。

1. 方案描述

假定方案中三个参与方分别为签名者 S、验证者 V 和仲裁者 A，待签名的消息是长度为 n 的比特串。具体描述如下。

1) Setup

选择两个阶为素数 p 的循环群 G_1 和 G_2，一个 G_1 的生成元 g 和一个双线性映射 $e: G_1 \times G_1 \to G_2$；随机选择 $u_0, v \in G_1$ 和一个长度为 n 的向量 $\boldsymbol{u}=(u_i)$，其中 $u_i \in G_1$，$i=1,2,\cdots,n$；然后选择 2 个抗碰撞的哈希函数 $H_1:\{0,1\}^* \times G_1 \to Z_p$ 和 $H_2:\{0,1\}^* \times G_1 \times G_1 \to Z_p^*$；最后公开系统参数 $\text{sp}=\{G_1, G_2, e, p, g, u_0, v, \boldsymbol{u}, H_1, H_2\}$。

2) KeyGen

签名者随机选择 $k_{S,1}, k_{S,2} \in Z_p^*$，计算 $\text{pk}_{S,1}=g^{k_{S,1}}$ 和 $\text{pk}_{S,2}=g^{k_{S,2}}$，然后设置私钥 $\text{sk}_S=(\text{sk}_{S,1}, \text{sk}_{S,2})=(k_{S,1}, k_{S,2})$ 和公钥 $\text{pk}_S=(\text{pk}_{S,1}, \text{pk}_{S,2})$。类似地，验证者的私钥 $\text{sk}_V=(\text{sk}_{V,1}, \text{sk}_{V,2})=(k_{V,1}, k_{V,2})$ 和公钥 $\text{pk}_V=(\text{pk}_{V,1}, \text{pk}_{V,2})=(g^{k_{V,1}}, g^{k_{V,2}})$；仲裁者的公钥/私钥对 $(\text{pk}_A, \text{sk}_A)=(g^{k_A}, k_A)$。

3) Sign

对于一个消息 $m=(m_1, m_2, \cdots, m_n) \in \{0,1\}^n$，签名者执行如下操作。

(1) 随机选择 $r \in Z_p^*$，计算 $\sigma_2 = g^r$。

(2) 计算 $w = u_0 \prod_{j=1}^{n} u_j^{m_j}$，$T=(\text{pk}_A)^{k_{S,1}k_{S,2}H_1(m,\sigma_2)}$ 和 $h=H_2(m,T,\sigma_2)$。

(3) 计算 $\sigma_1 = e\left(g^{k_{S,1}k_{S,2}}(wv^h)^r, \text{pk}_{V,1}\right)$，并输出 m 的签名 $\sigma=(\sigma_1,\sigma_2,T)$。

4) Verify

收到消息 m 的签名 $\sigma=(\sigma_1,\sigma_2,T)$ 后，验证者计算 $h=H_2(m,T,\sigma_2)$，然后使用自己的私钥 $\text{sk}_V=(\text{sk}_{V,1}, \text{sk}_{V,2})=(k_{V,1}, k_{V,2})$ 验证下面的等式：

$$\sigma_1 = e(\text{pk}_{S,1}, \text{pk}_{S,2})^{k_{V,1}} e(wv^h, \sigma_2)^{k_{V,1}}$$

如果上面等式成立，验证者接受 σ，并输出 1；否则，拒绝 σ，并输出 0。

5) Sim

对于一个消息 $m=(m_1,m_2,\cdots,m_n)\in\{0,1\}^n$，验证者执行如下操作。

(1) 随机选择 $s\in Z_p^*$，计算 $\sigma_2'=g^s$。

(2) 计算 $w=u_0\prod_{j=1}^{n}u_j^{m_j}$，$T'=(pk_A)^{k_{V,1}k_{V,2}H_1(m,\sigma_2')}$ 和 $h'=H_2(m,T',\sigma_2')$。

(3) 计算 $\sigma_1'=e(\mathrm{pk}_{S,1},\mathrm{pk}_{S,2})^{k_{V,1}}e(wv^{h'},\sigma_2')^{k_{V,1}}$，然后输出消息 m 的一个模拟签名 $\sigma'=(\sigma_1',\sigma_2',T')$。

正确性分析：如果 $\sigma=(\sigma_1,\sigma_2,T)$ 是消息 m 的一个有效签名，则有

$$\begin{aligned}\sigma_1&=e\left(g^{k_{S,1}k_{S,2}}(wv^h)^r,\mathrm{pk}_{V,1}\right)\\&=e\left(g^{k_{S,1}k_{S,2}},\mathrm{pk}_{V,1}\right)e\left((wv^h)^r,\mathrm{pk}_{V,1}\right)=e\left(g^{k_{S,1}k_{S,2}},g^{k_{V,1}}\right)e\left((wv^h)^r,g^{k_{V,1}}\right)\\&=e\left(g^{k_{S,1}},g^{k_{S,2}}\right)^{k_{V,1}}e\left(wv^h,g^r\right)^{k_{V,1}}=e\left(\mathrm{pk}_{S,1},\mathrm{pk}_{S,2}\right)^{k_{V,1}}e\left(wv^h,g^r\right)^{k_{V,1}}\end{aligned}$$

如果 $\sigma'=(\sigma_1',\sigma_2',T')$ 是一个关于消息 m 的模拟签名，则有

$$\sigma_1'=e(\mathrm{pk}_{S,1},\mathrm{pk}_{S,2})^{k_{V,1}}e(wv^{h'},\sigma_2')^{k_{V,1}}$$

因此，本节的强指定验证者签名方案满足正确性。

2. 安全性分析

下面证明本节的强指定验证者签名方案满足强不可伪造性、非传递性、签名者身份的隐私性和不可否认性。

定理 6.1 如果 BDH 假设成立，则本节的强指定验证者签名方案在标准模型下针对适应性选择消息攻击是强不可伪造的。

证明：假定攻击者 $\mathcal{F}$ 在多项式时间内最多进行 q_S 次签名询问、q_{Sim} 次模拟签名询问和 q_V 次签名验证询问后，以概率 ε 攻破了本节强指定验证者签名方案的安全性，则存在一个算法 $\mathcal{C}$ 利用 $\mathcal{F}$ 的输出以概率 ε' 解决 BDH 问题。给定一个 BDH 问题实例 (g,g^a,g^b,g^c)，$\mathcal{C}$ 为了计算 $e(g,g)^{abc}$ 与 $\mathcal{F}$ 进行如下安全游戏。

1) 初始化

$\mathcal{C}$ 首先设置 $l_u=4(q_S+q_V+q_{\mathrm{Sim}})$，满足 $l(n+1)<p$；随机选取一个整数 $k(0\leqslant k\leqslant n)$，并执行如下操作。

(1) 随机选取 $k_1,k_2\in Z_p$，设置签名者的公钥 $\mathrm{pk}_S=(\mathrm{pk}_{S,1},\mathrm{pk}_{S,2})=(g^a,g^b)$，验证者的公钥 $\mathrm{pk}_V=(\mathrm{pk}_{V,1},\mathrm{pk}_{V,2})=(g^c,g^{k_2})$ 和仲裁者的公钥 $\mathrm{pk}_A=g^{k_1}$。

(2) 在 Z_{l_u} 中随机选取 $x_0,x_1,\cdots,x_n$，在 Z_p 中随机选取 $y_0,y_1,\cdots,y_n$。

(3) 选择两个哈希函数 $H_1:\{0,1\}^* \times G_1 \to Z_p$ 和 $H_2:\{0,1\}^* \times G_1 \times G_1 \to Z_p^*$。这些哈希函数在以下的证明中不被看作理想的随机预言机，仅要求满足抗碰撞性。

(4) 随机选取 $z \in Z_p^*$，设置 $v = g^z$，$u_0 = (g^b)^{p-lk+x_0} g^{y_0}$，$u_i = (g^b)^{x_i} g^{y_i}(1 \leqslant i \leqslant n)$ 和向量 $\boldsymbol{u} = (u_1, u_2, \cdots, u_n)$。

(5) 将系统参数 $\mathrm{sp} = \{G_1, e, p, g, u_0, v, \boldsymbol{u}, H_1, H_2\}$ 和 $(\mathrm{pk}_S, \mathrm{pk}_V, \mathrm{pk}_A)$ 发送给 $\mathcal{F}$。

为了描述方便，对于消息 $m = (m_1, m_2, \cdots, m_n) \in \{0,1\}^n$，定义两个函数：

$$F(m) = (p - lk) + x_0 + \sum_{j=1}^{n} x_j m_j \text{ 和 } J(m) = y_0 + \sum_{j=1}^{n} y_j m_j$$

于是下面的等式成立：

$$w = u_0 \prod_{j=1}^{n} u_j^{m_j} = (g^b)^{F(m)} g^{J(m)}$$

2) F 自适应性地向 C 发起以下一系列预言机询问

(1) 签名询问：当 $\mathcal{F}$ 请求 $m_i = (m_{i,1}, m_{i,2}, \cdots, m_{i,n})$ 的签名时，C 考虑以下两种情况。

① 如果 $F(m_i)=0 \bmod l$，C 退出游戏；

② 如果 $F(m_i) \neq 0 \bmod l$，C 随机选取 $r_i \in Z_p^*$ 和 $T_i \in G_1$，计算 $w_i = u_0 \prod_{j=1}^{n} u_j^{m_{i,j}}$，$\sigma_{i,2} = (g^a)^{\frac{-1}{F(m_i)}} g^{r_i}$，$h_i = H_2(m_i, T_i, \sigma_{i,2})$ 和 $\sigma_{i,1} = e((g^a)^{\frac{-J(m_i)-h_i z}{F(m_i)}} \cdot (w_i v^{h_i})^{r_i}, \mathrm{pk}_{V,1})$，并将 $\sigma_i = (\sigma_{i,1}, \sigma_{i,2}, T_i)$ 发送给 $\mathcal{F}$。

令 $r'_m = r_m - \dfrac{a}{K(m_i)}$，则 $\sigma_{i,2} = (g^a)^{\frac{-1}{F(m_i)}} g^{r_i} = g^{r_i - \frac{a}{F(m_i)}} = g^{r'_m}$，$h_i = H_2(m_i, T_i, \sigma_{i,2})$，

$$\begin{aligned}
\sigma_{i,1} &= e((g^a)^{\frac{-J(m_i)-h_i z}{F(m_i)}} (w_i v^{h_i})^{r_i}, \mathrm{pk}_{V,1}) \\
&= e(g^{ab} (g^{bF(m_i)} g^{J(m_i)} g^{h_i z})^{\frac{-a}{F(m_i)}} (w_i v^{h_i})^{r_i}, \mathrm{pk}_{V,1}) \\
&= e(g^{ab} (w_i v^{h_i})^{\frac{-a}{F(m_i)}} (w_i v^{h_i})^{r_i}, \mathrm{pk}_{V,1}) = e(g^{ab} (w_i v^{h_i})^{r_i - \frac{a}{F(m_i)}}, \mathrm{pk}_{V,1}) \\
&= e(g^{ab} (w_i v^{h_i})^{r'_i}, \mathrm{pk}_{V,1}) \\
&= e(g^{ab}, g^c) e((w_i v^{h_i})^{r'_i}, g^c) = e(g^a, g^b)^c e(w_i v^{h_i}, g^{r'_i})^c \\
&= e(\mathrm{pk}_{S,1}, \mathrm{pk}_{S,2})^c e(w_i v^{h_i}, \sigma_{i,2})^c
\end{aligned}$$

因此，C 生成的 $\sigma_i = (\sigma_{i,1}, \sigma_{i,2}, T_i)$ 是一个关于消息 m_i 的有效签名。这说明从攻击者 $\mathcal{F}$

的视角来看，$\mathcal{C}$模拟的签名与真实签名者生成的签名在计算上是不可区分的。

(2) 签名验证询问：当 $\mathcal{F}$ 提交一个消息 $m_i=(m_{i,1},m_{i,2},\cdots,m_{i,n})$ 和签名 $\sigma_i=(\sigma_{i,1},\sigma_{i,2},T_i)$ 时，如果 $F(m_i)=0 \bmod l$，$\mathcal{C}$ 退出游戏；否则，$\mathcal{C}$ 计算 $h_i=H_2(m_i,T_i,\sigma_{i,2})$、$F(m_i)$ 和 $J(m_i)$，并验证下面的等式。

$$\sigma_{i,1}=e((g^a)^{\frac{-J(m_i)-h_i z}{F(m_i)}}((g^b)^{F(m_i)}g^{J(m_i)}v^{h_i})^{r_i},g^c)$$

如果上面等式成立，说明σ_i是有效的，$\mathcal{C}$返回 1 给 $\mathcal{F}$；否则，$\mathcal{C}$返回 0 给 $\mathcal{F}$。

由于

$$\begin{aligned}
\sigma_{i,1}&=e((g^a)^{\frac{-J(m_i)-h_i z}{F(m_i)}}((g^b)^{F(m_i)}g^{J(m_i)}v^{h_i})^{r_i},g^c)\\
&=e(g^{ab}(g^{bF(m_i)}g^{J(m_i)}g^{h_i z})^{\frac{-a}{F(m_i)}}((g^b)^{F(m_i)}g^{J(m_i)}v^{h_i})^{r_i},g^c)\\
&=e(g^{ab}(w_i v^{h_i})^{\frac{-a}{F(m_i)}}(w_i v^{h_i})^{r_i},g^c)\\
&=e(g^{ab}(w_i v^{h_i})^{r_i-\frac{a}{F(m_i)}},g^c)\\
&=e(\mathrm{pk}_{S,1},\mathrm{pk}_{S,2})^c e(w_i v^{h_i},\sigma_{i,2})^c
\end{aligned}$$

因此 $\mathcal{C}$ 能正确验证 $\mathcal{F}$ 提交的签名 σ_i 的合法性。

(3) 模拟签名询问：当 $\mathcal{F}$ 询问一个消息 m_i 的模拟签名时，$\mathcal{C}$ 回答模拟签名询问的方式与签名询问相同。

3) 伪造

$\mathcal{F}$ 最后输出一个伪造 (m^*,σ^*)。如果 $F(m^*)\neq 0 \bmod p$，$\mathcal{C}$ 退出模拟游戏；否则，$\mathcal{C}$ 计算 $w^*=u_0\prod_{j=1}^{n}u_j^{m_j^*}$ 和 $h^*=H_2(m^*,T^*,\sigma_2^*)$，并输出 BDH 问题实例的值 $e(g,g)^{abc}$：

$$\begin{aligned}
\frac{\sigma_1^*}{e(g^c,\sigma_2^*)^{J(m^*)+h^*z}}&=\frac{e(g^a,g^b)^c e(w^*v^{h^*},g^{r^*})^c}{e(g^c,g^{r^*})^{J(m^*)+h^*z}}\\
&=\frac{e(g^a,g^b)^c e((g^b)^{F(m^*)}g^{J(m^*)}g^{h^*z},g^{r^*})^c}{e(g^c,g^{r^*})^{J(m^*)+h^*z}}\\
&=\frac{e(g,g)^{abc}e(g^{J(m^*)}g^{h^*z},g^{r^*})^c}{e(g^{J(m^*)+h^*z},g^{r^*})^c}(\text{由于}F(m^*)=0 \bmod p)\\
&=e(g,g)^{abc}
\end{aligned}$$

如果在签名询问、模拟签名询问和签名验证询问中，被询问的消息 m_i 满足 $F(m_i) \neq 0 \bmod l$；同时，在伪造阶段，目标消息 m^* 满足 $F(m^*) = 0 \bmod p$，则 $\mathcal{C}$ 在整个模拟游戏中不退出。根据 Waters 方案的安全性证明结论，$\mathcal{C}$ 完成模拟游戏的概率至少是 $\frac{1}{8(n+1)(q_S+q_{\text{Sim}}+q_V)}$。因此，$\mathcal{C}$ 能以 $\varepsilon' \geqslant \frac{\varepsilon}{8(n+1)(q_S+q_{\text{Sim}}+q_V)}$ 的概率解决 BDH 问题。 **证毕**

定理 6.2 本节的强指定验证者签名方案满足非传递性。

证明：签名者生成消息 m 的真实签名为

$$\sigma = (\sigma_1, \sigma_2, T) = \left(e\left(g^{k_{S,1}k_{S,2}}(wv^h)^r, \text{pk}_{V,1}\right), g^r, (\text{pk}_A)^{k_{S,1}k_{S,2}H_1(m,\sigma_2)}\right)$$

验证者生成消息 m 的模拟签名为

$$\sigma' = (\sigma_1', \sigma_2', T') = \left(e(\text{pk}_{S,1}, \text{pk}_{S,2})^{k_{V,1}} e(wv^{h'}, \sigma_2')^{k_{V,1}},\ g^s, (\text{pk}_A)^{k_{V,1}k_{V,2}H_1(m,\sigma_2')}\right)$$

真实签名 $\sigma = (\sigma_1, \sigma_2, T)$ 的随机性取决于参数 $r \in Z_p^*$，模拟签名 $\sigma' = (\sigma_1', \sigma_2', T')$ 的随机性取决于参数 $s \in Z_p^*$。由于 r 和 s 均是从 Z_p^* 中随机选取的，因此 σ 与 σ' 的概率分布在计算上是不可区分的。也就是，在不知道签名者私钥、验证者私钥或仲裁者私钥的情况下，任意第三方无法区分真实签名与模拟签名。因此，本节的强指定验证者签名方案满足非传递性。 **证毕**

定理 6.3 如果 DBDH 假设成立，则本节的强指定验证者签名方案具有签名者身份的隐私性。

证明：假定区分器 $\mathcal{D}$ 在多项式时间内攻破了本节强指定验证者签名方案的签名者身份隐私性，则存在一个算法 $\mathcal{B}$ 能够利用 $\mathcal{D}$ 的输出解决 DBDH 问题。给定一个 DBDH 问题实例 (g, g^a, g^b, g^c, Z)，其中 $a,b,c \in Z_p$ 和 $Z \in G_2$，$\mathcal{B}$ 的目标是判断 $e(g,g)^{abc} = Z$ 是否成立。$\mathcal{B}$ 与 $\mathcal{D}$ 进行下面的安全游戏。

1) 初始化

为了模拟产生系统参数 sp，$\mathcal{B}$ 执行如下操作。

(1) 在 Z_p 中随机选取 $z, y_0, y_1, \cdots, y_n$，设置 $v = g^z$，$u_0 = g^{y_0}$，$u_i = g^{y_i}(1 \leqslant i \leqslant n)$ 和向量 $\boldsymbol{u} = (u_1, u_2, \cdots, u_n)$。

(2) 随机选取 $k_1, k_2, k_3, k_4 \in Z_p^*$，设置签名者 S_0 的公钥 $\text{pk}_{S_0} = (\text{pk}_{S_0,1}, \text{pk}_{S_0,2}) = (g^a, g^b)$，签名者 S_1 的公钥 $\text{pk}_{S_1} = (\text{pk}_{S_1,1}, \text{pk}_{S_1,2}) = (g^{k_1}, g^{k_2})$，验证者 V 的公钥 $\text{pk}_V = (\text{pk}_{V,1}, \text{pk}_{V,2}) = (g^c, g^{k_3})$ 和仲裁者 A 的公钥 $\text{pk}_A = g^{k_4}$。

(3) 设置签名者 S_0 与验证者 V 之间的共同密钥为 $\text{sk}_{S_0 \leftrightarrow V} = Z$，签名者 S_1 与

验证者 V 之间的共同密钥为 $\mathrm{sk}_{S_1\leftrightarrow V}=e(g^{k_1},g^c)^{k_2}$。

(4) 选择两个哈希函数 $H_1:\{0,1\}^*\times G_1\to Z_p$ 和 $H_2:\{0,1\}^*\times G_1\times G_1\to Z_p^*$。

(5) 发送系统参数 $\mathrm{sp}=\{G_1,e,p,g,u_0,v,\boldsymbol{u},H_1,H_2\}$ 和 $(\mathrm{pk}_{S_0},\mathrm{pk}_{S_1},\mathrm{pk}_V,\mathrm{pk}_A)$ 给 $\mathcal{D}$。

对于 $m=(m_1,m_2,\cdots,m_n)\in\{0,1\}^n$，定义 $L(m)=y_0+\sum_{j=1}^{n}y_jm_j$，则 $w=u_0\cdot\prod_{j=1}^{n}u_j^{m_j}=g^{L(m)}$。

2) 询问阶段 1

$\mathcal{D}$ 能自适应性地向 $\mathcal{B}$ 发起以下一系列预言机询问。

(1) 签名询问：当 $\mathcal{D}$ 询问一个指标 $d_i\in\{0,1\}$ 和消息 $m_i=(m_{i,1},m_{i,2},\cdots,m_{i,n})$ 的签名时，$\mathcal{B}$ 进行如下操作。

① 随机选取 $r_i\in Z_p^*$，计算 $w_i=u_0\prod_{j=1}^{n}u_j^{m_{i,j}}$ 和 $\sigma_{i,2}=g^{r_i}$。

② 随机选取 $T_i\in G_1$，计算 $h_i=H_2(m_i,T_i,\sigma_{i,2})$ 和 $\sigma_{i,1}=\mathrm{sk}_{S_{d_i}\leftrightarrow V}e(w_iv^{h_i},g^c)^{r_i}$，并将 $\sigma_i=(\sigma_{i,1},\sigma_{i,2},T_i)$ 发送给 $\mathcal{D}$。

(2) 签名验证询问：当 $\mathcal{D}$ 提交一个指标 $d_i\in\{0,1\}$ 和消息 $m_i=(m_{i,1},m_{i,2},\cdots,m_{i,n})$ 的签名 $\sigma_i=(\sigma_{i,1},\sigma_{i,2},T_i)$ 时，$\mathcal{B}$ 计算 $w_i=u_0\prod_{j=1}^{n}u_j^{m_{i,j}}$，$h_i=H_2(m_i,T_i,\sigma_{i,2})$ 和 $L(m_i)$，然后验证等式 $\sigma_{i,1}=\mathrm{sk}_{S_{d_i}\leftrightarrow V}e(\sigma_{i,2},g^c)^{L(m_i)+h_iz}$ 是否成立。如果该等式成立，$\mathcal{B}$ 返回 1 给 $\mathcal{D}$；否则，$\mathcal{B}$ 返回 0 给 $\mathcal{D}$。

由于

$$\begin{aligned}\sigma_{i,1}&=\mathrm{sk}_{S_{d_i}\leftrightarrow V}e(w_iv^{h_i},g^c)^{r_i}=\mathrm{sk}_{S_{d_i}\leftrightarrow V}e(g^{L(m_i)}g^{h_iz},g^c)^{r_i}\\&=\mathrm{sk}_{S_{d_i}\leftrightarrow V}e(g^{r_i},g^c)^{L(m_i)+h_iz}=\mathrm{sk}_{S_{d_i}\leftrightarrow V}e(\sigma_{i,2},g^c)^{L(m_i)+h_iz}\end{aligned}$$

因此 $\mathcal{B}$ 能正确验证签名询问中输出签名 $\sigma_i=(\sigma_{i,1},\sigma_{i,2},T_i)$ 的合法性。

(3) 模拟签名询问：当 $\mathcal{D}$ 询问一个指标 $d_i\in\{0,1\}$ 和消息 m_i 的模拟签名时，$\mathcal{B}$ 回答模拟签名询问的方式与签名询问相同。

3) 挑战

$\mathcal{B}$ 收到 $\mathcal{D}$ 提交的挑战消息 $m^*=(m_1^*,m_2^*,\cdots,m_n^*)\in\{0,1\}^n$ 后，执行如下操作。

(1) 随机选取 $r^*\in Z_p^*$，计算 $w^*=u_0\prod_{j=1}^{n}u_j^{m_j^*}$ 和 $\sigma_2^*=g^{r^*}$。

(2) 随机选取 $T^*\in G_1$，计算 $h^*=H_2(m^*,T^*,\sigma_2^*)$。

(3) 抛掷硬币获得一个随机值 $d \in \{0,1\}$，计算 $\sigma_1^* = \mathrm{sk}_{S_{d\leftrightarrow V}} e(w^* v^{h^*}, g^c)^{r^*}$。

(4) 将 m^* 的签名 $\sigma^* = (\sigma_1^*, \sigma_1^*, T^*)$ 发送给 $\mathcal{D}$。

4) 询问阶段 2

$\mathcal{D}$ 继续向 $\mathcal{B}$ 请求询问阶段 1 中的所有询问，但 $\mathcal{D}$ 不能发起关于 (m^*, σ^*, d^*) 的签名验证询问，也不能发起关于 (m^*, d^*) 的签名询问和模拟签名询问，其中 $d^* \in \{0,1\}$。

5) 输出

$\mathcal{D}$ 最后输出一个比特 $d' \in \{0,1\}$。如果 $d = d'$，说明 $e(g,g)^{abc} = Z$，从而解决 DBDH 问题实例；否则，说明 Z 是 G_2 中的一个随机元素。　**证毕**

定理 6.4　本节的强指定验证者签名方案具有不可否认性。

证明：对于一个有争议的消息/签名对 $(\tilde{m}, \tilde{\sigma} = (\tilde{\sigma}_1, \tilde{\sigma}_2, \tilde{T}))$，仲裁者 A 进行如下裁决过程。

(1) 获取签名者的公钥 $\mathrm{pk}_S = (\mathrm{pk}_{S,1}, \mathrm{pk}_{S,2}) = (g^{k_{S,1}}, g^{k_{S,2}})$ 和验证者的公钥 $\mathrm{pk}_V = (\mathrm{pk}_{V,1}, \mathrm{pk}_{V,2}) = (g^{k_{V,1}}, g^{k_{V,2}})$。

(2) 利用私钥 k_A 计算 $T_V = e(\mathrm{pk}_{V,1}, \mathrm{pk}_{V,2})^{k_A H_1(\tilde{m}, \tilde{\sigma}_2)}$ 和 $T_S = e(\mathrm{pk}_{S,1}, \mathrm{pk}_{S,2})^{k_A H_1(\tilde{m}, \tilde{\sigma}_2)}$。

(3) 如果 $e(\tilde{T}, g) = T_S$，仲裁者 A 确认 $\tilde{\sigma}$ 是签名者生成的有效签名。如果 $e(\tilde{T}, g) = T_V$，仲裁者确认 $\tilde{\sigma}$ 是验证者生成的有效签名。

如果签名者生成了 $\tilde{\sigma}$，则 $\tilde{T} = (\mathrm{pk}_A)^{k_{S,1} k_{S,2} H_1(\tilde{m}, \tilde{\sigma}_2)}$，于是有

$$\begin{aligned} e(\tilde{T}, g) &= e((\mathrm{pk}_A)^{k_{S,1} k_{S,2} H_1(\tilde{m}, \tilde{\sigma}_2)}, g) = e((g^{k_A})^{k_{S,1} k_{S,2} H_1(\tilde{m}, \tilde{\sigma}_2)}, g) \\ &= e(g^{k_A k_{S,1} k_{S,2} H_1(\tilde{m}, \tilde{\sigma}_2)}, g) = e(g^{k_{S,1}}, g^{k_{S,2}})^{k_A H_1(\tilde{m}, \tilde{\sigma}_2)} \\ &= e(\mathrm{pk}_{S,1}, \mathrm{pk}_{S,2})^{k_A H_1(\tilde{m}, \tilde{\sigma}_2)} = T_S \end{aligned}$$

同理，如果验证者生成了签名 $\tilde{\sigma}$，则 $e(\tilde{T}, g) = T_V$。由于仲裁者 A 能独立执行证明程序确定出争议签名的真正生成者，因此本节的强指定验证者签名方案满足不可否认性。　**证毕**

3. 有效性分析

下面将本节方案与相关的强指定验证者签名方案[20,23]进行性能和安全属性的比较，结果如表 6.1 与表 6.2 所示。令 E 和 P 分别表示一次幂运算和一次双线性对运算，$|p|$、$|q|$、$|G_1|$和$|G_2|$分别表示在 Z_p、Z_q、G_1 和 G_2 中一个元素的平均长度。

从表 6.1 和表 6.2 可知，Hu 等[23]提出的两个强指定验证者签名方案具有较高的计算性能，但它们的安全性都依赖于理想的随机预言机。本节方案的签名长度小于 Tian 等[20]提出的两个强指定验证者签名方案。本节方案在签名生成和签名验证过程中，$g^{k_{S,1}k_{S,2}}$ 和 $e(\mathrm{pk}_{S,1},\mathrm{pk}_{S,2})^{k_{V,1}}$ 可以预计算处理，因此其计算性能与其他方案相比具有一定的优越性。此外，只有本节方案满足不可否认性。因此，本节方案实现了不可否认的安全属性，也具有较高计算性能。

表 6.1　本节方案与相关强指定验证者签名方案的性能比较

方案	签名长度	签名生成	签名验证
文献[20]中的第Ⅰ个方案	$\|p\|+4\|G_2\|$	6E	3E+2P
文献[20]中的第Ⅱ个方案	$\|p\|+3\|G_1\|$	5E	2E+2P
文献[23]中的第Ⅰ个方案	$4\|q\|+\|p\|$	5E	8E
文献[23]中的第Ⅱ个方案	$3\|q\|+\|p\|$	8E	9E
本节方案	$2\|G_1\|+\|G_2\|$	4E+P	2E+P

表 6.2　本节方案与相关强指定验证者签名方案的安全属性比较

方案	强不可伪造性	签名者身份的隐私性	标准模型	不可否认性
文献[20]中的第Ⅰ个方案	是	是	是	否
文献[20]中的第Ⅱ个方案	是	是	是	否
文献[23]中的第Ⅰ个方案	是	否	否	否
文献[23]中的第Ⅱ个方案	是	否	否	否
本节方案	是	是	是	是

参 考 文 献

[1] JAKOBSSON M, SAKO K, IMPAGLIAZZO R. Designated verifier proofs and their applications[C]. Proceedings of Advances in Cryptology: EUROCRYPT'96, Saragossa, Spain, 1996: 143-154.

[2] TAN C, CHEN Y, WU Y, et al. A designated verifier multi-signature scheme in multi-clouds[J]. Journal of Cloud Computing, 2022, 11(1): 1-11.

[3] DENG L, WANG T, FENG S, et al. Secure identity-based designated verifier anonymous aggregate signature scheme suitable for smart grids[J]. IEEE Internet of Things Journal, 2022, 10(1): 57-65.

[4] LI R, WANG X A, YANG H, et al. Efficient certificateless public integrity auditing of cloud data with designated verifier for batch audit[J]. Journal of King Saud University-Computer and Information Sciences, 2022, 34(10): 8079-8089.

[5] STEINFELD R, BULL L, WANG H, et al. Universal designated-verifier signatures[C]. Proceedings of Advances in Cryptology: ASIACRYPT 2003, Taipei, China, 2003: 523-542.

[6] WANG M, ZHANG Y, MA J, et al. A universal designated multi verifiers content extraction signature scheme[J]. International Journal of Computational Science and Engineering, 2020, 21(1): 49-59.

[7] HUANG X, SUSILO W, MU Y, et al. Secure universal designated verifier signature without random oracles[J]. International Journal of Information Security, 2008, 7: 171-183.

[8] CHANG T Y. An ID-based multi-signer universal designated multi-verifier signature scheme[J]. Information and Computation, 2011, 209(7): 1007-1015.

[9] TIAN H. A new strong multiple designated verifiers signature[J]. International Journal of Grid and Utility Computing, 2012, 3(1): 1-11.

[10] DENG L, YANG Y, CHEN Y. Certificateless multi-signer universal designated multi-verifier signature from elliptic curve group[J]. KSII Transactions on Internet and Information Systems, 2017, 11(11): 5625-5641.

[11] YU Y, XU C, ZHANG X, et al. Designated verifier proxy signature scheme without random oracles[J]. Computers & Mathematics with Applications, 2009, 57(8): 1352-1364.

[12] SHIM K A. Short designated verifier proxy signatures[J]. Computers & Electrical Engineering, 2011, 37(2): 180-186.

[13] LIN H Y, WU T S, HUANG S K. An efficient strong designated verifier proxy signature scheme for electronic commerce[J]. Journal of Information Science and Engineering, 2012, 28(4): 771-785.

[14] SAEEDNIA S, KREMER S, MARKOWITCH O. An efficient strong designated verifier signature scheme[C]. Proceedings of Information Security and Cryptology: ICISC 2003, Seoul, Korea, 2003: 40-54.

[15] KANG B, BOYD C, DAWSON E D. A novel identity-based strong designated verifier signature scheme[J]. Journal of Systems and Software, 2009, 82(2): 270-273.

[16] SHAPUAN N, ISMAIL E S. A Strong designated verifier signature scheme with hybrid cryptographic hard problems[J]. Journal of Applied Security Research, 2022, 17(4): 546-558.

[17] RASSLAN M, NASRELDIN M M. Comments on the cryptanalysis of an identity-based strong designated verifier signature scheme[J]. Procedia Computer Science, 2022, 198: 128-131.

[18] HUANG Q, YANG G, WONG D S, et al. Efficient strong designated verifier signature schemes without random oracle or with non-delegatability[J]. International Journal of Information Security, 2009, 10(6): 373-385.

[19] ZHANG J, JI C. An efficient designated verifier signature scheme without random oracles[C]. Proceedings of the First International Symposium on Data, Privacy and E-Commerce, Chengdu, China, 2007: 338-340.

[20] TIAN H, JIANG Z, LIU Y, et al. A systematic method to design strong designated verifier signature without random oracles[J]. Cluster Computing, 2013, 16(4): 817-827.

[21] YANG B, YU Y, SUN Y. A novel construction of SDVS with secure disavowability[J]. Cluster Computing, 2013, 16(4): 807-815.

[22] HU X, ZHANG X, MA C, et al. A designated verifier signature scheme with undeniable property in the random oracle[C]. Proceedings of Software Engineering and Service Science, Beijing, China, 2016: 960-963.

[23] HU X, TAN W, XU H, et al. Strong designated verifier signature schemes with undeniable property and their applications[J]. Security and Communication Networks, 2017: 7921782.

[24] YANG X, CHEN G, LI T, et al. Strong designated verifier signature scheme with undeniability and strong unforgeability in the standard model[J]. Applied Sciences, 2019, 9(10): 1-18.

第 7 章　可搜索加密体制

为了保护大数据的隐私性和机密性，越来越多企业和个人用户选择将数据加密后存储在云服务器上，但这不利于密文数据的安全共享与检索。因此，在隐私保护的前提下进行密文数据的检索，已成为具有挑战性的研究热点。可搜索加密技术是信息检索技术与密码学技术的有机结合，能直接在密文数据上进行关键词搜索，保障数据的隐私性和机密性。本章介绍可搜索加密体制的形式化模型，然后给出支持策略隐藏且密文长度恒定的可搜索加密方案、基于云边协同的无证书多用户多关键词密文检索方案和基于无证书可搜索加密的电子健康记录(electronic health record，EHR)数据密文检索方案。

7.1 引　　言

用户将海量数据加密成密文后存储在云服务器，但无法支持基于明文的搜索技术。可搜索加密技术支持用户在密文中进行指定的关键词查询，避免了无用数据的下载并保障用户隐私与数据安全[1-3]。按照应用模型，可搜索加密分为四类[4-9]：单用户-单接收者、多用户-单接收者、单用户-多接收者、多用户-多接收者。按照加密机制，可搜索加密也分为四类[10-12]：对称可搜索加密(symmetric searchable encryption，SSE)、非对称可搜索加密(asymmetric searchable encryption，ASE)、对称+非对称可搜索加密、属性基可搜索加密。按照检索关键词数，可搜索加密分为两类[13-16]：单关键词搜索和多关键词搜索。按照搜索准确度，可搜索加密也分为两类[17,18]：精确搜索和模糊搜索。

Song 等[19]提出了 SSE 方案，具有计算开销小等优点，但加密和解密的密钥相同，存在密钥分发所带来的安全风险。ASE 不需要加密方与解密方的密钥协商，基于计算复杂度理论提升了加密数据的安全性。Boneh 等[20]提出了公钥可搜索加密方案，但无法抵抗关键词猜测攻击。该方案成为这一领域后续研究工作的基础，随后出现了一批围绕安全性[21-24]、检索效率[25,26]、检索精度[27]及多元化[28-30]的公钥可搜索加密方案。

利用属性基可搜索加密技术实现云端密文数据的高效检索，已成为大数据隐私保护领域的一个研究热点。属性基可搜索加密技术可用于一对多的通信模型，支持用户在密文中进行关键词检索，提供细粒度的搜索授权等功能。研究者提出了一系列基于单个属性授权机构的属性基可搜索加密方案[31-34]，但基于多属性授权机构的属性基可搜索加密方案较少[35]。基于多属性授权机构的属性基可搜索加密方案依然有很多重要的公开问题亟待解决[36-38]，其中包括支持灵活的搜索功能，如多关键词搜索、排序搜索、语义搜索和布尔搜索等；隐藏访问控制策略；提高访问控制结构的表达能力；简化密钥密文关系，以及缩小密文空间规模；支持高效的责任可追踪和属性撤销机制；提高密文检索的效率；验证搜索结果的正确性和完整性；解决服务-支付不公平问题等。此外，大部分可搜索加密方案未考虑实际的应用场景。因此，结合区块链等新兴技术[39-41]，研究安全、高效、灵活的基于多属性授权机构的属性基可搜索加密方案，具有重要的理论意义和紧迫的应用需求。

7.2　形式化模型

一个无证书可搜索加密方案通常由如下六个多项式时间算法组成。

1) 系统初始化

输入安全参数 l，输出主密钥 msk 与系统参数 params。

2) 部分密钥生成

输入系统用户身份 ID、params 和 msk，输出相对应的部分密钥 psk。

3) 完整密钥生成

输入 params 和 psk，输出对应的完整私钥 sk 和公钥 pk。

4) 关键词加密

输入关键词 w、数据文件 F 和公钥 pk_c，输出对应的加密关键词密文索引 C_w 及密文文件 C_F。

5) 关键词搜索陷门生成

输入搜索关键词 w'、身份 ID_u 和私钥 sk_u，输出对应的关键词搜索陷门 $T_{w'}$。

6) 搜索

输入 C_w、sk_u 和 $T_{w'}$，输出相关的密文文件 C_F。

一个无证书可搜索加密方案至少考虑两类攻击者，第一类攻击者 $\mathcal{A}_1$ 能够替换任何用户的公钥，但不知道主密钥；第二类攻击者 $\mathcal{A}_2$ 知道主密钥，但不能替换任何用户的公钥。通过挑战者 $\mathcal{C}$ 和攻击者之间的安全游戏，定义一个无证书可搜索加密方案的安全性。

游戏 1：参与者是攻击者 $\mathcal{A}_1$ 和挑战者 $\mathcal{C}$，具体的交互过程如下。

(1) 初始化：$\mathcal{C}$ 运行系统初始化算法得到主密钥 msk 与系统参数 params。

(2) 创建用户询问：$\mathcal{C}$ 维持一个包含用户身份、公钥、私钥和随机值的列表，用于回应 $\mathcal{A}_1$ 的询问。若 $\mathcal{A}_1$ 询问的值在创建用户列表 Cru - list 中，$\mathcal{C}$ 直接返回查询值；否则，C返回长度不可区分的随机值给 $\mathcal{A}_1$ 后更新Cru - list 。

(3) 部分密钥询问：C 给定特殊标记身份 ID_i^* ，并维持部分私钥列表 psk - list 。若 $\mathcal{A}_1$ 询问的值在列表psk - list ，C 直接返回查询值；否则，C 返回长度不可区分的随机值给 $\mathcal{A}_1$ 后更新psk - list 。特殊地，若询问值与指定身份的值相同，即 $\mathrm{ID}_i = \mathrm{ID}_i^*$ ，C结束游戏并返回⊥ 。

(4) 公钥询问：C 通过查询Cru - list来回应 $\mathcal{A}_1$ 有关pk_i的询问，若 $\mathcal{A}_1$ 询问的值在Cru - list ，C 直接返回公钥值。若 $\mathcal{A}_1$ 询问的值不在Cru - list中，C 返回长度不可区分的随机值给 $\mathcal{A}_1$ 后更新Cru - list 。

(5) 公钥替换询问：$\mathcal{A}_1$ 可以发起对 ID_i 的公钥替换请求，C 将更新所维持列表Cru - list中对应的公钥值。

(6) 私钥提取询问：C 通过查询psk - list 和Cru - list来回应 $\mathcal{A}_1$ 有关 ID_i 的私钥询问。特殊地，如果 $\mathrm{ID}_i = \mathrm{ID}_i^*$ ，C结束游戏并返回⊥ 。

(7) 陷门询问阶段 1：$\mathcal{A}_1$ 选择查询关键词 w_i 后，C 通过查询 H_i - list 以及 Cru - list ，并运行关键词搜索陷门生成算法，将计算出的陷门信息返回给 $\mathcal{A}_1$。

(8) 挑战：$\mathcal{A}_1$ 提交两个不同的关键词 w_0 和 w_1 ，C 随机选取 $s \in \{0,1\}$ ，通过关键词加密算法生成对应的 C_w 并发送给 $\mathcal{A}_1$。

(9) 陷门询问阶段 2：$\mathcal{A}_1$ 继续选择关键词信息进行陷门询问，但不允许询问与 w_0 ，w_1 相关的陷门。

(10) 猜测：$\mathcal{A}_1$ 猜测 s 的值 s' 。若 $s'=s$ ，那么表示 $\mathcal{A}_1$ 攻击成功，$\mathcal{A}_1$ 在这个游戏中的获胜概率为 $\mathrm{Adv}(\mathcal{A}_1) = \varepsilon = \left|\Pr(s' = s) - \dfrac{1}{2}\right|$ 。

游戏 2：参与者是攻击者 $\mathcal{A}_2$ 和挑战者 C，具体的交互过程如下。

(1) 初始化：C运行系统初始化算法得到主密钥 msk 与系统参数 params。

创建用户询问阶段、部分密钥询问阶段和陷门询问阶段 1 的游戏过程除攻击者为 $\mathcal{A}_2$ 外，其余过程与游戏 1 相同。由于 $\mathcal{A}_2$ 知道主密钥，因此 $\mathcal{A}_2$ 不再进行部分密钥询问。

(2) 挑战：$\mathcal{A}_2$ 提交两个不同的关键词 w_0 和 w_1 ，C 随机选取 $s \in \{0,1\}$ ，通过关键词加密算法生成对应的 C_w 并发送给 $\mathcal{A}_2$。

(3) 陷门询问阶段 2：$\mathcal{A}_2$ 继续选择关键词等信息进行陷门询问，但不允许询问与 w_0 ，w_1 相关的陷门。

(4) 猜测：$\mathcal{A}_2$ 猜测 s 的值 s' 。若 $s'=s$ ，则表示 $\mathcal{A}_2$ 攻击成功，$\mathcal{A}_2$ 在这个游戏中的获胜概率为 $\mathrm{Adv}(\mathcal{A}_2) = \zeta = \left|\Pr(s' = s) - \dfrac{1}{2}\right|$ 。

定义 7.1　若不存在攻击者 $\mathcal{A}_1$ 或者 $\mathcal{A}_2$ 能以不可忽略的概率 ε 或者 ζ 获得安全游戏的胜利，则称该方案在关键词猜测攻击下具有不可区分的安全性[9,21]。

7.3　支持策略隐藏且密文长度恒定的可搜索加密方案

已有的属性基可搜索加密方案存在密文存储开销过大和用户隐私泄露等问题，并且不能同时支持云端数据的公开审计。为了解决这些问题，本书作者提出基于属性的可搜索加密方案[32]，其安全性可归约到 q-BDHE 问题和 CDH 问题的困难性。该方案在支持关键词搜索的基础上，实现了密文长度恒定；引入策略隐藏思想，防止攻击者获取敏感信息，确保用户隐私性；通过数据公开审计机制，实现了云存储中数据的完整性验证。与同类方案相比较，该方案降低了数据的加密/解密开销、关键词的搜索开销及密文的存储成本。本节主要介绍该方案的详细流程及性能分析过程。

1. 系统模型

本节方案的系统模型如图 7.1 所示，包含数据拥有者(data owner，DO)、云服务提供商(cloud service provider，CSP)、属性权威中心(attribute authority center，AAC)、访问用户(accessing user，AU)和第三方审计者(third-party auditor，TPA)五个实体。

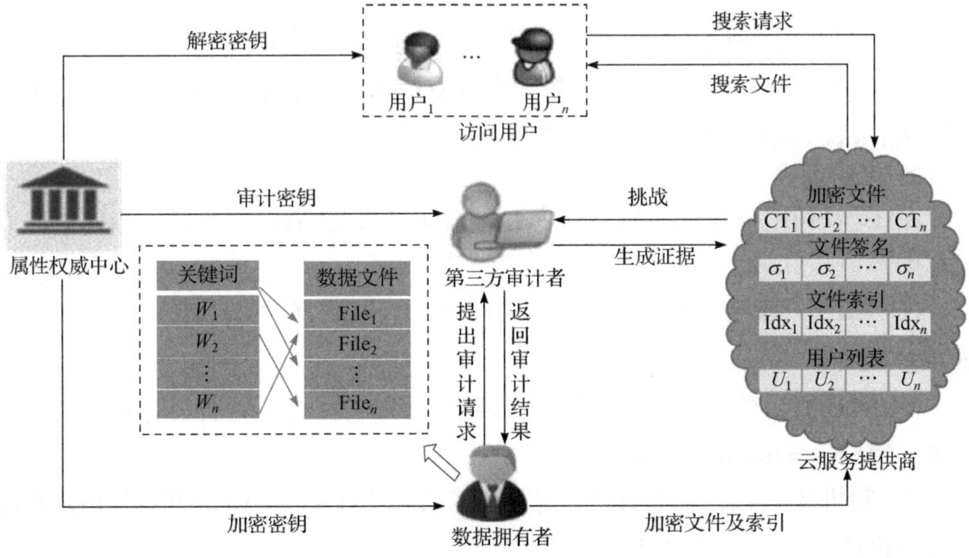

图 7.1　本节方案的系统模型

各实体的主要功能介绍如下。

(1) DO 根据数据文件和关键词生成对应的关键词索引，并将数据文件和关键词索引加密后上传至云服务器。

(2) CSP 存储数据拥有者上传的密文数据，并处理访问用户的搜索请求。

(3) AAC 负责生成系统参数和系统中各个实体的密钥。

(4) AU 请求云服务提供商进行密文搜索，并解密云服务提供商返回的搜索文件。

(5) TPA 负责验证云端数据的完整性，并将审计结果返回给数据拥有者。

2. 方案描述

1) 系统建立

令 G_1 和 G_T 为阶为素数 p 的循环群，g 为 G_1 的一个生成元，$e: G_1 \times G_1 \to G_T$ 是一个双线性映射。假定 $U = \{\mathrm{att}_1, \mathrm{att}_2, \cdots, \mathrm{att}_n\}$ 为系统属性集，$S_i = \{v_{i,1}, v_{i,2}, \cdots, v_{i,j}\}$ 表示属性 att_i 的取值集合。AAC 按照如下步骤生成系统参数 PP 和主密钥 msk。

(1) 选择哈希函数 $H_0: Z_p^* \times \{0,1\}^{\log_2^n} \times \{0,1\}^{\log_2^m} \to Z_p^*$，$H_1: \{0,1\}^* \to G_1$，$H_3: Z_p \to G_1$ 和一个带密钥的哈希函数 $H_k: \{0,1\}^* \to Z_p$。

(2) 随机选取 $a, b, c \in Z_p$，计算 $\phi = e(g,g)^a$，$\gamma = g^b$ 和 $\mathrm{pk} = g^c$。

(3) 对任意属性 $\mathrm{att}_i \in U$，随机选取 $x_{i,j} \in Z_p$，计算 $a_{i,j} = H_0(a \| x_{i,j})$，$A_{i,j} = g^{-a_{i,j}}$ 和 $Y_{i,j} = e(g,g)^{a_{i,j}}$，其中 $i, j \in \{1, 2, \cdots, n\}$，"$\|$"表示连接符。

(4) 公开系统参数 $\mathrm{PP} = (G_1, G_T, e, p, g, \phi, \gamma, \mathrm{pk}, H_0, H_1, H_2, H_3, \{A_{i,j}, Y_{i,j}\}_{1 \leqslant i \leqslant n, 1 \leqslant j \leqslant n_i})$，秘密保存主密钥 $\mathrm{msk} = (a, b, a_{i,j})$。

2) 密钥生成

AAC 收到用户发送的属性列表 $L = \{L_1, L_2, \cdots, L_u\}$ 后，按照以下步骤生成 L 对应的私钥。

(1) 随机选取 $\mathrm{sk}, \alpha, \beta \in Z_p$，计算 $\tau_i = (g \cdot H_3(\mathrm{sk}))^{-a_{i,j}}$，$X = \phi^\alpha$ 和 $K = g^{(a+\beta)/b}$。

(2) 对任意属性 att_i，属性权威中心随机选择 $\lambda_i \in Z_p$，计算 $\mathrm{sk}_{i,1} = g^{\beta - \lambda_i \cdot a_{i,j}}$，设置私钥 $\mathrm{SK}_L = (\mathrm{sk}, K, \{\tau_i, \mathrm{sk}_{i,1}\}_{1 \leqslant i \leqslant n})$。

(3) 随机选取 $\mathrm{ssk}_F \in Z_p$ 作为任意数据文件块 $F (1 \leqslant F \leqslant m)$ 的签名私钥，通过安全信道将 ssk_F 发送给用户。

(4) 计算 $\mathrm{pk} = g^{\mathrm{ssk}_F}$ 作为公钥。

3) 数据文件加密

DO 在访问控制策略 W 下对数据文件 M 执行如下的加密操作。

(1) 计算 $A_{\omega}=\prod_{v_{i,j}\in W}A_{i,j}$ 和 $Y_{\omega}=\prod_{v_{i,j}\in W}Y_{i,j}$ 。

(2) 随机选取 $r\in Z_p$ ，计算 $C_1=g^r$ ，$C_2={A_{\omega}}^r$ 及 $C_3=M\cdot {Y_{\omega}}^r$ 。

(3) 将密文数据 $C_T=(C_1,C_2,C_3)$ 划分为 n 块，即 $C_T=(\mathrm{CT}_1,\mathrm{CT}_2,\cdots,\mathrm{CT}_n)$ 。

(4) 为每个密文数据块 CT_j 计算标签 $\delta_j=(H_2(j)g^{\mathrm{CT}_j})^{\mathrm{ssk}_F}$ 。

(5) 输出文件 M 的密文 $C_T=\left(C_1,C_2,C_3\right)$ 和相应的标签 δ_j ，将其发送给 CSP。

4) 关键词索引生成

DO 首先创建数据文件 M 的关键词集合 $\mathrm{kw}=\{\mathrm{kw}_1,\mathrm{kw}_2,\cdots,\mathrm{kw}_n\}$ ，然后基于访问控制策略 W 计算 $\hat{C}=\phi^r$ ，$I=\gamma^{r/H_k(\mathrm{kw}_i)}$ 和 $U=X^{-r}$ ，最后将关键词索引 $\mathrm{WI}=(\hat{C},I,U)$ 发送给 CSP。

5) 陷门生成

AU 随机选取 $s\in Z_p$ ，计算 $\hat{T}=\alpha+s$ ，$T_0=K^{H_k(\mathrm{kw}_i)s}$ ，$T_{i,1}=\mathrm{sk}_{i,1}^s$ 和 $T_{i,2}=\mathrm{sk}_{i,2}^s$ ，其中 $i\in\{1,2,\cdots,n\}$ ，然后将身份标识符 ID_i 和陷门 $T=(\hat{T},T_0,T_{i,1},T_{i,2})$ 发送给 CSP。

6) 密文检索

CSP 收到身份标识符和陷门后，验证该用户是否在用户列表 L_u 中。如果该用户不在列表 L_u 或该用户的属性集不满足访问控制策略 W ，终止搜索；否则，按照如下步骤搜索密文文件。

(1) 计算 $T_1=\prod_{i=1}^{n}T_{i,1}$ ，$T_2=\prod_{i=2}^{n}T_{i,2}$ ，$E_1=e(C_1,T_1)$ 和 $E_2=e(C_2,T_2)$ 。

(2) 验证 $e(I,T_0)\cdot E=\hat{C}^{\hat{T}}\cdot U$ 是否成立，其中 $E=E_2/E_1$ 。如果该等式成立，云服务提供商向访问用户发送相应的数据搜索文件；否则，返回 $\perp$ 。

7) 解密

访问用户得到密文 $C_T=(C_1,C_2,C_3)$ 后，首先计算 $\prod_{v_{i,j}\in W}\tau_i$ ，然后恢复数据文件 $M=\dfrac{C_3}{e(\tau_{\omega},C_1)e(H_3(\mathrm{sk}),C_2)}$ 。

8) 审计

TPA 收到 DO 对密文数据块 CT_F 提出的审计请求后，随机选择 d 个数，生成数据的索引集合 $I=\{\mathrm{CT}_1,\mathrm{CT}_2,\cdots,\mathrm{CT}_d\}$ 。对任意 $j\in I$ ，随机选取 $\rho_j\in Z_p$ ，生成挑战信息 $\mathrm{chal}=(j,\rho_j)_{j\in I}$ ，并向 CSP 发送挑战信息 chal 及文件标签 δ_j 。TPA

和 CSP 进行交互步骤对云端数据文件进行审计。

(1) 证据生成：CSP 收到 TPA 的审计请求后，计算聚合证据$\delta=\prod_{j\in I}\delta_j^{\rho_j}$和聚合密文$\theta=\prod_{(j,\rho_j)\in I}C_j\rho_j$，并将证明信息$P=(\delta,\theta)$发送给 TPA。

(2) 证据验证：TPA 收到证明信息后，验证$e(\delta,g)=e(\prod_{(j,\rho_j)\in I}H_2(j)^{\rho_j}\cdot g^{\theta}$, pk)是否成立。如果该等式成立，则表明存储在云服务器的密文数据块CT_j完整；否则，意味着数据块CT_j损坏，并将验证结果反馈给 DO。

3. 安全性分析

定理 7.1 如果 q-BDHE 假设成立，则不存在攻击者$\mathcal{A}$能够在多项式时间内以不可忽略的概率攻破本节方案的机密性。

证明：假设在多项式时间内存在一个攻击者$\mathcal{A}$以不可忽略的概率ε_A攻破本节方案的机密性，则构建一个挑战者$\mathcal{B}$以不可忽略的概率ε_B解决 q-BDHE 问题。给定 q-BDHE 挑战元组$(g,y_{g,\alpha,q},T)$，其中$y_{g,\alpha.q}=(g_1,g_2,\cdots,g_q,g_{q+2},\cdots,g_{2q},g^s)$，$T\in G_T$，$\mathcal{B}$和$\mathcal{A}$进行如下的模拟游戏。

1) 系统建立

$\mathcal{A}$向$\mathcal{B}$发送一个访问控制策略$W^*=\{W_1,W_2,\cdots,W_n\}=\Lambda_{i\in I_{W^*}}W_i$，其中$I_{W^*}=\{1,2,3,\cdots,n\}$表示$W^*$中属性的索引。$\mathcal{B}$随机选择$i^*\in I_{W^*}$，$a,a'\in Z_p$以及$x_{i,j}\in Z_p$，按照以下三种情况计算$A_{i^*,j}$和$Y_{i^*,j}$，将系统参数$\mathrm{PP}=(G_1,G_T,e,p,g,\phi,\gamma,\mathrm{pk},H_0,H_1,H_2,H_3,(A_{i,j},Y_{i,j})_{1\leqslant i\leqslant n,1\leqslant j\leqslant n_i})$发送给$\mathcal{A}$。

(1) 如果$i=i^*$，$\mathcal{B}$进行如下操作。

① 若$v_{i,j}=W_i$，计算$(\mathcal{A}_{i^*,j},Y_{i^*,j})=(g^{H_0(a\|x_{i,j})}\prod_{i=I_{W^*}-i^*}g_{q+1-i},e(g,g)^{H_0(a\|x_{i,j})}\cdot e(g,g)^{a^{q+1}})$。

② 若$v_{i,j}\neq W_i$，计算$(\mathcal{A}_{i^*,j},Y_{i^*,j})=(g^{-H_0(a'\|x_{i,j})},e(g,g)^{H_0(-a'\|x_{i,j})})$。

(2) 如果$i=I_{W^*}-\{i^*\}$，$\mathcal{B}$进行如下两类计算。

① 如果$v_{i,j}=W_i$，计算$(\mathcal{A}_{i^*,j},Y_{i^*,j})=(g^{H_0(a\|x_{i,j})}g_{q+1-i}^{-1},e(g,g)^{H_0(a\|x_{i,j})})$。

② 如果$v_{i,j}\neq W_i$，计算$(\mathcal{A}_{i^*,j},Y_{i^*,j})=(g^{-H_0(a'\|x_{i,j})},e(g,g)^{H_0(a'\|x_{i,j})})$。

(3) 如果$i\notin I_{W^*}$，计算$(\mathcal{A}_{i^*,j},Y_{i^*,j})=(g^{-H_0(a\|x_{i,j})},e(g,g)^{H_0(a\|x_{i,j})})$。

2) 询问阶段 1

(1) $\mathcal{A}$可以自适应性地向$\mathcal{B}$进行以下两类哈希询问。

① $O_{H_0}(a_{i,j})$ 询问：$\mathcal{A}$ 输入属性 att_i 向 $\mathcal{B}$ 发起 H_0 询问，$\mathcal{B}$ 维护初始列表 $L_0=\{(\text{att}_i,a,a_{i,j})\}$，首先在列表 L_0 中查询 att_i 是否存在。如果存在，将对应的值返回给 $\mathcal{A}$；否则，随机选择 $x_{i',j}\in Z_p$，令 $a_{i',j}=H_0(a\|x_{i',j})$，其中 $a\in Z_p$；然后在列表 L_0 中添加 $(\text{att}_i,a,a_{i',j})$，并将 $a_{i',j}$ 返回给 $\mathcal{A}$。

② $O_{H_3}(\text{sk})$ 询问：$\mathcal{B}$ 收到 $\mathcal{A}$ 发起的属性 att_i 的私钥询问后，先查询 sk 是否存在于列表 L_3。如果列表 L_3 中已经记录此值，则 $\mathcal{B}$ 将此值返回给 $\mathcal{A}$；否则，随机选择 $\mu\in Z_p$，将 $(\text{sk},g_l g^{\mu})$ 添加至列表 L_3 并返回 $g_l g^{\mu}$，其中 l 表示 L_3 的索引值。

(2) 密钥询问：$\mathcal{A}$ 输入 ID_i 及属性集合 $L=\{L_1,L_2,\cdots,L_u\}$ 向 $\mathcal{B}$ 进行密钥询问。为不失一般性，假设一定存在属性 $\text{att}_{i'}\in L$ 且 $v_{i',j}\neq W_{i'}$。当 $i\neq l$ 时，$\mathcal{B}$ 随机选取 $\mu\in Z_p$，计算属性私钥 $\tau_i{=}g_i^{H_0(a\|x_{i,j})}\cdot g^{H_0(a\|x_{i,j})}g_{q+1-i+i'}(A_{i,t_i})^{-\mu}$ 并返回给 $\mathcal{A}$。

3) 挑战阶段

$\mathcal{A}$ 向 $\mathcal{B}$ 发送等长的明文消息 M_0 和 M_1，$\mathcal{B}$ 计算 $a_{W^*}=\sum_{i=1}^{n}\sum_{j=1}^{j=n_i}a_{i,j}$，通过抛掷硬币游戏选择 $\xi\in\{0,1\}$，计算密文 $C_T'=(C_1',C_2',C_3')$，其中 $C_1'=g^r{=}h$，$C_2'=(\prod_{v_{i,j}\in W}g^{-a_{i,j}})^r=(g^{-a_{i^*,j}}\prod_{i\in I_W-\{i^*\}}g_{q+1-i}\prod_{i\in I_W-\{i^*\}}g^{a_{i,j}}g_{q+1-i}^{-1})^r=h^{-a_{W^*}}$；当 $T=e\ (g_{q+1},h)$ 时，密文 $C_T'=\left(C_1',C_2',C_3'\right)$ 是明文 M_ξ 的合法密文；否则，C_T' 是随机密文。

4) 询问阶段 2

重复询问阶段 1，但不能询问明文消息 M_0 和 M_1。

5) 猜测阶段

$\mathcal{A}$ 输出对 M_ξ 的猜测结果 $\xi'\in\{0,1\}$。如果 $\xi{=}\xi'$，$\mathcal{B}$ 输出 1，表示猜测结果为 $T=e(g_{q+1},g^r)$，$\mathcal{A}$ 猜对的概率为 $\varepsilon_A{=}\Pr[\xi'=\xi|T=e(g_{q+1},g^r)]{=}\dfrac{1}{2}{+}\varepsilon$。若 $\xi'\neq\xi$，$\mathcal{B}$ 输出 0 且 T 为一个随机值，$\mathcal{A}$ 猜中 ξ' 的概率为 $\varepsilon_A{=}\Pr[\xi'=\xi|T\in G_T]=\dfrac{1}{2}$。因此，$\mathcal{B}$ 解决 q-DBHE 问题的概率为

$$\varepsilon_B{=}\frac{1}{2}\Pr[\xi'=\xi|T=e(g_{q+1},g^r)]{+}\frac{1}{2}\Pr[\xi'=\xi|T\in G_T]-\frac{1}{2}=\frac{\varepsilon}{2}$$

综上所述，如果 $\mathcal{A}$ 能够以不可忽略的概率 $\dfrac{1}{2}{+}\varepsilon$ 攻破本节方案的机密性，那么挑战者 $\mathcal{B}$ 能够以 $\dfrac{\varepsilon}{2}$ 的概率解决 q-BDHE 问题。　　**证毕**

定理 7.2　如果 CDH 假设成立，则本节方案满足索引的不可区分性。

证明：假设在多项式时间内存在一个攻击者 $\mathcal{F}$ 能够以不可忽略的概率 ε_F 攻破本节方案的索引不可区分性，则构建一个挑战者 C 能够以不可忽略的概率 ε_C 解决 CDH 问题。给定一个 CDH 问题实例 $\left(g,g^a,g^b\right)$，$\mathcal{F}$ 与 C 的模拟游戏如下。

1) 系统建立

$\mathcal{F}$ 向 C 发送要挑战的访问控制策略 $W^*=\{W_1,W_2,\cdots,W_n\}=\Lambda_{i\in I_{W^*}}W_i$，$C$ 生成并发送参数 $\mathrm{PP}=(G_1,G_T,e,p,g,\phi,\gamma,\mathrm{pk},H_0,H_1,H_2,H_3,(\mathcal{A}_{i,j},Y_{i,j})_{1\leqslant i\leqslant n,1\leqslant j\leqslant n_i})$ 给 $\mathcal{F}$。

2) 询问阶段 1

$\mathcal{F}$ 选择属性集合 $L=\{L_1,L_2,\cdots,L_u\}$ 发送给 C，向 C 发起如下的哈希询问和陷门询问。

(1) $O_{H_0}(a_{i,j})$ 询问：C 输入属性 att_i 向 $\mathcal{F}$ 发起 H_0 询问，C 维护初始列表 $L_{H_0}=\{(\mathrm{att}_i,a,a_{i,j})\}$，首先在列表 L_{H_0} 中查询 att_i 是否存在。如果存在，则将对应值返回给 C；否则，为属性 att_i 随机选择 $x_{i',j}\in Z_p$，令 $a_{i',j}=H_0(a\,\|\,x_{i',j})$，其中 $a\in Z_p$，并在列表 L_{H_0} 中添加 $(\mathrm{att}_i,a,a_{i',j})$，然后将 $a_{i',j}$ 返回给 $\mathcal{F}$。

(2) $O_{H_3}(\mathrm{sk})$ 询问：$\mathcal{F}$ 输入属性 att_i 向 C 发起 H_3 询问，C 维护初始列表 $L_{H_3}=\{(\mathrm{att}_i,a_{i,j},\mathrm{sk},\tau_i)\}$，首先查询 sk 是否存在于列表 L_3。如果存在，则 C 将对应的 sk 返回给 $\mathcal{F}$；否则，C 随机选取 $\mathrm{sk}'\in Z_p$，对于每个属性 att_i，随机选择 $x_{i',j}\in Z_p$，计算 $\tau_i=(g\cdot H_3(\mathrm{sk}'))^{-a_{i',j}}$，将其添加至列表 L_{H_3} 并发送给 $\mathcal{F}$。

(3) 陷门查询：$\mathcal{F}$ 向 C 发送属性集合 L 和关键词集合 $\mathrm{kw}=\{\mathrm{kw}_1,\mathrm{kw}_2,\cdots,\mathrm{kw}_n\}$，如果属性列表 L 满足访问控制结构 W^*，C 不响应此次询问。否则，C 随机选择 $s\in Z_p$，计算 $\hat{T}=\mathrm{sk}+s$，$T_0=K^{H_k(W_i)s}$，$T_{i,1}=\mathrm{sk}_{i,1}^s$ 和 $T_{i,2}=\mathrm{sk}_{i,2}^s$，向 $\mathcal{F}$ 发送陷门 $\mathrm{Trap}=(\hat{T},T_0,T_{i,1},T_{i,2})$，并更新关键词列表 $L_W=L_W\cup\mathrm{kw}$。

3) 挑战阶段

C 向 $\mathcal{F}$ 发送挑战的关键词集合 kw_1 和 kw_2，挑战者通过投掷硬币的游戏选择 $\xi\in\{0,1\}$，记作关键词 kw_ξ；随机选取 $r'\in Z_p$，计算 $\hat{C}=\phi^{r'}$，$I=\gamma^{r'/H_k(\mathrm{kw}_{i'})}$ 和 $U=X^{-r'}$，并将计算的关键词索引 $\mathrm{WI}=(\hat{C},I,U)$ 发送给 $\mathcal{F}$。

4) 询问阶段 2

重复询问阶段 1，但 $\mathcal{F}$ 不能继续询问关键词集合 kw_1 和 kw_2 或者 kw_1 和 kw_2 的子集。

5) 猜测阶段

$\mathcal{F}$输出对kw_{ξ}的猜测结果$\mathrm{kw}_{\xi'}$，其中$\xi' \in \{0,1\}$。

(1) 如果$\xi'=\xi$，$\mathcal{C}$输出 1，意味着$T=g^{ab}$，攻击者猜测成功。$\mathcal{F}$猜中正确ξ'的概率为$\varepsilon_A=\Pr[\xi'=\xi|T=e(g_{q+1},g^r)]=\varepsilon+\dfrac{1}{2}$。

(2) 若$\xi'\neq\xi$，$\mathcal{C}$输出 0。$\mathcal{F}$猜错ξ'的概率为$\varepsilon_A=\Pr[\xi'=\xi|T\in G_1]=1/2$。

于是有$\varepsilon_B=\dfrac{1}{2}\Pr[\xi'=\xi|T=g^{ab}]+\dfrac{1}{2}\Pr[\xi'=\xi|T\in G_1]-\dfrac{1}{2}=\dfrac{\varepsilon}{2}$。　**证毕**

4. 其他性能分析

1) 策略隐私性

数据拥有者向云服务器上传密文组件$C_1=g^r$，$C_2=A_\omega{}^r$和$C_3=M\cdot Y_\omega{}^r$时，在密文组件$C_2=A_\omega^r$和$C_3=M\cdot Y_\omega^r$中隐藏了属性信息$x_{i,j}$，其中$A_\omega=\prod_{v_{i,j}\in W}g^{-a_{i,j}}$，$Y_\omega=\prod_{v_{i,j}\in W}e(g,g)^{a_{i,j}}$以及$a_{i,j}=H_0(a\,\|\,x_{i,j})$。数据拥有者通过$H_0(a\,\|\,x_{i,j})$对属性$x_{i,j}$进行替代，满足访问控制的数据用户即使得出$H_0(a\,\|\,x_{i,j})$，由于主密钥对云服务提供商和非授权用户而言是未知的，因此恶意用户无法通过$a_{i,j}=H_0(a\,\|\,x_{i,j})$计算出$x_{i,j}$，即本节方案满足策略隐私性。

2) 数据隐私性

通过密文数据恢复出明文数据$M=\dfrac{C_3}{e(\tau_\omega,C_1)e(H_3(\mathrm{sk}),C_2)}$，其中$C_1=g^r$，$C_2=A_\omega^r$和$C_3=M\cdot Y_\omega^r$为密文的三部分。对云服务提供商而言，密文是已知的。由于策略隐私性，云服务器无法利用密文加密策略计算$\tau_i=(g\cdot H_3(\mathrm{sk}))^{-a_{i,j}}$，即无法获得$e(\tau_\omega,C_1)$和$e(H_3(\mathrm{sk}),C_2)$。因此，云服务器无法通过解密等式恢复出明文数据。假设存在多个恶意用户结合各自的属性，构造满足密文访问控制策略的属性集合来合谋解密密文。由于用户身份标识符ID_i和对应的私钥sk是唯一的，恶意用户只能通过$M'=\dfrac{C_3}{e(\tau_\omega,C_1)}$计算得出部分解密结果，即恶意用户进行合谋解密是困难的。综上所述，本节方案满足数据隐私性。

3) 签名者身份隐私性

数据拥有者向第三方审计者发出对密文数据块CT_F的审计请求后，第三方审计者根据等式$e(\delta,g)=e(\prod_{(j,\rho_j)\in I}H_2(j)^{\rho_j}\cdot g^\theta,\mathrm{pk})$判断$\mathrm{CT}_F$的完整性。假设云服务器中的用户身份总数为$n$，第三方审计者能够从$m$个数据块中区分出用户身份的概率仅为$1/n$。由于数据拥有者选择的$j$块数据是独立进行签名的，因此第三方审计者在$j$个签名中区分出签名者身份的最大概率为$1/n^j$。因此，本节方案满足签名者身份的隐私性。

4) 数据完整性

云服务提供商收到第三方审计者发送的挑战信息$\text{chal}=\left(j,\rho_j\right)_{j\in I}$后，根据密文数据块$\text{CT}_F$生成聚合证据$\delta=\prod_{j\in I}\delta_j^{\rho_j}$和聚合密文$\theta=\prod_{(j,\rho_j)\in I}C_j\rho_j$。如果密文数据块$\text{CT}_F'$受到损坏，则云服务器生成聚合证据$\delta'=\prod_{j\in I}\delta_j'^{\rho_j}$和聚合密文$\theta=\prod_{(j,\rho_j)\in I}C_j'\rho_j$。此外，验证等式$e(\delta,g)=e(\prod_{(j,\rho_j)\in I}H_2(j)^{\rho_j}\cdot g^{\theta},\text{pk})$只能保障完整密文数据块$\text{CT}_F$的验证。由于$\text{CT}_F\neq\text{CT}_F'$，因此受损的密文数据块$\text{CT}_F'$不能通过完整密文数据块$\text{CT}_F$的验证等式，即本节方案满足数据的完整性。

5. 性能分析

下面从功能、计算开销和存储开销三方面将本节方案与支持关键词搜索的属性加密方案[30,36,37]进行比较。为便于表述，用n_{a}表示系统中属性总个数，n_{ω}表示包含在访问控制策略中的属性个数，n_{d}表示解密时所需要的属性个数，n_{s}表示搜索时所需属性个数，n_{k}表示密钥中的属性个数，$|G_1|$和$|G_T|$分别表示群G_1和G_T中一个元素的平均长度，$|Z_p|$表示Z_p中一个元素的平均长度，幂运算和双线性对运算分别用E和P表示。

从表7.1可知，文献[36]方案满足密文长度恒定，有效地减小了计算和存储开销；文献[37]方案满足策略隐藏和关键词搜索，在提高数据访问效率的同时也保证了数据的安全性；文献[30]方案满足关键词搜索功能，实现对云存储数据的完整性验证；本节方案同时支持策略隐藏、密文长度恒定、关键词搜索和数据审计功能，确保了用户的隐私性和数据的可用性。

表 7.1　功能对比

方案	策略隐藏	密文长度恒定	关键词搜索	数据审计
文献[30]方案	否	否	是	否
文献[36]方案	否	是	否	否
文献[37]方案	是	否	是	否
本节方案	是	是	是	是

在表7.2中，文献[36]方案的解密开销，文献[37]方案的加密开销与关键词

搜索开销，文献[30]方案的加密开销、解密开销和关键词搜索开销均与属性个数成线性增长关系。本节方案的密文长度恒定，加密开销、解密开销和关键词搜索开销均与属性个数无关，具有较小的计算量。因此，本节方案具有更高的计算性能。

表 7.2　计算开销对比

方案	加密开销	解密开销	关键词搜索开销
文献[30]方案	$(3n_{\omega}+4)\mathrm{E}$	$\mathrm{P}+n_{\mathrm{d}}\mathrm{E}$	$(2n_{\mathrm{s}}+1)\mathrm{P}+n_{\mathrm{s}}\mathrm{E}$
文献[36]方案	3E	$(n_{\mathrm{d}}+2)\mathrm{P}+n_{\mathrm{d}}\mathrm{E}$	—
文献[37]方案	$(n_{\omega}+6)\mathrm{E}$	—	$(2n_{\mathrm{s}}+1)\mathrm{P}+\mathrm{E}$
本节方案	3E	2P	$3\mathrm{P}+\mathrm{E}$

在属性加密方案中，属性权威中心承担主密钥的存储开销，数据拥有者和访问用户分别用来存储公钥和私钥，云服务提供商的存储开销主要源于密文。

由表 7.3 可知，本节方案与文献[30]、[36]和[37]方案的属性权威中心、数据拥有者和访问用户的存储开销相当。文献[30]和[37]方案中密文存储开销与访问控制策略的属性个数成线性增长关系，其密文长度不恒定。虽然文献[36]方案的密文长度恒定，但该方案将密文分为密文头和中间密文两部分，存储开销依然高于本节方案。

表 7.3　存储开销对比

方案	属性权威中心	数据拥有者	访问用户	云服务提供商
文献[30]方案	$\lvert G_1\rvert+\lvert Z_p\rvert$	$n_{\mathrm{a}}\lvert G_1\rvert+\lvert Z_p\rvert$	$(n_{\mathrm{k}}+1)\lvert G_1\rvert+\lvert G_T\rvert$	$(n_{\omega}+2)\lvert G_1\rvert+\lvert G_T\rvert$
文献[36]方案	$2\lvert Z_p\rvert$	$(2n_{\mathrm{a}}+1)\lvert G_1\rvert$	$n_{\mathrm{k}}\lvert G_1\rvert+\lvert Z_p\rvert$	$3\lvert G_1\rvert+\lvert G_T\rvert$
文献[37]方案	$(n_{\omega}+2)\lvert Z_p\rvert$	$(n_{\mathrm{a}}+1)\lvert G_1\rvert$	$(2n_{\mathrm{k}}+1)\lvert G_1\rvert+\lvert Z_p\rvert$	$(2n_{\omega}+1)\lvert G_1\rvert+\lvert G_T\rvert$
本节方案	$(n_{\omega}+2)\lvert Z_p\rvert$	$n_{\mathrm{a}}\lvert G_1\rvert+n_{\mathrm{a}}\lvert G_T\rvert$	$n_{\mathrm{k}}\lvert G_1\rvert+\lvert G_T\rvert$	$2\lvert G_1\rvert+\lvert G_T\rvert$

将本节方案与已有支持关键词搜索的属性加密方案[30,37]进行搜索开销、加密开销、解密开销和存储开销的比较，在相同设备条件下进行多次实验，结果如图 7.2～图 7.4 所示。

图 7.2 表明，在数据文件搜索阶段，文献[30]和[37]方案的搜索时间与访问控制策略中属性数量成正相关关系。本节方案实现了关键词索引的长度恒定，搜索时间不会随属性数量的增加而线性增长，始终保持在 0.023s 左右。因此，本

节方案具有较高的搜索效率。

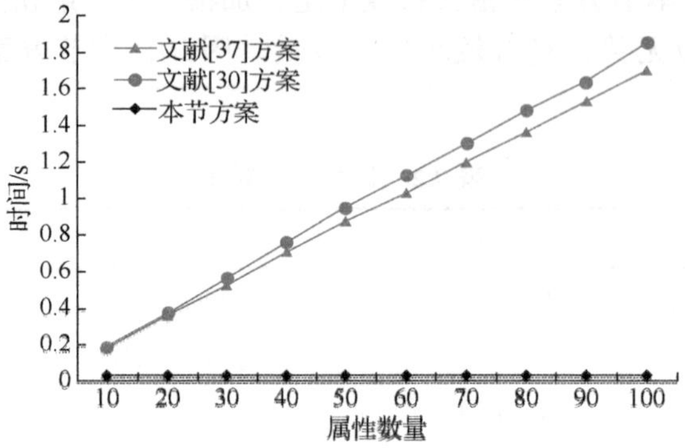

图 7.2　搜索开销对比

由图 7.3 所示，当属性数量为 10～30 时，文献[37]方案和本节方案的加密时间接近。随着属性数量的增加，文献[37]方案的加密时间缓慢增长；本节方案的密文长度恒定，加密时间和属性数量无关，加密时间始终保持在 0.02s 左右；文献[30]方案的加密开销一直高于本节方案。

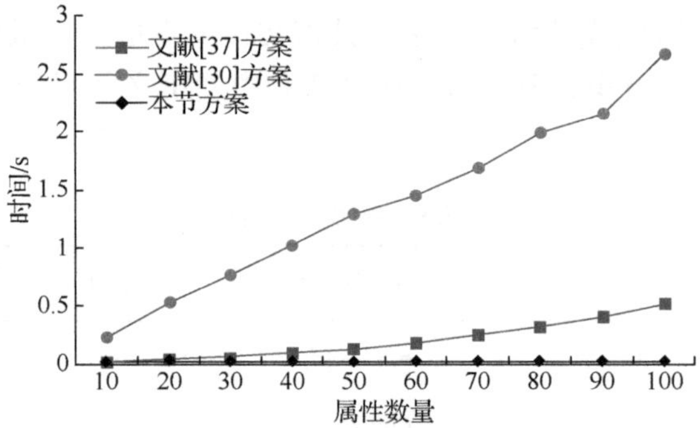

图 7.3　加密开销对比

由图 7.4 可知，访问控制策略中的属性数量为 10 时，本节方案与文献[30]方案的解密开销相当，但随着属性数量的增加，文献[30]方案的解密时间增幅较大，并且与属性数量成正相关关系。本节方案采用密文长度恒定技术，解密时间保持在 0.2s 左右，因此，用户需要负担较小的解密开销。

如图 7.5 所示，假设属性数量为 5，本节方案与同类方案[30,37]在存储开销上相比具有明显优势。影响存储开销最关键的因素是密文的大小，图 7.5 表明文献[37]方案和文献[30]方案的密文长度分别为 1536bit 和 2432bit，本节方案密文长度恒定，仅需要花费 384bit 来存储密文。综上所述，本节方案在实现数据隐私性和完整性的同时，降低了云服务提供商的存储成本。

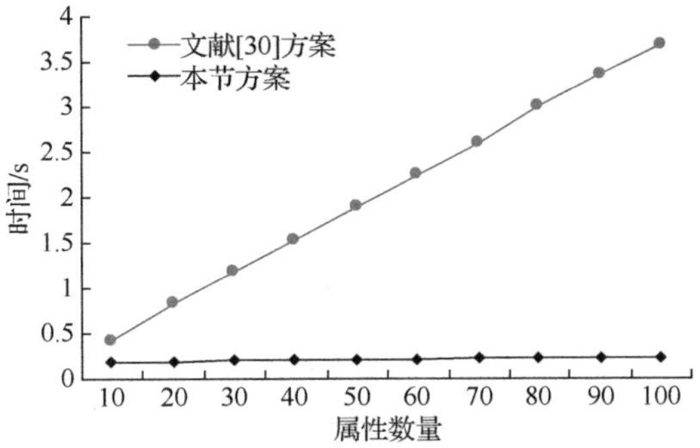

图 7.4　解密开销对比

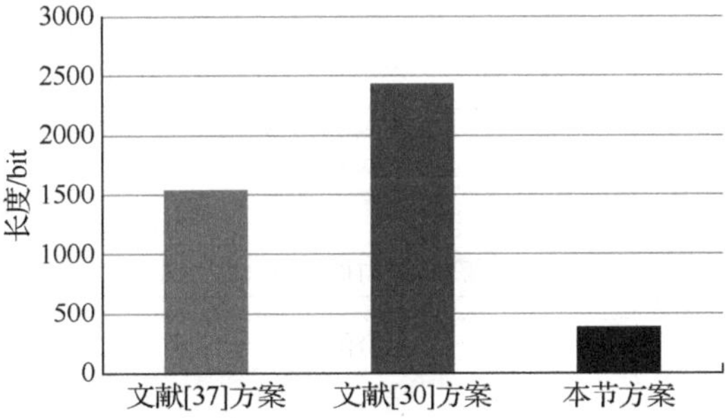

图 7.5　存储开销对比

7.4　基于云边协同的无证书多用户多关键词密文检索方案

针对工业物联网环境中密文数据检索面临的单用户单关键词搜索、计算开销过大、安全等级较低等问题，本书作者提出基于云边协同的无证书多用户多关键词密文检索方案[21]，支持用户访问权限更新的多用户搜索，解决了密钥托管与证书管理问题，实现了关键词密文的可认证性。本节主要介绍该方案的系统模型、数据结构、方案描述、安全性及性能分析。

1. 系统模型

本节方案的系统模型如图 7.6 所示，主要包括云服务器、边缘服务器、工业物联网(industrial internet of things，IIoT)中的数据拥有者和数据用户，以及密钥生成中心(KGC)。

1) 云服务器

云服务器负责存储 IIoT 中数据拥有者 D_{oj}上传的用户访问权限表与文件访问权限表。当数据用户 D_{ui} 需要检索 D_{oj} 包含某些关键词的密文文件 f_u 时，云服务

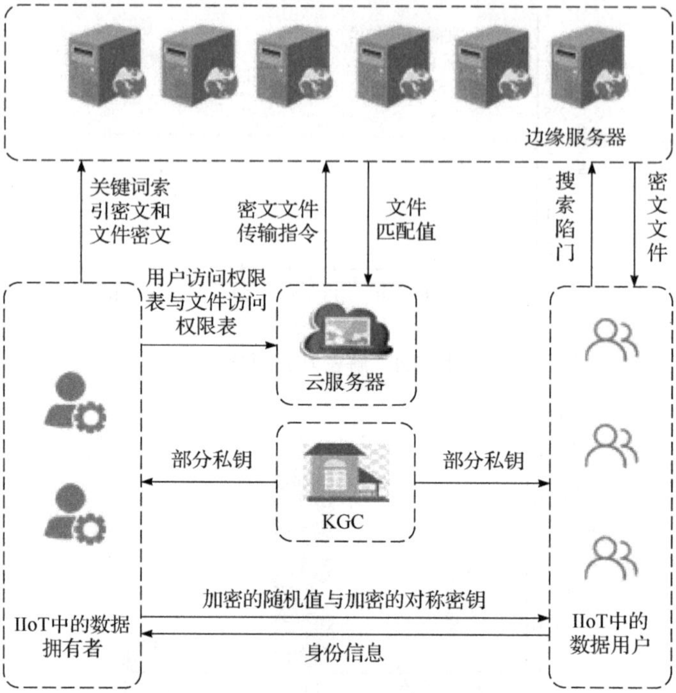

图 7.6　本节方案的系统模型

器负责判断 D_{ui} 是否为合法用户。在关键词索引不完全包含 D_{ui} 检索的关键词时，云服务器选择文件匹配值最高的密文文件，然后向存储此密文文件的边缘服务器发送密文文件传输指令。

2) 边缘服务器

多个边缘服务器 S_i 负责存储 IIoT 中数据拥有者 D_{oj} 上传的关键词索引密文和部分文件密文。收到数据用户 D_{ui} 的搜索陷门后，S_i 执行陷门匹配算法计算文件匹配值并将其发送给云服务器。当收到云服务器的密文文件传输指令后，S_i 发送相应的密文文件给 D_{ui}。

3) IIoT 中的数据拥有者

数据拥有者 D_{oj} 负责将加密的随机值和加密的对称密钥发送给合法数据用户 D_{ui}；通过生成并更新用户访问权限表和文件访问权限表，更新用户对文件数据的访问权限。

4) IIoT 中的数据用户

数据用户 D_{ui} 生成关键词搜索陷门并上传陷门至边缘服务器；收到密文文件 f_u 后，D_{ui} 用私钥 $SK_{D_{ui}}$ 计算解密密钥 K 并解密 f_u。

5) 密钥生成中心

KGC 生成数据拥有者 D_{oj} 和数据用户 D_{ui} 的部分私钥。

2. 数据结构

本节方案使用的数据结构包括如下两类。

1) 用户访问权限表

用户访问权限表由数据拥有者 D_{oj} 上传至云服务器，数据拥有者 D_{oj} 能够对用户访问权限表执行写操作与读操作，云服务器只能对该表执行读操作。在用户访问权限表中，B_i 表示合法数据用户 D_{ui} 的身份信息密文，D_{oj} 可通过增加或删除 B_i 对应的访问属性 $a_1,a_2,\cdots,a_x$ 更新用户 D_{ui} 的访问属性。通过在用户访问权限表中增加或删除 B_i，可以直接增加或删除合法数据用户。

2) 文件访问权限表

文件访问权限表由数据拥有者 D_{oj} 对每个密文文件 f_u 设定阈值 β_u 与访问属性并将该表上传至云服务器。D_{oj} 能够对文件访问权限表执行写操作与读操作，云服务器只能对文件访问权限表执行读操作。当数据用户的属性集合与 f_u 的属性集合的交集中元素个数 ε 大于 f_u 的设定阈值 β_u 时，数据用户拥有权限访问 f_u。文件访问权限表如表 7.4 所示。

表 7.4　文件访问权限表

文件名	阈值	属性
f_1	β_1	$a_1,a_2,\cdots,a_x$
⋮	⋮	⋮
f_n	β_n	$a_3,a_6,a_{13}\cdots$

3. 方案描述

文献[21]提出了一种基于云边协同的无证书多用户多关键词密文检索方案，主要包含如下九个算法。

1) 系统初始化算法

KGC 选择两个阶为素数 q 的循环群 G_1 和 G_2，双线性映射 $e:G_1\times G_1\to G_2$，其中 G_1 的生成元为 g。KGC 随机选择 $S\in Z_p^*$ 作为系统主密钥，计算公钥 $P=g^S$，选取四个密码学安全的哈希函数 $H_1:\{0,1\}^*\to G_1$，$H_2:\{0,1\}^*\to G_1$，$H_3:\{0,1\}^*\times G_1\to Z_p^*$ 和 $H_4:\{0,1\}^*\times G_1\times G_1\times G_1\to Z_p^*$。KGC 输出系统参数 $\mathrm{prms}=(e,g,q,P,G_1,G_2,H_0,H_1,H_2,H_3,H_4)$。

2) 部分密钥生成算法

KGC 通过执行如下步骤生成数据用户和数据拥有者的部分密钥。

(1) 对于 m 个数据用户 D_{ui} 的身份 $\text{ID}_i \in \{0,1\}^*$，其中 $1 \leqslant i \leqslant m$，选择 m 个随机数 $x_1, x_2, \cdots, x_m \in Z_p^*$，计算 $R_{\text{ID}_i} = g^{x_i}$，$\alpha_i = H_3(\text{ID}_i, R_{\text{ID}_i})$ 和 $D_{\text{ID}_i} = x_i + S \cdot \alpha_i \cdot (\bmod q)$，将部分密钥 $(R_{\text{ID}_i}, D_{\text{ID}_i})$ 发送给 D_{ui}。

(2) 对于 n 个数据拥有者 D_{oj} 的身份 $\text{ID}_j \in \{0,1\}^*$，其中 $1 \leqslant j \leqslant n$，选择 n 个随机数 $y_1, y_2, y_3, \cdots, y_n \in Z_p^*$，计算 $R_{\text{ID}_j} = g^{y_j}$，$\alpha_j = H_3(\text{ID}_j, R_{\text{ID}_j})$，$\xi = g^{S\alpha_j}$ 和 $D_{\text{ID}_j} = y_j + S \cdot \alpha_j (\bmod q)$，将部分密钥 $(R_{\text{ID}_j}, D_{\text{ID}_j})$ 及 ξ 发送给 D_{oj}。

3) 私钥生成算法

数据拥有者 D_{oj} 随机选择 $r_j \in Z_q^*$ 作为秘密值，设定私钥 $\text{SK}_{D_{\text{oj}}} = (r_j, D_{\text{ID}_j})$。数据用户 D_{ui} 随机选择 $r_i \in Z_q^*$ 作为秘密值，设定私钥 $\text{SK}_{D_{\text{ui}}} = (r_i, D_{\text{ID}_i})$。

4) 公钥生成算法

数据拥有者 D_{oj} 计算 $X_{D_{\text{oj}}} = g^{r_j}$，设定公钥 $\text{PK}_{D_{\text{oj}}} = (X_{D_{\text{oj}}}, R_{\text{ID}_j})$。数据用户 D_{ui} 计算 $X_{D_{\text{ui}}} = g^{r_i}$，设定公钥 $\text{PK}_{D_{\text{ui}}} = (X_{D_{\text{ui}}}, R_{\text{ID}_i})$。

5) 数据加密算法

给定数据拥有者 D_{oj} 的私钥 $\text{SK}_{D_{\text{oj}}}$ 和公钥 $\text{PK}_{D_{\text{oj}}}$、数据用户 D_{ui} 的公钥 $\text{PK}_{D_{\text{ui}}}$、待加密文档 D 以及文档关键词集 $W = \{w_1, w_2, w_3, \cdots, w_l\}$，$D_{\text{oj}}$ 执行如下步骤生成文档密文和文档关键词密文。

(1) D_{oj} 随机选择 $t \in Z_q^*$ 和 $t' \in Z_q^*$，计算 $A = (X_{D_{\text{oj}}} \cdot R_{\text{ID}_j} \cdot \xi)^t$ 和用户身份信息密文 $B_i = (X_{D_{\text{ui}}}^{v_i} \cdot R_{\text{ID}_i} \cdot p^{\alpha_i})^{t'}$，其中 $v_i = H_4(\text{ID}_i, P, X_{D_{\text{ui}}}, R_{\text{ID}_i})$；对每个关键词 $w_k\left(1 \leqslant k \leqslant l\right)$ 计算 $e_{I_k} = H_1\left(w_k\right)$，$f_{I_k} = H_2(w_k)$ 和 $C_{I_k} = e_{I_k}^{\left(r_j + D_{\text{ID}_j}\right)t} f_{I_k}^{t'}$；输出关键词集 $W = \left\{w_1, w_2, \cdots, w_l\right\}$ 对应的关键词密文集 $C = \{C_1, C_2, \cdots, C_l\}$。

(2) D_{oj} 选择对称加密密钥 $K \in Z_q^*$，计算 $C' = \text{En}_K\left(D\right)$ 并将等分后的密文文档集 $C'_{1/Z}$ 以及 $C'_{1/Z}$ 对应的关键词密文 $C_\alpha, C_\beta, \cdots, C_\gamma$ 发送给边缘服务器 $S_1, S_2, \cdots, S_Z$。每个边缘服务器收到的密文数据为 $C^* = \left(A, B_1, B_2, \cdots, B_n, C_\alpha, C_\beta, \cdots, C_\gamma, C'_{1/Z}\right)$。密文文档集 $C'_{1/Z}$ 包含多个密文文档，不同的密文文档可能包含相同的关键词密文。

6) 用户增加算法

数据拥有者 D_{oj} 收到新用户 $D_{u_{\text{new}}}$ 的请求后，计算 $B_{\text{new}} = X_{D_{u_{\text{new}}}}{}^{v_{\text{new}}} R_{\text{ID}_{\text{new}}} p^{\alpha_{\text{new}}}$，并将 B_{new} 添加到用户访问权限表中；然后，根据新用户 $D_{u_{\text{new}}}$ 的访问权限生成其访问

属性 $u_{\text{new}}=\{a_1,a_2,\cdots,a_x\}$，将更新后的用户访问权限表发送给云服务器。

7) 陷门生成算法

数据用户 D_{ui} 随机选择 $r\in Z_q^*$，计算 $T_a=g^r$，$T_b=e_{I_k}^r$ 和 $T_c=f_{I_k}^{r/v_ir_i+D_{\text{ID}_i}}$，其中 $e_{I_k}=H_1(w_k)$，$f_{I_k}=H_2(w_k)$。令关键词 w_k 的陷门 $T_i=(T_a,T_b,T_c)$。D_{ui} 分别计算搜索关键词 $W=\{w_1,\cdots,w_k,\cdots,w_{l'}\}$ 的搜索陷门 $\{T_1,\cdots,T_i,\cdots,T_{l'}\}$，并将 $\{T_1,\cdots,T_i,\cdots,T_{l'}\}$ 发送给各边缘服务器 $S_1,S_2,\cdots,S_Z$。

8) 匹配测试算法

云服务器和边缘服务器执行如下步骤匹配关键词索引密文与搜索陷门。

(1) 云服务器首先对提出搜索请求的数据用户 D_{ui} 进行合法性验证，检验用户访问权限表中是否存在 D_{ui} 的身份信息密文 B_i。若 B_i 存在，则身份验证通过，继续执行下述匹配测试步骤；否则，云服务器返回“⊥”，拒绝 D_{ui} 的搜索请求。

(2) 边缘服务器 $S_1,S_2,\cdots,S_Z$ 收到 D_{ui} 发送的搜索陷门 $\{T_1,\cdots,T_i,\cdots,T_{l'}\}$ 后，对每个搜索陷门 T_i 进行匹配计算。

① 每个边缘服务器 S_r 判断等式 $e(T_a,C_{I_k})=e(A,T_b)\cdot e(B_i,T_c)$ 是否成立，该等式每成立一次，则包含相应关键词的密文文件 f_u 的匹配值 U 增加 1。

② 每个边缘服务器 S_r 选择密文文档集 $C'_{1/Z}$ 中包含数据用户检索的关键词数目最多的文件 f_u (文件 f_u 的匹配值 U 最大)，向云服务器上传 f_u 的身份信息以及 f_u 的匹配值 U。

(3) 云服务器收到边缘服务器 $S_1,S_2,\cdots,S_Z$ 上传的文件身份信息与匹配值信息后，执行如下步骤找到与搜索陷门 $\{T_1,\cdots,T_i,\cdots,T_{l'}\}$ 匹配度最高的密文文件。

① 计算 f_u 属性集与 D_{ui} 属性集的交集中的元素个数，记为 ε。若 ε 大于 f_u 的文件阈值 β_u，将文件 f_u 的匹配值 U 加入返回列表；否则，云服务器令边缘服务器 S_r 继续验证文件匹配值 U 次高的文件，直至有来自 S_r 的文件匹配值 U 加入返回列表。若无任何匹配文件，云服务器返回“⊥”，表示 D_{ui} 无法访问边缘服务器 S_r 处的密文文档集 $C'_{1/Z}$。

② 在 $S_1,S_2,\cdots,S_Z$ 返回的文件匹配值列表中，云服务器选择返回最大值 $U_{\max}$ 的边缘服务器 S_r，令 S_r 发送 $U_{\max}$ 对应的密文文件 f_u 给 D_{ui}。当 $U_{\max}$ 对应多个边缘服务器时，云服务器令多个边缘服务器返回相应的密文文件。

9) 解密算法

数据拥有者 D_{oj} 和数据用户 D_{ui} 执行如下步骤解密文档密文。

(1) D_{oj} 收到 D_{ui} 发送的身份信息 ID_i 后，根据用户访问权限表判断 D_{ui} 是否为合法用户。若 D_{ui} 合法，D_{oj} 随机选择 $b\in Z_q^*$，计算 $b'=\text{Enc}_{\text{PK}_{D_{\text{ui}}}}(b)$ 和

$K' = K \cdot H_0(e(P,g)^b)$ 并将 (b',K') 发送给 D_{ui}。

(2) D_{ui} 收到 (b',K') 后用私钥 $\mathrm{SK}_{D_{\mathrm{ui}}}$ 解密 b' 得到 b，然后计算对称密钥 $K = K' / H_0(e(P,g))$ 和明文 $M = \mathrm{Dec}_K(f_u)$。

4. 安全性分析

文件数据的机密性由对称加密算法的安全性保证。在本节方案中，数据拥有者 D_{oj} 计算 $K' = K \cdot H_0(e(P, b \cdot g))$ 并使用对称密钥 K 对明文文档 D 进行加密。数据用户 D_{ui} 需经过解密计算才能求得对称密钥 K。同时，由于文件密文被分开存储在不同的边缘服务器，每个边缘服务器只拥有部分文件密文，因此边缘服务器难以猜测出全部密文数据与关键词密文的对应关系。

数据拥有者 D_{oj} 在生成关键词密文 $C_{I_k} = e_{I_k}^{(r_j + D_{\mathrm{ID}_j})t} f_{I_k}^{t'}$ 的过程中使用了私钥 $\mathrm{SK}_{D_{\mathrm{oj}}} = (r_j + D_{\mathrm{ID}_j})$，数据用户 D_{ui} 在生成陷门 $T_c = f_{I_k}^{r/v_i r_i + D_{\mathrm{ID}i}}$ 的过程中使用了私钥 $\mathrm{SK}_{D_{\mathrm{ui}}} = (r_i, D_{\mathrm{ID}_i})$。云服务器与边缘服务器 $S_1, S_2, \cdots, S_Z$ 在没有 D_{oj} 和 D_{ui} 私钥的前提下，不能通过生成或篡改关键词密文与搜索陷门对方案进行内部关键词猜测攻击(inside keyword guessing attack, IKGA)。关键词密文与搜索陷门可认证性的本质是 D_{oj} 与 D_{ui} 分别对关键词密文和搜索陷门进行签名。基于数字签名的不可伪造性可知，攻击者无法对方案进行内部关键词猜测攻击，具体分析过程可参考文献[42]。

定理 7.3　在随机预言机模型中，若攻击者 $\mathcal{A}_1$ 能够以不可忽略的概率 ε 在多项式时间内攻破本节方案，则挑战者 C 能以不可忽略的概率 $\varepsilon' \geqslant \dfrac{\varepsilon}{4nq_t}$ 构造多项式时间算法解决 DLDH 问题，这里 q_t 表示陷门询问的最大执行次数，n 为数据用户的数量。

定理 7.4　在随机预言机模型中，若攻击者 $\mathcal{A}_2$ 能够以不可忽略的概率 ε 在多项式时间内攻破本节方案，则挑战者 C 可以构造算法在多项式时间内以不可忽略的概率 $\varepsilon' \geqslant \dfrac{\varepsilon}{4nq_t}$ 解决 DLDH 问题，这里 q_t 表示陷门询问的最大执行次数，n 表示数据用户的数量。

定理 7.3 和定理 7.4 的证明请参阅参考文献[21]，不再赘述。

5. 性能分析

本节方案与相关密文检索方案的功能性对比如表 7.5 所示。

由表 7.5 可知，文献[7]方案不支持多用户多关键词搜索，文献[7]和[43]方案安全性较好，但不支持云边协同计算，并且在关键词索引不完全包含检索关键词的非精确匹配场景下无法高效返回正确的搜索结果。文献[9]和[44]方案不能抵抗 IKGA，并且文献[44]方案不具有无证书加密体制的优点。本节方案支持多用户多关键词搜索，能够抵抗 IKGA 且引入云边协同计算技术提高了检索效率，具有更丰富的安全功能。

将本节方案与同类方案[8,45-47]在密文生成、陷门生成以及匹配测试阶段的计算开销进行比较，结果如表 7.6 所示。表中，E 表示一次幂运算，P 表示一次双线性对运算，h 表示一次哈希到点运算，n 表示数据用户的数量，l 表示关键词索引的数量，l' 表示数据用户检索的关键词数量。

表 7.5　本节方案与相关密文检索方案的功能性对比

方案	抵抗 IKGA	多用户多关键词	云边协同	无证书
文献[7]方案	√	×	×	√
文献[9]方案	×	√	×	√
文献[43]方案	√	√	×	√
文献[44]方案	×	√	√	×
本节方案	√	√	√	√

注：×和 √ 分别表示不满足和满足该功能。

表 7.6　本节方案与相关密文检索方案的计算开销对比

方案	密文生成	陷门生成	匹配测试
文献[8]方案	$(2l+3n)\mathrm{E}+(2l+n)\mathrm{P}+2l\mathrm{h}$	$3l'\mathrm{E}+l'\mathrm{h}$	$3l'\mathrm{P}+l'\mathrm{h}$
文献[45]方案	$(nl+2n)\mathrm{E}+nl\mathrm{h}$	$l'\mathrm{E}+l'\mathrm{P}+l'\mathrm{h}$	$2l'\mathrm{P}$
文献[46]方案	$7nl\mathrm{E}+nl\mathrm{h}$	$7l'\mathrm{E}+l'\mathrm{h}+l'\mathrm{P}$	$3l'\mathrm{E}+2l'\mathrm{P}$
文献[47]方案	$3nl\mathrm{E}+nl\mathrm{h}+nl\mathrm{P}$	$l'\mathrm{E}+l'\mathrm{P}+l'\mathrm{h}$	$l'\mathrm{E}$
本节方案	$(3n+2l+1)\mathrm{E}+2l\mathrm{h}$	$3\mathrm{E}+2l'\mathrm{h}$	$3l'\mathrm{P}$

由表 7.6 可知，本节方案在密文生成阶段与陷门生成阶段不涉及双线性对运算。在匹配测试阶段，本节方案进行三次双线性对运算，文献[45]方案比本节方案少一次双线性对运算，文献[47]方案只需进行幂运算。本节方案在匹配测试阶段的计算开销高于文献[45]和[47]方案，但本节方案在关键词索引不完全包含检索关键词的非精确匹配情况下，能够返回正确的搜索结果。

7.5　基于无证书可搜索加密的 EHR 数据密文检索方案

电子健康记录(electronic health record，EHR)是个人官方的健康记录，包括生命体征、既往病史、进度记录、药物、影像报告等个人数字健康信息。针对 EHR 数据泄露、不支持访问授权、不支持存储至云服务器数据的管理以及不支持公平交易等问题，本书作者提出基于无证书可搜索加密的 EHR 数据密文检索方案[41]，实现了对访问用户及医疗科室搜索权限的双重授权。通过智能合约验证 EHR 数据的正确性，确保数据交易的公平性。本节主要介绍该方案的系统模型、方案描述、安全性及性能分析。

7.5.1　系统模型

本节方案的系统模型如图 7.7 所示，包括密钥生成中心(KGC)、云服务提供商(CSP)、EHR 拥有者 U_{ID_y} (身份为 ID_y)、授权用户 U_{ID_i} (身份为 ID_i)和区块链。各个实体具体描述如下：KGC 生成公开的系统参数以及为每个实体生成部分密钥；CSP 存储 EHR 密文文件 C_F 和关键词密文索引，能够根据 U_{ID_i} 的搜索请

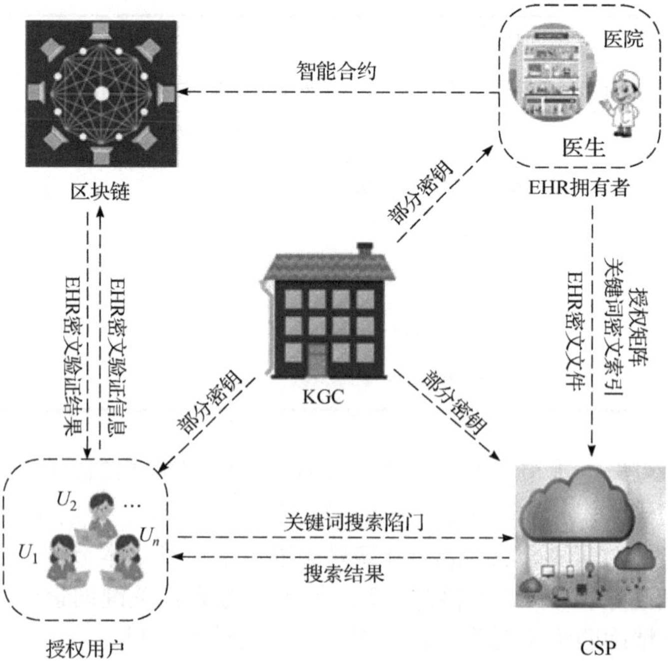

图 7.7　基于无证书可搜索加密的 EHR 数据密文检索方案的系统模型

求返回对应 EHR 的 C_F；U_{ID_i} 生成关键词搜索陷门和 EHR 密文验证信息；U_{ID_y} 负责生成关键词密文索引、访问用户授权矩阵并上传至云服务器，以及执行授权用户和 EHR 密文管理操作；区块链主要存储密文验证消息认证码(message authentication code，MAC)信息、接收授权用户的验证信息并返回对应的 MAC 信息，确保智能合约运行环境的安全。

7.5.2 方案描述

1. 系统初始化

KGC 执行以下步骤生成系统参数 params 和主密钥 msk。

(1) 选择两个阶为大素数 p 的乘法循环群 G_1 和 G_2，从 G_1 中选取一个生成元 g，以及选择一个双线性映射 $e:G_1\times G_1\to G_2$。

(2) 选择三个哈希函数 $H_1:\{0,1\}^*\to G_1$，$H_2:\{0,1\}^*\to Z_p^*$ 和 $H_3:\{0,1\}^*\to G_2$。

(3) 随机选取 $x\in Z_p^*$ 作为主密钥 msk，公开系统参数 $\mathrm{params}=(G_1,G_2,e,g,g^x,p,H_1,H_2,H_3)$。

2. 部分密钥生成

KGC 利用主密钥 $\mathrm{msk}=x$ 为系统中的实体身份 ID 生成对应的部分密钥 psk，并将 psk 通过安全信道发送给相应实体，其中授权用户 U_{ID_i} 的 $\mathrm{psk}_{\mathrm{ID}_i}=H_1(\mathrm{ID}_i)^x$，CSP 的 $\mathrm{psk}_{\mathrm{ID}_c}=H_1(\mathrm{ID}_c)^x$ 以及数据拥有者的 $\mathrm{psk}_{\mathrm{ID}_y}=H_1(\mathrm{ID}_y)^x$。

3. 完整密钥生成

每个授权用户 U_{ID_i} 选取随机值 $x_i\in Z_p^*$，计算相对应的完整私钥 $\mathrm{sk}_i=(\mathrm{psk}_i,x_i)$ 以及公钥 $\mathrm{pk}_i=g^{-x_i}$。

CSP 随机选取 $\mu\in Z_p^*$，计算对应的完整私钥 $\mathrm{sk}_c=(\mathrm{psk}_c,\mu)$ 和公钥 $\mathrm{pk}_c=g^{-\mu}$。

EHR 拥有者随机选取 $y\in Z_p^*$，计算完整私钥 $\mathrm{sk}_y=(\mathrm{psk}_y,y)$ 与公钥 $\mathrm{pk}_c=g^{-y}$。

4. EHR 文件和关键词索引加密

EHR 拥有者执行如下步骤生成 EHR 文件密文 C_F 和加密关键词索引 C_w。

1) EHR 文件加密

(1) 选择随机数 $r_i \in Z_p^*$ 和 $K \in Z_p^*$，计算 $C_F = \mathrm{Enc}(F) = F \cdot g^K$，设置 $V = g^{r_i}$。

(2) 计算 $K' = K \cdot e(\mathrm{pk}_i, g)^{r_i} \cdot e(g^{-1}, V)$。

(3) 上传 C_F 至云服务器，并发送 K' 给 U_{ID_i}。

2) 关键词索引生成与加密

EHR 拥有者首先从 EHR 文件 F 中提取关键词 w，并对关键词进行处理，同时为个别关键词添加对应的医疗同义词，如(发热—发烧)、(拉肚子—腹泻)、(胃疼—胃痛)和(怀孕—妊娠)等。例如，关键词、EHR 文件和医疗科室对应的关系如图 7.8 所示。

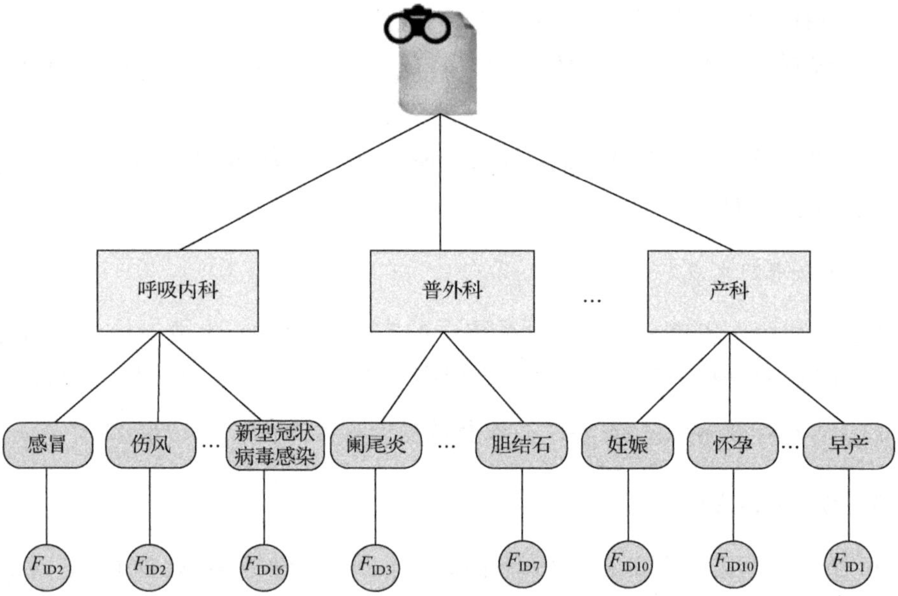

图 7.8　关键词、EHR 文件和医疗科室对应的关系

关键词对应的每一个节点验证信息组合 Inf 用于密文验证，如表 7.7 所示。

Inf 由四部分组成：Inf[1]中的 signal 为密文搜索权限管理信号，EHR 拥有者将其初始化为 1，表示该密文允许被搜索；Inf[2]是 EHR 拥有者为密文生成的随机字符串标记；Inf[3]是 EHR 拥有者的公钥；Inf[4]是加密的 EHR 文件。

表 7.7　验证信息组合

Inf	Inf[1]	Inf[2]	Inf[3]	Inf[4]
数值	$\mathrm{signal} \cdot s_i$	$H_1(\mathrm{str})$	pk_y	C_F

关键词索引的加密步骤如下。

(1) 选择随机数 $s_i, k \in Z_p^*$。

(2) 计算关键词 w 的加密索引密文 C_w：

$$C_w=(C_1,C_2,C_3)=(s_i,H_3(e(H_1(w_i),g^{-\mu})^k),H_2(e(H_1(\mathrm{id}_y)^{s_i},g^z)^x))$$

(3) 构造完整索引结构(图 7.9)，并上传至云服务器。

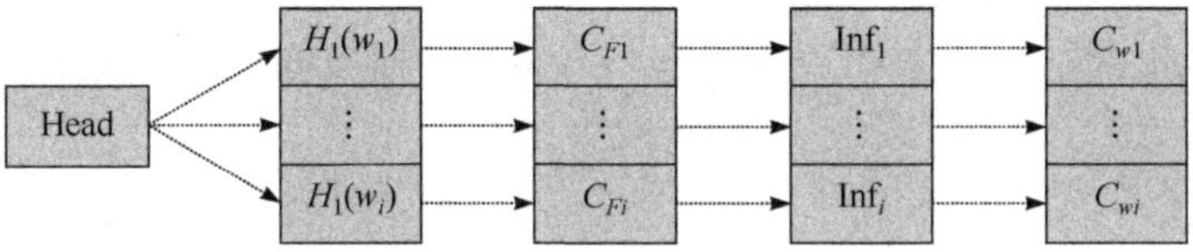

图 7.9　索引结构

图 7.9 是本节方案的索引结构，从根节点开始依次是关键词哈希值、密文文件、验证信息组合、关键词加密索引。

5. 用户授权

EHR 拥有者生成一个访问控制矩阵 $\boldsymbol{M}_{nm}$，其中 n 是授权用户 U_{ID_i} 的数量，m 为关键词 w 所对应医疗科室类别 t 的个数。访问控制矩阵 $\boldsymbol{M}_{nm}$ 中的元素为 $\sigma_{ij}=(\sigma_1,\sigma_2)=(1\|0,g^{\frac{k}{\mu x_i r_{ij}}})$，初始化授权用户所对应的 σ_1 为 1，当 EHR 拥有者撤销授权用户 U_{ID_i} 权限时，则将 σ_1 置为 0；当 EHR 拥有者想要恢复该用户的权限时，将 σ_1 设置为 1 并发送至 CSP；如果授权用户 U_{ID_i} 有权访问关于医疗科室类别 t_j 内容的文件，令 $r_{ij}=H_2(t_j)\cdot H_1(\mathrm{ID}_i)^x$；否则，选择随机数 $r_{ij}\in Z_p^*$，构造访问授权矩阵如下：

$$\boldsymbol{M}_{nm}=\begin{bmatrix}\sigma_{11} & \sigma_{12} & \cdots & \sigma_{1m}\\ \sigma_{21} & \sigma_{22} & \cdots & \sigma_{2m}\\ \vdots & \vdots & & \vdots\\ \sigma_{n1} & \sigma_{n2} & \cdots & \sigma_{nm}\end{bmatrix}$$

6. 关键词搜索陷门生成

若授权用户 $\mathrm{U}_{\mathrm{ID}_i}$ 想要查询医疗科室类别 t_j 下的关键词 w_k 对应的密文文件，则随机选择 $d\in Z_q^*$，利用私钥 SK_i 查询医疗科室类别 t_j 下的关键词 w_k，生成一个搜索陷门 $T_i(w_k,t_j)=(T_1,T_2)=(g^{\frac{d}{\mu}},g^{\frac{1}{d}}H_1(w_k)^{x_i H_2(t_j)H_1(\mathrm{ID}_i)^x})$ 并将其发送给 CSP。

7. 陷门测试

CSP 收到授权用户的搜索陷门后，遍历访问授权矩阵计算 $e\left(\frac{T_1^{\mu}T_2}{\mathrm{pk}_c},\sigma_{ij}\right)$，并执行以下步骤进行陷门测试。

(1) 如果 $\sigma_1=0$，返回非法请求信号 ⊥，并退出测试。

(2) 如果 $\sigma_1=1$，通过测试。

(3) 如果测试结果均不包含 $e(T_i(w_k,t_j),\sigma_2)$，则返回非法请求信号 ⊥。

8. 搜索

CSP 执行以下步骤完成搜索操作。

(1) 对于通过 CSP 访问测试的计算结果 $e(H_1(w_k),g^k)^{-\mu}$，将其记作 $T_i(w_k)$ 并作为新的搜索陷门。

(2) 遍历计算 $H_3(T_i(w_k))$，如果 $H_3(T_i(w_k))=C_2$，判断节点验证信息组合 Inf 中 Inf[1] 的值是否为 0。

(3) 如果 $\mathrm{Inf}[1]\neq 0$，返回对应的密文节点验证信息组合 Inf；否则，向 U_{ID_i} 发送错误信号 ⊥。

9. 关键词密文管理

如果 EHR 拥有者准备管理 C_w 中关键词 w_k 的搜索权限，则上传在用户授权阶段生成的陷门以及身份令牌 $\mathrm{Token}_y=H_2(e(H_1(\mathrm{ID}_y)^{zx},g^{s_i}))$。然后，CSP 进行搜索并验证等式 $C_3=H_2(e(H_1(\mathrm{ID}_y)^{s_i},g^z)^x)=\mathrm{Token}_y$。若该等式成立，表示 EHR 拥有者身份验证通过，CSP 查找该密文索引的节点验证信息组合，并设置 Inf[1] 中的 $\mathrm{signal}=0$；若该等式不成立或者该节点无兄弟节点，则 CSP 返回 ⊥。

10. 用户管理

EHR 拥有者想要撤回或者恢复用户搜索权限时，将授权矩阵中授权用户 U_{ID_i} 对应的矩阵元素数组中的 σ_1 设置为 0 或 1，并上传至云服务器来实现用户的管理操作。CSP 进行访问测试时，首先判断是否满足 $\sigma_1=1$ 的条件。若该条件满足，则进行访问关键词权限的计算与判断。

11. 密文验证

EHR 拥有者将验证 MAC 及将对应密文信息存储在区块链，如表 7.8 所示。

表 7.8　验证 MAC 的信息组合

MAC	MAC[1]	MAC[2]	MAC[3]	MAC[4]	MAC[5]
数值	str	VA	C_F	MAC_D	MAC_K

MAC[1] 是 C_w 对应的随机字符串 str， MAC[2] 中验证值 VA 等于 $H_2(e(g^{\mathrm{Inf}[1]\cdot\mathrm{Inf}[2]},g)^{\mathrm{sk}_y})$， MAC[3]是对应的 EHR 密文 C_F， MAC[4]中 MAC_D 是 EHR 密文文件对应的医疗科室类别信息码，MAC[5]中 MAC_K 是 EHR 密文文件对应的关键词信息码。举例说明，假如有 3 个医疗科室类别 D_1， D_2 和 D_3，5 个关键词 w_1， w_2， w_3， w_4 和 w_5，若 EHR 密文文件属于 D_2 且包含关键词 w_1， w_3 和 w_5，则该 EHR 密文文件的 $\mathrm{MAC}_D = 010$ 且 $\mathrm{MAC}_K = 10101$。

EHR 拥有者在基于以太坊的区块链上部署用于密文正确性验证和保障交易公平的智能合约，公平交易模型如图 7.10 所示。

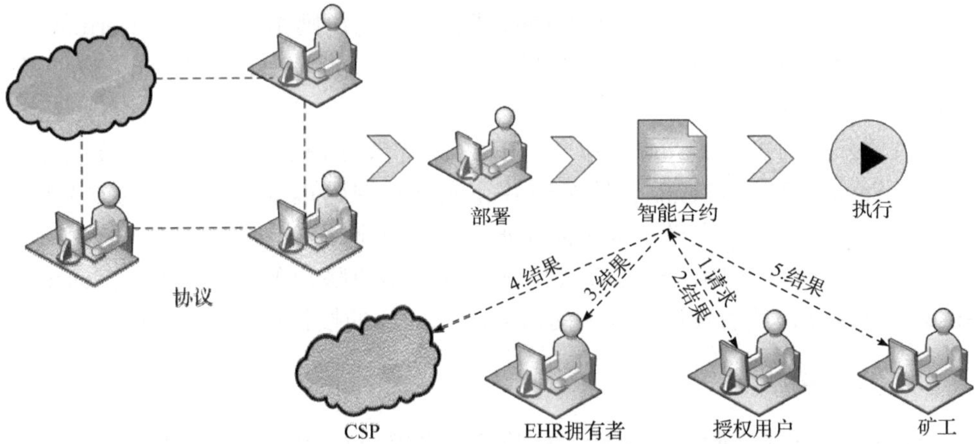

图 7.10　公平交易模型

具体符号定义如下：\$gasli 为燃气(gas)限额；\$gaspri 为 gas 价格，以太坊的计量单位是 gas；\$userli 为授权用户账户最大支付量；\$espe 为单笔交易的支付总额；\$usery 为 EHR 拥有者账户；\$useri 为授权用户账户；\$userc 为 CSP 账户；\$userm 为参与智能合约验证算法具有密码难度计算任务的矿工账户；\$useritoy 为授权用户向 EHR 拥有者支付的金额；\$useritoc 为授权用户向 CSP 支付的金额；Time^* 为授权用户发送的时间限制；n 为 EHR 密文文件的个数。

当授权用户收到 CSP 返回的密文信息组合后，向智能合约发送密文验证请求并提交验证信息，智能合约执行密文验证算法并支付实体相应的气体值。智能合约的验证算法描述如下。

(1) 收到授权用户的验证请求后，验证算法首先判断智能合约账单的时间戳是否满足 $\text{Time} < \text{Time}^*$。如果满足该条件，智能合约进行下一步验证算法；否则，智能合约终止验证。

(2) 判断授权用户的账户余额是否支持完成最终的验证。如果满足 $\$\text{userli} > \$\text{gasil} \times \$\text{gaspri} + \$\text{useritoy} + \$\text{useritoc}$，则表示授权用户账户余额充足，并进行下一步验证算法；否则，智能合约终止验证。

(3) 授权用户向智能合约提交 CSP 返回的叶子节点验证信息组合 Inf 作为验证算法的输入。

(4) 遍历 EHR 密文文件，找到目标密文文件后中断循环或者完全遍历 EHR 密文文件后跳出循环。

(5) 计算 MAC[1]，如果随机字符串信息匹配等式 $\text{Inf}[2] = H_1(\text{str})$ 成立，判断 $\text{MAC}[2]=H_2(e(g^{\text{Inf}[1]\cdot\text{Inf}[2]}, g^{\text{Inf}[3]}))$ 是否成立。若等式成立，智能合约返回验证信息结果，包括 MAC[3]、MAC[4] 和 MAC[5]；否则，智能合约中断验证并返回错误信号 $\perp$ 并对恶意 CSP 账户 \$userc 进行扣款惩罚操作 $\$\text{userc} - \$\text{useritoc}$。

(6) 设置授权用户所要支付的单笔交易总额，计算 $\$\text{espe} = \$\text{gasli} \times \$\text{gaspri} + \$\text{useritoy} + \$\text{useritoc}$。

(7) 发送支付金额 \$useritoy 给 EHR 拥有者账户 \$usery，发送支付金额 $\$\text{gasli} \times \$\text{gaspri}$ 给参与智能合约验证并完成具有密码难度计算任务的矿工账户 \$userm，并发送支付金额 \$useritoc 给诚实的 CSP 账户 \$userc。

(8) 设置通过 EHR 密文信息验证的授权用户账户的最大支付量 $\$\text{userli} = \$\text{userli} - \$\text{espe}$，然后发送修改后的 \$userli 给对应的授权用户账户 \$useri。

12. 密文解密

授权用户在密文验证结束后，从验证信息组合 C_F 中提取数据并对其进行解密，首先计算 $(K')^{\text{sk}_i} = K \cdot e(\text{pk}_i, g)^{r_i} \cdot e(g^{-1}, V)^{x_i} = K$，然后计算 $C_F \cdot g^{-K} = F \cdot g^K \cdot g^{-K} = F$，从而可得到 EHR 文件 F。

7.5.3 安全性与性能分析

定理 7.5 假设 $\mathcal{A}_1$ 能以不可忽略的概率 ε 攻破本节方案，那么构造一个算法 $\mathcal{C}$ 作为挑战者以不可忽略概率 $\varepsilon' \geqslant \varepsilon(1-1/q_{H_1})^{q_{\text{psk}}+q_{\text{sk}}+q_t} / q_{H_1}q_{H_2}q_{H_3}$ 解决 BDH 问题。

定理 7.6 假设 $\mathcal{A}_2$ 能以不可忽略的概率 ζ 攻破本节方案，那么构造一个算法 $\mathcal{C}$ 作为挑战者以不可忽略概率 $\zeta' \geqslant \zeta(1-1/q_{H_1})^{q_{\text{sk}}+q_t} / q_{H_1}q_{H_2}q_{H_3}$ 解决 BDH 问题。

定理 7.5 和定理 7.6 的证明请参阅参考文献[41]，不再赘述。

将本节方案与同类方案[7,25,38,48-51]在功能特征方面和计算开销方面做比较。

分析结果表明，本节方案具有较多的功能特征、较强的计算效率和较少的 gas 消耗。功能特征对比如表 7.9 所示，其中“√”表示具有该特征或使用该技术，“×”表示不具有该特征或未使用该技术。

从表 7.9 可知，文献[7]、[25]和[49]方案具有无证书的功能特征，文献[25]、[38]和[51]方案具有授权的功能特征，文献[51]方案具有权限管理的功能特征，文献[25]、[49]和[50]方案具有 EHR 共享的功能特征，文献[25]、[38]、[48]和[50]方案使用区块链技术，本节方案、文献[48]和[50]方案具有交易公平的功能特征。然而，本节方案满足以上所有功能。

表 7.9　功能特征比较

方案	无证书	授权	权限管理	区块链	公平交易	EHR 共享
文献[7]方案	√	×	×	×	×	×
文献[25]方案	√	√	×	√	×	√
文献[38]方案	×	√	×	√	×	×
文献[48]方案	×	×	×	√	√	×
文献[49]方案	√	×	×	×	×	√
文献[50]方案	×	×	×	√	√	√
文献[51]方案	×	√	√	×	×	×
本节方案	√	√	√	√	√	√

将本节方案与支持共享控制的方案[25]、支持授权的方案[51]和支持用户撤销的方案[52]进行理论分析上的计算开销比较，结果如表 7.10 所示。表中，用 T_E 表示一次幂运算的运行时间，T_P 表示一次双线性对运算的运行时间，T_H 表示一次哈希函数运算的运行时间。

从表 7.10 可知，在关键词索引加密阶段，本节方案比文献[25]和[52]方案花费的时间开销少；在关键词搜索陷门生成阶段，本节方案优于其他三个方案。在搜索阶段，本节方案的计算开销低于文献[25]和[51]方案。

表 7.10　计算开销比较

方案	关键词索引加密	关键词搜索陷门生成	搜索
文献[25]方案	$6T_E+T_P+T_H$	$4T_E+T_H$	$4T_E+2T_P+T_H$
文献[51]方案	$4T_E+T_H$	$6T_E+T_P+T_H$	$5T_E+6T_P+T_H$
文献[52]方案	$9T_E+2T_H$	$6T_E+2T_H$	T_E+T_P
本节方案	$2T_E+2T_P+3T_H$	$3T_E+T_H$	$T_E+T_P+2T_H$

参考文献

[1] WANG Q, ZHANG X, QIN J, et al. A verifiable symmetric searchable encryption scheme based on the AVL tree[J]. The Computer Journal, 2023, 66(1): 174-183.

[2] YANG Y, DONG X, CAO Z, et al. IXT: Improved searchable encryption for multi-word queries based on PSI[J]. Frontiers of Computer Science, 2023, 17(5): 1-11.

[3] LI C, DONG M, LI J, et al. Efficient medical big data management with keyword-searchable encryption in healthchain[J]. IEEE Systems Journal, 2022, 16(4): 5521-5532.

[4] LI M, DU R, JIA C. Towards multi-user searchable encryption scheme with support for SQL queries[J]. Mobile Networks and Applications, 2022, 27(1): 417-430.

[5] LI J, WANG X, GAN Q, et al. MFPSE: Multi-user forward private searchable encryption with dynamic authorization in cloud computing[J]. Computer Communications, 2022, 191: 184-193.

[6] LIU H, ZHANG Y, XIANG Y, et al. Multi-user image retrieval with suppression of search pattern leakage[J]. Information Sciences, 2022, 607: 1041-1060.

[7] 张玉磊, 文龙, 王浩浩, 等. 多用户环境下无证书认证可搜索加密方案[J]. 电子与信息学报, 2020, 42(5): 1094-1101.

[8] SUN L, XU C, LI C, et al. Server-aided searchable encryption in multi-user setting[J]. Computer Communications, 2020, 164: 25-30.

[9] MA M, FAN S, FENG D. Multi-user certificateless public key encryption with conjunctive keyword search for cloud-based telemedicine[J]. Journal of Information Security and Applications, 2020, 55: 102652.

[10] SHARMA D. Searchable encryption: A survey[J]. Information Security Journal: A Global Perspective, 2023, 32(2): 76-119.

[11] XU P, SUSILO W, WANG W, et al. ROSE: Robust searchable encryption with forward and backward security[J]. IEEE Transactions on Information Forensics and Security, 2022, 17: 1115-1130.

[12] JIA H, ALDEEN M S, ZHAO C, et al. Flexible privacy-preserving machine learning: When searchable encryption meets homomorphic encryption[J]. International Journal of Intelligent Systems, 2022, 37(11): 9173-9191.

[13] YAN X, YIN P, TANG Y, et al. Multi-keywords fuzzy search encryption supporting dynamic update in an intelligent edge network[J]. Connection Science, 2022, 34(1): 511-528.

[14] SRIVANI P, RAMACHANDRAM S, SRIDEVI R. Multi-key searchable encryption technique for index-based searching[J]. International Journal of Advanced Intelligence Paradigms, 2022, 22(1-2): 84-98.

[15] YU X, XU C, XU L, et al. Hardening secure search in encrypted database:A KGA-resistance conjunctive searchable encryption scheme from lattice[J]. Soft Computing, 2022, 26(21): 11139-11151.

[16] 张玉磊, 陈文娟, 张永洁, 等. 支持关键词搜索的无证书密文等值测试加密方案[J]. 电子与信息学报, 2020, 42(11): 2713-2719.

[17] JIANG Y, LU J, FENG T. Fuzzy keyword searchable encryption scheme based on blockchain[J]. Information, 2022, 13(11): 517-530.

[18] SHAO F, ZHENG R. An Efficient fuzzy searchable encryption scheme based attribute for medical data[J]. International Core Journal of Engineering, 2022, 8(7): 118-126.

[19] SONG D X, WAGNER D, PERRIG A. Practical techniques for searches on encrypted data[C]. Proceeding of 2000

IEEE symposium on security and privacy, Berkeley, USA, 2000: 44-55.

[20] BONEH D, DI CRESCENZO G, OSTROVSKY R, et al. Public key encryption with keyword search[C]. International Conference on the Theory and Applications of Cryptographic Techniques, Interlaken, Switzerland, 2004: 506-522.

[21] 杨小东, 田甜, 王嘉琪, 等. 基于云边协同的无证书多用户多关键词密文检索方案[J]. 通信学报, 2022, 43(5): 144-154.

[22] YANG X, WANG J, XI W, et al. A blockchain-based keyword search scheme with dual authorization for electronic health record sharing[J]. Journal of Information Security and Applications, 2022, 66: 103154.

[23] 陈宁江, 刘灿, 黄汝维, 等. 云环境中抵御内部关键词猜测攻击的快速公钥可搜索加密方案[J]. 电子与信息学报, 2021, 43(2): 467-474.

[24] 杨宁滨, 周权, 许舒美. 无配对公钥认证可搜索加密方案[J]. 计算机研究与发展, 2020, 57(10): 2125-2135.

[25] 张磊, 郑志勇, 袁勇. 基于区块链的电子医疗病历可控共享模型[J]. 自动化学报, 2021, 47(9): 2143-2153.

[26] 聂梦飞, 庞晓琼, 陈文俊, 等. 基于以太坊区块链的公平可搜索加密方案[J]. 计算机工程与应用, 2020, 56(4): 69-75.

[27] 陈垚, 陈立全, 吴昊. 一种支持优先级排序的动态安全可搜索加密方案[J]. 网络空间安全, 2020, 11(8): 51-55.

[28] CHEN Q, FAN K, ZHANG K, et al. Privacy-preserving searchable encryption in the intelligent edge computing[J]. Computer Communications, 2020, 164: 31-41.

[29] CHANE Z, WU A, LI Y, et al. Blockchain-enabled public key encryption with multi-keyword search in cloud computing[J]. Security and Communication Networks, 2021: 6619689.

[30] 刘振华, 周佩琳, 段淑红. 支持关键词搜索的属性代理重加密方案[J]. 电子与信息学报, 2018, 40(3): 683-689.

[31] 闫玺玺, 原笑含, 汤永利, 等. 基于区块链且支持验证的属性基搜索加密方案[J]. 通信学报, 2020, 41(2): 187-198.

[32] 杨小东, 李婷, 麻婷春, 等. 支持策略隐藏且密文长度恒定的可搜索加密方案[J]. 电子与信息学报, 2020, 42: 1-8.

[33] CHEN Y, LI W, GAO F, et al. Practical attribute-based conjunctive keyword search scheme[J]. The Computer Journal, 2020, 63(8): 1203-1215.

[34] MENG F, CHENG L, WANG M. Ciphertext-policy attribute-based encryption with hidden sensitive policy from keyword search techniques in smart city[J]. EURASIP Journal on Wireless Communications and Networking, 2021, 2021(1): 1-22.

[35] MIAO Y, DENG R H, LIU X, et al. Multi-authority attribute-based keyword search over encrypted cloud data[J]. IEEE Transactions on Dependable and Secure Computing, 2019, 18(4): 1667-1680.

[36] 赵志远, 朱智强, 王建华. 属性可撤销且密文长度恒定的属性加密方案[J]. 电子学报, 2018, 46(10): 89-97.

[37] QIU S, LIU J, SHI Y, et al. Hidden policy ciphertext-policy attribute-based encryption with keyword search against keyword guessing attack[J]. China Information Sciences, 2017, 60: 1-12.

[38] 牛淑芬, 谢亚亚, 杨平平, 等. 区块链上基于云辅助的属性基可搜索加密方案[J]. 计算机研究与发展, 2021, 58(4): 811-821.

[39] 翁昕耀, 游林, 蓝婷婷. 基于区块链的结果可追溯的可搜索加密方案[J]. 电信科学, 2019, 3(9): 98-106.

[40] 牛淑芬, 陈俐霞, 李文婷, 等. 基于区块链的电子病历数据共享方案[J]. 自动化学报, 2022(8): 2028-2038.

[41] YANG X, TIAN T, WANG J, et al. Blockchain-based multi-user certificateless encryption with keyword search for electronic health record sharing[J]. Peer-to-Peer Networking and Applications, 2022, 15(5): 2270-2288.

[42] HUANG Q, LI H. An efficient public-key searchable encryption scheme secure against inside keyword guessing attacks[J]. Information Sciences, 2017, 403: 1-14.

[43] CHENAM V B, ALI S T. A designated cloud server-based multi-user certificateless public key authenticated encryption with conjunctive keyword search against IKGA[J]. Computer Standards & Interfaces, 2022: 103603.

[44] 黄海平, 杜建澎, 戴华, 等. 一种基于云存储的多服务器多关键词可搜索加密方案[J]. 电子与信息学报, 2017, 39(2): 389-396.

[45] PAN X, LI F. Public-key authenticated encryption with keyword search achieving both multi-ciphertext and multi-trapdoor indistinguishability[J]. Journal of Systems Architecture, 2021, 115: 102075.

[46] WU L, ZHANG Y, MA M, et al. Certificateless searchable public key authenticated encryption with designated tester for cloud-assisted medical Internet of Things[J]. Annals of Telecommunications, 2019, 74: 423-434.

[47] PAKNIAT N, SHIRALY D, ESLAMI Z. Certificateless authenticated encryption with keyword search: Enhanced security model and a concrete construction for industrial IoT[J]. Journal of Information Security and Applications, 2020, 53: 102525.

[48] 杜瑞忠, 谭艾伦, 田俊峰. 基于区块链的公钥可搜索加密方案[J]. 通信学报, 2020, 41(4): 114-122.

[49] MA M, HE D, FAN S, et al. Certificateless searchable public key encryption scheme secure against keyword guessing attacks for smart healthcare[J]. Journal of Information Security and Applications, 2020, 50: 102429-102445.

[50] CHEN L X, LEE W K, CHANG C C, et al. Blockchain based searchable encryption for electronic health record sharing[J]. Future Generations Computer Systems, 2019, 95: 420-429.

[51] 刘翔宇, 李会格, 张方国. 一种多访问级别的动态可搜索云存储方案[J]. 密码学报, 2019, 6(1): 61-72.

[52] 伍祈应, 马建峰, 李辉, 等. 支持用户撤销的多关键词密文查询方案[J]. 通信学报, 2017, 38(8): 183-193.

第 8 章　签 密 体 制

签密是公认的同时实现机密性与完整性的理想方法，能够以更低的运算、通信开销在一个算法步骤内同时实现加密与签名的功能。具有附加性质的签密体制在保证签密基本安全性的同时，针对不同的应用环境与应用需求实现了不同的附加性质。本章主要介绍安全、高效、可行的具有附加性质的签密方案及其应用。首先讨论多消息多接收者无证书签密体制的形式化模型，然后给出基于多消息多接收者签密的医疗数据共享方案、基于签密和区块链的车联网电子证据共享方案、无线体域网中支持多密文等值测试的聚合签密方案，并分析这些方案的安全性及性能。

8.1 引　　言

消息的保密性与认证性是安全通信中的两项基本要求。在传统的通信过程中，往往采用先对要通信的消息签名再对已签名的消息进行加密来实现，但这种方法不仅计算量很大，而且通信成本相对也比较高。Zheng[1]提出了签密概念，能够在一个合理的逻辑步骤内同时实现数字签名和公钥加密，其计算量和通信成本都低于传统的“先签名后加密”。因此，签密体制在云计算、车联网、区块链、智慧医疗、保密选举、电子商务等领域有着广阔的应用前景。

近年来，一系列具有特殊性质的签密方案[2-4]相继被提出。Karati 等[5]提出了一个基于身份的签密方案，但计算开销较大，无法应用于实时性要求较高的场景。Hundera 等[6]和 Luo 等[7]将云计算技术引进代理重签密方案，在降低数据资源存储成本的同时满足了数据机密性需求，但仍存在计算开销大、存储集中化和数据易被篡改等问题。Pang 等[8]提出了一种支持身份隐藏的多接收者签密方案，只有授权用户才有资格成功解密数据，有效实现了接收者的身份隐私保护和解密公平。然而，基于身份的签密方案存在固有的密钥托管问题。

针对证书管理或密钥托管问题，Ullah 等[9]提出了一种面向智慧医疗的无证书签密方案，但安全性依赖于理想的随机预言机。为了提升计算性能，Liu 等[10]提出了一种无双线性对的无证书签密方案。Selvi 等[11]提出了无证书多接收者签密方案，实现了发送者同时向多个接收者传输消息。随后，研究者相继提出了一系列多接收者签密方案[12-14]，实现了接收者身份的完全匿名。Karati 等[15]构造了一种使用公开信道传输密钥的签密方案，然而该方案无法实现多消息的发送需求。针对此问题，周彦伟等[16]提出了一种身份匿名的多消息多接收者签密方案，但使用双线性对运算导致其计算开销过大。Yang 等[17]提出了一种基于区块链的多消息多接收者医疗数据共享方案，在确保接收者身份隐私的前提下，实现了云端医疗数据的机密性、不可伪造性、解密公平性以及防篡改性。

签密与区块链等技术相结合，为开放网络环境下的数据安全和隐私保护问题的解决提供了一种新方法，不仅能保障数据的机密性和不可否认性，还能实现数据的去中心化存储、难以篡改性和隐私性。Zhang 等[18]提出了一个基于区块链的云取证方案，但方案的效率和安全均受限于中心信任节点。李萌等[19]通过区块链技术保证了电子证据的防篡改性，但大量的双线性对运算导致其性能较低。为此，本书作者提出了一个基于签密和区块链技术的车联网电子证据共享方案[20]，解决了车联网电子证据的安全共享问题。Cagalaban 等[21]构造了一种基于身份的签密方案，在确保医疗系统中数据的机密性与完整性的同时实现了对数据来源的认证，但未考虑医疗数据的检索问题。

密文等值测试是一种可以在不解密的情况下直接判断两个密文是否包含相同消息的加密技术，可用于完成一些需要保护用户隐私的计算任务。Yang 等[22]提出了公钥加密等值测试(public key encryption with equality test，PKEET)技术，但测试过程中没有引入授权机制，任何人都可以执行测试操作。Tang[23]设计了一种支持细粒度授权的等值测试方案，只有获取双方用户授权的测试者才能对两个密文进行等值测试操作。Ma[24]结合基于身份的密码体制与等值测试技术，提出了基于身份加密的等值测试方案。Qu 等[25]提出了无证书密文等值测试方案，消除了身份基密文等值测试方案中的密钥托管问题。Lin 等[26]提出了支持等值测试的签密方案，实现了等值测试方案中数据的可认证性。Xiong 等[27]构造了一种支持等值测试的签密技术，在实现密文检索的同时确保了医疗数据的机密性与可认证性，但该方案对密文的检索过程都由半可信的云服务器执行，存在医疗数据泄露的潜在风险。为了消除等值测试操作对云服务器的依赖，本书作者提出了一种基于区块链的无线体域网无证书密文等值测试签密方案[28]，但在多用户环境下的密文检索效率较低。

多密文等值测试技术在测试者不解密密文的前提下判断多个不同密文是否包含相同的明文，因此在一定程度上解决了基于密文等值测试的隐私数据分类方法面临的计算代价过高的问题[29,30]。多密文等值测试技术不仅支持批量的密文比较，还能避免可搜索加密技术不支持多公钥加密的密文检索等问题。为提高多密文测试的计算效率，Susilo 等[29]提出了一种支持多密文等值测试的公钥加密(public-key encryption with multi-ciphertext equality test，PKE-MET)方案，实现了对两个以上密文同时进行匹配的功能。然而，该方案存在证书管理开销较大、无法对数据的来源进行认证等问题。鉴于此，本书作者提出了一种支持多密文等值测试的无线体域网聚合签密方案[31]，消除了传统公钥密码方案中的证书管理问题，保障了医疗数据的机密性与可认证性。

8.2　形式化模型

一个多消息多接收者的无证书签密方案通常由七个多项式时间算法组成。

(1) 系统建立：输入安全参数 κ，KGC 输出主密钥 s 和公共参数 params。

(2) 设置秘密值：身份为 ID_U 的用户生成自身秘密值 x_U 和秘密值参数 X_U。

(3) 部分密钥生成：给定用户身份 ID_U，KGC 生成用户的部分公钥 T_U 和伪部分私钥 csk_U。

(4) 公钥生成：身份为 ID_U 的用户计算自身部分私钥 psk_U 和公钥 PK_U。

(5) 私钥生成：身份为 ID_U 的用户生成完整私钥 SK_U。

(6) 签密：对于消息 $M=\{m_1,m_2,\cdots,m_n\}$，身份为 ID_S 的发送者利用私钥 SK_S、接收者身份 ID_{Ri} 和公钥 $\mathrm{PK}_i(1\leqslant i\leqslant n)$，输出 M 的签密文 SC_S。

(7) 解签密：对于签密文 SC_S、发送者公钥 PK_S 及接收者私钥 $\mathrm{SK}_i(1\leqslant i\leqslant n)$，输出消息 m_i 或错误符号 $\perp$。

一个多消息多接收者的无证书签密方案至少需要满足机密性[32]和不可伪造性[11]，其安全模型主要考虑两类攻击者($\mathcal{A}_1$ 和 $\mathcal{A}_2$)[33]。下面通过攻击者和挑战者之间的安全游戏来定义无证书签密方案的安全性。

游戏 1：该模拟游戏在挑战者 $\mathcal{B}$ 和攻击者 $\mathcal{A}_1$ 之间进行。

(1) 系统建立：$\mathcal{B}$ 执行系统建立算法生成主密钥 s 和公共参数 params，$\mathcal{B}$ 保密 s 并将 params 发送给 $\mathcal{A}_1$。

(2) 询问阶段 1：$\mathcal{A}_1$ 选择 n 个挑战身份 $\mathrm{ID}^*=\{\mathrm{ID}_{R1},\mathrm{ID}_{R2},\cdots,\mathrm{ID}_{Rn}\}$ 发送给 $\mathcal{B}$。

(3) 询问阶段 2：$\mathcal{A}_1$ 向 $\mathcal{B}$ 进行多次询问，$\mathcal{B}$ 对 $\mathcal{A}_1$ 进行如下应答过程。

① 秘密值询问：$\mathcal{A}_1$ 询问 ID_{Ri} 的秘密值，$\mathcal{B}$ 运行设置秘密值算法，并返回对应的秘密值 x_i 给 $\mathcal{A}_1$。

② 部分私钥询问：$\mathcal{A}_1$ 向 $\mathcal{B}$ 询问 ID_{Ri} 的部分私钥，$\mathcal{B}$ 运行部分私钥生成算法输出对应的部分私钥 psk_i，并将其返回给 $\mathcal{A}_1$。

③ 公钥询问：$\mathcal{A}_1$ 向 $\mathcal{B}$ 询问 ID_{Ri} 的公钥，$\mathcal{B}$ 运行公钥生成算法，并返回对应的公钥 PK_i 给 $\mathcal{A}_1$。

④ 私钥询问：$\mathcal{A}_1$ 向 $\mathcal{B}$ 询问 ID_{Ri} 的私钥，$\mathcal{B}$ 运行私钥生成算法，并返回对应的私钥 SK_i 给 $\mathcal{A}_1$。

⑤ 公钥替换询问：$\mathcal{A}_1$ 向 $\mathcal{B}$ 请求替换用户 ID_{Ri} 的公钥，$\mathcal{B}$ 替换 PK_i 为 PK_i'。

⑥ 签密询问：$\mathcal{A}_1$ 向 $\mathcal{B}$ 询问关于发送者身份 ID_S、接收者身份 $\text{ID}'=\{\text{ID}_{R1},\text{ID}_{R2},\cdots,\text{ID}_{Rn}\}$ 和消息 $M=\{m_1,m_2,\cdots,m_n\}$ 的签密文，$\mathcal{B}$ 执行签密算法生成SC并返回给 $\mathcal{A}_1$。

⑦ 解签密询问：$\mathcal{A}_1$ 选择接收者身份 $\text{ID}'=\{\text{ID}_{R1},\text{ID}_{R2},\cdots,\text{ID}_{Rn}\}$，并向 $\mathcal{B}$ 询问关于SC的明文；然后，$\mathcal{B}$ 执行解签密算法生成明文 m_i，并将 m_i 发送给 $\mathcal{A}_1$。

(4) 挑战：$\mathcal{A}_1$ 选取等长的消息 $M_0=\{m_1^0,m_2^0,\cdots,m_n^0\}$ 和 $M_1=\{m_1^1,m_2^1,\cdots,m_n^1\}$，$\left|M_i^0\right|=\left|M_i^1\right|(1\leqslant i\leqslant n)$，向 $\mathcal{B}$ 发送 M_0、M_1 和发送者身份 ID_S。收到 $\{M_0,M_1,\text{ID}_S\}$ 后，$\mathcal{B}$ 随机选取 $\varsigma\in\{0,1\}$，执行签密算法生成签密文 SC^* 并将其返回给 $\mathcal{A}_1$。

(5) 询问阶段 3：重复询问阶段 2，但存在以下限制条件。

① $\mathcal{A}_1$ 不能对 ID^* 中的用户执行部分私钥询问。

② $\mathcal{A}_1$ 不能对任意公钥替换后的用户执行私钥询问。

③ $\mathcal{A}_1$ 不能对签密文 SC^* 执行解签密询问。

(6) 猜测：$\mathcal{A}_1$ 输出 $\varsigma'\in\{0,1\}$。若 $\varsigma=\varsigma'$，则 $\mathcal{A}_1$ 赢得游戏，其概率优势定义为

$$\text{Adv}_{\psi}^{\text{IND-CCA}}(\mathcal{A}_{\text{I}})=\left|\Pr[\varsigma=\varsigma']-\frac{1}{2}\right|$$

游戏 2：该模拟游戏在挑战者 $\mathcal{B}$ 和攻击者 $\mathcal{A}_2$ 之间进行。

(1) 系统建立：$\mathcal{B}$ 执行系统建立算法生成主密钥 s 和公共参数 params，发送 s 和 params 给 $\mathcal{A}_2$。

(2) 询问阶段 1：$\mathcal{A}_2$ 选择 n 个挑战身份 $\text{ID}^*=\{\text{ID}_{R1},\text{ID}_{R2},\cdots,\text{ID}_{Rn}\}$ 发送给 $\mathcal{B}$。

(3) 询问阶段 2：$\mathcal{A}_2$ 向 $\mathcal{B}$ 发起与游戏 1 相同的所有询问。

(4) 挑战：$\mathcal{A}_2$ 选取等长的消息 $M_0=\{m_1^0,m_2^0,\cdots,m_n^0\}$ 和 $M_0=\{m_1^1,m_2^1,\cdots,m_n^1\}$，$\left|M_i^0\right|=\left|M_i^1\right|(1\leqslant i\leqslant n)$，给 $\mathcal{B}$ 发送 M_0、M_1 和发送者身份 ID_S。收到 $\{M_0,M_1,\text{ID}_S\}$ 后，$\mathcal{B}$ 随机选取 $\varsigma\in\{0,1\}$，执行签密算法生成签密文 SC^* 并将其返回给 $\mathcal{A}_2$。

(5) 询问阶段 3：重复询问阶段 2，但存在以下限制条件。

① $\mathcal{A}_2$ 不能对 ID^* 中的用户执行秘密值询问。

② $\mathcal{A}_2$ 不能对任意公钥替换后的用户执行私钥询问。

③ $\mathcal{A}_2$ 不能对签密文 SC^* 执行解签密询问。

(6) 猜测：$\mathcal{A}_2$ 输出 $\varsigma'\in\{0,1\}$。若 $\varsigma=\varsigma'$，则 $\mathcal{A}_2$ 赢得游戏，其概率优势定义为

$$\text{Adv}_{\psi}^{\text{IND-CCA}}(\mathcal{A}_2)=\left|\Pr[\varsigma=\varsigma']-\frac{1}{2}\right|$$

定义 8.1(机密性)　如果攻击者 $\mathcal{A}\in\{\mathcal{A}_1,\mathcal{A}_2\}$ 赢得游戏 1 和游戏 2 的概率是可

忽略的，则称一个多消息多接收者的无证书签密方案在自适应性选择密文和身份攻击下具有不可区分性。

游戏 3：该模拟游戏在挑战者 $\mathcal{B}$ 和攻击者 $\mathcal{A}_1$ 之间进行。系统建立、询问阶段 1、询问阶段 2 与游戏 1 相同。

伪造：$\mathcal{A}_1$ 选取发送者身份 ID_S、接收者身份 $\mathrm{ID}'=\{\mathrm{ID}_{R1},\mathrm{ID}_{R2},\cdots,\mathrm{ID}_{Rn}\}$ 和关于消息 $M=\{m_1,m_2,\cdots,m_n\}$ 的伪造签密文 SC^*，但 $\mathcal{A}_1$ 不能对 SC^* 发起解签密询问。如果 SC^* 被 ID' 中的接收者成功解密，则称 $\mathcal{A}_1$ 赢得游戏；否则，$\mathcal{A}_1$ 失败。

游戏 4：该模拟游戏在挑战者 $\mathcal{B}$ 和攻击者 $\mathcal{A}_2$ 之间进行。系统建立、询问阶段 1、询问阶段 2 与游戏 2 相同。

伪造：$\mathcal{A}_2$ 选取发送者身份 ID_S、接收者身份 $\mathrm{ID}'=\{\mathrm{ID}_{R1},\mathrm{ID}_{R2},\cdots,\mathrm{ID}_{Rn}\}$ 和关于消息 $M=\{m_1,m_2,\cdots,m_n\}$ 的伪造签密文 SC^*，但 $\mathcal{A}_2$ 不能对 SC^* 发起解签密询问。如果 SC^* 被 ID' 中的接收者成功解密，则称 $\mathcal{A}_2$ 赢得游戏；否则，$\mathcal{A}_2$ 失败。

定义 8.2(不可伪造性)　如果攻击者 $\mathcal{A}\in\{\mathcal{A}_1,\mathcal{A}_2\}$ 赢得游戏 3 和游戏 4 的概率是可忽略的，则称一个多消息多接收者的无证书签密方案在自适应性选择消息和身份攻击下具有不可伪造性。

8.3　基于多消息多接收者签密的医疗数据共享方案

医疗数据的共享能够帮助患者提高诊治的准确性，促进医院的发展和医疗领域的研究。针对不同医疗机构之间数据共享面临的数据篡改和隐私泄露等问题，本书作者提出了一种基于多消息多接收者签密的医疗数据共享方案[17]。采用云存储与区块链技术相结合的方式，将签密后的医疗数据存储在云服务器，医疗数据的密文地址索引存储于区块链，不仅避免了云服务器的单点故障问题，还确保了医疗数据来源的真实性与可靠性。基于无证书密码体制，消除了证书管理和密钥托管问题。引入多消息多接收者签密机制，实现了患者和多个数据访问者间的医疗数据共享。密钥生成中心利用公开信道向用户发送伪部分私钥，提高了部分私钥传输的安全性。与已有同类方案相比，该方案具有更强的安全性和更高的计算性能。本节主要介绍基于多消息多接收者签密的医疗数据共享方案的系统模型、详细流程、安全性证明及性能分析。

1. 系统模型

本节基于多消息多接收者签密的医疗数据共享方案的系统模型如图 8.1 所示，包含密钥生成中心(KGC)、数据拥有者(data owner，DO)、医疗数据提供者(medical data provider，MDP)、云服务提供商(CSP)、区块链、医疗数据访问者

(medical data requester，MDR)和数据审计者(data auditor，DA)。

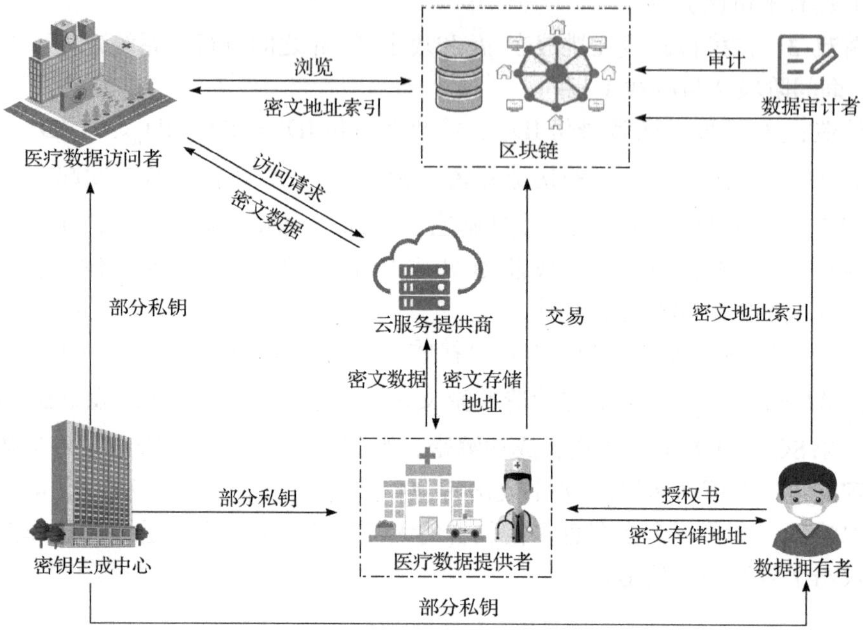

图 8.1　基于多消息多接收者签密的医疗数据共享方案的系统模型

(1) KGC：生成主密钥、系统参数以及 DO、MDP 和 MDR 的部分私钥。

(2) DO：该实体是医院就诊的患者。患者向医生发送授权书以委托其进行诊治，并授权医生负责其医疗数据管理。

(3) MDP：该实体是患者授权的医生。医生将患者的医疗密文数据上传至云服务器，并将云服务器返回的密文存储地址发送给患者。同时，医生创建一笔交易并上传至区块链，确保医疗数据的安全性和完整性。

(4) CSP：云服务提供商负责存储医疗数据密文，并在以太坊平台上创建账户用于交易付费。

(5) 区块链：记录用户的访问请求等存证信息，存储患者创建的智能合约。

(6) MDR：该实体是访问用户，通过浏览智能合约上的医疗数据地址索引，请求 CSP 发送医疗数据以及解密医疗数据密文。

(7) DA：该实体是第三方审计者，通过验证交易时间、交易数量和交易信息，确保医疗数据的正确性和实时性。

2. 方案描述

1) 系统建立

KGC 执行如下步骤生成主密钥和系统参数。

(1) 给定安全参数 κ ，选择一个大素数 p 和有限域 F_p 上的椭圆曲线 $E(F_p)$。在椭圆曲线 $E(F_p)$ 上随机选择一个循环群 G_p ， P 是群 G_p 的一个生成元。随机选取 $s \in Z_p^*$ 作为主密钥，计算系统公钥 $P_{\text{pub}} = sP$ 。

(2) 选择一对安全的对称加密/解密函数 E_x / D_x (如 AES 算法)，这里 x 是对称密钥。

(3) 选择六个哈希函数： $H_1 : \{0,1\}^* \times G_p \times G_p \to Z_p^*$ ， $H_2 : \{0,1\}^* \times G_p \to Z_p^*$ ， $H_3 : \{0,1\}^* \to G_p$ ， $H_4 : Z_p^* \times G_p \to \{0,1\}^*$ ， $H_5 : Z_p^* \to \{0,1\}^*$ 和 $H_6 : \{0,1\}^* \times Z_p^* \times Z_p^* \times \cdots \times Z_p^* \times \{0,1\}^* \times G_p \times Z_p^* \to Z_p^*$ 。然后，公开参数 $\text{params} = \{p, F_p, E(F_p), G_p, P, P_{\text{pub}}, E_x, D_x, H_1, H_2, H_3, H_4, H_5, H_6\}$ 。

说明：患者需要在医院系统上注册信息，医生和 CSP 需要在以太坊上创建账户并向其他实体公开。

2) 密钥生成

通过以下步骤为数据用户生成对应的密钥，其中 ID_O 、 ID_P 和 $\text{ID}_{\text{R}i}$ 分别为 DO、MDP 和 MDR 的身份。

(1) 秘密值生成：身份为 ID_i 的用户随机选取秘密值 $x_i \in Z_p^*$ ，计算秘密值参数 $X_i = x_i P$ ，并通过公开通道向 KGC 发送身份 ID_i 和 X_i 。

(2) 部分私钥生成：收到来自用户的身份 ID_i 和 X_i 后，KGC 随机选取 $t_i \in Z_p^*$ ，计算用户的部分公钥 $T_i = t_i P$ 和伪部分私钥：

$$\text{csk}_i = t_i H_1(\text{ID}_i, X_i, T_i) + s + H_2(\text{ID}_i, sX_i)$$

通过公开通道向用户发送 T_i 和 csk_i 。

(3) 公钥生成：收到 KGC 发送的 T_i 和 csk_i 后，身份为 ID_i 的用户验证等式 $\text{csk}_i P = T_i \cdot H_1(\text{ID}_i, X_i, T_i) + P_{\text{pub}} + H_2(\text{ID}_i, x_i, P_{\text{pub}})P$ 是否成立。若成立，用户计算部分私钥 $\text{psk}_i = \text{csk}_i - H_2(\text{ID}_i, xP_{\text{pub}}) = t_i H_1(\text{ID}_i, X_i, T_i) + s$ 和公钥 $\text{PK}_i = X_i + H_1(\text{ID}_i, X_i, T_i)T_i$,通过公开通道发送 PK_i 给 KGC；否则，用户拒绝接受 T_i 和 csk_i 。

(4) 私钥生成：用户计算 $d_i = x_i H_2(\text{ID}_i, \text{PK}_i)$ 和 $y_i = \text{psk}_i H_2(\text{ID}_i, \text{PK}_i)$ ，然后设置身份 ID_i 的完整私钥 $\text{SK}_i = (d_i, y_i)$ 。

3) 预约

患者在医院注册信息后，医院为其安排医生 $\{\text{Doc}_k\}_{(k \in K)}$ 进行诊治，其中 K 为被指派医生的身份编号集合。患者计算授权书 $\text{Auth}_{O,K} = H_3(\text{time}_k \| \text{info}_k)$ ，委托医生 Doc_k 为其生成医疗数据，这里 time_k 和 info_k 分别表示有效时间和医疗信息。

4) 医疗数据存储

医生 Doc_k 生成患者的医疗数据 $M=\{m_1,m_2,\cdots,m_n\}$，然后选择 n 个接收者身份 $\{\text{ID}_{R1},\text{ID}_{R2},\cdots,\text{ID}_{Rn}\}$ 及公钥 $\{\text{PK}_{R1},\text{PK}_{R2},\cdots,\text{PK}_{Rn}\}$，利用自己的私钥对医疗数据 $M=\{m_1,m_2,\cdots,m_n\}$ 进行签密，生成签密文 SC_K。具体构造过程如下。

(1) 医疗数据签密文 SC_K 和交易 Ts 的生成。

① Doc_k 随机选取 $\lambda\in Z_p^*$，计算 $R_K=\lambda P$，$W_i=\lambda H_2(\text{ID}_{Ri},\text{PK}_i)\cdot(\text{PK}_i+P_{\text{pub}})$ 和 $\delta_i=H_1(\text{ID}_{Ri},W_i,R_K)$，其中 $i=1,2,\cdots,n$。

② Doc_k 随机选取 $\theta\in Z_p^*$，计算如下等式：

$$g(x)=\prod_{i=1}^{n}(x-\delta_i)+\theta(\text{mod}\,p)=x^n+b_{n-1}x^{n-1}+\cdots+b_1x+b_0$$

其中，$b_i\in Z_p^*$。

③ Doc_k 计算 $\xi=H_5(\theta)$ 和 $U=E_\xi(C\,\|\,\text{ID}_\kappa)$，其中

$$C=(H_4(\delta_1,R_K)\,\|\,H_5(\delta_1)\oplus m_1,H_4(\delta_2,R_K)\,\|\,H_5(\delta_2)\oplus m_2,\cdots,H_4(\delta_n,R_K)\,\|\,H_5(\delta_n)\oplus m_n)$$

④ Doc_k 计算 $v=(d_K+y_K)\lambda^{-1}$ 和 $f=H_6(C,\theta,b_0,b_1,\cdots,b_{n-1},U,R_K,v)$。

⑤ Doc_k 生成医疗数据的签密文 $\text{SC}_K=(b_0,b_1,\cdots,b_{n-1},R_K,U,v,f)$。

⑥ Doc_k 生成签密文 SC_K 的索引 $\text{Index}(\text{SC}_K)$，在当前时间 T_K 提取区块链上最新区块的哈希值 hash_{T_K}，然后创建一笔交易 Ts，并向 CSP 的账户发送本次交易的服务费。

⑦ Doc_k 计算交易数据值 $\text{hash}_{T_K}\,\|\,H_3(\text{Index}(\text{SC}_K))\,\|\,\text{Auth}_{O,K}$，同时向 CSP 发送 $(\text{hash}_{T_K},\text{SC}_K,\text{Auth}_{O,K})$。如图 8.2 所示，交易由医生的账户、CSP 的账户、交易服务费、交易数据值以及签名组成。

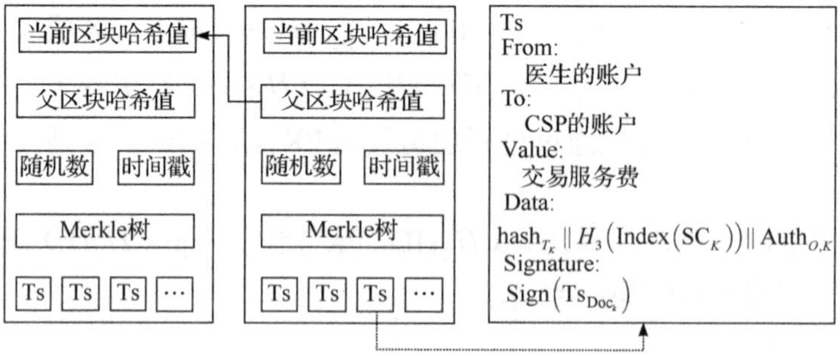

图 8.2　交易的结构

(2) 医疗数据存储。

CSP 核实收到的交易服务费后，将医生 Doc_k 上传的签密文 SC_K 进行存储，并向 Doc_k 返回密文存储地址 F_K。随后，医生 Doc_k 将收到的密文存储地址 F_K

发送给 DO。DO 计算 $H_3(F_K)$，同时将医疗数据地址索引 $\mathrm{Index}(H_3(F_K))$ 写进智能合约。

5) 医疗数据共享

(1) MDR 浏览智能合约上的医疗数据地址索引 $\mathrm{Index}(H_3(F_K))$。

(2) MDP 向 CSP 发送地址索引 $\mathrm{Index}(H_3(F_K))$，CSP 发送对应的签密文 SC_K 给 MDR。MDR 通过自己私钥 SK_i 解密并获取医疗数据明文，具体流程如下。

① 计算 $W_i' = (d_i + y_i)R_K$ 和 $\delta_i' = H_1(\mathrm{ID}_{\mathrm{R}i}, W_i', R_K)$。

② 计算 $g(x) = x^n + b_{n-1}x^{n-1} + \cdots + b_1x + b_0$，$\theta' = g(\delta_i')$ 和 $\xi' = H_s(\theta')$。

③ 计算 $C' \| D = D_{\xi'}(U)$ 和 $f' = H_6(C', \theta, b_0, b_1, \cdots, b_{n-1}, U, R_K, v)$，验证等式 $f' = f$ 是否成立。若成立，MDR 继续以下步骤；否则，MDR 拒绝 C'。

④ 计算 $H_4(\delta_i', R_K)$ 和 $H_5(\delta_i')$，在 C' 中查找 $H_4(\delta_i, R_K) \| H_5(\delta_i) \oplus m_i$，然后恢复出医疗数据明文 $m_i = (H_5(\delta_i) \oplus m_i) \oplus H_5(\delta_i)$。

⑤ 利用医生 Doc_k 的公钥 PK_K 检查下面等式是否成立。

$$vR_K = H_2(\mathrm{ID}_K, \mathrm{PK}_K)(\mathrm{PK}_K + P_{\mathrm{pub}})$$

若该等式成立，MDR 接收医疗数据明文 m_i；否则，拒绝 m_i。

6) 医疗数据审计

给定 $(\mathrm{hash}_{T_K}, \mathrm{SC}_K, \mathrm{Auth}_{O,K})$，DA 通过如下操作验证医疗数据的完整性。

(1) 执行以太坊中的交易，并获得对应的交易账户。

(2) 验证创建交易数量与医疗数据的数量是否一致，以此检查数据的正确性。

(3) 验证 $\mathrm{Auth}_{O,K} = H_3(\mathrm{time}_k \| \mathrm{info}_k)$ 的可用性。

(4) 检查区块上的交易时间来验证医疗数据的实时性。

(5) 计算 $\mathrm{hash}_{T_K} \| H_3(\mathrm{Index}(\mathrm{SC}_K)) \| \mathrm{Auth}_{O,K}$，并检查交易数据值与交易信息详情是否一致。

3. 安全性证明及性能分析

定理 8.1 和定理 8.2 证明本节方案满足机密性，定理 8.3 和定理 8.4 证明本节方案满足不可伪造性。

定理 8.1　如果 $\mathcal{A}_1$ 在多项式时间内以不可忽略的概率赢得游戏 1，则 $\mathcal{B}$ 在多项式时间内能以不可忽略的概率解决 CDH 问题。

定理 8.2　如果 $\mathcal{A}_2$ 在多项式时间内以不可忽略的概率赢得游戏 2，则 $\mathcal{B}$ 在多项式时间内能以不可忽略的概率解决 CDH 问题。

定理 8.3　如果 $\mathcal{A}_1$ 在多项式时间内以不可忽略的概率伪造一个本节方案的有效签密，则 $\mathcal{B}$ 在多项式时间内能以不可忽略的概率解决 CDH 问题。

定理 8.4 如果 $\mathcal{A}_2$ 在多项式时间内以不可忽略的概率伪造一个本节方案的有效签密，则 $\mathcal{B}$ 在多项式时间内能以不可忽略的概率解决 CDH 问题。

定理 8.1～定理 8.4 的详细证明请参阅参考文献[17]，不再赘述。

下面将文献[15]、[33]和[34]方案与本节方案进行功能比较，结果如表 8.1 所示。其中，“√”表示满足该项功能，“×”表示不满足该功能。

表 8.1　文献[15]、[33]和[34]方案与本节方案的功能比较

方案	无证书管理问题	无密钥托管问题	多消息多接收者	接收者匿名	解密公平性	无安全信道	免配对	区块链
文献[15]方案	√	√	×	√	×	√	√	×
文献[33]方案	√	√	×	√	√	×	√	×
文献[34]方案	√	×	√	√	×	×	×	×
本节方案	√	√	√	√	√	√	√	√

文献[15]和[33]的方案均采用无证书签密体制，但不支持多消息多接收者发送需求；文献[34]方案存在密钥泄露问题且计算开销较高。本节方案基于无证书签密机制，保护了接收者的身份隐私，实现了患者和 MDR 之间的医疗数据共享。因此，本节方案具有一定的功能优势。

文献[15]、[33]和[34]方案与本节方案的计算开销比较如表 8.2 所示。表 8.2 中，T_{add} 表示一次点的加法操作所需的时间，T_{pm} 表示一次点的倍乘操作所需的时间，T_{H} 表示一次哈希函数操作所需的时间，T_{mi} 表示一次模下的元素逆操作所需的时间，T_{mu} 表示一次模下的元素乘操作所需的时间，T_{p} 表示一次双线性对操作所需的时间。

表 8.2　文献[15]、[33]和[34]方案与本节方案的计算开销比较

方案	签密	解签密
文献[15]方案	$2T_{\text{H}}+2T_{\text{add}}+3T_{\text{pm}}+T_{\text{mi}}\approx 156.84T_{\text{mu}}$	$3T_{\text{H}}+2T_{\text{add}}+4T_{\text{pm}}\approx 203.24T_{\text{mu}}$
文献[33]方案	$(2n+1)T_{\text{pm}}+2nT_{\text{add}}\approx(58.24n+29)T_{\text{mu}}$	$T_{\text{pm}}\approx 29T_{\text{mu}}$
文献[34]方案	$(n+1)T_{\text{pm}}+(2n+1)T_{\text{H}}+T_{\text{mi}}\approx 87n+69.6T_{\text{mu}}$	$2T_{\text{p}}+T_{\text{pm}}+3T_{\text{H}}\approx 290T_{\text{mu}}$
本节方案	$(n+1)T_{\text{pm}}+nT_{\text{add}}\approx(29.12n+29)T_{\text{mu}}$	$3T_{\text{pm}}+T_{\text{add}}\approx 87.12T_{\text{mu}}$

从表 8.2 可知，本节方案比文献[15]、[33]和[34]方案具有更高的签密效率，

同时比文献[15]和[34]方案具有更低的解签密效率。尽管文献[33]方案有较少的解签密时间，但不满足多消息发送需求且存在密钥泄露问题。因此，本节方案具有较高的签密和解签密效率，更适用于区块链上的云端医疗数据共享。

8.4　基于签密和区块链的车联网电子证据共享方案

车联网是智能交通与智慧城市发展的重要部分，能够促进车、路、人之间的数据交互，提高交通运行效率和保障交通安全。针对车联网电子证据共享中的隐私和安全问题，本书作者提出了基于签密和区块链的车联网电子证据共享方案[20]。将证据密文和证据报告分别存储于云服务器和区块链，以实现电子证据的安全存储与共享。利用基于身份的签密技术保证数据的机密性，通过代理重加密技术实现保险公司对车联网电子证据的共享。引入聚合签名技术，降低多个车辆用户签名验证的计算开销；采用信誉激励机制提高电子证据的可靠性。本节主要介绍该方案的模型框架、详细设计、安全性及性能分析。

1. 车联网电子证据共享模型

本节方案将区块链与云服务器相结合，实现数据的链上(区块链)+链下(云服务器)混合存储；同时，利用签密和代理重加密技术，实现了车辆用户的隐私保护和电子证据的安全共享。车联网电子证据共享模型框架如图 8.3 所示，包括可信机构(trusted authority，TA)、认证机构(certification authority，CA)、车辆(V_i)、路边单元(RSU)、区块链、云服务器(cloud server，CS)和保险公司(insurance company，IC)，其中 TA 对应图 8.3 中的车辆管理所，CA 对应图 8.3 中的交通警察局。各个实体的具体介绍如下。

(1) 可信机构：负责全局系统参数的生成，以及车辆和路边单元的注册和管理。

(2) 认证机构：负责生成代理密钥，管理并更新车辆的信誉值。

(3) 车辆：参与取证任务，负责收集证据并对其进行签密。

(4) 路边单元：负责验证每个车辆的单个签名，生成多个车辆的聚合签名。

(5) 区块链：负责将证据报告存储在记录池中，保险公司需先入链查找证据报告，再根据报告请求云服务器返回证据密文。

(6) 云服务器：负责进行代理重加密并存储证据密文。

(7) 保险公司：将取证任务委托给路边单元，通过云服务器获取证据密文并解密得到有效证据，并对提供有效证据的车辆给予报酬奖励。

该模型旨在达到如下设计目标。

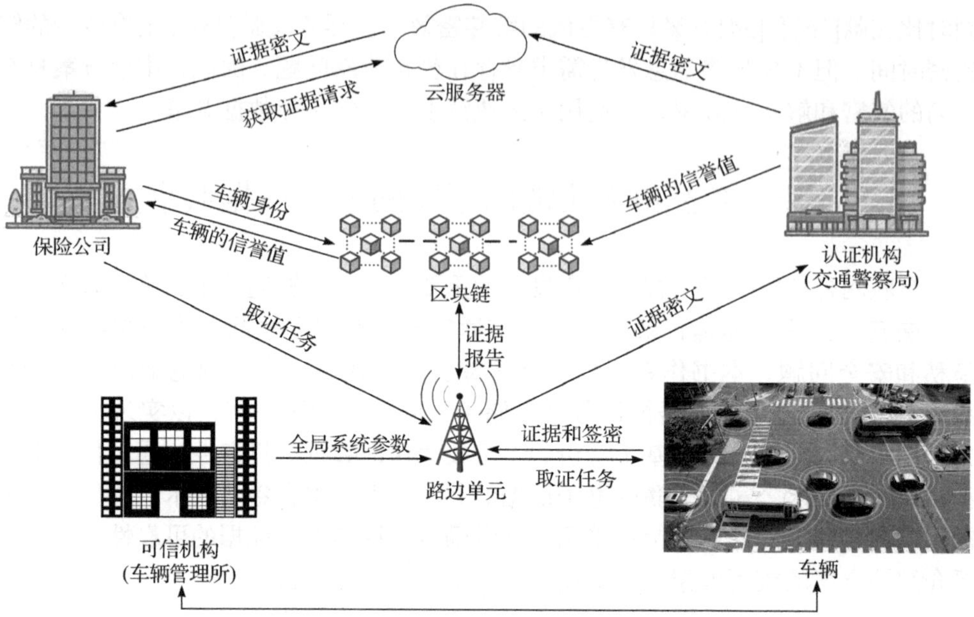

图 8.3　车联网电子证据共享模型框架

1) 数据共享

采用云存储和加密技术实现多对多的数据共享，车辆用户将电子证据加密存储在云服务器中，保险公司通过解密获取电子证据。此外，车辆用户借助云服务器将电子证据共享给需要有效证据的保险公司。

2) 隐私保护

利用基于身份的签密技术，为车辆生成匿名身份进行交互，使其真实身份不被泄露，同时通过加密数据在共享过程中保护电子证据的数据隐私。

3) 安全高效

采用区块链和云计算相结合的混合存储方式，保证证据数据的安全。区块链中数据记录的防篡改性，云服务器强大的存储与计算能力，可以确保电子证据的安全存储。聚合签名和代理重加密技术的应用能够提升数据处理的效率，实现数据高效共享。

2. 方案描述

该方案主要包括系统初始化、实体注册、证据收集、证据上传、证据访问和激励机制 6 个部分。

1) 系统初始化

TA 选择一个安全参数 1^{λ} 并执行如下操作。

(1) 选择一个大素数 p，两个阶为 p 的循环群 G_0 和 G_T，群 G_0 的一个生成元 P 和一个双线性映射 $e:G_0 \times G_0 \to G_T$。

(2) 选择 4 个密码学安全的哈希函数：$H_1:\{0,1\}^* \to G_0$，$H_2: G_0 \times G_T \to Z_p^*$，$H_3:G_0 \times G_0 \times G_0 \times G_T \times G_T \to Z_p^*$ 和 $H_4:G_0 \times G_0 \times G_T \to Z_p^*$。

(3) 选择随机数 $\alpha \in Z_p{}^*$ 作为主密钥，并设置 $P_{\text{pub}} = \alpha P$ 作为系统公钥。

(4) 秘密保存主密钥 $\text{msk} = \alpha$，公开全局系统参数 $\text{params} = \{G_0, G_T, e, P, P_{\text{pub}}, H_1, H_2, H_3, H_4\}$，并将区块链记录池初始化为空。

2) 实体注册

车辆都需要在车辆管理所(TA)进行登记注册。车辆通过安全信道将自己的真实身份发送给 TA，然后 TA 为其生成匿名身份来保护身份隐私，具体注册步骤如下。

(1) TA 选择哈希函数 $H_1:\{0,1\}^* \to G_0$，计算 $\text{AID}_i = H_1(\text{RID}_i)$，$\text{AID}_i$ 为车辆用户的匿名身份，TA 秘密保存注册信息表 $L_R = \{\text{RID}_i, \text{AID}_i\}$。

(2) TA 根据车辆匿名身份 AID_i，计算 $\text{SK}_i = \text{msk} \cdot \text{AID}_i = \alpha \cdot \text{AID}_i$ 作为车辆用户的私钥。

(3) TA 通过一个安全信道发送车辆匿名身份和私钥 $\{\text{AID}_i, \text{SK}_i\}$ 给用户。

(4) 如果进行取证任务的车辆用户出现任何违规或非法行为，TA 可以根据 AID_i 查询注册信息表 L_R 来追溯该车辆的真实身份。

(5) 区块链节点将 TA 实名注册，TA 创建创世块并广播给整个区块链网络，区块链节点记录创世块。

3) 证据收集

路边单元(RSU)接受保险公司(IC)委托的取证任务后，要对事故路段车辆进行如下证据收集操作。

(1) IC 将取证任务 $\text{forensics}_n = \{n, \text{AID}_c, u_n\}$ 委托给 RSU，其中包括取证任务编号 n、保险公司匿名身份 AID_c 和取证车辆信誉阈值 u_n。

(2) RSU 邀请事故发生路段周围车辆 $(V_1, V_2, \cdots, V_j)$ 收集事故相关证据数据附上签名并上传。经过事故路段但无证据的车辆驶离该路段也可将任务附上签名广播给周围车辆，以提高取证任务完成的效率。

(3) RSU 将车辆收集的事故相关证据发送至交通警察局(CA)，由 CA 的交通执法人员根据 forensics_n 筛选出有效的证据，并对相关证据数据进行代理重加密；若无有效证据，则由 RSU 继续广播证据收集任务。

4) 证据上传

车辆、路边单元和交通警察局执行以下流程向区块链网络和云服务器安全地上传证据数据。

(1) 车辆签密。

取证车辆对行车记录仪拍到的现场照片、视频以及事故车辆行驶状态数据等证据进行签密，以保证其他实体交互过程中是不知道证据明文的。无证据车辆将取证任务附上签名广播给周围车辆。

① 取证车辆V_i选取随机数$\varepsilon \in Z_p^*$，获取当前设备的时间戳$t \in \{0,1\}^*$作为登录令牌，计算$X = \varepsilon \mathrm{AID}_i$，$Y = H_2(X, M \| t)$和$Z_i = (\varepsilon + Y)\mathrm{SK}_i$，设置签名$\sigma_i = (Z_i, P)$，其中证据$M \in G_T$。

② 车辆V_i计算$S = e(\varepsilon \cdot \mathrm{SK}_i, \mathrm{AID}_b)$，$y = M \cdot S$，$U = H_3(X, Z_i, y, \mathrm{AID}_i, \mathrm{AID}_b)$和$R = \varepsilon U$，其中$\mathrm{AID}_b$是交通警察局(CA)的匿名身份。车辆$V_i$对证据数据$M$加密生成一级密文$C' = (X, Z_i, y, R)$，生成证据报告1，即$\mathrm{report}_1 = \{n, Z_i, H_2(M), t\}$，并上传$Z_i$、一级密文$C'$及证据报告$\mathrm{report}_1$至路边单元(RSU)。

③ 离开事故路段RSU覆盖范围的无证据车辆V_f将取证任务发送给所处路段的$\mathrm{RSU}_{\mathrm{now}}$，由$\mathrm{RSU}_{\mathrm{now}}$将$\mathrm{forensics}_n$作为消息广播给周围车辆。$\mathrm{RSU}_{\mathrm{now}}$选取随机数$\psi \in Z_p^*$，计算$\mathrm{SK}_R = \mathrm{msk} \cdot H_1(\mathrm{RID}_R) = \alpha \mathrm{AID}_R$，$X_R = \psi \mathrm{AID}_R$，$Y_R = H_2 \cdot (X_R, \mathrm{forensics}_n)$和$Z_R = (\psi + Y_R)\mathrm{SK}_R$，设置签名$\sigma_R = (Z_R, P)$，将$\{\mathrm{forensics}_n, Z_R\}$广播给周围车辆。收到消息的车辆通过等式$e(Z_R, P) = e(X_R + Y_R \mathrm{AID}_R, P_{\mathrm{pub}})$验证签名的有效性。

(2) 聚合签名生成。

路边单元验证车辆的签名是否合法，并生成一组有效签名的聚合签名。

① RSU在区块链账本和本地数据库中查找t是否已经存在。如果存在，则拒绝该车辆提供的证据，避免重复存证；否则，RSU继续进行聚合签名。

② RSU首先对每个车辆的签名$\sigma_i = (Z_i, P)$ $(1 \leqslant i \leqslant j)$通过计算等式$e(Z_i, P) = e(X + Y\mathrm{AID}_i, P_{\mathrm{pub}})$进行验证。若等式成立，则该签名有效，RSU将持有有效签名的一组车辆的匿名身份生成列表$V_{\mathrm{legal}} = \{\mathrm{AID}_1, \mathrm{AID}_2, \cdots, \mathrm{AID}_j\}$，RSU为该组车辆生成聚合签名$\sigma_{\mathrm{ag}} = (Z_{\mathrm{ag}}, P)$，其中$Z_{\mathrm{ag}} = \sum_{i=1}^{j} Z_i$。若验证失败，则签名无效，该车辆存在上传虚假证据的可能，RSU可将车辆匿名身份举报给TA，然后TA可以公开该车辆的真实身份，CA也相应地降低该车辆的信誉值。

③ RSU车辆身份验证通过后生成证据报告2，即$\mathrm{report}_2 = \{n, Z_{\mathrm{ag}}, V_{\mathrm{legal}}, \mathrm{AID}_c, H_2(M), t\}$，并将$Z_{\mathrm{ag}}$、一级密文$C'$及$\mathrm{report}_2$上传至交通警察局(CA)。

(3) 代理重加密及密文存储。

交通警察局对聚合签名进行验证。若签名合法，则执行以下操作进行代理重加密，并将经过签密和代理重加密的证据密文进行存储。

① 交通执法人员根据 forensics_n、证据报告和信誉值 value_i 筛选出有效的证据，其中 CA 管理的车辆信誉值初始均为相同数值，仅提交过证据的车辆的匿名身份会被 CA 保存，并对该车辆的信誉值进行更新。

② 交通警察局(CA)通过计算 $e(Z_{\text{ag}},P)=e(\sum_{i=1}^{j}X+Y\text{AID}_i,P_{\text{pub}})$ 对聚合签名 σ_{ag} 进行批量验证。如果验证通过，则签名有效，CA 生成重加密密钥进行代理重加密；否则，聚合签名无效，该 RSU 节点存在被非法攻陷的可能，CA 可向 TA 举报该 RSU 节点。

③ CA 计算 $W=H_4(e(\text{SK}_b,\text{AID}_c),\text{AID}_b,\text{AID}_c)$ 和 $\text{RK}_{bc}=W-\text{SK}_b$ 生成重加密密钥 RK_{bc}。

④ CA 记录当前时间戳 T_s，生成并向区块链网络中发送证据报告 3，即 $\text{report}_3=\{n,\sigma_{\text{ag}},\text{AID}_i,\text{AID}_b,\text{AID}_c,H_2(M),t,T_s,\text{value}_i\}$。CA 将证据报告 report_3 存入区块链记录池，通过安全信道发送重加密密钥 RK_{bc} 及一级密文 C' 给云服务器。

⑤ CS 通过重加密密钥 RK_{bc} 对 C' 进行代理重加密，计算 $U=H_3(X,Z_i,y,\text{AID}_i,\text{AID}_b)$，验证等式 $e(R,\text{AID}_i)=e(U,X)$ 是否成立。若等式成立，则计算 $y'=ye(X\cdot\text{RK}_{bc})$，生成并存储二级密文 $C=(X,Z_i,y')$。其中，CS 通过等式 $e(R,\text{AID}_i)=e(U,X)$ 来检验证据密文的有效性，若密文无效，则拒绝重加密操作。

5) 证据访问

保险公司(IC)在接收到云服务器(CS)的证据密文后，执行解密操作获取证据明文，具体步骤如下。

(1) IC 根据取证任务编号、匿名身份以及当前时间戳 T_s 向区块链网络请求访问证据报告，数据请求为 $\text{request}_1=\{n,\text{AID}_c,T_s,P_{\text{pub}}\}$，持有相应数据记录的区块链节点向 IC 返回证据报告 report_3。

(2) IC 根据证据报告向云服务器发送 request_2 请求证据密文，云服务器向保险公司返回证据密文 C。

(3) IC 对证据密文 C 进行解密，计算 $W=H_4(e(\text{AID}_b,\text{SK}_c),\text{AID}_b,\text{AID}_c)$，$S'=e(X,W)$ 和 $M=y'(S')^{-1}$，从而解密得到有效证据 M。

(4) IC 通过计算 $Y=H_2(X,M)$ 可以验证证据完整性，通过等式 $e(Z_i,G)=e(X+Y\text{AID}_i,P_{\text{pub}})$ 可以对证据源进行身份验证。

6) 激励机制

保险公司(IC)根据证据报告中车辆信誉值 value_i 的高低对证据进行评估，IC 通过奖励机制来刺激、鼓励更多车辆收集并提供有效证据。一旦该有效证据被 IC 成功接受，则相应的车辆用户获得报酬奖励。

CA 初始时根据信誉激励机制为不同的车辆 V_i 设置不同的信誉值。当 IC 发布取证任务并且车辆 V_i 竞争参与这些任务时，感知平台会根据 V_i 的信誉值 value_i 进行选择，优先交由信誉值高的 V_i 参与取证任务。对 V_i 的信誉值 value_i 进行更新后，V_i 可再次进入下一轮的任务竞争中。通过该激励机制，可以刺激车辆用户提高任务完成率和参与率。

当有取证任务要处理时，CA 为每个不同的取证任务设置一个信誉阈值，用 u_n 表示。IC 为鼓励更多 V_i 参与完成取证任务，在每个任务处理完成后为 V_i 提供奖励报酬。报酬函数用 $P_n = \dfrac{1}{a(l(r)+1)} u_n B(r)$ 来表示，其中 a 为正常数，$B(r)$ 为初始成本预算。通过这种方式，保险公司初始时会提供很高的报酬来鼓励车辆用户参与取证任务，随着车辆用户参与的比例 $l(r)$ 越来越高，报酬也会趋于平稳。

3. 安全性分析

本节方案将基于身份的签密与代理重加密相结合，保证车联网环境下电子证据共享过程中的机密性。机密性是指除提供证据的车辆及使用证据的保险公司外，其他实体都不知道证据的具体内容。在本节方案中，车辆用户 V_i 对电子证据 M 进行签密，将加密后的一级证据密文 C' 发送给 CA；CA 生成代理重加密密钥 RK_{bc} 发送给云服务器(CS)，CS 对一级密文代理重加密后进行密文存储。当保险公司(IC)希望访问一起事故的电子证据时，根据取证任务编号 n、公司匿名身份 AID_c 等生成访问请求 request_1。IC 将访问请求发送给区块链网络以获取证据报告 report_3，再根据证据报告向云服务器请求证据密文 C，最终解密得到电子证据明文。由于 V_i 收集的证据经过了 CS 的代理重加密，因此只有被授权的合法保险公司 RID_c 才能正确解密证据密文，其他实体无法获取任何有关电子证据的具体内容。

定理 8.5　如果 DBDH 问题是困难的，则本节方案在适应性选择密文攻击下满足机密性。

定理 8.5 的证明请参阅参考文献[20]，不再赘述。

在传统车联网数据共享方案中，由于云服务器是半可信的且存在响应时延的问题，因此车辆将证据全部发送至云服务器进行处理会存在较大安全风险。本节方案利用云服务器和区块链混合存储以及基于身份的签名技术，保证了电子证据的不可伪造性。车辆 V_i 上传的证据报告和保险公司(IC)的访问记录对所有区块链实体公开可见，并且所有链上的数据都具有公开可验证性、防篡改性。只要数据被记录在车联网区块链上，就不会被轻易地伪造和篡改。车辆 V_i 进行数据交互时使用匿名身份 AID_i，攻击者即使成功冒充身份也会因为不知道系统主密钥 α 而无法生成用户私钥 SK_i。因此，攻击者无法伪造合法车辆用户的签名 $\sigma_i=(Z_i,P)$，伪造的签名无法通过签名验证等式 $e(Z_i,P)=e(X+Y\mathrm{AID}_i,P_{\mathrm{pub}})$。

定理 8.6　如果 CDH 问题是困难的，则本节方案在适应性选择消息攻击下满足不可伪造性。

定理 8.6 的证明请参阅参考文献[20]，不再赘述。

4. 性能分析

下面分析本节方案的激励性，并对本节方案与现有方案进行计算开销方面的比较。

1) 激励机制

本节方案引入信誉值是为了使取证任务快速被车辆用户处理完成，即在更短的时间内获得更高的任务完成率。图 8.4 表明，在一段时间内本节方案的信誉激励机制能很快处理取证任务，并在处理取证任务速度方面具有较好的稳定性。通过设置取证任务的信誉值，区别划分车辆用户，选择信誉值高的车辆用户来完成取证任务。影响取证任务的信誉阈值 u_n 和保险公司支付的报酬 P_n，从而使车辆用户参与比例 $l(r)$ 不断增大，并最终趋于平稳。

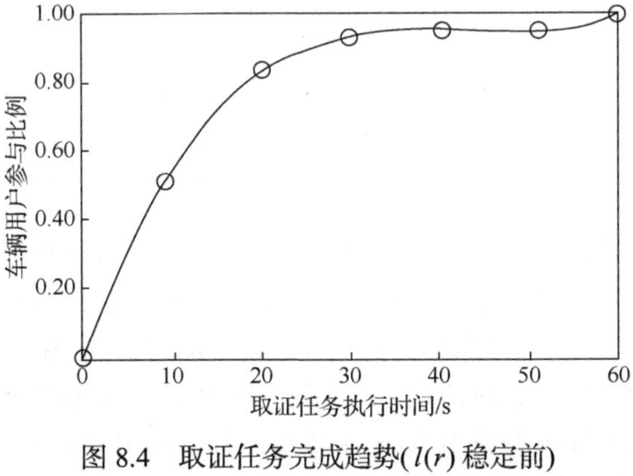

图 8.4　取证任务完成趋势($l(r)$ 稳定前)

图 8.5 表明，$l(r)$ 稳定后的一段时间内，在保证取证任务顺利完成的基础上，可以减少保险公司支付给车辆用户的报酬 P_n，从而使其投入成本减少。综

上所述，本节方案选择信誉值高的车辆用户处理取证任务，使车辆用户参与比例 $l(r)$ 不断增大，从而保险公司需要支付给车辆用户的报酬 P_n 逐渐减少。也就是，该信誉激励机制在有效提高任务处理效率的同时，降低了保险公司的成本。

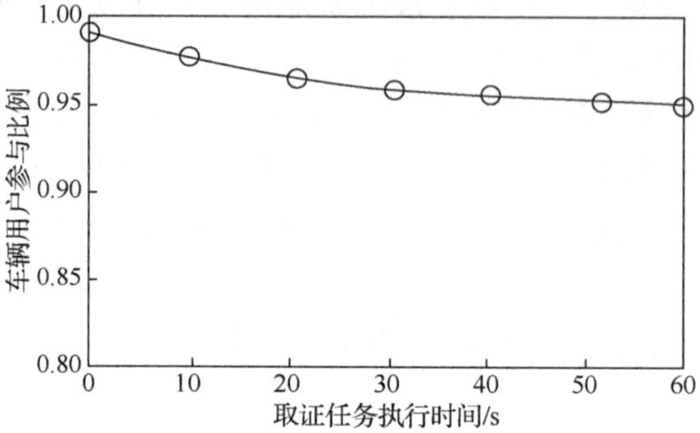

图 8.5 取证任务完成趋势($l(r)$ 稳定后)

2) 计算开销

将本节方案与文献[35]、[6]、[7]方案的计算开销进行比较，结果如表 8.3 所示。其中，符号 P 表示执行一次双线性对运算，E 表示执行一次幂运算，M 表示执行一次点的标量乘运算。这些方案是在双线性对上构建的，因此通过评估标量乘运算、幂运算和双线性对运算消耗的时间来比较不同方案的计算性能。

表 8.3 文献[35]、[6]和[7]方案与本节方案的计算开销比较

方案	代理密钥生成	加密	解密
文献[35]方案	2M + 2P + 1E	3M + 1P + 1E	1M + 4P + 1E
文献[6]方案	2M + 2P	2M	2M + 4P
文献[7]方案	2M + 1P	2M + 1P + 3E	2M + 1P + 3E
本节方案	1P	4M + 1P	1M + 4P

通过仿真实验对比了本节方案及相关三种方案的计算开销，对比结果如图 8.6 所示。本节方案生成代理密钥、加密和解密消耗的总时间为 151.96ms，因此本节所提车联网电子证据共享方案具有较高的计算性能。

在对电子证据加/解密的同时，本节方案使用聚合签名技术降低了计算开销。本节方案中单个签名验证和聚合签名验证的计算开销比较如表 8.4 所示，其中 j 表示单个签名的个数，P 表示执行一次双线性对运算，M 表示执行一次点的标量乘运算。

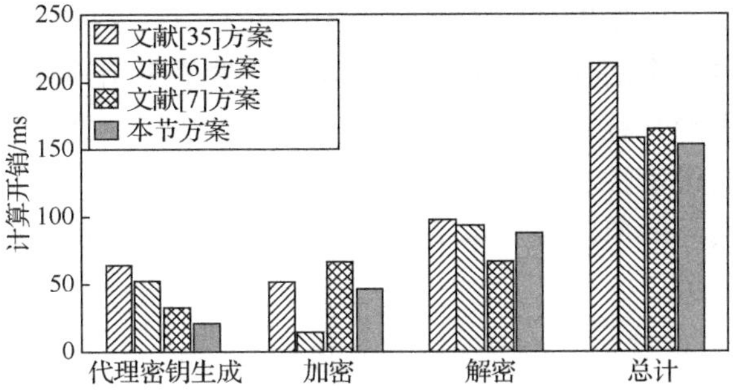

图 8.6　文献[35]、[6]和[7]方案与本节方案计算开销的比较

表 8.4　本节方案签名验证计算开销比较

验证方式	验证计算开销
单个签名验证	$j\mathrm{M}+2j\mathrm{P}$
聚合签名验证	$j\mathrm{M}+2\mathrm{P}$

通过实验分析本节方案中单个签名验证和聚合签名验证的计算开销，结果如图 8.7 所示。当存在多个签名时，聚合签名的验证时间远小于单个签名累计的验证时间。因此，本节方案采用聚合签名技术有效降低了签名验证的计算开销。

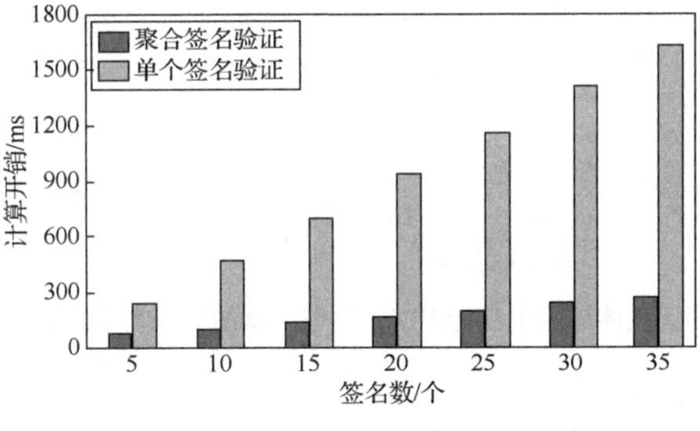

图 8.7　本节方案签名验证计算开销比较结果

8.5　无线体域网中支持多密文等值测试的聚合签密方案

无线体域网具有低时延、高灵活性等特点，在医疗保健、病情监控和紧急救护等领域拥有广阔的应用前景。针对目前无线体域网密码方案中存在的证书管理开销过大、不支持多用户检索与多密文等值测试等问题，本书作者提出了一种无线体域网中支持多密文等值测试的聚合签密方案[31]。在该方案中，采用基于身

份的密码体制，避免了传统公钥方案中公钥证书。引入多密文等值测试技术，实现了多数据用户对多个医疗密文的同时检索，减少了多用户环境下密文等值测试的计算开销。利用聚合签密技术，提高了多个用户医疗数据的签密效率。该方案实现了医疗数据的机密性、完整性和可认证性，同时保证了数据拥有者签名的不可伪造性与测试陷门的单向性。本节主要介绍该方案的系统模型、详细流程、安全性证明及性能分析。

1. 系统模型

本节无线体域网中支持多密文等值测试的聚合签密方案的系统模型如图 8.8 所示，包括 6 个实体：私钥生成中心(PKG)、云服务提供商、数据拥有者(佩戴无线传感器的患者)、测试者、聚合者与数据访问用户(data user，DU)。

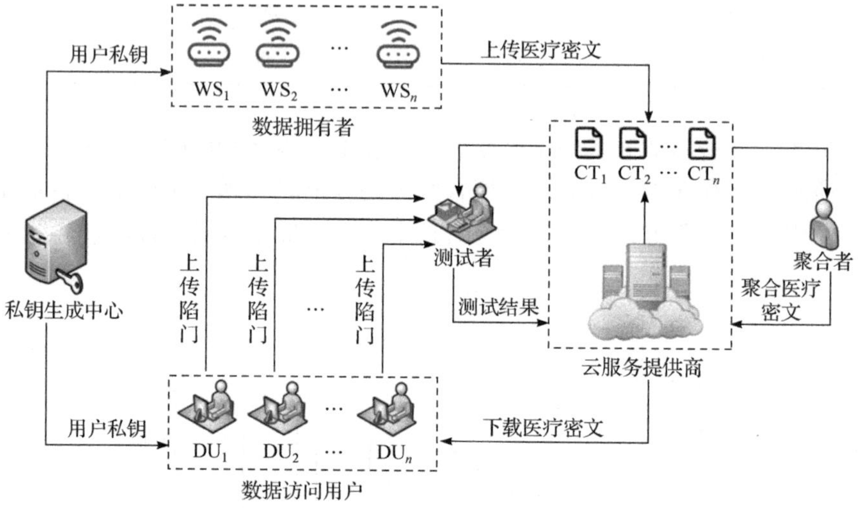

图 8.8 无线体域网中支持多密文等值测试的聚合签密方案系统模型

各实体具体说明如下。

(1) 私钥生成中心：负责生成无线体域网用户的私钥。

(2) 云服务提供商：负责为无线体域网用户的医疗密文提供存储服务。

(3) 数据拥有者：负责对医疗数据进行签密，将医疗密文发送给云服务器。

(4) 测试者：对从云服务器下载的多个医疗密文进行等值测试，并向云服务器输出测试结果。

(5) 聚合者：负责对多个数据拥有者上传的医疗密文执行聚合签密操作，并将聚合医疗密文上传到云服务器。

(6) 数据访问用户：医生、医疗机构与医疗数据采集中心等希望访问患者医疗密文的用户，负责生成用于等值测试的陷门并发送给测试者，同时从云服务器下载医疗密文后进行验证与解密。

本节方案需要考虑 2 种类型的攻击者，第 1 类攻击者无法访问数据用户的测试陷门，第 2 类攻击者可以获取数据用户的测试陷门。针对这 2 类攻击者，本节方案旨在达到如下安全目标。

1) 医疗数据的机密性和完整性

无线体域网中传输的大多是敏感的医疗数据，若患者的医疗数据在传输中被恶意窃取或篡改，会造成严重后果。本节方案利用基于身份的加密体制，保证所提方案在面对第 1 类攻击者时医疗数据的机密性与完整性。机密性指即使攻击者截取了传输的医疗密文也无法获取与明文相关的信息，完整性则指医疗数据在传输中无法被攻击者伪造或篡改。

2) 数据拥有者签名的不可伪造性

本节方案在对数据拥有者签名的合法性进行验证的过程中，采用基于身份的签密体制，保证在面对第 1 类攻击者时数据拥有者签名的不可伪造性，即攻击者不能伪造出有效的数据拥有者签名。

3) 测试陷门的单向性

测试者通过数据访问用户上传的测试陷门对医疗密文进行等值测试操作，在测试过程中，需要保证面对第 2 类攻击者时测试陷门满足单向性，即攻击者无法通过测试陷门获取与参与测试的医疗数据明文相关的信息。

2. 方案描述

1) 系统初始化

PKG 选择大素数 p 与阶为 p 的循环加法群 G，选取 P 作为 G 的生成元。PKG 随机选择 $s \in Z_p^*$ 作为主密钥，计算 $P_{\text{pub}} = sP$ 作为系统公钥。选择 6 个哈希函数：$H_1:\{0,1\}^* \to Z_p^*$，$H_2:\{0,1\}^* \times G \to Z_p^*$，$H_3:\{0,1\}^* \times G \to Z_p^*$，$H_4: G \to \{0,1\}^{l_0+l_1}$，$H_5:\{0,1\}^* \to Z_p^*$ 和 $H_6:\{0,1\}^* \to \{0,1\}^k$，其中 l_0 为密文的长度。PKG 秘密保存 s，并公开系统参数 $\text{params} = \{p, P, P_{\text{pub}}, G, H_1, H_2, H_3, H_4, H_5, H_6\}$。

2) 用户私钥提取

PKG 通过执行如下步骤生成用户的私钥。

(1) 收到用户发送的身份 ID_i 后，计算 $Q_i = H_1(\text{ID}_i)$ 和 $\text{sk}_{i,1} = sQ_i$。

(2) 选择 $x_i \in Z_p^*$，计算 $\text{PK}_{i,1} = x_i P$，$\text{PK}_{i,2} = H_1(\text{ID}_i \| \text{PK}_{i,1})$，$\text{sk}_{i,2} = x_i + s\text{PK}_{i,2}$，$\text{sk}_{i,3} = H_1(\text{ID}_i \| s)$ 与 $\text{PK}_{i,3} = \text{sk}_{i,3}P$，并公开 $\text{PK}_i = (\text{PK}_{i,1}, \text{PK}_{i,2}, \text{PK}_{i,3})$。

(3) 将私钥$\mathrm{sk}_i=(\mathrm{sk}_{i,1},\mathrm{sk}_{i,2},\mathrm{sk}_{i,3})$发送给对应用户。

3) 医疗数据签密及上传

令n为参与等值测试的数据拥有者数量，ID_i和ID_j分别为数据拥有者和数据访问用户的身份，其中$i,j\in\{1,2,\cdots,n\}$。数据拥有者对消息m_i的签密操作如下。

(1) 随机选择$a_i,b_i,N_i\in Z_p^*$，计算$C_{i,1}=a_iP$，$C_{i,2}=b_iP$和$R_i=a_iQ_jP_{\mathrm{pub}}$。

(2) 计算$U_i=H_2(m_i,\mathrm{ID}_i,\mathrm{ID}_j,R_i,\mathrm{PK}_{i,1},\mathrm{PK}_{j,1})$，$V_i=H_3(m_i,\mathrm{ID}_i,\mathrm{ID}_j,R_i,\mathrm{PK}_{i,1},\mathrm{PK}_{j,1})$，$v_i=a_iU_i+\mathrm{sk}_{i,2}V_i$，$C_{i,3}=v_iP$和$C_{i,4}=H_4(R_i)\oplus(m_i\parallel v_i)$。

(3) 计算$f_{i,0}=H_5(m_i\parallel n),\cdots,f_{i,n-1}=H_5(m_i\parallel n\parallel f_{i,0}\parallel\cdots\parallel f_{i,n-2})$。

(4) 计算$C_{i,5}=H_4(b_i\mathrm{PK}_{j,3})\oplus(N_i\parallel f(N_i)),C_{i,6}=H_6(n\parallel C_{i,1}\parallel\cdots\parallel C_{i,5}\parallel b_i\mathrm{PK}_{j,3}\parallel\mathrm{PK}_{j,1})$。其中，$f(N_i)=f_{i,0}+f_{i,1}N_i+f_{i,2}N_i^2+\cdots+f_{i,n-1}N_i^{n-1}$。

(5) 将$\mathrm{CT}_i=(t_i,C_{i,1},C_{i,2},C_{i,3},C_{i,4},C_{i,5},C_{i,6})$上传给云服务器，其中$t_i=n$。

4) 多密文等值测试

数据访问用户将测试陷门$\mathrm{tk}_j=\mathrm{sk}_{j,3}$发送给测试者，然后测试者从云服务器下载密文$\{\mathrm{CT}_1,\mathrm{CT}_2,\cdots,\mathrm{CT}_n\}$，并进行如下多密文等值测试操作。

(1) 检查$t_1=\cdots=t_n=n$是否成立，若成立，则继续执行后续操作；否则，终止操作并输出“⊥”。

(2) 对于$i\in\{1,2,\cdots,n\}$，$j\in\{1,2,\cdots,n\}$，计算$N_i\parallel f(N_i)=C_{i,5}\oplus H_4(C_{i,2}\mathrm{tk}_j)$，将$n$个形如$f(N_i)=f_{i,0}+f_{i,1}N_i+f_{i,2}N_i^2+\cdots+f_{i,n-1}N_i^{n-1}$的等式合并为如下的方程组：

$$\begin{cases}f(N_1)=f_{1,0}+f_{1,1}N_1+f_{1,2}N_1^2+\cdots+f_{1,n-1}N_1^{n-1}\\f(N_2)=f_{2,0}+f_{2,1}N_2+f_{2,2}N_2^2+\cdots+f_{2,n-1}N_2^{n-1}\\\qquad\vdots\\f(N_n)=f_{n,0}+f_{n,1}N_n+f_{n,2}N_n^2+\cdots+f_{n,n-1}N_n^{n-1}\end{cases}$$

隐式设置$f_{i,k}=f_{j,k}$，其中$k\in\{0,1,\cdots,n-1\}$。测试者对方程组对应的范德蒙矩阵进行求逆，获得唯一解$(f_{1,0},\cdots,f_{1,n-1})$。

(3) 检查等式$C_{i,6}=H_6(n\parallel C_{i,1}\parallel C_{i,2}\parallel C_{i,3}\parallel C_{i,4}\parallel C_{i,5}\parallel C_{i,2}\mathrm{tk}_j\parallel f_{i,0}\parallel f_{i,1}\parallel\cdots\parallel f_{i,n-1})$是否成立。若该等式成立，则输出等值测试结果为“1”；否则，等值测试结果为“0”。然后，测试者将测试结果发送给云服务器。

5) 医疗数据聚合签密及上传

若测试者输出的测试结果为“1”，代表参与等值测试的n个数据拥有者的医疗密文全部相同，云服务器发送$(\mathrm{CT}_1,\mathrm{CT}_2,\cdots,\mathrm{CT}_n)$给聚合者，聚合者执行如下聚合签密操作。

(1) 计算$X_{\mathrm{agg}}=\sum_{i=1}^{n}C_{i,3}$。

(2) 发送聚合医疗密文$\sigma_{\mathrm{agg}}=(\{\mathrm{CT}_i\}_{i=1,2,\cdots,n},X_{\mathrm{agg}})$给云服务器。

6) 医疗数据下载及解密

为了对从云服务器下载的聚合医疗密文σ_{agg}进行解密与验证，身份为ID_j的数据访问用户执行如下操作。

(1) 计算$R_i'=\mathrm{sk}_{j,1}C_{i,1}$与$m_i'\|v_i'=C_{i,4}\oplus H_4(R_i')$。

(2) 计算$f_{i,0}'=H_5(m_i'\|n)$，$f_{i,1}'=H_5(m_i'\|n\|f_{i,0}')$，$f_{i,2}'=H_5(m_i'\|n\|f_{i,0}'\|f_{i,1}')$，$f_{i,n-1}'=H_5(m_i'\|n\|f_{i,0}'\|\cdots\|f_{i,n-2}')$与$N_i'\|f(N_i')=C_{i,5}\oplus H_4(C_{i,2}\mathrm{sk}_{j,3})$。

(3) 计算$U_i'=H_2(m_i',\mathrm{ID}_i,\mathrm{ID}_j,R_i',\mathrm{PK}_{i,1},\mathrm{PK}_{j,1})$，$V_i'=H_3(m_i',\mathrm{ID}_i,\mathrm{ID}_j,R_i',\mathrm{PK}_{i,1},\mathrm{PK}_{j,1})$，$X_{\mathrm{agg}}'=\sum_{i=1}^{n}v_i'P$与$X_{\mathrm{agg}}^*=\sum_{i=1}^{n}U_i'C_{i,1}+\sum_{i=1}^{n}V_i'PK_{i,1}+\sum_{i=1}^{n}V_i'PK_{i,2}P_{\mathrm{pub}}$。

(4) 检查等式$C_{i,6}=H_6(n\|C_{i,1}\|C_{i,2}\|C_{i,3}\|C_{i,4}\|C_{i,5}\|C_{i,2}\mathrm{sk}_{j,3}\|f_{i,0}'\|f_{i,1}'\|\cdots\|f_{i,p-1}')$，$X_{\mathrm{agg}}^*=X_{\mathrm{agg}}'$与$f(N_i')=f_{i,0}'+f_{i,1}'N_i'+\cdots+f_{i,n-1}'N_i'^{n-1}$是否成立。若这些等式均成立，则数据访问用户接收医疗数据m_i'；否则，输出“⊥”。

3. 安全性证明

本节方案需要考虑两种类型的攻击者：第1类攻击者无法获取数据访问用户的测试陷门，第2类攻击者能够获取数据访问用户的测试陷门。本节方案满足第1类攻击者攻击下密文的不可区分性与第2类攻击者适应性选择密文攻击下的单向性(one-way against adaptive chosen ciphertext attack, OW-CCA)。本节方案在第1类攻击者攻击下不可区分性证明可参考文献[36]方案。以下通过定理8.7证明本节方案在第2类攻击者攻击下满足OW-CCA安全。

定理8.7 在CDH困难问题假设下，本节方案在第2类攻击者攻击下满足单向性。

证明： 给定一个CDH问题实例(P,aP,bP)，其中$a,b\in Z_p^*$，挑战者C的目标是计算abP。C随机选择$a\in Z_p^*$，计算$P_{\mathrm{pub}}'=aP$，将s秘密保存并发送系统参数$\mathrm{params}=\{p,P,P_{\mathrm{pub}},G,H_1,H_2,H_3,H_4,H_5,H_6\}$给攻击者$\mathcal{A}_2$。

1) 询问阶段 1

C 维持列表 L_1,L_2,L_3,L_4,L_5,L_6 与 L_{td} 分别用于跟踪 $\mathcal{A}_2$ 对预言机 H_1,H_2,H_3,H_4,H_5,H_6 与测试陷门的询问，L_1 同时用于跟踪私钥提取询问，上述列表的初始状态均为空值。

(1) H_1 哈希询问：当收到 $\mathcal{A}_2$ 提交的 $H_1(\mathrm{ID}_i,u_i)$ 询问请求，若 $\mathrm{ID}_i\in\{\mathrm{ID}_i\}_{i=1}^n$，则 C 计算 $\mathrm{PK}_{i,1}=x_iP$，其中 x_i 是未知的，保存 $(\perp,Q_i,\mathrm{ID}_i)$ 到 L_1；若 $i\neq 1$，C 随机选择 $x_i,\mathrm{PK}_{i,2}\in Z_p^*$，设置 $\mathrm{PK}_{i,1}=x_iP$，返回 $\mathrm{PK}_{i,2}=H_1(\mathrm{ID}_i\parallel\mathrm{PK}_{i,1})$ 给 $\mathcal{A}_2$，并在 L_1 中保存 $(x_i,\mathrm{PK}_{i,1},\mathrm{PK}_{i,2},\mathrm{ID}_i)$。

(2) H_2 哈希询问：当收到 $\mathcal{A}_2$ 提交的 $(m_i,\mathrm{ID}_i,\mathrm{ID}_j,R_i,\mathrm{PK}_{i,1},\mathrm{PK}_{j,1},U_i)$ 询问请求，C 首先在 L_2 中查找是否已存在 $(m_i,\mathrm{ID}_i,\mathrm{ID}_j,R_i,\mathrm{PK}_{i,1},\mathrm{PK}_{j,1},U_i,t_i,t_iP)$，若 L_2 中存在该元组，则发送 U_i 给 $\mathcal{A}_2$；否则，C 选取 $U_i\in Z_p^*$，在 L_2 中保存 (U_i,t_i,t_iP) 并输出 t_iP。

(3) H_3 哈希询问：当收到 $\mathcal{A}_2$ 提交的 $(m_i,\mathrm{ID}_i,\mathrm{ID}_j,R_i,\mathrm{PK}_{i,1},\mathrm{PK}_{j,1},V_i)$ 询问请求，C 首先在 L_3 中查找是否已存在 $(m_i,\mathrm{ID}_i,\mathrm{ID}_j,R_i,\mathrm{PK}_{i,1},\mathrm{PK}_{j,1},V_i,w_i,w_iP)$，若 L_3 中存在该元组，发送 V_i 给 $\mathcal{A}_2$；否则，C 选取 $V_i\in Z_p^*$，将 (V_i,t_i,w_iP) 保存到 L_3 中并输出 w_iP。

(4) H_4 哈希询问：当 C 收到 $\mathcal{A}_2$ 提交的 $(R_i,H_4(R_i))$ 询问请求，若在 L_4 中已存在该元组，返回 $H_4(R_i)$ 给 $\mathcal{A}_2$；否则，C 选取 $H_4(R_i)\in\{0,1\}^{l_0+l_1}$，并将 $(R_i,H_4(R_i))$ 保存到 L_4 中且输出 $H_4(R_i)$。

(5) H_5 哈希询问：当 C 收到 $\mathcal{A}_2$ 提交的 $f_{i,d}$ 询问请求，其中 $d=1,2,\cdots,n$，若 L_5 中已经有元组 $(m_i,n,f_{i,0},\cdots,f_{i,d-2},f_{i,d})$，则返回 $f_{i,d}$ 给 $\mathcal{A}_2$；否则，C 选取 $f_{i,*}\in Z_p^*$，将 $(m_i,n,f_{i,0},\cdots,f_{i,d-2},f_{i,d})$ 保存到 L_5 中并输出 $f_{i,d}$。

(6) H_6 哈希询问：当 C 收到 $\mathcal{A}_2$ 提交的 $C_{i,6}$ 询问请求，若在 L_6 中已有 $C_{i,6}$，则返回 $C_{i,6}$ 给 $\mathcal{A}_2$；否则，C 选取 $C_{i,6}\in\{0,1\}^k$，将相应元组加入 L_6 中并输出 $C_{i,6}$。

(7) 私钥提取询问：当收到 $\mathcal{A}_2$ 提交的对 ID_i 的私钥询问请求后，C 首先查询 L_1 中是否存在 $(x_i,\mathrm{PK}_{i,1},\mathrm{PK}_{i,2},\mathrm{ID}_i)$，若无相对应的元组，则输出“⊥”；否则，返回 $(x_i,\mathrm{PK}_{i,1},*,*)$。若 $\mathrm{ID}_i\notin\{\mathrm{ID}_i\}_{i=1}^n$，$C$ 将 ID_i 作为 H_1 询问的输入后获得 $Q_i=H_0(\mathrm{ID}_i)$，计算 $\mathrm{sk}_{i,1}=aQ_i$ 与 $\mathrm{sk}_{i,2}=x_i+a\mathrm{PK}_{i,2}$，并返回 $(\mathrm{PK}_{i,1},\mathrm{sk}_{i,1},\mathrm{PK}_{i,2},\mathrm{ID}_i)$ 给 $\mathcal{A}_2$。

(8) 替换询问：收到 $\mathcal{A}_2$ 提交的 $(\mathrm{ID}_i,\mathrm{PK}_{i,1},\mathrm{PK}_{i,2})$ 询问请求后，若 $(x_i,\mathrm{PK}_{i,1},\mathrm{PK}_{i,2},\mathrm{ID}_i)$ 已在 L_1 中，则 C 用 $(\mathrm{PK}_{i,1},\mathrm{PK}_{i,2})$ 替换 ID_i 原有公钥。

(9) 签密询问：当收到 $\mathcal{A}_2$ 提交的 $(m_i, \mathrm{ID}_i, \mathrm{ID}_j)$ 询问请求后，C 执行以下操作。

① 若 $\mathrm{ID}_i \neq \mathrm{ID}_l$ 且 $\mathcal{A}_2$ 没有对 ID_i 的参数执行过替换询问，C 通过 H_1 哈希询问与私钥提取询问分别获取 x_i 与 $\mathrm{sk}_{i,2}$，并对 m_i 签密。若 ID_i 对应的参数被执行过替换询问，C 首先通过 H_1 哈希询问分别获取 $(\mathrm{PK}_{i,1}, \mathrm{PK}_{i,2})$ 与 $(\mathrm{PK}_{j,1}, \mathrm{PK}_{j,2})$，然后随机选择 $a_i \in Z_p^*$，计算 $C_{i,1} = a_i P$ 和 $R_i = a_i Q_j P'_{\mathrm{pub}}$，并通过 H_2，H_3 与 H_4 哈希询问分别获取 $U_i = H_2(m_i, \mathrm{ID}_i, \mathrm{ID}_j, R_i, \mathrm{PK}_{i,1}, \mathrm{PK}_{j,1})$，$V_i = H_3(m_i, \mathrm{ID}_i, \mathrm{ID}_j, R_i, \mathrm{PK}_{i,1}, \mathrm{PK}_{j,1})$ 与 $H_4(R_i)$，进一步通过私钥提取询问获取私钥 $\mathrm{sk}_{i,2}$，计算 $v_i = a_i U_i + \mathrm{sk}_{i,2} V_i$，$C_{i,3} = v_i P$ 和 $C_{i,4} = H_4(R_i) \oplus (m_i \| v_i)$，最后返回密文 $\sigma_i = (C_{i,1}, C_{i,2}, C_{i,3}, \mathrm{PK}_{i,1})$ 给 $\mathcal{A}_2$。

② 若 $\mathrm{ID}_i = \mathrm{ID}_l$，$C$ 通过 H_1 哈希询问分别获取 $(\mathrm{PK}_{i,1}, \mathrm{PK}_{i,2})$ 和 $(\mathrm{PK}_{j,1}, \mathrm{PK}_{j,2})$，随机选择 $y, z \in Z_p^*$，计算 $C_{i,1} = zaP$；通过 H_1 哈希询问和 H_4 哈希询问分别获取 (ID_j, a_j) 和 $H_4(R_j)$，计算 $R_j = a_j Q_j P'_{\mathrm{pub}}$ 与 $U_j = H_2(m_l, \mathrm{ID}_l, \mathrm{ID}_j, R_j, \mathrm{PK}_{l,1}, \mathrm{PK}_{j,1})$；进一步通过 H_3 哈希询问获取元组 $(m_l, \mathrm{ID}_l, \mathrm{ID}_j, R_l, \mathrm{PK}_{l,1}, \mathrm{PK}_{j,1}, V_l, w_l, w_l P)$，计算 $v_l = yU_l$，$C_{l,3} = 2v_l P'_{\mathrm{pub}} + w_l \mathrm{PK}_{l,1}$ 与 $C_{i,4} = H_4(R_l) \oplus (m_l \| v_l)$，在 L_2 中添加元组 $(m_l, \mathrm{ID}_l, \mathrm{ID}_j, R_j, \mathrm{PK}_{l,1}, \mathrm{PK}_{j,1}, U_j)$，并将 $\sigma_l = (C_{l,1}, C_{l,2}, C_{l,3}, \mathrm{PK}_{l,1})$ 返回给 $\mathcal{A}_2$。

(10) 解签密询问：当收到 $\mathcal{A}_2$ 提交的 $(\mathrm{CT}_1, \mathrm{CT}_2, \cdots, \mathrm{CT}_n, \{\mathrm{ID}_i\}_{i=1}^n, \mathrm{ID}_j)$ 询问请求后，C 执行以下操作。

① 对 $(\mathrm{ID}_1, \mathrm{ID}_2, \cdots, \mathrm{ID}_n, \mathrm{ID}_j)$ 执行 H_1 哈希询问，获得元组 $(Q_1, Q_2, \cdots, Q_n, Q_j)$ 和 $(\mathrm{PK}_{1,1}, \mathrm{PK}_{2,1}, \cdots, \mathrm{PK}_{n-1}, \mathrm{PK}_{j,1})$，然后执行验证算法。若验证通过，则继续执行后续操作，否则输出“⊥”后终止模拟。

② 若 $\mathrm{ID}_j \neq \mathrm{ID}_l$，通过 H_1 哈希询问获取 (ID_j, a_j)，计算 $R_j = a_j C_{j,1}$，然后检查表 L_2 中是否已有元组 $(*, \mathrm{ID}_j, R_i, \mathrm{PK}_{i,1}, \mathrm{PK}_{j,1}, U_i)$。若该元组存在，利用 U_i 对医疗密文解密；否则，随机选取 $U_i \in Z_p^*$，并用 U_i 对密文进行解密。若 $\mathrm{ID}_j = \mathrm{ID}_l$，在 L_2 中查询是否已有元组 $(*, \mathrm{ID}_j, *, \mathrm{PK}_{i,1}, \mathrm{PK}_{j,1}, U_i)$。若该元组存在，利用 U_i 对密文进行解密；否则，随机选取 $U_i \in Z_p^*$，并用 U_i 对密文进行解密。

(11) 测试陷门询问：当收到 $\mathcal{A}_2$ 提交的关于 ID_j 所对应测试陷门 tk_j 的询问请求，若列表 L_1 中存在元组 $(x_i, \mathrm{PK}_{i,1}, \mathrm{PK}_{i,2}, \mathrm{ID}_i)$，则 C 通过 H_1 哈希询问后计算出私钥 $\mathrm{sk}_{i,3} = H_1(\mathrm{ID}_i \| s)$，返回陷门 $\mathrm{tk}_j = \mathrm{sk}_{i,3}$ 给 $\mathcal{A}_2$；否则，C 选取 $\mathrm{tk}_j \in Z_p^*$ 发送给 $\mathcal{A}_2$，并将 $(x_i, \mathrm{PK}_{i,1}, \mathrm{PK}_{i,2}, \mathrm{ID}_i)$ 加入 L_{td} 中。

2) 挑战阶段

$\mathcal{A}_2$ 输出 2 个等长的消息 $m_0^* = \{m_{i,0}^*\}_{i=1}^n$ 和 $m_1^* = \{m_{i,0}^*\}_{i=1}^n$，并输出身份 $\{\mathrm{ID}_i^*\}_{i=1}^n$ 和 ID_j^*。C 以 ID_j^* 作为输入进行 H_1 哈希询问，若 L_1 中不存在与 ID_j^* 相关的元组，则 C 挑战失败；否则，C 从 L_1 中获取 $\{\mathrm{ID}_i^*\}_{i=1}^n$ 对应的参数 $\{\mathrm{PK}_{i,1}^*, \mathrm{PK}_{i,2}^*\}_{i=1}^n$，随机选择 $\{\mathrm{sk}_{i,2} \in Z_p^*\}_{i=1}^n$，计算 $\{C_{i,1} = \mathrm{sk}_{i,2} cP\}_{i=1}^n$；然后 C 从 L_2 和 L_3 中分别获取 $\{U_i\}_{i=1}^n$ 和 $\{V_i\}_{i=1}^n$，计算 $v_i^* = a_i U_i + \mathrm{sk}_{i,2} V_i = t_i C_{i,1}^* + \mathrm{sk}_{i,2} w_i \mathrm{PK}_{i,1}^*$，其中 t_i, w_i, $\mathrm{sk}_{i,2}$ 分别来自 H_2 哈希询问，H_3 哈希询问，对 ID_j^* 的私钥提取询问；C 随机选择 $\mu \in \{0,1\}$，计算 $C_{i,3}^* = v_i^* P$ 和 $C_{i,4}^* = H_4(R_i) \oplus (m_{i,\mu} \| v_i^*)$，通过 H_1 哈希询问后获得 $\{\mathrm{PK}_{i,1}^*\}_{i=1}^n$，然后将 $\sigma^* = (C_{1,1}^*, \cdots, C_{n,1}^*, C_{1,3}^*, \cdots, C_{n,3}^*, C_{1,4}^*, \cdots, C_{n,4}^*, \mathrm{PK}_{1,1}^*, \cdots, \mathrm{PK}_{n,1}^*)$ 返回给 $\mathcal{A}_2$。

3) 询问阶段 2

重复询问阶段 1，但不允许对 ID_i^* 和 ID_j^* 所对应的医疗密文执行解签密询问。

4) 猜测阶段

$\mathcal{A}_2$ 输出对 μ 的猜测 $\mu' \in \{0,1\}$。如果 $\mu' = \mu$，则 $\mathcal{A}_2$ 在以上游戏中获胜；C 在列表 L_3 中选取 $R_i = abP$ 并以 $R = g^{ab}$ 作为 CDH 困难问题的解，但这与 CDH 问题的难解性相矛盾。因此，本节方案在面对第 2 类攻击者时满足 OW-CCA 安全。

证毕

4. 性能分析

将本节方案与具有类似功能的文献[25]、[29]、[37]～[39]方案在功能特性方面进行比较，对比结果如表 8.5 所示。由表 8.5 可知，本节方案同时支持多密文等值测试与聚合签密等功能，而文献[25]、[29]、[37]～[39]方案仅支持部分功能。因此，本节方案具有更高的安全性。

利用 PBC 算法库对密码运算操作进行了仿真实验，执行一次标量乘法、模乘法、哈希函数、幂运算与双线性对运算所需要的时间分别为 $T_{\mathrm{mul}} = 0.0004\mathrm{ms}$、$T_{\mathrm{mu}} = 0.0314\mathrm{ms}$、$T_{\mathrm{H}} = 0.0001\mathrm{ms}$、$T_{\mathrm{E}} = 6.9866\mathrm{ms}$ 与 $T_{\mathrm{P}} = 9.6231\mathrm{ms}$。

将本节方案与支持密文等值测试功能的文献[25]和[37]方案在计算开销方面进行对比，令 n 为参与密文等值测试的用户数量，三个密文等值测试方案各阶段的计算结果如表 8.6 所示。

表 8.5 文献[25]、[29]、[37]～[39]方案与本节方案的功能比较

方案	密文等值测试	多密文等值测试	签密	聚合签密	安全性
文献[25]方案	√	×	×	×	OW-CCA
文献[29]方案	√	√	×	×	OW-CPA
文献[37]方案	√	×	√	×	OW-CCA
文献[38]方案	×	×	√	√	IND-CCA2
文献[39]方案	×	×	√	√	IND-CCA
本节方案	√	√	√	√	OW-CCA2

注：OW-CPA-选择明文攻击下的单向性；OW-CCA-选择密文攻击下的单向性；OW-CCA2-适应性选择密文攻击下的单向性；IND-CCA-选择密文攻击下的不可区分性；IND-CCA2-适应性选择密文攻击下的不可区分性。

表 8.6 文献[25]、[37]方案与本节方案计算开销比较

方案	密文生成时间/ms	等值测试时间/ms	数据解密及验证时间/ms
文献[25]方案	$nT_{\mathrm{mu}}+3nT_{\mathrm{P}}+6nT_{\mathrm{H}}$ $+5nT_{\mathrm{E}}=63.8343n$	$(n-1)(4T_{\mathrm{P}}+2T_{\mathrm{H}})$ $=38.4926n-38.4926$	$2nT_{\mathrm{P}}+4nT_{\mathrm{H}}+2nT_{\mathrm{E}}$ $=33.2198n$
文献[37]方案	$6nT_{\mathrm{mul}}+2nT_{\mathrm{P}}+7nT_{\mathrm{H}}$ $+2nT_{\mathrm{E}}=33.2225n$	$(n-1)(4T_{\mathrm{P}}+2T_{\mathrm{H}})$ $=38.4926n-38.4926$	$3nT_{\mathrm{mul}}+nT_{\mathrm{mu}}+5nT_{\mathrm{P}}$ $+5nT_{\mathrm{H}}=48.1486n$
本节方案	$7nT_{\mathrm{mul}}+nT_{\mathrm{mu}}+n(n+4)T_{\mathrm{H}}$ $=0.0346n+0.0001n^2$	$nT_{\mathrm{mul}}+2nT_{\mathrm{H}}=0.0006n$	$n(2+4n)T_{\mathrm{mul}}+n^2T_{\mathrm{mu}}+n(n+4)T_{\mathrm{H}}$ $=0.0012n+0.0331n^2$

由表 8.6 可知，在密文生成阶段，本节方案的计算开销相比于文献[25]和[37]方案有所降低。在数据解密及验证阶段，本节方案实现了对聚合密文的批量验证，计算效率相比于文献[25]和[37]方案有所提高。此外，本节方案支持对 n 个密文同时进行测试，等值测试的计算效率高于文献[25]和[37]方案。因此，本节方案具有较高的计算性能和安全性，能满足无线体域网中多用户密文检索的需求。

参 考 文 献

[1] ZHENG Y. Digital signcryption or how to achieve cost (signature & encryption)≪ cost (signature)+ cost (encryption)[C]. 17th Annual International Cryptology Conference(CRYPTO'97) , Santa Barbara, USA, 1997: 165-179.

[2] NIU S, SHAO H, SU Y, et al. Efficient heterogeneous signcryption scheme based on edge computing for industrial internet of things[J]. Journal of Systems Architecture, 2023, 136: 102836.

[3] MESHRAM C, IBRAHIM R W, YUPAPIN P, et al. An efficient certificateless group signcryption scheme using quantum chebyshev chaotic maps in HC-IoT environments[J]. The Journal of Supercomputing, 2023, 79(15): 16914-16939.

[4] BANAEIAN F S, RAJABZADEH A M, HAGHBIN A. A blockchain-based coin mixing protocol with certificateless

signcryption[J]. Peer-to-Peer Networking and Applications, 2023, 16(2): 1106-1124.

[5] KARATI A, ISLAM S K H, BISWAS G P, et al. Provably secure identity-based signcryption scheme for crowdsourced industrial Internet of Things environments[J]. IEEE Internet of Things Journal, 2017, 5(4): 2904-2914.

[6] HUNDERA N, MEI Q, XIONG H, et al. A secure and efficient identity-based proxy signcryption in cloud data sharing[J]. Transactions on Internet and Information Systems, 2020, 14(1): 455-472.

[7] LUO W, MA W. Secure and efficient proxy re-encryption scheme based on key-homomorphic constrained PRFs in cloud computing[J]. Cluster Computing, 2019, 22(2): 541-551.

[8] PANG L, LI H. NMIBAS: A novel multi-receiver ID-based anonymous signcryption with decryption fairness[J]. Computing and Informatics, 2013, 32(3): 441-460.

[9] ULLAH I, ALKHALIFAH A, REHMAN S U, et al. An anonymous certificateless signcryption scheme for internet of health things[J]. IEEE Access, 2021, 9: 101207-101216.

[10] LIU X, WANG Z, YE Y, et al. An efficient and practical certificateless signcryption scheme for wireless body area networks[J]. Computer Communications, 2020, 162: 169-178.

[11] SELVI S S D, VIVEK S S, SHUKLA D, et al. Efficient and provably secure certificateless multi-receiver signcryption[C]. Proceeding of Provable Security: Second International Conference, ProvSec 2008, Shanghai, China, 2008: 52-67.

[12] WANG L, GUAN Z, CHEN Z, et al. Multi-receiver signcryption scheme with multiple key generation centers through public channel in edge computing[J]. China Communications, 2022, 19(4): 177-198.

[13] SU P, ISRAR M, MA R, et al. Efficient multi-receiver signcryption scheme based on ring signature[J]. International Journal of Ad Hoc and Ubiquitous Computing, 2023, 42(3): 175-188.

[14] WANG B, CHANG J, ZHANG S. A certificateless multi-receiver broadcast signcryption scheme for demand response[J]. Computing, Performance and Communication Systems, 2023, 7(1): 6-11.

[15] KARATI A, FAN C I, HUANG J J. An efficient pairing-free certificateless signcryption without secure channel communication during secret key issuance[J]. Procedia Computer Science, 2020, 171: 110-119.

[16] 周彦伟, 杨波, 张文政. 匿名的无证书多接收者签密机制[J]. 电子学报, 2016, 44(8): 1784-1790.

[17] YANG X, LI X, LI T, et al. Efficient and anonymous multi-message and multi-receiver electronic health records sharing scheme without secure channel based on blockchain[J]. Transactions on Emerging Telecommunications Technologies, 2021, 32(12): e4371.

[18] ZHANG Y, WU S, JIN B, et al. A blockchain-based process provenance for cloud forensics[C]. Proceeding of 3rd IEEE International Conference on Computer and Communications, Chengdu, China, 2017: 2470-2473.

[19] 李萌, 司成祥, 祝烈煌. 基于区块链的安全车联网数字取证系统[J]. 物联网学报, 2020, 4(2): 49-57.

[20] 杨小东, 席婉婷, 王嘉琪, 等. 基于签密和区块链的车联网电子证据共享方案[J]. 通信学报, 2021, 42(12): 236-246.

[21] CAGALABAN G, KIM S. Towards a secure patient information access control in ubiquitous healthcare systems using identity-based signcryption[C]. Proceeding of 13th International Conference on Advanced Communication Technology, Gangwon-Do, Korea, 2011: 863-867.

[22] YANG G, TAN C H, HUANG Q, et al. Probabilistic public key encryption with equality test[C]. Proceedings of Cryptographers' Track at the RSA Conference, San Francisco, USA, 2010: 119-131.

[23] TANG Q. Towards public key encryption scheme supporting equality test with fine-grained authorization[C]. Proceedings of Information Security and Privacy: 16th Australasian Conference, ACISP 2011, Melbourne, Australia, 2011: 389-406.

[24] MA S. Identity-based encryption with outsourced equality test in cloud computing[J]. Information Sciences, 2016, 328: 389-402.

[25] QU H, ZHEN Y, LIN X J, et al. Certificateless public key encryption with equality test[J]. Information Sciences, 2018, 462: 76-92.

[26] LIN X J, SUN L, QU H. Generic construction of public key encryption, identity-based encryption and signcryption with equality test[J]. Information Sciences, 2018, 453, 111-126.

[27] XIONG H, HOU Y, HUANG X, et al. Heterogeneous signcryption scheme from IBC to PKI with equality test for WBANs[J]. IEEE Systems Journal, 2021, 16(2): 2391-2400.

[28] 杨小东, 周航, 汪志松, 等. 基于区块链的无线体域网无证书密文等值测试签密方案[J].电子学报, 2023, 51(4): 922-932.

[29] SUSILO W, GUO F, ZHAO Z, et al. PKE-MET: Public-key encryption with multi- ciphertext equality test in cloud computing[J]. IEEE Transactions on Cloud Computing, 2020, 10(2): 1476-1488.

[30] NGUYEN D, DUONG D, LE H, et al. Lattice-based public key encryption with multi-ciphertexts equality test in cloud computing[J]. Computer Standards and Interfaces, 2022：4135287.

[31] 杨小东, 周航, 任宁宁, 等. 支持多密文等值测试的无线体域网聚合签密方案[J]. 计算机研究与发展, 2023, 60(2): 341-350.

[32] ISLAM S K H, KHAN M K, AL - KHOURI A M. Anonymous and provably secure certificateless multireceiver encryption without bilinear pairing[J]. Security and Communication Networks, 2015, 8(13): 2214-2231.

[33] AL-RIYAMI S S, PATERSON K G. Certificateless public key cryptography[C]. Proceedings of Asiacrypt, Taipei, China,2003: 452-473.

[34] NIU S, NIU L, YANG X, et al. Heterogeneous hybrid signcryption for multi-message and multi-receiver[J]. PloS One, 2017, 12(9): e0184407.

[35] YU H, WANG Z, LI J, et al. Identity-based proxy signcryption protocol with universal composability[J]. Security and Communication Networks, 2018, 2018: 1-11.

[36] 赖成喆, 张敏, 郑东. 一种安全高效的无人驾驶车辆地图更新方案[J]. 计算机研究与发展, 2019, 56(10): 2277-2286.

[37] XIONG H, HOU Y, HUANG X, et al. Secure message classification services through identity-based signcryption with equality test towards the internet of vehicles[J]. Vehicular Communications, 2020, 26: 100264.

[38] SUN J, XIONG H, ZHANG H, et al. Mobile access and flexible search over encrypted cloud data in heterogeneous systems[J]. Information Sciences, 2020, 507: 1-15.

[39] ABOUELKHEIR E, ELSHERBINY S. Pairing free identity based aggregate signcryption scheme[J]. IET Information Security, 2020, 14(6): 625-632.